高等院校土建类专业“互联网+”创新规划教材

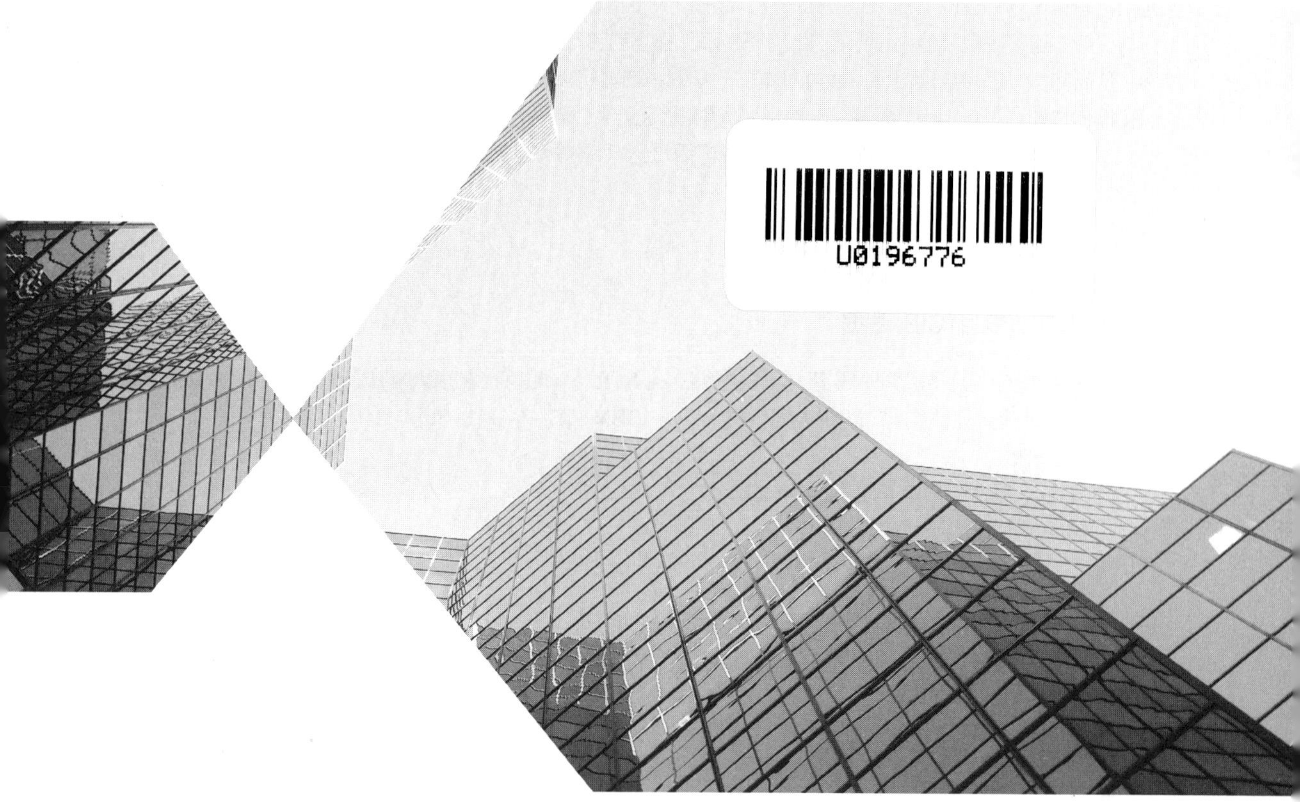

工程招投标与合同管理(第3版)

主　编　吴　芳　冯　宁
副主编　胡季英　王　倩

内容简介

本书从对建筑市场的介绍入手，由浅入深、系统全面地论述了工程招投标与合同管理的基础知识。内容包括：建筑市场；建设工程招标投标概述；建设工程招标；建设工程投标；开标、评标与决标；国际工程招标与投标；建设工程其他招投标；建设工程合同；建设工程索赔管理。本书在叙述理论的同时穿插了大量案例，从而使本书的可读性更强。通过对本书的学习，读者可以掌握工程项目招标、投标、合同管理的基本知识和操作技能，具备组织招标投标工作、编写招投标文件、进行合同管理的基本技能。

本书可以作为高等院校工程管理、工程造价和土木工程等专业的教材，也可作为招投标工作培训用书及招投标工作指南。

图书在版编目（CIP）数据

工程招投标与合同管理 / 吴芳，冯宁主编. -- 3 版. --北京：北京大学出版社，2025. 1. --（高等院校土建类专业“互联网+”创新规划教材）. -- ISBN 978-7-301-35804-7

Ⅰ. TU723

中国国家版本馆 CIP 数据核字第 2024UY7278 号

书　　名 工程招投标与合同管理（第 3 版）
GONGCHENG ZHAOTOUBIAO YU HETONG GUANLI (DI SAN-BAN)

著作责任者 吴　芳　冯　宁　主编

策 划 编 辑 吴　迪　卢　东

责 任 编 辑 吴　迪

数 字 编 辑 金常伟

标 准 书 号 ISBN 978-7-301-35804-7

出 版 发 行 北京大学出版社

地　　址 北京市海淀区成府路 205 号　100871

网　　址 http://www.pup.cn　新浪微博：@北京大学出版社

电 子 邮 箱 编辑部 pup6@pup.cn　总编室 zpup@pup.cn

电　　话 邮购部 010-62752015　发行部 010-62750672　编辑部 010-62750667

印 刷 者 大厂回族自治县彩虹印刷有限公司

经 销 者 新华书店

787 毫米×1092 毫米　16 开本　20 印张　480 千字

2010 年 8 月第 1 版　2014 年 12 月第 2 版

2025 年 1 月第 3 版　2025 年 1 月第 1 次印刷

定　　价 62.00 元

第3版

本书自2010年第1版出版、2014年第2版出版以来，经有关院校教学使用，反映较好，已多次重印。根据各院校使用者和出版社的建议，考虑到近年来在招投标与合同管理方面的一些新法规、新合同示范文本的陆续出台，我们对本教材再次进行修订。本次修订主要做了以下工作。

1. 对所有的案例进行了更新和补充。

本次修订针对法律法规的变化调整了一些不适宜的案例，并更新了一些近些年的新案例，使案例与教学内容配合得更好，方便案例教学的开展。

2. 体现了法律法规、规范、示范文本最新的变化。

近几年，与招投标、合同管理相关的法律法规、规范、示范文本陆续出台并投入使用。例如《中华人民共和国建筑法》于2019年进行了修订，《中华人民共和国招标投标法》于2017年12月27日进行了修订，《中华人民共和国合同法》被2021年1月1日生效的《中华人民共和国民法典》合同编替代。一些重要的法规颁布实施，例如2018年6月国家发展改革委印发《必须招标的基础设施和公用事业项目范围规定》，《中华人民共和国招标投标法实施条例》于2019年3月2日进行了修订，2015年3月1日起施行了《中华人民共和国政府采购法实施条例》，2017年新版《建设工程施工合同（示范文本）》开始颁布使用，等等。本次修订对法律法规、规范、示范文本的最新变化进行了体现和讲解，内容调整比较多的章节包括第1章、第2章、第3章和第8章。

3. 增加了BIM辅助招标投标的内容。

随着BIM在招标投标阶段的广泛应用，本书增加了BIM辅助招标投标的章节，内容上更加具有时效性。

本次修订的第1、7章由苏州科技大学吴芳编写；第2、3章由河南城建学院王倩编写；第4、9章由河南城建学院冯宁编写；第5、6、8章由苏州科技大学胡季英编写。全书由吴芳统稿。

由于编者水平有限，书中难免存在不足和疏漏之处，敬请各位读者批评指正。

编　者

2024年7月

【资源索引】

目　录

第1章 建筑市场

思维导图

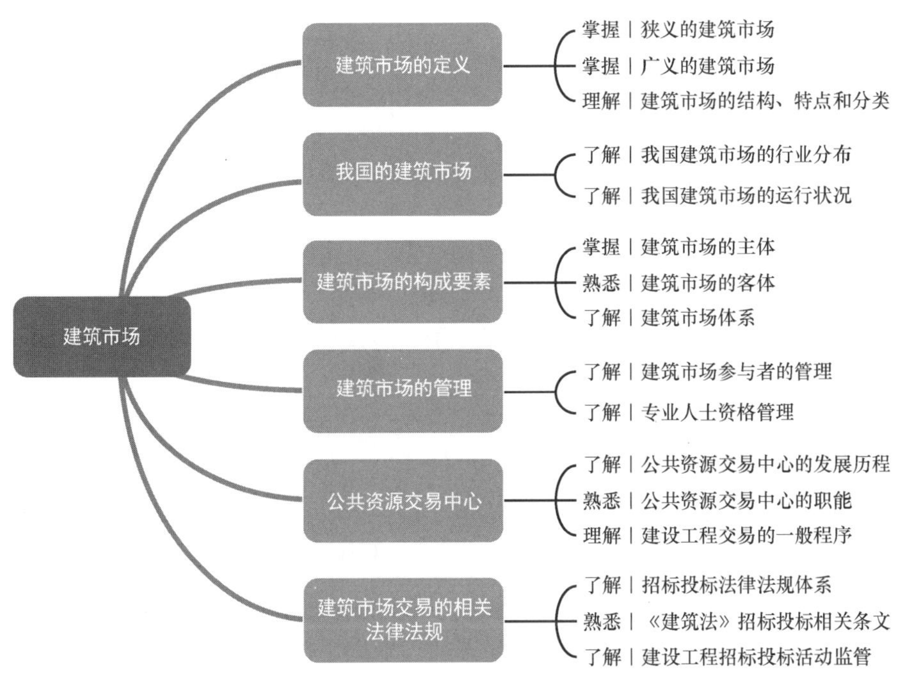

1.1 建筑市场的定义

“市场”的原始定义是指“商品交换的场所”，买卖双方在市场上发生买卖商品的交易行为，这一市场被称为有形市场，即狭义的市场概念。但随着商品交换的发展，市场突破了村镇、城市、国家，最终实现了世界贸易乃至网上交易，因而广义的市场概念是“商品交换关系的总和”。

工程建设领域的市场被称为建筑市场，建筑市场是指从事建筑经营活动的场所以及建筑经营活动中各种经济关系的总和，即围绕建筑产品生产经营过程中“各种建筑产品、服务和相关要素交换关系的总和”，是市场体系的有机组成部分。

建筑市场有狭义和广义之分。狭义的建筑市场是交易物仅为各种建筑产品的市场，例如建设工程施工承发包市场、装饰工程分包市场、基础工程分包市场。广义的建筑市场是指交易物是与建筑产品直接相关的所有的服务和要素的市场，包括建筑勘察设计、施工、监理、咨询、劳务、设备租赁或运输服务、设备安装调试、建筑材料采购、信息服务、资金、建筑技术，甚至包括建筑企业产权等子市场。

经过改革开放四十多年的发展，我国的建筑市场已形成由买方、卖方和中介服务机构组成的市场主体，以建筑产品和建筑生产过程为对象组成的市场客体，以招投标为主要交易形式的市场竞争机制，以资质管理为主要内容的市场监督管理体系，建筑市场在我国市场经济体系中已成为一个重要的生产消费市场。美国《工程新闻纪录》评出的“全球最大250家国际承包商”中，中国建筑企业数量逐年上升。2023年度，我国内地共有81家企业入选，入选数量比上一年度增加了2家，持续呈现平稳增长的良好趋势，在国际工程承包市场上整体竞争实力逐年增强。

1.1.1 狭义的建筑市场

狭义的建筑市场指建筑产品需求者与供给（生产）者进行买卖活动、发生买卖关系的场合，即建筑产品市场。建筑产品是指建筑业向社会提供的具有一定功能、可供人类使用的最终产品，包括各种建筑成品、半成品。例如完工等待竣工验收的建筑工程、未完工的在建工程，或者建筑工程中由不同分包单位负责的某个专业的工程。一般来说，建筑产品指在建或完工的单位工程或单项工程。

1. 建筑产品的特点

建筑产品本身的特点及其生产过程决定了它与其他工业产品的不同，其主要特点包括以下几点。

（1）建筑产品的固定性和生产的流动性。建筑产品在建造中和建成后是不能移动的，从而带来建筑产品生产的流动性，即生产机构、劳动者和劳动工具随建设地点迁移。

（2）建筑产品的多样性和生产的单件性。这一特征决定了每一项建设工程都应有其独立的技术特征，因此要保证承包商有能力和经验满足这些技术要求。

（3）建筑产品的价值量大，生产周期长。一般建筑产品的生产周期需要几个月到几十个月，在这样长的时间里，政府的政策、市场中的材料、设备、人工的价格必然发生变化，同时，还有地质、气候等环境方面的变化影响。因此，工程承包合同必须考虑这些问题，作出调整的规定。

（4）建筑产品是综合加工产品，其生产和协作关系十分复杂。建筑产品消耗的人力、物力、财力多，协作单位多，生产关系比较复杂，经常与建设单位、金融机构、中介机构、材料设备供应商等发生联系，在行业内部，还有勘察、设计、总包、分包等协作配合关系，所以对建筑产品的经营管理十分重要。

（5）建筑产品的形成时间长，经历若干阶段。建筑产品的形成过程均需经过策划阶段、设计阶段、施工阶段、交付使用阶段等，每个阶段伴随着许多合同交易活动，因此不能把施工阶段这一形成有形的建筑产品的过程与其他阶段分裂开，没有其他阶段的工作，就不会形成建筑产品。

建筑产品的上述特点，决定了建筑市场有别于其他商品市场的特点。

2. 建筑产品市场的特点

建筑产品市场具有下述特点。

（1）交易对象的单件性。

作为建筑产品市场的交易对象，建筑产品不可能批量生产，建筑产品市场的买方只能通过选择建筑产品的生产单位来完成交易。建筑产品都是各不相同的，都需要单独设计、单独施工。因此无论是咨询、设计还是施工，发包人都只能在建筑产品生产之前，以招标要约等方式向一个或一个以上的承包商提出自己对建筑产品的要求，承包商则以投标的方式提出各自产品的价格，通过承包商之间在价格和其他条件上的竞争，决定建筑产品的生产单位，由双方签订合同确定承发包关系。建筑产品市场的交易方式的特殊性就在于，交易过程在产品生产之前开始，因此，业主选择的不是产品，而是产品的生产单位。

（2）建筑产品交易是需求者和生产者之间的直接订货交易。

由于建筑产品具有单件性和生产过程必须在其使用（消费）地点最终完成的特点，生产者就不可能像生产汽车、电器以及其他日用百货一样，预先将产品生产出来，再通过批发、零售环节进入市场，等待需求者来购买；而只能按照需求者的具体要求，在指定的地点为其建造某种特定的建筑物或构筑物。因此，建筑产品市场上的交易，几乎都是需求者和生产者之间的直接订货交易，即生产者和需求者直接见面，先经谈判成交，然后组织生产，不需经过中间环节。

（3）竞争方式以招标投标为主。

建筑产品市场的需求者可以从众多的投标者中选择满意的供给者，双方达成订货交易，签订承包合同，供给者才开始组织生产，直到工程按合同要求竣工，经业主（需求者）认可接收，结算价款，交易全过程才最终完成。

不过，招标投标并不是建筑产品市场上唯一的竞争方式。因为在某些特殊情况下，有些工程项目不适合采用招标投标的方式选择适当的生产者，人们在实践中还创造了其他的竞争方式，主要有竞争性谈判和询价等。

（4）竞争的性质，多属特定约束条件下的不完全竞争。

有一些专业性特别强的大型工程项目，例如核电站、隧道、大桥、海洋工程等，只有极少数技术和管理力量雄厚的专业建筑业企业才有能力承担，需求者几乎没有选择余地。在此情况下，建筑产品市场将成为寡占或垄断市场，竞争就无法在价格形成中起主要作用。

（5）建筑产品市场有独特的定价方式。

建筑产品生产者之间的竞争主要表现为价格竞争。建筑产品市场有一套独特的定价方式。即根据需求者对特定产品的具体要求和生产条件，供给（生产）者在规定的时限内以书面投标的形式秘密报价，需求者在约定的时间和地点公布所收到的报价（通称开标），经过评比，从中选择满意的（不一定是报价最低的）生产者，和他达成订货交易（通称决标或定标）。不过，这样的成交价格并非一经议定就一成不变，而往往是按照事先约定的条件，允许根据生产过程中发生的某些变化作相应的调整。因此，只有待工程竣工结算后，才能确定最终价格。但在竞争中起决定作用的还是投标价格。

（6）建筑产品市场交易对象的整体性和分部分项工程的相对独立性。

建筑产品是一个整体，无论是一个住宅小区、一座配套齐全的工厂或一栋功能完备的大楼，都是一个不可分割的整体，要从整体上考虑布局、设计及施工，这要求有一个高素质的总承包单位进行总体协调，各专业施工队伍分别承担土建、安装、装饰工程的分包施工与交工。所以建筑产品市场的交易对象——建筑产品是具有整体性的，但在施工中需要逐个对分部分项工程进行验收，评定质量，分期结算，所以交易中分部分项工程又有相对独立性。

（7）建筑产品市场交易为先交易，后生产。

建筑承包商与建设项目业主通常是先通过签订合同形成交易，然后承包商再按合同要求进行产品生产，项目业主在还没有见到真正的产品前已经购买了“产品”。因此项目业主要对所选择的承包商有充分的信心，要对承包商进行严格的选择，要选择有能力、有信誉的承包商，才能保证生产出所要求的产品。

1.1.2 广义的建筑市场

广义的建筑市场是整个市场体系的子系统之一。构成这个子系统的，除了建筑产品供需双方进行订货交易的建筑产品市场（即狭义的建筑市场），还有与建筑产品生产密切相关的勘察设计市场、建筑生产资料市场、劳务市场、技术市场、资金市场以及咨询服务市场等。没有这些市场的存在和正常运行，建筑产品就不可能被正常生产，市场也不能正常运行，从而导致市场秩序紊乱，甚至出现供需失调、价格反常波动的状况。当然，建筑产品市场的繁荣与否，也直接影响着相关市场的兴衰。也就是说，构成建筑市场的诸多个别市场之间，是紧密依存、相互制约的。广义的建筑市场如图 1.1 所示。

广义的建筑市场
- 狭义的建筑市场——建筑产品市场
- 勘察设计市场
- 建筑生产资料市场
- 劳务市场
- 技术市场
- 资金市场
- 咨询服务市场

图 1.1　广义的建筑市场

1. 勘察设计市场

勘察设计产品包括勘察报告、测绘图纸、设计文件等全部成果，在市场经济条件下属于知识产品，具有商品性质。由于勘察设计在建筑产品生产中的重要作用，在现代建筑市场体系中，勘察设计市场自然成为重要的专业市场之一。

勘察设计市场的需求者包括城乡居民、工商企业、文教卫生科研机构、社会群众团体和中央及地方各级政府，他们为了建造各自所需要的建筑产品，首先需要进行勘察设计；供给者是各种专业的或综合性的勘察设计机构以及个人开业的专业设计人员。

按照勘察设计对象的不同，市场上竞争的状况也有明显的差别。民用建筑的需求面广，相对而言专业性不是很强，技术要求也不算复杂，一般综合性的民用建筑设计机构都能胜任这一类勘察设计任务，所以竞争的范围比较广阔，但当供需不平衡时，竞争也会比较激烈。至于技术要求复杂、专业性强的大型建设项目，例如铁路、桥梁、高速公路、港口、核电站、油气田以及城市基础设施等，需求者为数有限，有能力的供给者一般也仅有少数专业勘察设计机构，他们按专业部门或地区划分势力范围，形成“寡占”或“独占”市场，这是我国现阶段专业设计市场的典型特征。

2. 建筑生产资料市场

建筑产品的生产资料指建造建筑物和构筑物所需的原材料、构配件、建筑设备以及生产过程中使用的机械设备和工具等。

无论在建筑市场上还是在整个大市场体系中，除了少数特殊品种，一般生产资料的需求者和供应者都大量存在，新的供应者进入市场也几乎没有什么限制，因此竞争的范围相当广阔，接近于完全竞争市场，价格变化对供求关系反应相当敏感。

3. 劳务市场

建筑业属于劳动密集型产业，2023 年，全国农民工总量为 29753 万人，其中从事建筑业的农民工占 15.4%，约 4581.96 万人，而 2023 年建筑业从业人数为 5253.75 万，农民工在建筑业从业人员中占比约 87.2%（数据来源：国家统计局网站统计报告）。可见劳动力在建筑产品生产中的重要地位。

在市场体系中，有专为建筑业服务的劳务市场。这个市场上的需求者是各种建筑产品的生产者，即建筑业企业。供给者有不同情况：发达国家通常由行业工会和承包商联合会之类的行业组织，通过集体谈判达成协议，向建筑业企业提供劳动力；也有少数不参加工会的建筑工人直接受雇于小型企业。在某些发展中国家，行业工会尚不健全，建筑工人处于无组织状态，建筑业所需劳动力往往由承包商临时就地招募；或者由市场上经营劳务输出的机构有组织地提供。前一种方式不易管理，也不容易保证工程质量，只能适用于小规模的工程项目；大型工程项目多采取后一种方式满足对劳动力的需求。

改革开放以前，我国建筑业的劳动力供应主要实行以固定工为主、合同工为辅的制度，工人一经被录用即获得铁饭碗，基本上没有流动性，日积月累，使许多大型建筑业企业的劳动力很难适应建筑业生产流动性强的特点。

改革开放以后，我国实行固定工、合同工、临时工相结合的多种用工制度。农村建筑队伍成为建筑劳务市场的主要供给者。一些无组织自发地涌向城市的农民，则零散受雇于临时用工的建筑业企业，由农村剩余劳动力组成的建筑包工队成为城市建筑业的劳动力主要供应者。

为了规范建筑劳务市场主体行为，推动建筑劳动力的有序流动和优化配置，提高建筑劳动力的整体素质，近年来，各级建设行政主管部门强化了对建筑劳务的基地化管理。建筑劳务基地是国家建设行政主管部门根据建筑市场供求状况确定的能满足工程建设需要并达到一定资质条件的建筑劳动力培训和供应地区，是提供多工种合格建筑劳动力的主渠道。实行基地化管理是指建筑劳动力输出地政府建设行政主管部门按照输入地的需要，对施工企业使用的乡镇建筑队伍实行统一组织、统一选派，并对派出队伍实施跟踪管理与监督。但是，到 2000 年前后，出现了一些新情况：第一，基地县花费大量人力、物力、财力来培养人，一些外地企业以单个形式将建筑劳动力挖走，成为合同制工人或零星劳务工，基地县没有得到付出后应得的回报；第二，建筑业企业推行项目制后，项目负责人自行招人，既不通过当地建设行政主管部门招人，也不一定从基地县招人，有的基地县已经名存实亡。

2001年建设部颁布《建筑业企业资质管理规定》及相关文件，设置了施工总承包、专业分包、劳务分包企业三个层次，提出了劳务分包企业的概念。2005 年 8 月 5 日，建设部印发了《关于建立和完善劳务分包制度发展建筑劳务企业的意见》，指出从 2005 年 7 月 1 日起，用三年的时间，在全国建立基本规范的建筑劳务分包制度，农民工基本被劳务企业或其他用工企业直接吸纳，包工头承揽分包业务基本被禁止。但是实际情况并不是政府期望的那样，劳务企业吸纳劳动力的能力极为有限，建筑工人绝大多数仍然游离于劳务企业之外。包工头实际掌握了建筑工人的供给，形成了以包工头为特征的劳务分包体系。

2015 年 3 月 1 日起施行的新的《建筑业企业资质管理规定》明确建筑业企业资质分为施工总承包资质、专业承包资质、施工劳务资质三个序列，不再使用劳务分包企业这个资质名称。

2017 年 2 月，国务院办公厅印发了《关于促进建筑业持续健康发展的意见》，文件指出应加快培养高素质建筑工人，改革建筑用工制度，促进建筑业农民工向技术工人转型。文件还明确提出，要推动建筑业劳务企业转型，大力发展木工、电工、砌筑、钢筋制作等以作业为主的专业企业。以专业企业为建筑工人的主要载体，逐步实现建筑工人公司化、专业化管理。近年来，随着国内经济快速发展，城镇化进程加快推进，产业工人队伍不断发展壮大。

我国建筑业的“十四五”规划鼓励建筑企业通过培养自有建筑工人、吸纳高技能技术工人和职业院校毕业生等方式，建立相对稳定的核心技术工人队伍。对于小微型劳务企业，则引导其向专业作业企业转型发展。这些措施旨在对建筑工人实行公司化、专业化的管理。

4. 技术市场

进入建筑技术市场交易的商品主要是科技研究成果，既包括新材料、新结构、新工艺设备等硬件，也包括生产组织管理方法和计算机应用程序等软件。技术市场上的需求者主要是为解决勘察设计和施工中迫切需要得到解决的技术问题的勘察设计和施工机构，也有为增强竞争实力而寻求技术储备的有远见的建筑业企业；供给者主要是科研机构，也有技术力量雄厚的大型建筑业企业和拥有非职务发明专利权的个人。

科技商品交易的一个显著特点是：供给者出售的科技成果通常是在实验室内完成的，虽然解决了关键的技术问题，但用户购买之后往往还不能直接用于生产，不能收到立竿见影的效果；而需进行再开发，使其适合于自己的生产规模和工艺流程，才能形成现实的生产力。这个特点使技术市场成为科技研究与生产之间的桥梁。

目前，我国建筑企业技术开发资金投入普遍偏少，特别是中小企业基本没有投入。在建筑业“十三五”规划中，对技术进步提出了更高要求，要求一级以上施工总承包企业技术研发投入占企业营业收入比重在“十二五”期末基础上提高1个百分点。在国家政策引领下，大型和特大型建筑企业的技术创新和研发投入不断增加。在建筑业“十四五”规划中，我国提出要实现建筑行业高质量发展，智能建造是提升产业发展质量、实现由劳动密集型向技术密集型转变的必经之路。新一轮科技革命和产业变革的加速演变，更加凸显了加快提高建筑产业科技创新能力的紧迫性。根据2023年中国上市企业研发投入金额排行榜的数据，中国建筑的研发投入总额最高，达到460.74亿元，占其总营业收入的2%；中国中铁的研发投入总额位居第四，为247.6亿元，占其总营业收入的2.38%；中国交建的研发投入总额位居第五，为225.87亿元，占其总营业收入的3.65%。但对于我国的所有建筑企业来说，技术开发资金投入占营业收入的比例仍在1%左右，而发达国家一般达3%，高的接近10%，仍有一定差距。在技术贡献率方面，我国建筑业目前为35%～45%，发达国家已达到70%左右，差距比较明显。

5. 资金市场

建筑产品生产需要两类资金：一类是业主投入建设项目的固定资产投资和材料设备储备资金以及建设单位的日常开支所需资金；另一类是建筑业企业建设基地和购置机械设备所需的固定资产投资以及生产过程中必须支付的原材料、动力、工资、机械使用和生产管理等费用。

建筑资金市场作为我国建筑市场体系的重要组成部分，必将日益成熟，走向兴旺发达。

6. 咨询服务市场

在一个工程项目的不同阶段，建设咨询服务的主要内容包括以下方面。

（1）建设前期，编制项目建议书、可行性研究。

（2）设计阶段，提出设计大纲，组织设计方案评选；选择勘察设计单位或自行承担勘察设计任务，签订勘察设计合同，并组织和监督检查其实施；编制概预算，控制投资额。

（3）招标阶段，准备招标文件，编制标底，组织招标；主持或参与评标，提出决标建议；受业主委托，与中标单位签订承包合同。

（4）施工阶段，作为监理工程师，监督承包商履行合同；检查工程质量，验收工程，签发付款证书，结算工程款；处理违约和索赔事项，解决争议；竣工后整理合同文件，建立技术档案。作为造价工程师，可以负责项目的全过程造价控制，审核工程量，审核工程变更，帮助业主审核工程进度付款申请，进行结算审计等。

（5）生产准备阶段，组织职工培训和生产设备试运转。

（6）正式投产以后，进行项目的后评估。

上述工作范围，可以是自始至终全过程的工作，也可以是其中某一阶段或某一项工作。咨询任务可通过招标投标或直接与客户协商的途径获得，具体内容由咨询委托合同约定。

在上述各种专业市场组成的建筑市场体系中，起主导作用的是建筑产品市场。一方面，如果建筑产品市场没有交易或交易规模比较小，其他专业市场就缺乏动力。另一方面，各专业市场也对建筑产品市场起着制约作用。例如，生产资料市场和劳务市场供给不足，建筑产品的需求就难以满足；技术市场不发达，从长期看将阻碍生产力的发展，也不利于满足社会对建筑产品日益增长的需求；资金市场不活跃，也会使建筑产品市场陷于呆滞。总之，在一个系统内，作为子系统的各个专业市场是息息相关的，一损俱损，一荣皆荣，牵一环而动全局，因此必须协调发展。

从建筑市场的性质来看，建筑市场既是生产要素市场的一部分，也是消费品市场的一部分，与房地产市场交织在一起构成建筑产品生产和流通的市场体系，是具有特殊交易形式（招标投标）、相对独立的市场。建筑市场覆盖工程项目的前期策划、勘察、设计、施工、监理、竣工验收等全过程活动。

1.1.3 建筑市场的结构

从建筑业的角度来看，建筑市场结构是由行业、区域、专业业务所组成的三维空间结构，如图 1.2 所示。

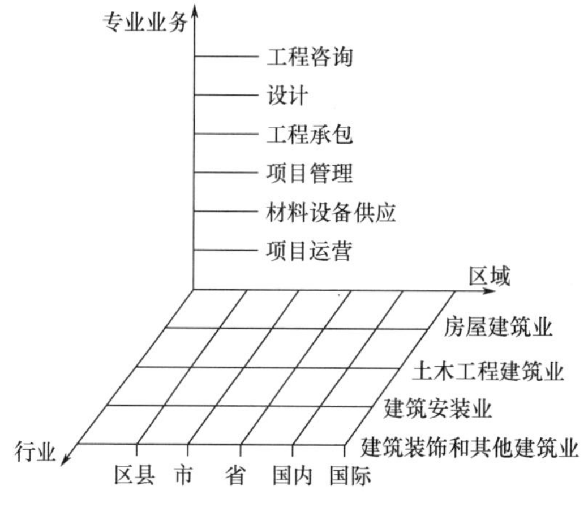

图 1.2　建筑市场结构图

行业轴是指建筑业的行业领域，根据《国民经济行业分类》（GB/T 4754—2017）的划分，建筑业中包含房屋建筑业、土木工程建筑业、建筑安装业、建筑装饰、装修和其他建筑业四个子行业。对这些子行业领域还可以进一步细分，如土木工程建筑业可进一步分为铁路、道路、桥梁、隧道、港口、矿山、管道工程等行业。在我国目前的管理体制下，由于这些行业的企业资质分别由相应的行业审批，行业部门内的保护主义还存在，企业只是某一行业的建筑业企业，企业跨行业发展的可能性较小，一定程度上限制了企业朝着特大型、综合型经营方向的发展。

区域轴是指建筑业扩展业务的区域分布。从企业的角度来看，其市场可以集中在区县、市、省内或者全国范围，还可以在国际范围内拓展业务。但是由于地方保护主义，许多建筑业企业的业务活动主要局限在本地，很难打入外地，即使是一些大型集团公司，其实体是分散在全国各地的各分公司，从业务范围看，也都是地方性企业。

专业业务轴是指建筑业企业在建设项目专业产业链上的专业业务范围。建筑业企业在建筑产业链整体或局部范围开展具体业务，这些业务包括工程咨询、设计、工程承包、项目管理、材料设备供应及项目运营等。随着建筑业的发展，建筑业企业从事的业务范围正在向整个建筑产业链上下游延伸和扩展。

从建筑市场的结构可以看出，一个完整的建筑市场空间结构是由不同的行业市场、专业业务市场和区域市场相互交叉、纵横发展而成的市场，建筑市场的买方和卖方就是在这个由区域、行业和专业业务所形成的矩形的每个交叉点上进行交易。从建筑市场的结构看，建筑市场是统一的、开放的，每个卖方都可以在市场中任意选择自己的位置，每个买方都可以在市场中最大范围内地选择供应商。但由于地方保护和行业保护的存在，从而形成建筑市场的地域封锁、行业上垄断的分割式市场，这种条块分割式的建筑市场结构不利于建筑业企业竞争力的培育和形成，更难以形成一个在国际或者全国范围内统一的、开放的、规则一致的竞争性建筑市场。

1.1.4 建筑市场的特点

建筑市场（广义的建筑市场）包含了建筑产品市场（狭义的建筑市场），因此除了前面所概括的建筑产品市场所具有的一些特点之外，建筑市场还具有一些建筑产品市场不具备的或者共性的特点。

1. 生产活动与交易活动的统一性

建筑市场的生产活动和交易活动交织在一起，从工程建设的咨询、设计、施工发包与承包，到工程竣工、交付使用和保修，买方和卖方进行的各种交易（包括生产），都是在建筑市场中进行的，并自始至终共同参与。即使不在施工现场进行的商品混凝土供应、构配件生产、建筑机械租赁等活动，也都是在建筑市场中进行的，往往是买方、卖方、中介组织都参与活动。生产活动与交易活动的统一性使得交易过程变长、各方关系处理极为复杂，因此，合同的签订、执行和管理就显得非常重要。

2. 建筑市场有严格的行为规范

建筑市场有市场参与者共同遵守的行为规范。这种行为规范是在长期实践中形成的，不同的市场繁简不同。建筑市场的上述两个特点，就决定了它的第三个特点，即要有一套严格的市场行为规范。诸如市场参加者应当具备的条件，需求者怎样确切表达自己的购买要求，供应（生产）者怎样对购买要求作出明确的反应，双方成交的程序和订货（承包）合同条件，以及交易过程中双方应遵守的其他细节等，都须作出具体的明文规定，要求市场参加者遵守。这些行为规范对市场的每一个参加者都具有法律的或道德的约束力，从而保证建筑市场能够有秩序地运行。

3. 建筑市场交易活动的长期性和阶段性

建筑产品的生产周期很长，与之相关的设计、咨询、材料设备供应等持续的时间都较长，其间，生产环境（气候、地质等条件）、市场环境（材料、设备、人工的价格变化）和政府政策变化的不可预见性，决定了建筑市场中合同管理的重要作用和特殊要求。建筑市场交易一般都要求使用合同示范文本，要求合同签订得详尽、全面、准确、严密，对可能出现的情况约定各自的责任和权利，约定解决的方法和原则。

建筑市场交易对象在不同的阶段具有不同的交易形态。在实施前，可以是咨询机构提出的可行性研究报告或其他的咨询文件；在勘察设计阶段，可以是勘察报告或设计方案及图纸；在施工阶段，可以是一幢建筑物、一个工程群体；可以是代理机构编制的标底或预算报告；甚至可以是无形的，如咨询单位和监理单位提供的智力劳动。各个阶段的严格管理是生产合格产品的保证。

4. 建筑市场交易活动的不可逆转性

建筑市场的交易一旦达成协议，设计、施工、咨询等承包单位必须按照双方约定进行设计、施工和咨询管理，项目竣工后就不可能返工、退换，所以交易活动对工程质量、工作质量有严格的要求。设计、施工、咨询、材料、设备的质量必须满足合同要求，满足国家规范、标准和规定，任何过失均可能对工程造成不可挽回的损失，因此对卖方的选择和合同条件至关重要。

5. 建筑市场具有显著的地域性

一般来说，建筑产品规模越小、价值越低、技术越简单，则其地域性越强，或者说其咨询、设计、施工、材料设备等供应方的区域范围越小；反之，建筑产品规模越大、价值越高、技术越复杂，建筑产品的地域性越弱，其供应方的区域范围越大。

6. 建筑市场竞争较为激烈

由于建筑市场中需求者相对来说处于主导地位，甚至是相对垄断地位，这就加剧了建筑市场的竞争。建筑市场的竞争主要表现为价格竞争、质量竞争、工期竞争（进度竞争）和企业信誉竞争。

7. 建筑市场的社会性

建筑市场的交易对象主要是建筑产品，所有的建筑产品都具有社会性，涉及公众利益。例如，建筑产品的位置、施工和使用，影响到城市的规划、环境、人身安全。这个特点决定了作为公众利益代表的政府，必须加强对建筑市场的管理，加强对建筑产品的规划、设计、交易、开工、建造、竣工、验收和投入使用的管理，以保证建筑施工和建筑产品的质量和安全。工程建设的规划和布局、设计和标准、承发包、合同签订、开工和竣工验收等市场行为，都要由建设行政主管部门进行审查和监督。

8. 建筑市场与房地产市场的交融性

建筑市场与房地产市场有着密不可分的关系，工程建设是房地产开发的一个必要环节，房地产市场则承担着部分建筑产品的流通任务。这一特点决定了鼓励和引导建筑企业经营房地产业的必要性。建筑企业通过经营房地产，可以在生产利润之外得到一定的经营利润和风险利润，增加积累，增强企业发展基础和抵御风险的能力。由于建筑企业的进入，房地产业减少了经营环节，改善了经营机制，降低了经营成本，有助于房地产业的繁荣和发展。

1.1.5 建筑市场的分类

（1）按交易对象，建筑市场分为建筑产品市场、资金市场、劳务市场、建筑材料市场、设备租赁市场、技术市场和服务市场等。

（2）按市场覆盖范围，建筑市场分为国际市场和国内市场。

（3）按有无固定交易场所，建筑市场分为有形市场和无形市场。

（4）按固定资产投资主体，建筑市场分为国家投资形成的建设工程市场、企事业单位自有资金投资形成的建设工程市场、私人住房投资形成的建设工程市场和外商投资形成的建设工程市场等。

（5）按建筑产品的性质，建筑市场分为工业建设工程市场、民用建设工程市场、公用建设工程市场、市政工程市场、道路桥梁市场、装饰装修市场、设备安装市场等。

1.2 我国的建筑市场

1.2.1 我国建筑市场的行业分布

按照我国国民经济行业标准分类，建筑业主要由房屋建筑业、土木工程建筑业、建筑安装业、建筑装饰、装修和其他建筑业构成。我国建筑市场以房屋建筑业和土木工程建筑业为主，其产值约占整个建筑市场总产值的85%以上。例如，2020年，房屋建筑业和土木工程建筑业贡献了建筑业总产值的绝大部分，其产值占比达到了88.17%，这一比例在2023年上升至90%。(数据来源：国家统计局网站统计报告)

我国建筑市场中的房屋建筑工程比例远高于美、日等发达国家，这是由于一方面我国目前处于城市化提速阶段，城镇人口大量增加，同时民众迫切需要扩大居住面积以改善生活条件，产生了现阶段庞大的市场需求；另一方面我国经济快速增长，有足够的资金可投入到容易受经济波动影响的房屋住宅产业中。相比而言，美、日等国早已渡过了城市化发展的高峰期，其房屋建筑工程的比例不如我国高，相比之下，受到政府投资支撑的土木工程行业占据更大的比例。从这种结构差异也能看出，我国建筑市场与发达国家相比，仍处于较为初级的阶段。

从工程项目投资主体（项目业主）的角度来看，有国家投资、地方政府投资、企业投资以及民间私有投资。其中，以国家投资为主的工程项目集中在水电建设、公路建设、电网建设、铁路建设、邮电通信，以及环保工程等领域。城市基础设施建设的投资主要来源于地方政府。以企业及民间投资为主的工程项目主要为各类工业与民用建筑。

在我国目前的建筑市场中，从事交通、水电工程建设专业的建筑业企业任务较为稳定和饱满，其经济效益也相对好些。其次，具有承担高难度技术施工任务能力的企业和专业性强的小型公司也有较好的市场环境。而那些技术装备条件一般、从事普通房屋建筑工程的建筑业企业面临的市场环境则竞争十分激烈。

1.2.2 我国建筑市场的运行状况

1. 建立和完善了有形建筑市场

有形建筑市场是“为建设工程招标投标活动提供信息、咨询和交易服务，为政府部门实施行业监管和行政监察提供条件”的公共服务机构。有形建筑市场大体经过了四个不同的发展阶段。

第一阶段（1997年以前）：探索阶段。1995年6月28日，建设部颁发了《建筑市场综合管理试点意见》，并选择了14个城市作为建筑市场综合管理试点城市，建立工程承发包交易中心（即有形建筑市场），业主、承包商、管理机构全部进入交易中心，成为全国第一批有形建筑市场。

第二阶段（1997—2002年）：兴起阶段。1997年2月建设部颁发了《关于印发〈建立建设工程交易中心的指导意见〉的通知》（建监〔1997〕24号），要求有一定建设规模、具有相关条件和较大影响力的中心城市逐步建立有形建筑市场。全国各地掀起了一轮有形建筑市场的成立高潮，地级以上城市基本建立了有形建筑市场。

第三阶段（2002—2009 年）：规范阶段。随着 2000 年《中华人民共和国招标投标法》颁布实施，全社会依法招标意识显著增强，但工程建设招投标法制仍不健全。2002 年 3 月 8 日，《国务院办公厅转发建设部国家计委监察部关于健全和规范有形建筑市场若干意见的通知》（国办发〔2002〕21 号）发布，要求有形建筑市场必须与政府部门及其所属机构脱钩，做到人员、职能分离，政企分开，政事分开。这是有形建筑市场自成立以来发布的第一个规范运行管理的通知。此后，《国务院办公厅关于进一步规范招投标活动的若干意见》（国办发〔2004〕56 号）等文件相继出台，有形建筑市场得到了进一步规范发展。

第四阶段（2009 年至今）：整合阶段。2009 年 7 月 9 日，中共中央办公厅、国务院办公厅印发《关于开展工程建设领域突出问题专项治理工作的意见》（中办发〔2009〕27 号）。自文件出台以来，一些省市立足于有形建筑市场，由建设行政主管部门主导，整合交通、水利、铁路、民航、园林绿化等专业工程进场交易，分行业实施行政监督。也有一些省市在发展改革部门主导下，将政府采购、土地交易、产权交易连同工程交易整合为公共资源交易中心，集中管理公共资源交易。2013 年 2 月 4 日，国家发改委等八部委联合制定了《电子招标投标办法》（2013 年第 20 号令），不仅强调交易平台、公共服务平台、行政监督平台三大平台的架构成为定局，而且第六条明确表示："依法设立的招标投标交易场所、招标人、招标代理机构以及其他依法设立的法人组织可以按行业、专业类别，建设和运营电子招标投标交易平台。国家鼓励电子招标投标交易平台平等竞争。"2013 年 3 月十二届全国人大一次会议通过的《关于国务院机构改革和职能转变方案》进一步明确：整合工程建设项目招标投标、土地使用权和矿业权出让、国有产权交易、政府采购等平台，建立统一规范的公共资源交易平台，有关部门在职责范围内加强监督管理。

2. *实施建筑业企业资质管理改革*

建筑业企业资质管理是调整建筑业结构的重要举措，也是整顿和规范建筑市场秩序的治本之策。资质改革是建筑业整体改革中的一部分内容。

2014 年 11 月住建部将专业承包资质由 60 个压缩至 36 个。2015 年取消了建筑智能化、消防设施、建筑装饰装修、建筑幕墙 4 个设计施工一体化资质。2015 年 10 月 9 日住建部发布《住房城乡建设部关于建筑业企业资质管理有关问题的通知》（建市〔2015〕154 号），将《建筑业企业资质管理规定和资质标准实施意见》（建市〔2015〕20 号）规定的资质换证调整为简单换证，资质许可机关取消对企业资产、主要人员、技术装备指标的考核。取消《施工总承包企业特级资质标准》（建市〔2007〕72 号）中关于国家级工法、专利、国家级科技进步奖项、工程建设国家或行业标准等考核指标要求。对于申请施工总承包特级资质的企业，不再考核上述指标。2016 年 10 月住建部简化建筑业企业资质标准，取消（除各类别最低等级外）注册建造师、中级以上职称人员、持有岗位证书的现场管理人员、技术工人的指标考核。2017 年 4 月正式取消园林绿化资质。2017 年 6 月住建部印发《施工总承包企业特级资质标准（征求意见稿）》（建市施函〔2006〕34 号），拟删去对企业注册资本金、上缴营业税、企业经理、财务负责人、一级建造师数量、设计人员、工法数量、信息化等要求。2017 年 9 月取消工程咨询、物业管理一级、地质勘查等资质。2017 年 11 月 7 日住建部印发《关于培育新时期建筑产业工人队伍的指导意见（征求意见稿）》（建办市函〔2017〕763 号），拟取消建筑施工劳务资质审批，设立专业作业企业资质。2018 年 3 月 8 日《住房城乡建设部关于废止〈工程建设项目招标代理机构资格认定办法〉的决定》(2018 年第 15 号）发布。2019 年 1 月 1 日起建筑工程企业资质将通过电子方式进行申报和批准，包括建筑业企业的资质证书。2020 年 7 月 2 日住建部发布《建设工程企业资质标准框架（征求意见稿）》。建筑业企业资质标准逐渐简化、弱化，是必然的方向，通过修订资质标准，简化资质考核条件，重点考核企业信誉和业绩等指标。

2019 年 12 月 23 日住建部、国家发改委印发《房屋建筑和市政基础设施项目工程总承包管理办法》(建市规〔2019〕12 号)，旨在培育具有融资、设计、施工和运营维护等综合能力的国际型工程公司。鼓励设计单位申请取得施工资质，已取得工程设计综合资质、行业甲级资质、建筑工程专业甲级资质的单位，可以直接申请相应类别的施工总承包一级资质。鼓励施工单位申请取得工程设计资质，具有一级及以上施工总承包资质的单位可以直接申请相应类别的工程设计甲级资质。

3. 建立了有关行业执业资格制度

1995 年，《中华人民共和国注册建筑师条例》(国务院第 184 号令）发布，这是建筑设计行业管理体制改革的一个重要组成部分。注册建筑师执业制度的实施，强化了执业人员的法律地位、责任和权力，规范了市场经济条件下执业人员的行为。这对规范市场管理，提高建筑设计质量，提高设计人员队伍素质有着重要的意义和深远的影响。随后，建设部又推行注册结构工程师、造价工程师、监理工程师、建造工程师等执业资格制度，推动了建筑市场的规范进程。

4. 我国建筑市场的主体已经形成

承发包双方均已作为独立的法人，依法在市场中进行建设活动。市场交易行为不断得到规范，招投标方式的不断改进，有形建筑市场的建立和规范，有力地促进和保证了市场各方主体公开、公平、公正的竞争。建筑中介服务机构有了新的发展，各种协会、学会、研究会、工程咨询机构、招标代理机构、质量认证机构、经济鉴定机构、产品检测鉴定机构以及为建筑业和工程建设服务的会计师事务所、审计师事务所、律师事务所、资产和资信评估机构、公证机构等，得到了较好的发展。建立了为建筑市场配套服务的资金市场、劳动力市场、材料市场、机械设备租赁市场、建筑技术市场等生产要素市场，初步形成了建筑市场体系。

1.3 建筑市场的构成要素

多年来，我国的建筑市场形成了工程建设买方、卖方和中介服务机构组成的市场主体，各种形态的建筑产品及相关要素（如建筑材料、建筑机械、建筑技术和劳动力）组成的市场客体。建筑市场的主要竞争机制是招标投标形式，用法律法规和监管体系保证市场秩序、保护市场主体的合法权益。建筑市场是消费品市场的一部分，如住宅建筑等；也是生产要素市场的一部分，如工业厂房、港口、道路、水库等。

1.3.1 建筑市场的主体

市场主体是指在市场中从事交易活动的当事人，包括组织和个人。按照参与交易活动的目的不同，当事人可分为买方、卖方和中介服务机构三类。建筑市场的主体是业主、承包商和中介服务机构。

1. 买方

建筑市场的买方泛指提供资金购买一定的建筑产品或服务的行为主体。在我国，买方一般被称为发包人、建设单位或甲方、业主。

业主对建设项目的规划、筹资、设计、建设实施直至生产经营、归还贷款及债券本息等全面负责。业主既是工程项目的所有者，又是决策者，在工程项目的前期工作阶段，确定工程项目的规模和建设内容；在招标投标阶段，择优选定中标的卖方。

在国际建筑市场上，买方可以是建筑业外部的政府部门、非金融企业、金融机构，甚至是居民，也可以来自建筑业内部。建筑业内部的买方可以是总承包公司或施工企业，例如总承包公司将建设项目的勘察和设计工作委托给勘察、设计单位，购买其服务；把建设项目的施工任务发包给施工安装公司，购买其施工服务。建筑业内、外买方购买的产品和服务之间的比例反映了建筑业内的分工详细程度和专业化程度。这个比例越大，建筑业内分工越细、专业化程度越高。

在我国，建设单位除了要具备相应的资金外，还应该具备建设地点的土地使用权，并办理各种准建手续。与其他国家相同，我国建筑市场的买方以政府公共部门为主，即通常所说的国家投资。

凡国家投资项目，按照国家计委颁发的《关于实行建设项目法人责任制的暂行规定》(计建设〔1996〕673 号)，在建设阶段必须组建项目法人，实行项目法人责任制，由项目法人对项目的策划、资金筹措、建设实施、生产经营、债务偿还和资产的保值增值实行全过程负责。推行项目法人责任制，有利于规范业主行为，提高投资效益。

对于新建的项目，应由出资的政府机关或其他机构，直接或委托某事业、企业及其他组织为该项目组建具有法人资格的专门单位，全权负责整个项目的工程建设。新建项目的法人有两种情况：一种情况是项目法人在项目完成交验后即完成任务，随即撤销；另一种情况是项目法人在项目建成后还要负责整个项目的经营，直到项目寿命结束。

根据项目投资主体的不同，国内的建设单位可以分为以下几种类型。

(1) 由企事业单位或其他具备法人资格的机关团体投资的新建、扩建、改建工程，建设单位是该企事业单位或该机关团体，比如某学校、某街道办。

(2) 由不同投资方投资或参股的工程项目，共同投资方组成董事会或工程管理委员会作为建设单位。

(3) 开发商自行融资兴建的工程项目，或者由投资方委托开发商建造的工程，开发商是建设单位。

(4) 投资方组建工程管理公司，由工程管理公司具体负责工程建造。建设单位是该工程管理公司，如××市轨道交通建设有限公司。

(5) 其他情况。

建筑市场的买方除了以上所述的建筑业外的建设单位，还可以是我国建筑业内企业。例如工程承包商可以委托造价咨询机构提供造价咨询服务，工程总承包商可以将基础工程或者装饰工程等专业工程向分包商发包。近些年，建筑市场运行模式更加多样化，例如在 CM（Construction Management）模式、交钥匙模式、BOT（Build-Operate-Transfer）模式中，工程总承包方一般均采取向外发包的运营方式。

2. 卖方

建筑市场的另一类主体即建筑市场的卖方，是指有一定生产能力、机械设备、技术专长、流动资金、具有承包工程建设任务的营业资质，在工程建设中能够按照业主的要求，提供不同形态的建筑产品，并最终得到相应工程价款的一方。卖方包括工程承包商、设计、勘察、咨询等单位和分包队伍。卖方在建筑市场上承揽施工、设计等业务，共同建造符合买方要求的建筑产品，从而获得利润回报。

为了实现这一目的，卖方尽可能地提供买方满意的、合格的或者优质的产品或服务，以便在竞争中取得优势。

卖方按照生产的主要形式，可分为勘察设计单位、施工企业、机械设备供应或租赁单位、建材供应商以及提供建筑劳务的企业；按照它们提供的主要建筑产品，可分为不同的专业公司，如水电、铁路、公路、冶金、市政工程等专业公司。

3. 中介服务机构

中介服务机构是指具有相应的专业服务能力，在建筑市场中受业主、承包商或政府管理部门的委托，对工程建设进行估算测量、咨询代理、建设监理等高智能服务，并取得服务费用的服务机构和其他建设专业服务机构。

中介服务机构按工作内容和作用可分为以下5种类型。

（1）为协调和约束市场主体行为的自律性机构。

（2）为保证市场公平竞争的公证机构。

（3）为促进市场发育，降低交易成本和提高效益而服务的工程咨询代理机构。

（4）为监督市场活动，维护市场正常秩序的检查认证机构。

（5）为保证社会公平，建立公正的市场竞争秩序的保障机构。

建筑市场中介服务机构的分类和作用如表1-1所示。

表1-1 建筑市场中介服务机构的分类和作用

类　型	举　例	作　用
自律性机构 （社团法人）	建筑业协会 建设监理协会 造价管理协会	（1）协调和约束市场主体行为 （2）促进行业内企业间、企业与政府间的沟通 （3）反映行业问题，发布行业信息
公证机构 （企业法人）	会计师事务所 律师事务所 公证处 仲裁机构	（1）保障建筑市场主体的利益和权益 （2）解决市场主体经济纠纷、维护市场秩序 （3）提高市场主体的法律意识
工程咨询代理机构 （企业法人）	工程咨询公司 招标代理公司 监理公司 信息服务机构	（1）降低工程交易成本，提高市场主体效益 （2）从事工程信息技术服务 （3）保证建筑市场自身利益
检查认证机构 （事业法人或企业法人）	工程质量检测中心 质量体系认证中心 建筑定额站 建筑产品检测中心	（1）提高建筑产品质量，监督和维护市场秩序 （2）促进承包方加强管理 （3）确保建筑产品质量的公平认证

续表

类　型	举　例	作　用
保障机构 （事业法人或企业法人）	保险机构 社会保障机构 行业劳保统筹管理机构	（1）保证市场的社会公平性 （2）充分体现社会福利性 （3）保证市场主体的社会稳定性

在建筑市场的运行过程中，中介服务机构作为政府、市场、企业之间联系的纽带，具有政府行政管理无法替代的作用。而发达的建筑市场中介服务机构既是市场体系成熟的标志，也是市场经济发达的表现。

1.3.2 建筑市场的客体

建筑市场的客体是指建筑市场的买卖双方交易的对象，它既包括有形建筑产品——建筑物，又包括无形产品——各种服务。建筑市场的客体凝聚着卖方和中介服务机构的劳动，业主则以投入资金的方式，取得它的使用价值。根据不同的生产交易阶段，建筑产品可分为以下几种形式。

（1）规划、设计阶段，建筑产品包括可行性研究报告、勘察报告、施工图设计文件等形式。

（2）招标、投标阶段，建筑产品包括资格预审报告、招标文件、投标文件以及合同文件等形式。

（3）施工阶段，建筑产品包括各类建筑物、构筑物以及劳动力、建筑材料、机械设备、预制构件、技术、资金、信息等形式。

建筑市场各方主体以客体为对象，以承包合同的方式来明确各方的责任、权利和义务，并以合同为纽带，把一系列的专业分包商、设备供应商、银行、运输商以及咨询、保险公司等联系在一起，形成经济协作关系。

1.3.3 建筑市场体系

建筑市场体系是建筑市场结构和政府对建筑市场宏观调控的有机结合体，包括：买方、卖方和为工程建设服务的中介服务机构组成的市场主体；保证市场秩序、保护市场主体合法权益的市场运行机制和市场交易规则。建筑市场体系如图1.3所示。

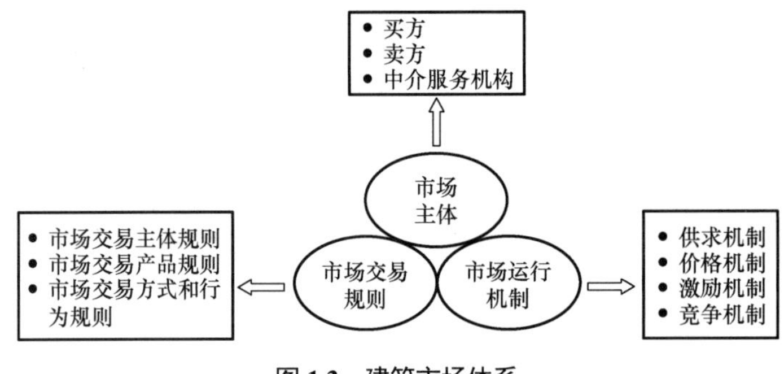

图1.3　建筑市场体系

全面的市场体系的发育与完善，是市场化进程的标志。市场体系是实现资源优化配置，发挥供求、价格、激励、竞争机制调节作用的前提条件，是建筑市场有效运行的重要基础。建筑市场围绕着市场主体的各种交易活动展开运行，市场运行机制能否顺利发挥作用，取决于是否存在一个完善的市场体系。

政府对市场的宏观调控体现在建立完善的市场规则（包括法律、法规、规范、标准和制度等）、监督和调控等方面。建筑市场主体与主体之间、主体与客体之间的关系，要通过市场规则来明确和制约。

1. 建筑市场交易规则

在建筑市场内，不同市场主体的根本利益有较大的差异，即使是处于同一市场主体地位的不同企业（比如不同的承包商）或个人（比如执业工程师）也会有不同的交易行为。因此，要保证市场有序、健康地发展，必须有明确的交易规则来规范建筑市场各主体的行为。建筑市场交易规则主要包括以下几个方面。

1）市场交易主体规则

建设项目承包商及中介组织必须具有法人资格或个人执业资格，必须遵守市场准入条件。项目业主要具有法人或自然人条件，公共建设项目要设立项目法人。市场交易主体规则也要规定各市场主体在资质和从业范围方面的条件，如项目类别和资质等级。

2）市场交易产品规则

对进入市场交易的建筑产品要界定范围，明确哪些可以和需要进入市场，哪些不可以进入市场。同时要对进入市场交易的建筑产品的质量、数量、安全等方面进行规范，不允许不安全、质量低劣的建筑产品进入市场。建筑产品的特殊性决定了其产品规则的交验标准要由政府制定并颁布实施。

3）市场交易方式和行为规则

建筑市场的交易方式主要有邀请招标、公开招标、协议合同等形式。为了保证建筑市场交易活动的公平性和公正性，需要制定相应的规则，如招标投标规则、合同内容规则等。这些规则规范了市场主体的交易行为，为承包商间的公平公正竞争提供了保障。市场交易方式和行为规则是建筑市场交易规则的重要组成部分。

2. 建筑市场运行机制

建筑市场运行机制是保护建筑市场主体按市场交易规则从事各种交易活动的一系列市场运行机制，被用以维护市场的正常运行和发展。

建筑市场的运行机制应建立在统一、开放、竞争、有序的原则基础之上。统一是指建筑市场运行机制要建立在统一的建筑法规、条例、标准、规范的平台之上；开放是指建筑市场中的买方和卖方可不受国家、地区、部门、行业的限制，进行建筑产品的生产和交换；竞争是指建筑产品生产的各个委托环节均要引进竞争机制，如招标投标、设计方案竞赛等竞争方式；有序是指虽然竞争有利于提高建筑产品的生产效率，但必须通过法规及有效的监督管理机制引导建筑市场有序化、规范化发展。

建筑市场运行机制包括供求机制、价格机制、激励机制、竞争机制等，它们各有不同的作用范围和内容，彼此制约、相互影响，从而推动建筑市场的正常运行。

1.4　建筑市场的管理

1.4.1　建筑市场参与者的管理

1. 对买方的管理

建筑产品需求者就是欲获得某种建筑产品且有相应支付能力的用户，在市场上处于买方地位，其作为市场主体之一，是建筑市场的驱动力量。

在我国，进入建筑市场的买方需要具备以下条件。

（1）建筑场地必须获得土地所有权或使用权证书。

（2）土地用途和技术要求符合有关规定。

（3）设计经审查批准并取得建设工程规划许可证。

作为建筑市场的买方，必须承担以下义务。

（1）遵守相关法律、法规、规章、方针、政策的义务。

（2）接受招标投标管理机构管理和监督的义务。

（3）不侵犯投标人合法权益的义务。

（4）委托代理招标时向代理机构提供招标所需资料、支付委托费用等义务。

（5）与中标人签订并履行合同的义务。

（6）承担依法约定的其他各项义务。

案例 1.1

围 标 案 例

某房地产公司对某房建工程进行招标。招标公告发布之后，某建筑公司与该房地产公司进行私下交易，最后该房地产公司决定将此工程承包给这家建筑公司。为了减少竞争，由该房地产公司出面邀请了几家私交比较好的施工单位前来投标，并事先将中标意向透露给这几家参与投标的施工单位，暗示这几家施工单位将投标文件制作得马虎一些。后来在投标的时候，被邀请的几家施工单位和某建筑公司一起投标，但是由于邀请的几家施工单位的投标人未认真制作投标文件，报价都比较高，最后评委推荐某建筑公司为中标候选人。某建筑公司如愿承包了此项工程。

【解析】

这个案例是俗称的围标，其操作之所以能够成功，归根结底是竞争参与人均是来围标的。如果说这个案例中看到招标公告后来参与竞争的不限于围标的这几家单位，那么结果也就不是这些围标人员所能操控的，所以根据招投标可信度评价标准可以将这一问题作如下理解：招标公告公开方式是否足以在一个较大范围内产生竞争；其公开的信息是否充分体现了项目的竞争的价值以引起充分竞争。在一个充分竞争的市场环境里，有价值的招标项目进入交易市场后，参与竞争人实质上是处于不可确定的状态，而这种不可确定的状态恰恰是围标的天敌。

小知识

围标与陪标

围标也称串通招标投标，是指招标人与投标人之间或者投标人与投标人之间采用不正当手段，对招标投标事项进行串通，以排挤竞争对手或者损害招标人利益的行为。《中华人民共和国招标投标法》规定，招标人无论是采用公开招标还是邀请招标方式，都应当有3个以上具备承担招标项目的能力、资信良好的特定法人或者其他组织参与投标，对招标文件进行实质性的响应，所以有时某一承包商就联系几家关系单位参加投标，以确保其能够中标。那些被伙同进行围标的单位的行为被称为陪标。可见，陪标与围标是不可分的，陪标是围标过程中的一种现象。无论他们的行为如何，都是通过不正当手段，排挤其他竞争者，以达到某个利益相关者中标，从而谋取利益的目的。围标主要有以下两种表现。

（1）招标人与投标人之间进行串通。

有的招标人事先内定中标单位，通过制定有利于某个投标人的招标公告或招标文件及评标细则，或者制定歧视性的条款以排斥其他投标人；有的投标人与招标人采取欺诈的方式，用大大低于成本价的价格中标，将其他不明真相的投标人排除在外，然后在施工中采取变更工程量、多算工程量或材料人工费等手段提高决算价格而获利；有的招标人与投标人私下事先约定将利润较大的部分收回另行分包，并以此作为投标的门槛。

（2）投标人之间进行串通。

有的无资质的投标人通过不正当手段疏通关系，假借大型工程建设单位的资质进行投标或施工；而一些有资质的工程建设单位为收取管理费或分得一定的工程量，以分包、联营、项目经营等方式将资质借予他人获利；有的投标人向数家有资质的建设单位挂靠投标，通过编制不同的投标方案进行围标，从而将其他投标人排挤出局；有的投标人故意废标，给关系单位陪标，增加关系单位的中标率；有的投标人互相配合，轮流中标。

关于“串通投标罪”的刑事责任

2017年修订的《中华人民共和国招标投标法》第五十三条规定：投标人相互串通投标或者与招标人串通投标的，投标人以向招标人或者评标委员会成员行贿的手段谋取中标的，中标无效，处中标项目金额千分之五以上千分之十以下的罚款，对单位直接负责的主管人员和其他直接责任人员处单位罚款数额百分之五以上百分之十以下的罚款；有违法所得的，并处没收违法所得；情节严重的，取消其一年至二年内参加依法必须进行招标的项目的投标资格并予以公告，直至由工商行政管理机关吊销营业执照；构成犯罪的，依法追究刑事责任。给他人造成损失的，依法承担赔偿责任。

2019年修订的《中华人民共和国招标投标法实施条例》第六十七条规定：投标人相互串通投标或者与招标人串通投标的，投标人向招标人或者评标委员会成员行贿谋取中标的，中标无效；构成犯罪的，依法追究刑事责任；尚不构成犯罪的，依照招标投标法第五十三条的规定处罚。投标人未中标的，对单位的罚款金额按照招标项目合同金额依照招标投标法规定的比例计算。

投标人有下列行为之一的，属于招标投标法第五十三条规定的情节严重行为，由有关行政监督部门取消其1年至2年内参加依法必须进行招标的项目的投标资格：

（一）以行贿谋取中标；

（二）3年内2次以上串通投标；

（三）串通投标行为损害招标人、其他投标人或者国家、集体、公民的合法利益，造成直接经济损失30万元以上；

（四）其他串通投标情节严重的行为。

投标人自本条第二款规定的处罚执行期限届满之日起3年内又有该款所列违法行为之一的，或者串通投标、以行贿谋取中标情节特别严重的，由工商行政管理机关吊销营业执照。

法律、行政法规对串通投标报价行为的处罚另有规定的，从其规定。

《中华人民共和国刑法》第二百二十三条规定：投标人相互串通投标报价，损害招标人或者其他投标人利益，情节严重的，处三年以下有期徒刑或者拘役，并处或者单处罚金。投标人与招标人串通投标，损害国家、集体、公民的合法利益的，依照前款的规定处罚。

【围标、串标、陪标】

2. 对卖方的管理

建筑活动的专业性及技术性都很强，而且建设工程投资大、周期长，一旦发生问题将给社会和人民的生命财产安全造成极大损失。因此，为保证建设工程的质量和安全，必须对从事建设活动的单位实行从业资格管理，即资质管理制度。

《中华人民共和国建筑法》规定，对从事建筑活动的工程勘察设计企业、建筑业企业、工程咨询单位（含监理单位）、材料设备供应单位实行资质管理。

1）工程勘察设计企业资质管理

我国建设工程勘察设计资质分为工程勘察资质、工程设计资质。工程勘察资质分为工程勘察综合资质（甲级）、工程勘察专业资质（甲、乙级）和工程勘察劳务资质（不分级）；工程设计资质分为工程设计综合资质（甲级）、工程设计行业资质（甲、乙级）、工程设计专业资质（甲、乙级）和工程设计专项资质（甲、乙级），根据工程性质和技术特点，个别行业、专业、专项资质可以设丙级，建筑工程设计专业资质可以设丁级。

建设工程勘察、设计企业应当按照其拥有的注册资本、专业技术人员、技术装备和业绩等条件申请资质，经审查合格，取得建设工程勘察、设计资质证书后，方可在资质等级许可的范围内从事建设工程勘察、设计活动。国务院建设行政主管部门及各地建设行政主管部门负责工程勘察、设计企业资质的审批、晋升和处罚。我国勘察设计企业的业务范围参见表 1-2 的有关规定。

表 1-2　我国勘察设计企业的业务范围

<table>
<tr><th>企业类别</th><th>资质分类</th><th>等级</th><th>承担业务范围</th></tr>
<tr><td rowspan="4">勘察企业</td><td>工程勘察综合资质</td><td>甲级</td><td>可以承接各专业（海洋工程勘察除外）、各等级工程勘察业务</td></tr>
<tr><td rowspan="2">工程勘察专业资质（分专业设立）</td><td>甲级</td><td>承担本专业工程勘察业务的范围和地区不受限制</td></tr>
<tr><td>乙级</td><td>可承担本专业工程勘察中、小型工程项目，承担工程勘察业务的地区不受限制</td></tr>
<tr><td>工程勘察劳务资质</td><td>不分级</td><td>可以承接岩土工程治理、工程钻探、凿井等工程勘察劳务业务</td></tr>
<tr><td rowspan="8">设计企业</td><td>工程设计综合资质</td><td>不分级</td><td>可以承接各行业、各等级的建设工程设计业务</td></tr>
<tr><td rowspan="3">工程设计行业资质（分行业设立）</td><td>甲级</td><td>承担相应行业建设工程项目的主体工程和配套工程的设计业务，规模不受限制</td></tr>
<tr><td>乙级</td><td>承担相应行业的中、小型建设工程项目的主体工程和配套工程的设计业务</td></tr>
<tr><td>丙级</td><td>承担相应行业的小型建设工程项目的主体工程和配套工程的设计业务</td></tr>
<tr><td rowspan="4">工程设计专业资质（分专业设立）</td><td>甲级</td><td>承担相应专业建设工程项目的主体工程和配套工程的设计业务，规模不受限制</td></tr>
<tr><td>乙级</td><td>承担相应专业的中、小型建设工程项目的主体工程和配套工程的设计业务</td></tr>
<tr><td>丙级</td><td>承担相应专业的小型建设工程项目的主体工程和配套工程的设计业务</td></tr>
<tr><td>丁级</td><td>承担规定的专业工程的设计任务（限建筑工程设计）</td></tr>
</table>

续表

企业类别	资质分类	等级	承担业务范围
设计企业	工程设计专项资质（分专业设立）	甲级	承担大、中、小型专项工程设计的项目，地区不受限制
		乙级	承担中、小型专项工程设计的项目，地区不受限制

2）建筑业企业资质管理

建筑业企业是指从事土木工程、建筑工程、线路管道及设备安装工程、装修工程等的新建、扩建、改建活动的企业。

建筑业企业资质分为施工总承包资质、专业承包资质、施工劳务资质三个序列。施工总承包资质又按工程性质分为房屋、公路、铁路、港口、水利、电力、矿山、冶金、化工石油、市政公用、通信、机电 12 个类别，等级分为特级、一级、二级、三级；专业承包资质又根据工程性质和技术特点划分为 36 个类别，等级分为一级、二级、三级；施工劳务资质不分类别与等级。施工总承包企业和专业承包企业的资质实行分级审批。我国建筑业企业承包工程范围见表 1-3。

表 1-3　我国建筑业企业承包工程范围

企业类别	等级	承包工程范围
施工总承包企业（12 类）	特级	（以建筑工程为例）可承担本类别各等级工程施工总承包、设计及开展工程总承包和项目管理业务
	一级	（以建筑工程为例）可承担单项合同额 3000 万元以上的下列建筑工程的施工：（1）高度 200 米以下的工业、民用建筑工程；（2）高度 240 米以下的构筑物工程
	二级	（以建筑工程为例）可承担下列建筑工程的施工：（1）高度 100 米以下的工业、民用建筑工程；（2）高度 120 米以下的构筑物工程；（3）建筑面积 15 万平方米以下的建筑工程；（4）单跨跨度 39 米以下的建筑工程
	三级	（以建筑工程为例）可承担下列建筑工程的施工：（1）高度 50 米以下的工业、民用建筑工程；（2）高度 70 米以下的构筑物工程；（3）建筑面积 8 万平方米以下的建筑工程；（4）单跨跨度 27 米以下的建筑工程
专业承包企业（36 类）	一级	（以地基基础工程为例）可承担各类地基基础工程的施工
	二级	（以地基基础工程为例）可承担下列工程的施工：（1）高度 100 米以下工业、民用建筑工程和高度 120 米以下构筑物的地基基础工程；（2）深度不超过 24 米的刚性桩复合地基处理和深度不超过 10 米的其他地基处理工程；（3）单桩承受设计荷载 5000 千牛以下的桩基础工程；（4）开挖深度不超过 15 米的基坑围护工程
	三级	（以地基基础工程为例）可承担下列工程的施工：（1）高度 50 米以下的工业、民用建筑工程和高度 70 米以下构筑物的地基基础工程；（2）深度不超过 18 米的刚性桩复合地基处理或深度不超过 8 米的其他地基处理工程；（3）单桩承受设计荷载 3000 千牛以下的桩基础工程；（4）开挖深度不超过 12 米的基坑围护工程
施工劳务企业	不分级	可承担各类施工劳务作业

3）工程咨询单位资质管理

工程监理企业资质按照等级划分为专业资质、综合资质和事务所资质。其中，专业资质按照工程性质和技术特点可划分为 14 个工程类别，综合资质、事务所资质不设类别。专业资质分为甲级、乙级，其中房屋建筑、水利水电、公路和市政公用专业资质可设立丙级。专业资质中，丙级监理单位只能监理相应专业类别的三级工程；乙级监理单位只能监理相应专业类别的二、三级工程；甲级监理单位可以监理相应专业类别的所有工程。综合资质可以承担所有专业类别建设项目的工程监理业务。事务所资质可以承担三级建设工程项目的监理业务，但国家规定必须实行监理的工程除外。

工程造价咨询机构资质等级划分为甲级和乙级。甲级工程造价咨询机构承担工程的范围和地区不受限制；乙级工程造价咨询机构在本省、自治区、直辖市所辖行政区域范围内承接中、小型建设项目的工程造价咨询业务。工程造价咨询单位的资质评定条件包括注册资金、专业技术人员和业绩三方面的内容，不同资质等级的标准均有具体规定。

近年来，建设工程企业资质管理存在资质要求过于复杂、人员资格证书挂靠的情形。党的十八大以来，针对国务院推行行政审批制度改革要求，不断深化建筑领域的“放管服”改革，住建部提出了一系列简化企业资质标准、完善资质管理的改革措施。

2017 年 9 月 22 日国务院正式发文取消工程咨询资质，工程咨询实行备案制。2017 年 11 月 6 日国家发展和改革委员会发布《工程咨询行业管理办法》（2017 年第 9 号令），工程咨询资质正式取消。开展工程咨询单位资信评价工作的行业组织，应当根据本办法及资信评价标准开展资信评价工作，并向获得资信评价的工程咨询单位颁发资信评价等级证书。工程咨询单位资信评价等级以一定时期内的合同业绩、守法信用记录和专业技术力量为主要指标，分为甲级和乙级两个级别。

2017 年 12 月 27 日第十二届全国人大常委会第三十一次会议审议通过《中华人民共和国招标投标法》修订意见，明确取消招标代理资格认定有关条款。2018 年 3 月住建部发布的《住房城乡建设部关于废止〈工程建设项目招标代理机构资格认定办法〉的决定》明确了取消招标代理资格。

《国务院关于在自由贸易试验区开展“证照分离”改革全覆盖试点的通知》（国发〔2019〕25 号）自 2019 年 12 月 1 日起实施，在全国自由贸易试验区开展“证照分离”改革全覆盖试点。该通知明确提出：工程造价咨询企业甲级、乙级资质认定直接取消审批，在政府采购、工程建设审批中不得再对工程造价咨询企业提出资质方面要求。

4）材料设备供应单位资质管理

材料设备供应单位包括具有法人资格的建筑工程材料设备生产、制造厂家，材料设备公司、设备成套承包公司等。目前，我国对建筑工程材料设备供应单位实行资质管理的单位，主要是混凝土预制构件生产企业、商品混凝土生产企业和机电设备成套供应单位。

混凝土预制构件生产企业和商品混凝土生产企业参加建筑工程材料设备招标投标活动，必须持有相应的资质证书，并在其资质证书许可的范围内进行活动。混凝土预制构件生产企业、商品混凝土生产企业的专业技术人员参加建筑工程材料设备招标投标活动，应持有相应的执业资格证书，并在其执业资格证书许可的范围内进行活动。

机电设备成套供应单位参加建筑工程材料设备招标投标活动，必须持有相应的资质证书，并在其资质证书许可的范围内进行活动。机电设备成套供应单位的专业技术人员参加建筑工程材料设备招标投标活动，应持有相应的执业资格证书，并在其执业资格证书许可的范围内进行活动。

1.4.2 专业人士资格管理

在建筑市场中，把具有从事工程咨询资格的专业工程师称为专业人士。

专业人士在建筑市场管理中起着非常重要的作用，他们的工作水平对工程项目建设成败具有重要的影响，因此对专业人士的资格条件要求很高。从某种意义上说，政府对建筑市场的管理，一方面要靠完善的建筑法规，另一方面要依靠专业人士。

我国的专业人士制度是 2005 年才从发达国家引入的，目前，已经确定专业人士的种类有注册建筑工程师、结构工程师、监理工程师、造价工程师、建造工程师、岩土工程师、安全工程师等。由人力资源社会保障部与多部委共同负责组织专业人士的资格考试和注册；由建设行政主管部门负责专业人士注册。专业人士的资格和注册条件为：大专以上的专业学历、参加全国统一考试且成绩合格、具有相关专业的实践经验，即可取得注册工程师资格。

国外的咨询单位具有民营化、专业化、小规模的特点。许多工程咨询单位是以专业人士个人名义进行注册。由于工程咨询单位规模小，无法承担咨询错误造成的经济风险，所以国际上的做法是购买专项责任保险，在管理上实行专业人士执业制度，对工程咨询从业人员进行管理，一般不实行对咨询单位的资质管理制度。

2017 年以来，我国不断推行建筑执业资质改革，旨在弱化企业资质、强化个人执业资格。将来，建筑执业人员将像律师一样，成为专业化的技术人员，成为提供专业技术服务的中介方。未来将会出现各种以个人执业能力和专业水准为评判标准的个人执业事务所，或是合伙式的执业事务所。

1.5 公共资源交易中心

1.5.1 公共资源交易中心的发展历程

我国公共资源交易平台的设立最早是以 1992 年开始建立有形建筑市场（建设工程交易中心）为标志的。有形建筑市场的发展过程见 1.2.2 节相关内容。有形建筑市场在探索规范的公共资源交易制度体系、发挥高效配置资源、减少公共资源交易腐败等方面作出了有益的探索。1988 年 5 月，我国第一个产权交易中心在武汉成立。

2009 年，随着工程类专项治理的开展，公共资源交易进入整合升级阶段，北京、天津、上海等地区将有形建筑市场扩展到工程建设招投标平台。与此同时，珠海等地区也开展了卓有成效的探索，在之前有形建筑市场基础上，将交易项目逐步扩展到土地及矿产资源出让、产权交易、政府采购等领域，成立了公共资源交易中心。2011 年 6 月 8 日，中共中央办公厅、国务院办公厅印发了《关于深化政务公开加强政务服务的意见》(2011 年第 23 号)，该意见第一次明确提出公共资源交易平台的概念，将公共资源交易平台定义为负责公共资源交易和提供咨询、服务的机构，是公共资源统一进场交易的服务平台。2011 年 12 月 20 日，国务院公布了《中华人民共和国招标投标法实施条例》(国务院令第 613 号)，该条例明确规定了公共资源交易中心的法律地位，并明确了市级及以上公共资源交易中心的交易方法。2013 年，国务院印发了《国务院办公厅关于实施〈国务院机构改革和职能转变方案〉任务分工的通知》

（国办发〔2013〕22 号），明确提出了“整合建立统一规范的公共资源交易平台，有关部门在职责范围内加强监督管理”的机构改革事项。我国公共资源交易中心开始进入高速建立时期。

根据《国务院办公厅转发国家发展改革委关于深化公共资源交易平台整合共享指导意见的通知》（国办函〔2019〕41 号），到 2020 年，适合以市场化方式配置的公共资源基本纳入统一的公共资源交易平台体系，实行目录管理。即将公共资源交易平台覆盖范围由工程建设项目招标投标、土地使用权和矿业权出让、国有产权交易、政府采购等，逐步扩大到适合以市场化方式配置的自然资源、资产股权、环境权等各类公共资源，制定和发布全国统一的公共资源交易目录指引。因此，公共资源交易中心的交易对象包括工程建设、政府采购、土地使用权、矿业权、国有产权、碳排放权、排污权、药品采购、二类疫苗、林权等。

1.5.2 公共资源交易中心的职能

公共资源交易中心主要有以下职能。

（1）根据国家、省、市有关法律、法规和政策，制定公共资源进场交易业务操作规程，建立和完善内部管理制度。

（2）组织实施政府集中采购目录中通用项目的采购工作；为土地使用权、矿业权、工程建设项目招投标、国有产权等各类公共资源交易活动提供场所、设施和服务。

（3）核验市场主体、中介机构的资格及进场交易项目资料。

（4）见证公共资源进场交易全过程，确认交易结果，维护交易秩序，整理和保存交易过程中的相关资料。

（5）承担公共资源交易平台、公共资源数据系统的建设、维护和管理，做好各类评标专家库的服务和日常管理工作。

（6）收集、统计、存储和发布各类公共资源交易信息，对各类公共资源交易情况进行定期分析，向有关行业主管部门、行政监管部门报送业务信息和统计数据；协助做好公共资源交易相关法律、法规、政策和信息咨询的服务工作。

（7）为公共资源进场交易行政监督工作提供监管平台，及时向有关部门报告并协助调查违法违规交易行为。

（8）建立公共资源现场交易信用和纪律档案，建设、维护、管理公共资源交易信用信息平台。

1.5.3 建设工程项目交易的一般程序

按有关规定，建设工程项目进入公共资源交易中心后按下列程序进行交易，如图 1.4 所示。

（1）建设工程项目的报建。在建设工程项目的立项批准文件或投资计划下达后，建设单位根据《工程建设项目报建管理办法》（建建字〔1994〕482 号）规定的要求进行报建。工程建设项目的报建内容主要包括：工程名称、建设地点、投资规模、资金来源、当年投资额、工程规模、开工竣工日期、发包方式、工程筹建情况。

（2）招标申请。招标人填写“建设工程招标申请表”，经上级主管部门批准后，连同“工程建设项目报建审查登记表”报招标管理机构审批。招标管理机构依据《中华人民共和国招标投标法》和有关规定确认招标方式。

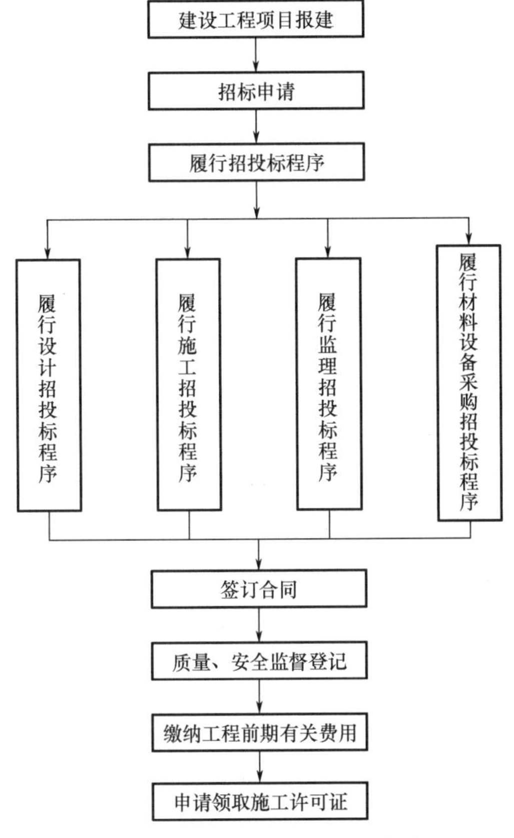

图 1.4　建设工程项目交易一般程序图

(3) 履行招投标程序。招标人依据《中华人民共和国招标投标法》和有关规定，履行建设项目（包括建设项目的勘察、设计、施工、监理以及与工程建设有关的材料设备采购等）的招投标程序。

(4) 签订合同。自发出中标通知书之日起 30 天内，发包单位与中标单位签订承包合同。

(5) 质量、安全监督登记。

(6) 缴纳工程前期有关费用。

(7) 申请领取施工许可证。

根据《建筑工程施工许可管理办法》的规定，申请领取施工许可证需要满足下列条件。

① 依法应当办理用地批准手续的，已经办理该建筑工程用地批准手续。

② 依法应当办理建设工程规划许可证的，已经取得建设工程规划许可证。

③ 施工场地已经基本具备施工条件，需要征收房屋的，其进度符合施工要求。

④ 已经确定施工企业。按照规定应当招标的工程没有招标，应当公开招标的工程没有公开招标，或者肢解发包工程，以及将工程发包给不具备相应资质条件的企业的，所确定的施工企业无效。

⑤ 有满足施工需要的资金安排、施工图纸及技术资料，建设单位应当提供建设资金已

经落实承诺书，施工图设计文件已按规定审查合格。

⑥ 有保证工程质量和安全的具体措施。施工企业编制的施工组织设计中有根据建筑工程特点制定的相应质量、安全技术措施。建立工程质量安全责任制并落实到人。专业性较强的工程项目编制了专项质量、安全施工组织设计，并按照规定办理了工程质量、安全监督手续。

1.6 建筑市场交易的相关法律法规

1.6.1 招标投标法律法规体系

招标投标法律法规体系是国家用来规范招标投标活动、调整在招标投标过程中产生的各种关系的法律规范的总称。按照法律效力的不同，招标投标法律规范体系由有关法律、法规、规章及行政规范性文件构成。

（1）法律。

法律，由全国人大及其常委会制定，通常以国家主席令的形式向社会公布，具有国家强制力和普遍约束力，一般以法、决议、决定、条例、办法、规定等为名称。如《中华人民共和国建筑法》（简称《建筑法》，自 1998 年 3 月 1 日起施行，2019 年 4 月 23 日最新修订）、《中华人民共和国招标投标法》（简称《招标投标法》，自 2000 年 1 月 1 日起施行，2017 年 12 月 27 日最新修订）、《中华人民共和国政府采购法》（简称《政府采购法》，自 2003 年 1 月 1 日起施行）、《中华人民共和国合同法》（简称《合同法》，自 1999 年 10 月 1 日起施行，《合同法》有效期限到 2020 年 12 月 31 日为止，其内容被《中华人民共和国民法典》所替换，《中华人民共和国民法典》生效日期为 2021 年 1 月 1 日）。

（2）法规，包括行政法规和地方性法规。

行政法规，由国务院制定，通常由国务院总理签署国务院令公布，一般以条例、规定、办法、实施细则等为名称。如自 2012 年 2 月 1 日起施行的《中华人民共和国招标投标法实施条例》（2019 年 3 月 2 日最新修订）是与《招标投标法》配套的一部行政法规。自 2015 年 3 月 1 日起施行的《中华人民共和国政府采购法实施条例》是与《政府采购法》配套的一部行政法规。

地方性法规，由省、自治区、直辖市及较大的市（省、自治区政府所在地的市，经济特区所在地的市，经国务院批准的较大的市）的人大及其常委会制定，通常以地方人大公告的方式公布，一般使用条例、实施办法等名称，如《北京市招标投标条例》。

（3）规章，包括国务院部门规章和地方政府规章。

国务院部门规章，是指由国务院所属的部、委、局和具有行政管理职责的直属机构制定，通常以部委令的形式公布，一般以办法、规定等为名称。包括：

① 《工程建设项目勘察设计招标投标办法》《工程建设项目施工招标投标办法》《工程建设项目货物招标投标办法》；

② 《建设工程设计招标投标管理办法》《房屋建筑和市政基础设施工程施工招标投标管理办法》《政府采购货物和服务招标投标管理办法》；

③ 《工程建设项目自行招标试行办法》《工程建设项目招标范围和规模标准规定》《必须招标的工程项目规定》《评标委员会和评标办法暂行规定》《政府采购非招标采购方式管

理办法》等。

地方政府规章，由省、自治区、直辖市、省及自治区政府所在地的市、经国务院批准的较大的市的政府制定，通常以地方人民政府令的形式发布，一般以规定、办法等为名称。如北京市人民政府制定的《北京市工程建设项目招标投标监督管理规定》（北京市人民政府令第 122 号）。

（4）行政规范性文件。

行政规范性文件是各级政府及其所属部门和派出机关在其职权范围内，依据法律、法规和规章制定的具有普遍约束力的具体规定。如《关于印发整合建立统一的公共资源交易平台工作方案的通知》（国办发〔2015〕63 号）。

我国建设工程招标投标法律法规体系正在逐步形成并完善。

1.6.2 《建筑法》招标投标相关条文

1. 对建筑工程施工许可的规定

新建、扩建、改建的建设工程，建设单位必须在建设工程被立项批准后，工程发包前，向建设行政主管部门或其授权的部门办理报建登记手续，申请领取工程施工许可证。未办理报建登记手续的工程，不得发包，不得签订工程合同，不得开工。《建筑法》规定："建筑工程开工前，建设单位应当按照国家有关规定向工程所在地县级以上人民政府建设行政主管部门申请领取施工许可证；但是，国务院建设行政主管部门确定的限额以下的小型工程除外。"

建设单位应当自领取施工许可证之日起三个月内开工。因故不能按期开工的，应当向发证机关申请延期，延期以两次为限，每次不超过三个月；既不开工又不申请延期或者超过延期时限的，施工许可证自行废止。

2. 对建筑工程发包与承包的规定

1）对发包的规定

【《建筑法》】

《建筑法》规定："建筑工程依法实行招标发包，对不适于招标发包的可以直接发包。"建筑工程实行招标发包的，发包单位应当将建筑工程发包给依法中标的承包单位；建筑工程实行直接发包的，发包单位应当将建筑工程发包给具有相应资质条件的承包单位。

政府及其所属部门不得滥用行政权力，通过限定发包单位将招标发包的建筑工程发包给指定的承包单位。

提倡对建筑工程实行总承包，禁止将建筑工程肢解发包。建筑工程的发包单位可以将建筑工程的勘察、设计、施工、设备采购一并发包给一个工程总承包单位，也可以将建筑工程勘察、设计、施工、设备采购的一项或者多项发包给一个工程总承包单位。但是，不得将应当由一个承包单位完成的建筑工程肢解成若干部分发包给几个承包单位。

小知识

肢解发包

肢解发包，是指建设单位将应当由一个承包单位完成的建设工程分解成若干部分发包给不同的承包单位的行为。

如何理解“应当由一个承包单位完成”？可以从以下三点来理解：

（1）以单位工程为分界点；

（2）单独立项的分部分项工程；

（3）《建筑法》第二十四条的有关释义。

单位工程：《建设工程分类标准》（GB/T 50841—2013）定义“单位工程是指具备独立施工条件并能形成独立使用功能的建筑物或构筑物”。本办法是以《建设工程分类标准》为准。

单项工程：具有独立设计文件，能够独立发挥生产能力、使用效益的工程，是建设项目的组成部分，由多个单位工程构成。

单独立项的分部分项工程：单独立项的组成单位工程的分部分项工程。住建部《关于基坑工程单独发包问题的复函》（建市施函〔2017〕35 号）中指出，基坑工程属于建筑工程单位工程的分项工程，建设单位将非单独立项的基坑工程单独发包属于肢解发包行为。释义中指出，除单独立项的专业工程外，建设单位不得将一个单位工程的分部工程施工发包给专业承包单位。

《建筑法》第二十四条释义：“一幢房屋的土建工程，建设单位就不应将其分成若干部分发包给几个承包单位，而应由一个承包单位承包；而对一幢大型公共建筑的空调设备和消防设备的安装，尽管属于同一建筑的设备安装，但因各有其较强的专业性，建设单位可以将其分别发包给不同的承包单位。”

2）对承包的规定

（1）承包单位的资质管理。承包建筑工程的单位应当持有依法取得的资质证书，并在其资质等级许可的业务范围内承揽工程。禁止建筑施工企业超越本企业资质等级许可的业务范围或者以任何形式用其他建筑施工企业的名义承揽工程。禁止建筑施工企业以任何形式允许其他单位或者个人使用本企业的资质证书、营业执照，以本企业的名义承揽工程。

（2）联合承包。大型建筑工程或者结构复杂的建筑工程，可以由两个以上的承包单位联合共同承包。共同承包的各方对承包合同的履行承担连带责任。两个以上不同资质等级的单位实行联合共同承包的，应当按照资质等级低的单位的业务许可范围承揽工程。

（3）禁止建筑工程转包。禁止承包单位将其承包的全部建筑工程转包给他人；禁止承包单位将其承包的全部建筑工程肢解以后以分包的名义分别转包给他人。

（4）建筑工程分包。建筑工程总承包单位可以将承包工程中的部分工程发包给具有相应资质条件的分包单位；但是，除总承包合同中约定的分包外，分包必须经建设单位认可。针对施工总承包的情况，建筑工程主体结构的施工必须由总承包单位自行完成。

建筑工程总承包单位按照总承包合同的约定对建设单位负责；分包单位按照分包合同的约定对总承包单位负责；总承包单位和分包单位就分包工程对建设单位承担连带责任。

禁止总承包单位将工程分包给不具备相应资质条件的单位。禁止分包单位将其承包的工程再分包。

案例 1.2

非法转包案例

A 公司将其从 B 公司承接的装饰装修工程的全部劳务工程分包给了 C 公司，再将该劳务分包工程范围内的全部材料委托给 C 公司代为采购，实际上 A 公司是将整个装饰装修合同的施工部分分解成劳务分包合同和材料采购委托合同，两个合同标的加起来就是 A 公司承接的装饰装修工程的所有施工工作。虽然双方对于C公司是否享有材料采购的自主性这一问题各执一词，但A公司并没有证据证明向C公司提出了采购材料的具体要求或有相应的采购清单，这与受托人需按照委托人的指示处理委托事务的惯例明显不符。综合以上分析，能够认定A公司与C公司签订的《劳务分包合同》和《材料采购委托合同》是借劳务分包之名，将涉案的装饰装修施工工程进行违法转包。

1.6.3 建设工程招标投标活动监管

建设工程招标投标涉及国家利益、社会公共利益和公众安全，因而必须对其实行强有力的政府监管。建设工程招标投标活动及其当事人应当接受依法实施的监督管理。

1. 建设工程招标投标监管体制

建设工程招标投标涉及各行各业的很多部门，如果都各自为政，必然会导致建设市场混乱无序，无从管理。为了维护建筑市场的统一性、竞争的有序性和开放性，国家明确指定了一个统一归口的建设行政主管部门，即住房和城乡建设部（简称住建部），它是全国最高招标投标管理机构。在住建部的统一监管下，实行省、市、县三级建设行政主管部门对所辖行政区内的建设工程招标投标分级管理。各级建设行政主管部门作为本行政区域内建设工程招标投标工作的统一归口监督管理部门，其主要职责有以下几点。

（1）从指导全社会的建筑活动、规范整个建筑市场、发展建筑产业的高度，研究制定有关建设工程招标投标的发展战略、规划、行业规范和相关方针、政策、行为规则、标准和监管措施，组织宣传、贯彻有关建设工程招标投标的法律、法规、规章，进行执法检查监督。

（2）指导、检查和协调本行政区域内建设工程的招标投标活动，总结交流经验，提供高效率的规范化服务。

（3）负责对当事人的招标投标资质、中介服务机构的招标投标中介服务资质和有关专业技术人员的执业资格的监督，开展招标投标管理人员的岗位培训。

（4）会同有关专业主管部门及其直属单位办理有关专业工程招标投标事宜。

（5）调解建设工程招标投标纠纷，查处建设工程招标投标违法、违规行为，否决违反招标投标规定的定标结果。

2. 建设工程招标投标分级管理

建设工程招标投标分级管理，是指省、市、县三级建设行政主管部门依照各自的权限，对本行政区域内的建设工程招标投标分别实行管理，即分级属地管理。分级管理是建设工程招标投标管理体制内部关系中的核心问题。实行这种建设行政主管部门系统内的分级属地管理，是现行建设工程项目投资管理体制的要求，也是进一步提高招标投标工作效率和质量的重要措施，有利于更好地实现建设行政主管部门对本行政区域建设工程招标投标工作的统一监管。

3. 建设工程招标投标监管机关

建设工程招标投标监管机关，是指经政府或政府主管部门批准设立的隶属于同级建设行政主管部门的省、市、县建设工程招标投标办公室。

1）建设工程招标投标监管机关的性质

各级建设工程招标投标监管机关从机构设置、人员编制来看，其性质通常都是代表政府行使行政监管职能的事业单位。建设行政主管部门与建设工程招标投标监管机关之间是领导与被领导关系。省、市、县招标投标监管机关的上级与下级之间有业务上的指导和监督关系。这里必须强调的是，建设工程招标投标监管机关必须与建设工程交易中心和建设工程招标代理机构实行机构分设，职能分离。

2）建设工程招标投标监管机关的职权

建设工程招标投标监管机关的职权主要包括以下几个方面。

（1）办理建设工程项目报建登记。

（2）审查发放招标组织资质证书、招标代理人及标底编制单位的资质证书。

（3）接受招标人申报的招标申请书，对招标工程应当具备的招标条件、招标人的招标资质或招标代理人的招标代理资质、采用的招标方式进行审查认定。

（4）接受招标人申报的招标文件，对招标文件进行审查认定，对招标人要求变更后发出的招标文件进行审批。

（5）对投标人的投标资质进行复查。

（6）对标底进行审定，可以直接审定，也可以将标底委托银行以及其他有能力的单位审核后再审定。

（7）对评标定标办法进行审查认定，对招标投标活动进行全过程监督，对开标、评标、定标活动进行现场监督。

（8）核发或者与招标人联合发出中标通知书。

（9）审查合同草案，监督承发包合同的签订和履行。

（10）调解招标人和投标人在招标投标活动中或履行合同过程中发生的纠纷。

（11）查处建设工程招标投标方面的违法行为，依法受委托实施相应的行政处罚。

建设工程招标投标监管机关的职权，概括起来可分为两个方面：一方面是承担具体负责建设工程招标投标管理工作的职责。也就是说，建设行政主管部门作为本行政区域内建设工程招标投标工作的统一归口管理部门，其具体职责是由招标投标监管机关来全面承担的。这时，招标投标监管机关行使职权是在建设行政主管部门的名义下进行的。另一方面是招标投标监管机关在招标投标管理活动中享有可独立以自己的名义行使的管理职权。

下面，我们通过一个案例来学习对建筑市场违规行为的监管。

案例 1.3

××市××有限责任公司未取得施工许可证擅自施工案例

2018 年 4 月 8 日，××市住房和建设局（以下简称住建局）执法人员对××公司进行检查，发现该公司在未取得施工许可证的情况下擅自进行土石方与基坑支护工程项目施工。执法人员现场告知当事人身份，出示执法证件，告知检查过程环节，依法拍摄了现场照片。

2018 年 4 月 9 日，住建局依法对××公司进行行政处罚立案调查，对该公司工作人员进行了调查询问，并依法制作了《调查询问笔录》，收集了该公司的企业营业执照、施工合同、现场照片、授权委托书、被委托人身份证等证据材料，确认了××公司在未取得施工许可证的情况下擅自进行土石方与基坑支护工程项目施工的事实。2018 年 4 月 10 日，住建局对当事人作出责令整改的决定，向当事人直接送达了《责令整改通知书》。

××公司在未取得施工许可证的情况下擅自进行土石方与基坑支护工程项目施工的行为，违反了《中华人民共和国建筑法》第七条第一款“建筑工程开工前，建设单位应当按照国家有关规定向工程所在地县级以上人民政府建设行政主管部门申请领取施工许可证”的规定。根据《建设工程质量管理条例》第五十七条“违反本条例规定，建设单位未取得施工许可证或者开工报告未经批准，擅自施工的，责令停止施工，限期改正，处工程合同价款百分之一以上百分之二以下的罚款”的规定，2018 年 4 月 10 日，住建局向当事人送达了《行政处罚告知书》，执法人员现场出示执法证件，告知当事人违法事实及相关法律责任、法律依据和救济途径。

2018 年 4 月 12 日，当事人向住建局提交《责令整改通知书回复函》，在回复函中当事人确认在未取得施工许可证的情况擅自施工的事实，并已停止施工。2018 年 4 月 16 日，住建局依法对当事人作出行政处罚决定，向当事人送达了《行政处罚决定书》，对其处以罚款人民币 11.6878 万元。

【解析】

根据《中华人民共和国建筑法》第七条规定，建筑工程开工前，建设单位应当申请施工许可证。实行施工许可证制度，有利于保证开工建设的工程符合法定条件，在开工后能够顺利进行；同时也便于有关行政主管部门全面掌握和了解其管辖范围内有关建筑工程的数量、规模、施工队伍等基本情况，及时对各个建筑工程依法进行监督和指导，保证建筑活动依法进行。因此，为了保证施工工程符合法定条件，规范施工管理，建设单位应当严格遵守相关法律法规，在取得施工许可证的情况下进行工程施工。

本章小结

本章重点介绍了建筑市场的基本概念，对狭义的建筑市场和广义的建筑市场的定义进行了详细介绍，并分析了建筑市场的特点，全面而系统地介绍了建筑市场的构成要素。本章还介绍了我国建筑市场的现状和发展趋势，简要介绍了公共资源交易中心的发展历程、职能、运作程序等，同时介绍了建筑市场交易的相关法律法规。

一、单项选择题

1.（　　）是指商品交换关系的总和，除了以建筑产品为交换内容的市场外，还包括与工程建设有关的勘察设计、专业技术服务、金融产品、劳务、建筑材料、设备租赁等各种要素市场以及建筑商品生产过程及流通过程中的各种经济关系。

A．狭义的建筑市场　　B．广义的建筑市场

C．有形的建筑市场　　D．无形的建筑市场

2．建筑市场是进行建筑商品和相关要素交换的市场，其主体不包括（　　）。

A．卖方　　B．买方　　C．政府主管部门　　D．工程咨询中介服务机构

3．建筑市场的客体是（　　）。

A．卖方　　B．买方　　C．建筑产品　　D．工程咨询中介服务机构

4．公共资源交易中心是一种建筑市场有形化的管理模式，但是不具有（　　）功能。

A．集中办公　　B．信息服务　　C．场所服务　　D．监督管理

5．下列与工程建设有关的法律、法规、部门规章中，（　　）属于行政法规范畴。

A.《中华人民共和国建筑法》　　B.《建设工程安全生产管理条例》

C.《建造师职业资格制度暂行规定》　D.《建筑业企业资质等级标准》

6. 对于施工总承包企业资质等级划分，正确的是（　　）。

A. 一级、二级、三级　　B. 一级、二级、三级、四级

C. 特级、一级、二级、三级　　D. 特级、一级、二级

7. 以下对于法律法规效力层级，说法错误的是（　　）。

A. 宪法具有最高法律效力，其后依次是法律、行政法规、地方性法规、规章

B. 同一机关制定的法律、行政法规、特别规定与一般规定不一致的，适用特别规定

C. 同一机关制定的特别规定效力高于一般规定

D. 地方性法规与部门规章之间对同一事项规定不一致，不能确定如何适用时，由国务院决定如何适用

8.《招标投标法》于（　　）起开始实施。

A. 2000年7月1日　　B. 1999年8月30日

C. 2000年1月1日　　D. 1999年10月1日

二、多项选择题

1. 建筑业企业资质分为（　　）。

A. 施工总承包资质　　B. 专业承包资质　　C. 施工劳务资质

D. 工程项目总承包　　E. 工程项目管理承包

2. 建设工程交易中心的基本功能包括（　　）。

A. 监督管理职能　　B. 信息服务功能　　C. 集中办公功能

D. 场所服务功能　　E. 建筑规划功能

3. 我国的建筑企业分为（　　）。

A. 工程监理企业　　B. 施工总承包企业　　C. 专业承包企业

D. 劳务分包企业　　E. 工程招标代理机构

4. 获得专业承包资质的企业可以（　　）。

A. 对所承包的工程全部自行施工

B. 对主体工程实行施工承包

C. 承接工程总承包企业分包的专业工程

D. 承接建设单位按照规定发包的专业工程

E. 将劳务作业分包给具有劳务分包资质的其他企业

5.《建筑法》规定，必须取得相应等级的资质证书，方可从事建筑活动的单位或企业包括（　　）。

A. 工程总承包企业　　B. 建筑施工企业　　C. 勘察单位

D. 设计单位　　E. 设备生产企业

6. 建筑市场的主体主要包括（　　）。

A. 买方　　B. 建设项目　　C. 卖方

D. 中介服务机构　　E. 行业规范性文件

7. 工程设计资质可以分为（　　）。

A．工程设计综合资质　　B．工程设计行业资质　　C．工程设计专业资质
D．工程设计专项资质　　E．劳务资质

三、简答题

1．上网查找资料，列举什么是“在招标中压级压价”、什么是“人为肢解发包”、什么是“层层转包”、什么是“资质挂靠”，并查阅出现以上情况将受到何种处罚。

2．建筑市场的主体是什么？

3．建筑市场的交易对象有哪些？

4．结合资料调研，预测五年后我国建筑市场的容量有多大。

5．赴当地公共资源交易中心调研，完成包括交易中心的基本构成、交易中心的功能、交易中心的服务范围、交易中心所进行的工程开标和评标活动、交易中心的工作程序等内容的调研报告。

6．请简述不同类型建筑市场客体的特点。

四、案例分析

某学校与某建筑公司签订一教学楼施工合同，明确施工单位要保质保量保工期完成学校的教学楼施工任务。工程按合同工期进行施工，竣工后，建筑公司向学校提交了竣工报告。学校为了不影响学生上课，没有对工程组织验收就直接投入使用。在使用过程中，学校发现教学楼存在施工质量问题，要求施工单位修理。施工单位认为工程未经验收，学校提前使用而出现施工质量问题，不应由其承担责任。

问题：(1) 请根据建筑市场相关知识分析本案例中的主体和客体分别是什么。(2) 请根据相关法律知识分析本案例当中出现了施工质量问题，应由谁来承担相应责任。

【在线答题】

第2章 建设工程招标投标概述

思维导图

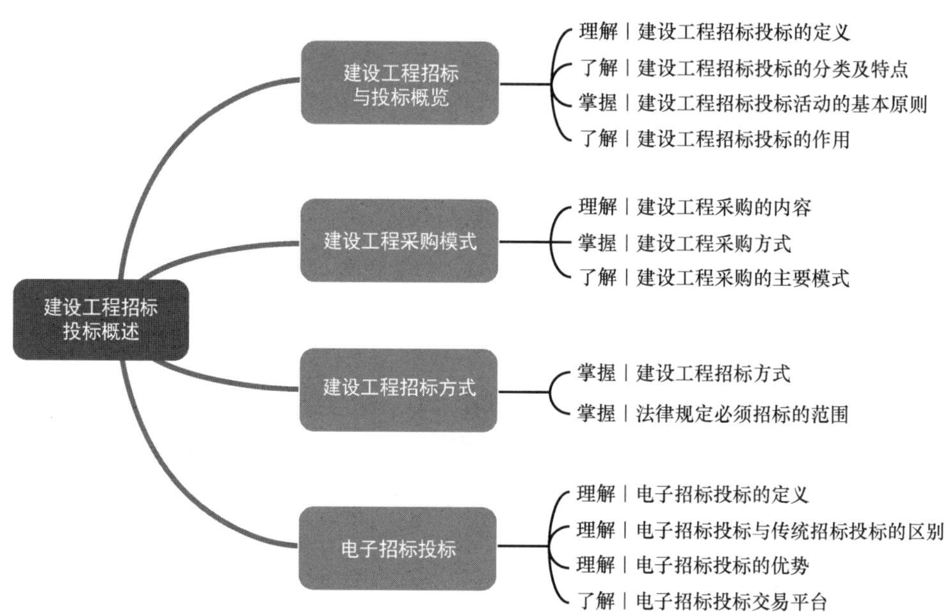

2.1 建设工程招标与投标概览

2.1.1 建设工程招标投标的定义

工程招标投标是指招标人对工程建设、货物买卖、中介服务等交易业务，事先公布采购条件和要求，吸引愿意承接任务的众多投标人参加竞争，招标人按照规定的程序和办法择优选定中标人的活动。

【招投标的发展史】

其中，工程是指各类房屋和土木工程的建造、设备安装、管线铺设、装饰装修等建设以及附带的服务。货物是指各种各样的物品，包括原材料、产品、设备、电力和固态、液态或气态物体，以及货物供应的附带服务。服务是指除工程、货物以外的任何采购对象，如勘察、设计、咨询、监理等。

整个招标投标过程，包含着招标、投标和定标（决标）三个主要阶段。招标是招标人事先公布有关工程、货物和服务等交易业务的采购条件和要求，以吸引他人参加竞争承接。这是招标人为签订合同而进行的准备，在性质上属要约邀请（要约引诱）。投标是投标人获悉招标人提出的条件和要求后，以订立合同为目的向招标人作出愿意参加有关任务的承接竞争，在性质上属要约。定标是招标人完全接受众多投标人中提出最优条件的投标人，在性质上属承诺。承诺即意味着合同成立，定标是招标投标活动中的核心环节。招标投标的过程，是当事人就合同条款提出要约邀请、要约、新要约、再新要约……直至承诺的过程。

2.1.2 建设工程招标投标的分类及特点

1. 建设工程招标投标的分类

建设工程招标投标按照不同的标准可以进行不同的分类，如图2.1所示。

应当强调指出的是，为了防止任意肢解工程发包，我国一般不允许分项工程招标投标，但允许特殊专业及劳务工程招标投标。

2. 建设工程招标投标的特点

建设工程招标投标的目的是在工程建设中引入竞争机制，择优选定勘察、设计、设备安装、施工、装饰装修、材料设备供应、监理和工程总承包单位，以保证缩短工期、提高工程质量和节约建设资金。

建设工程招标投标有以下几个特点。

（1）通过竞争机制，实行交易公开。

（2）鼓励竞争、防止垄断、优胜劣汰，实现投资效益最优。

（3）通过科学合理和规范化的监管机制与运作程序，有效地杜绝不正之风，保证交易的公正和公平。

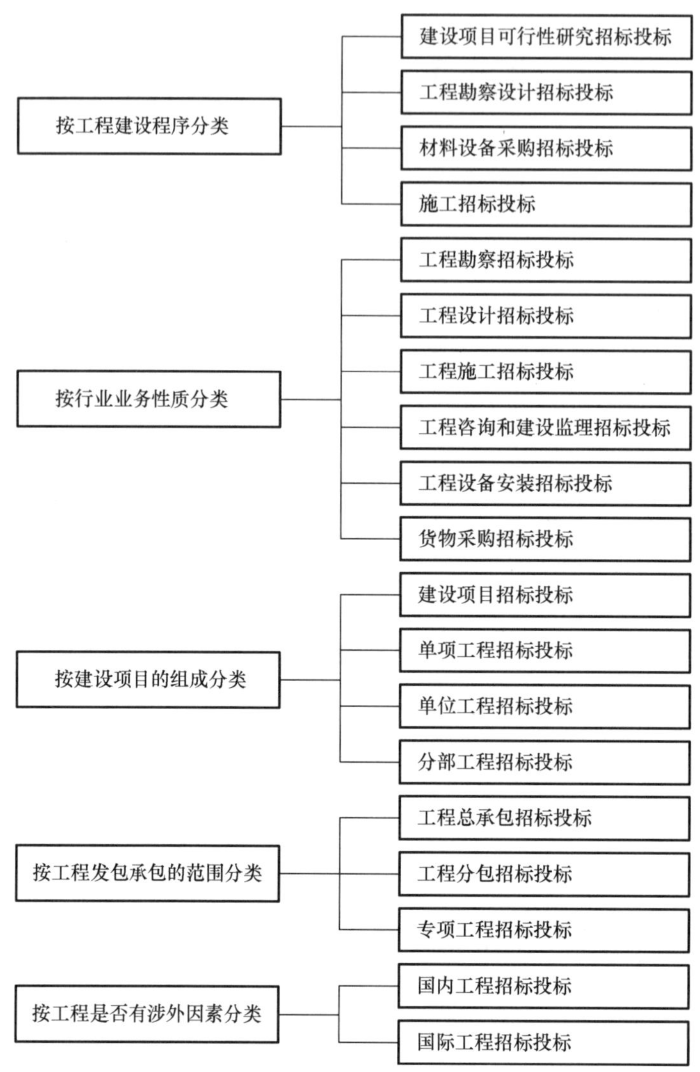

图 2.1　建设工程招标投标的分类

2.1.3　建设工程招标投标活动的基本原则

1. 公开原则

公开原则是指建设工程招标投标活动应具有较高的透明度，具体有以下几层意思。

（1）建设工程招标投标的信息公开。通过建立和完善建设工程项目报建登记制度，及时向社会发布建设工程招标投标信息，让有资格的投标者都能享受到同等的信息。

（2）建设工程招标投标的条件公开。什么情况下可以组织招标，什么机构有资格组织招标，什么样的单位有资格参加投标等条件，必须向社会公开，便于社会监督。

（3）建设工程招标投标的程序公开。在建设工程招标投标的全过程中，招标单位的主要招标活动程序、投标单位的主要投标活动程序和招标投标管理机构的主要监管程序，必须公开。

（4）建设工程招标投标的结果公开。哪些单位参加了投标，最后哪个单位中了标，应当予以公开。

2. 公平原则

公平原则，是指所有投标人在建设工程招标投标活动中，享有均等的机会，具有同等的权利，履行相同的义务，任何一方都不受歧视。

3. 公正原则

公正原则，是指在建设工程招标投标活动中，按照同一标准实事求是地对待所有的投标人，不偏袒任何一方。

4. 诚实信用原则

诚实信用原则是建设工程招标投标活动中的重要道德规范，是指在建设工程招标投标活动中，招（投）标人应当以诚相待，讲求信义，实事求是，做到言行一致，遵守诺言，履行成约，不得见利忘义，投机取巧，弄虚作假，隐瞒欺诈，损害国家、集体和其他人的合法权益。

2.1.4 建设工程招标投标的作用

《招标投标法》明确指出了建设工程招标投标的作用，即“保护国家利益、社会公共利益；保护建设工程招标投标活动当事人的合法权益；提高建设工程经济效益；保证建设工程质量”。

1. 保护国家利益、社会公共利益

《招标投标法》规定了三大类必须进行招标投标的建设工程项目，其中包括涉及基础设施及公共利益和公众安全的项目，全部或者部分使用国有资金投资或者国家融资的项目，以及使用国际援助和贷款资金的项目。这些项目都涉及了国家利益和社会公共利益，必须受到保护。通过招标投标的交易方式，既能将有限的资金转化为最大效益，还可以通过加强政府监管来杜绝资金浪费和贪污等违法行为的发生，最大限度地保护国家利益和社会公共利益。

2. 提高建设工程经济效益

建设工程招标投标是市场竞争的重要体现，在众多投标人公平竞争的同时，实现优胜劣汰。项目的最终成交价格因投标人参与竞争而变得更加合理，从而使业主能够以相对较低的价格获得最优的货物、工程质量或服务。实施建设工程招标投标有利于节省投资，缩短工期，保证质量，从而提高工程的经济效益。

3. 保证建设工程质量

目前，国内的建设工程项目大多实行终身责任制，参与招标投标的各方必须确保工程质量，否则将面临后续追责问题。

2.2 建设工程采购模式

2.2.1 建设工程采购的内容

建设工程采购的内容非常广泛，可以包括项目的全过程，也可以分别对项目建议书、可行性研究、勘察设计、材料及设备采购、设备与非标准设备的加工、建筑安装工程施工、设备安装、生产准备（如生产职工培训）和竣工验收等阶段进行采购。一般来说，建设工程采购按照采购内容可分为以下三种采购。

1. 工程采购

工程采购是指通过招标或其他商定的方式选择工程承包单位，即选定合格的承包商承担项目工程施工任务，如修建高速公路、住宅区建设项目的单体工程、室外绿化景观工程等，并包括根据采购合同随工程附带的服务，条件是那些附带服务的价值不超过工程本身的价值，如人员培训、维修等。工程的承发包多采用招标投标方式。

2. 货物采购

货物采购是指业主或购货方购买项目建设所需的投入物，如建筑材料（钢材、水泥、木材等）、设备（空调系统、安防系统、电梯等），通过招标等形式选择合格的供货商（或称供货方）。它包含了货物的获得及其获取方式和过程，并包括与之相关的服务，如运输、保险、安装、调试、培训、初期维修等，条件是这些附带服务的价值不超过货物本身的价值。

此外，还有大宗货物，如包装材料、机械设备、办公设备等专项合同采购，它们采用不同的标准合同文本，可归入上述采购种类之中。

建设项目所需的设备和材料，涉及面广、品种多、数量大。设备和材料采购供应是工程建设过程中的重要环节，建筑材料的采购供应方式有公开招标、询价报价、直接采购等；设备的采购供应方式有委托承包、设备包干、招标投标等。

3. 咨询服务采购

咨询服务采购工作贯穿于项目的整个生命周期中，其范围很广，大致可分为以下四类。

（1）项目投资前期准备工作的咨询服务，如项目的建议书、可行性研究，项目现场勘察、设计等业务。

项目建议书是建设单位向国家提出的要求建设某一项目的建设文件，主要内容为项目的性质、用途、基本内容、建设规模及项目的必要性和可行性分析等。项目建议书可由建设单位自行编制，也可委托工程咨询机构代为编制。

项目建议书经批准后，应进行项目的可行性研究。为了保证建设项目的顺利实施，国家发改委规定可行性研究报告中还应有有关招标方面的内容，这些内容包括建设项目的勘察、设计、施工、监理以及重要设备、材料等采购活动的具体招标范围、拟采用的招标组织形式、拟采用的招标方式等。可行性研究报告通常委托工程咨询机构完成。

该阶段可以通过方案竞选、招标投标等方式选定勘察设计单位。如采用招标投标的方式选定勘察设计单位，可以依据工程建设项目的不同特点，实行勘察设计一次性总体招标；也可以在保证项目完整性、连续性的前提下，按照技术要求实行分段或分项招标。

（2）工程招标代理服务。

招标人不具备自行招标能力的，可以委托招标代理机构代理招标。

招标人有权自行选择招标代理机构，委托其办理招标事宜，任何单位和个人不得以任何方式为招标人指定招标代理机构。招标人具有编制招标文件和组织评标能力的，可以自行办理招标事宜，任何单位和个人不得强制其委托招标代理机构办理招标事宜。依法必须进行招标的项目，招标人自行办理招标事宜的，应当向有关行政监督部门备案。

招标代理机构是依法设立、从事招标代理业务并提供相关服务的社会中介组织。招标代理机构应当具备下列条件：（一）有从事招标代理业务的营业场所和相应资金；（二）有能够编制招标文件和组织评标的相应专业力量。

招标人应当与被委托的招标代理机构签订书面委托合同，合同约定的收费标准应当符合国家有关规定。招标代理机构应当在招标人委托的范围内办理招标事宜，并遵守《招标投标法》中关于招标人的规定。招标代理机构不得在所代理的招标项目中投标或者代理投标，也不得为所代理的招标项目的投标人提供咨询。

招标代理机构与行政机关和其他国家机关不得存在隶属关系或者其他利益关系。国务院住房城乡建设、商务、发展改革、工业和信息化等部门，按照规定的职责分工对招标代理机构依法实施监督管理。

（3）项目管理、监理等执行性服务。

建设工程项目管理、监理是指从事工程项目管理或监理的企业，受工程项目业主方委托，对建设工程全过程或分阶段进行专业化管理和服务的活动。

项目管理企业一般具有工程勘察、设计、施工、监理、造价咨询等一项或多项资质。项目管理企业可以协助业主方进行项目前期策划、经济分析、专项评估与投资确定；办理土地征用、规划许可等有关手续；提出工程设计要求、组织评审工程设计方案、组织工程勘察设计招标、签订勘察设计合同并监督实施，组织设计单位进行工程设计优化、技术经济方案比选并进行投资控制；组织工程监理、施工、设备材料采购招标；也可以协助业主方与工程项目总承包企业或施工企业及建筑材料、设备、构配件供应等企业签订合同并监督实施；协助业主方提出工程实施用款计划，进行工程竣工结算和工程决算，处理工程索赔，组织竣工验收，向业主方提供竣工档案资料；进行生产试运行及工程保修期管理，组织项目后评估等工作。

工程项目业主方可以通过招标或委托等方式选择项目管理或监理企业。

（4）技术援助和培训等服务。

为了使新建项目建成后投入生产、交付使用，在建设期间就要准备合格的生产技术工人和配套的管理人员。因此，需要技术提供人或持有人提供技术援助和组织生产职工培训。这项工作通常由建设单位委托设备生产厂家或同类企业进行；在实行总承包的情况下，则由总承包单位负责。

2.2.2 建设工程采购方式

【《招标投标法》】

《建筑法》第十九条规定：“建筑工程依法实行招标发包，对不适于招标发包的可以直接发包。”也就是说建筑工程的发包方式有两种，一种是招标发包，另一种是直接发包。招标发包是最基本的发包方式。建设工程招标投标是市场经济活动中的一种竞争方式，是以招标的方式使投标竞争者分别提出有利条件，由招标人选择其中最优者并与其订立合同的一种法律制度，是订立合同的要约与承诺的特殊表现形式。

1. 招标采购

招标采购是指招标人通过公开或邀请的方式，事先提出采购的条件和要求，吸引众多投标人参与竞争，并按照规定的程序和标准从中择优选择交易对象，与其签订采购合同的一种采购方式。该过程强调公开、公平、公正和择优原则。

2. 非招标采购

非招标采购主要用于金额较小的工程非主要需求的采购。非招标采购一般包括询价采购、直接采购、竞争性谈判和竞争性磋商等。

1）询价采购

询价采购适用于对合同价值较低的标准化货物或服务的采购，一般是通过对国内外若干家（不少于三家）供应商的报价进行比较分析，综合评价各供应商的条件和价格，并最终选择一个供应商签订采购合同。

2）直接采购

直接采购是指直接与供应商签订采购合同，这是一种非竞争性采购方式。这种采购方式一般适用于以下情况：增购与现有采购合同类似的货物或服务，而且合同价格也较低；所需的产品设计比较简单或属于专卖性质；在特殊情况下急需采购的货物或服务；要求从指定的供应商采购关键性货物或服务以保证质量。

【《政府采购法》】

3）竞争性谈判

竞争性谈判是指谈判小组与符合资格条件的供应商就采购货物、工程和服务事宜进行谈判，供应商按照谈判文件的要求提交响应文件和最后报价，采购人从谈判小组提出的成交候选供应商中确定成交供应商的采购方式。依据《政府采购法》，符合下列情形之一的货物或者服务，可以依照本法采用竞争性谈判方式采购：

（1）招标后没有供应商投标或者没有合格标的，或者重新招标未能成立的；

（2）技术复杂或者性质特殊，不能确定详细规格或者具体要求的；

（3）采用招标所需时间不能满足用户紧急需要的；

（4）不能事先计算出价格总额的。

【《政府采购竞争性磋商采购方式管理暂行办法》】

4）竞争性磋商

竞争性磋商是指采购人、政府采购代理机构通过组建竞争性磋商小组（以下简称磋商小组）与符合条件的供应商就采购货物、工程和服务事宜进行磋商，供应商按照磋商文件的要求提交响应文件和报价，采购人从磋商小组评审后提出的候选供应商名单中确定成交供应商的采购方式。依据财政部《政府采购竞争性磋商采购方式管理暂行办法》规定符合下列情形的项目，可以采用竞争性磋商方式开展采购：

（1）政府购买服务项目；

（2）技术复杂或者性质特殊，不能确定详细规格或者具体要求的；

（3）因艺术品采购、专利、专有技术或者服务的时间、数量事先不能确定等原因不能事先计算出价格总额的；

（4）市场竞争不充分的科研项目，以及需要扶持的科技成果转化项目；

（5）按照招标投标法及其实施条例必须进行招标的工程建设项目以外的工程建设项目。

2.2.3 建设工程采购的主要模式

1. 传统模式

传统模式也称为设计-招标-建造模式（Design-Bid-Build，DBB），是国内和国际上最常用的工程管理模式，世界银行、亚洲开发银行贷款项目均采用这种模式。在这种方式中，业主委托建筑师或工程师进行前期的各项工作，如投资机会研究、可行性研究等，待项目评估立项后再进行设计。在设计阶段的后期进行施工招标的准备，随后通过招标选择施工承包商。这种项目管理模式在国际上最为通用，世界银行、亚洲开发银行贷款项目和采用国际咨询工程师联合会（Fédération Internationale Des Ingénieurs-Conseils，FIDIC）的合同条件的项目均采用这种模式。DBB这种方式又可分为施工总承包和平行承包。

1）施工总承包模式

目前广泛采用施工总承包模式。业主首先委托咨询、设计单位进行可行性研究和工程设计，并交付整个项目的施工详图，然后业主组织施工招标，最终选定一个施工总承包商，并与其签订施工总承包合同。施工总承包模式如图2.2所示。

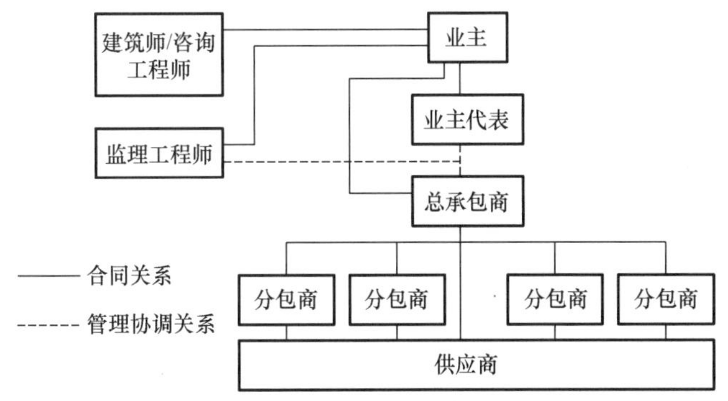

图2.2 施工总承包模式

施工总承包中，业主只选择一个总承包商，并要求总承包商用本身力量承担其中主体工程或其中一部分工程的施工任务。经业主同意，总承包商可以把一部分专业工程或子项工程分包给分包商。总承包商承担整个工程的施工责任，并接受监理工程师的监督管理。分包商和总承包商签订分包合同，与业主没有直接的经济关系。总承包商除组织自身的施工任务外，还要负责协调各分包商的施工活动，起总协调和总监督的作用。

2）平行承包模式

平行承包模式是指业主将整个工程项目按子项工程或专业工程分期分批，以公开或邀请招标的方式，分别直接发包给承包商，每一子项工程或专业工程均有发包合同。平行承包模式如图2.3所示。

采用这种模式，业主在可行性研究决策的基础上，首先要委托设计单位进行工程设计，与设计单位签订委托设计合同。在初步设计完成并经批准立项后，设计单位按业主提出的分项招标进度计划要求，分项组织招标设计或施工图设计，业主据此分期分批组织采购招标，中标的承包商先后进场施工。每个承包商直接对业主负责，并接受监理工程师的监督，经业主同意，承包商也可以将部分工作进行分包。

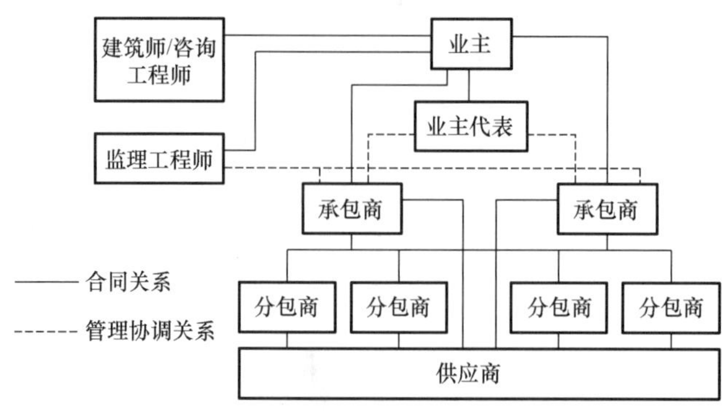

图 2.3 平行承包模式

2. 总承包模式

总承包是指总承包单位负责管理和承包工程项目的勘察、设计、采购、施工等项目全过程或若干阶段的任务，总承包单位再将若干专业性较强的部分工程任务发包给不同的专业承包单位去完成，并统一协调和监督各分包单位的工作。根据承包范围的大小，总承包主要有设计-建造总承包模式、设计-采购-施工（Engineeering Procurement Construction，EPC）总承包模式、交钥匙总承包模式等。

1）设计-建造总承包模式

设计-建造总承包模式是指业主首先招聘一家专业咨询公司代其研究并拟定拟建项目的基本要求，在项目原则确定后，业主再通过招投标选定一家公司负责项目的设计和施工；同时，业主授权一个具有专业知识和管理能力的管理专家为业主代表，让业主代表管理设计-建造总承包商。设计-建造总承包模式如图 2.4 所示。

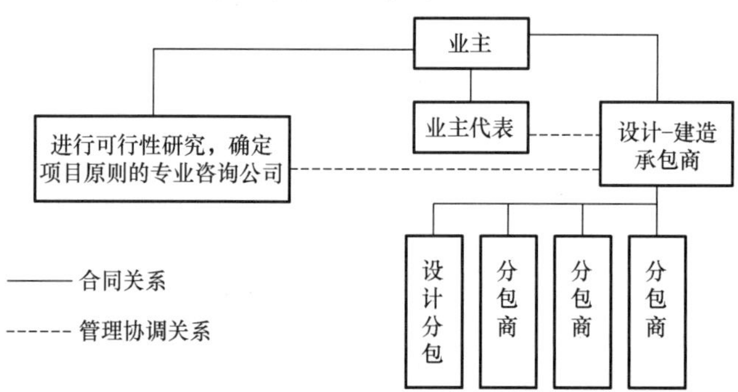

图 2.4 设计-建造总承包模式

在通用的设计-建造总承包模式中，承包商可以综合考虑设计和施工问题，设计和施工紧密结合，可以加快工程建设进度和节省费用，促进施工技术和设计技术的创新和应用，也可加强设计、施工的配合和设计、施工流水作业。但承包商既负责设计，又负责施工，可能导致设计屈服于施工成本的压力，从而降低项目的整体质量和性能。因此这种模式对业主的管理能力提出了更高的要求，而承担项目总承包的承包商由于承担了整个工程的大部分责任和风险，一般应具有雄厚的设计力量和丰富的施工管理经验。

此种模式可用于房屋建筑和大中型土木、机械、电力等项目。FIDIC《生产设备和设计-施工合同条件》（1999 年第一版，新黄皮书）即适用于这种模式。

2）设计-采购-施工（EPC）总承包模式

设计-采购-施工（EPC）总承包模式即承包商为业主提供包括设计、施工、设备采购、安装、调试直至竣工移交的全套服务，如图2.5所示。

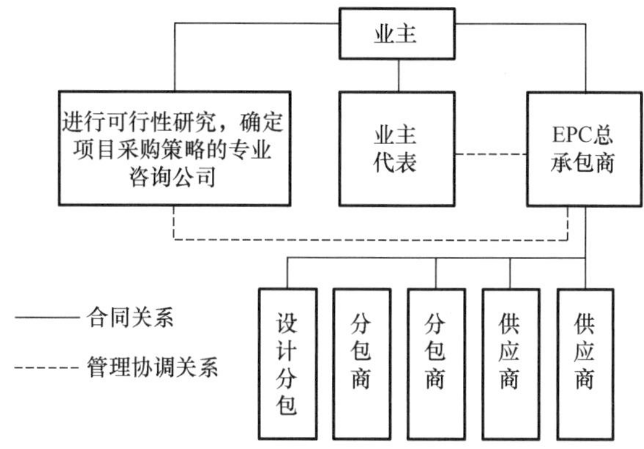

图2.5 设计-采购-施工（EPC）总承包模式

这种模式与设计-建造总承包模式类似，但承包商往往承担了更大的责任和风险。

EPC主要应用于以大型装置或工艺过程为主要核心技术的工业建设领域，如通常包括大量非标准设备的大型石化、化工、橡胶、冶金、制药、能源等项目，这些项目共同的特点即工艺设备的采购与安装和工艺的设计紧密相关。FIDIC《设计-采购-施工（EPC）/交钥匙工程合同条件》（1999年第一版，新银皮书）即适用于这种模式。

3）交钥匙总承包模式

交钥匙总承包模式又叫统包、一揽子承包。它是指发包人一般只要提出使用要求、竣工期限，或对其他重大决策性问题作出决定，承包人就可对项目建议、可行性研究、勘察设计、材料设备采购、建筑安装工程施工、职工培训、竣工验收，直到投产使用和建设后评估等全过程，实行全面总承包，并负责对各项分包任务和必要时被吸收参与工程建设有关工作的发包人的部分力量进行统一组织、协调和管理。

建设全过程承发包要求工程承包公司必须具有雄厚的技术经济实力和丰富的组织管理经验，通常由实力雄厚的工程总承包公司（集团）承担。这种承包方式的优点是工程承包公司可以充分利用其丰富的经验，还可进一步积累建设经验，节约投资、缩短建设工期并保证建设项目的质量，提高投资效益。

按这种总承包模式发包的工程也被称为“交钥匙工程”。

3. 建设管理模式

建设管理（Construction Management，CM）模式是指由业主委托的项目负责人（CM经理）与建筑师组成一个联合小组，共同负责组织和管理工程的规划、设计和施工，CM经理对设计的管理起协调作用。在项目的总体规划、布局和设计时，要考虑到控制项目的总投资，在主体设计方案确定后，随着设计工作的进展，完成一部分工程的设计后，即对这一部分工程进行招标，发包给一家承包商施工，由业主直接与承包商签订施工承包合同。

CM 模式常用的两种形式为代理型CM模式和风险型CM模式，如图2.6所示。

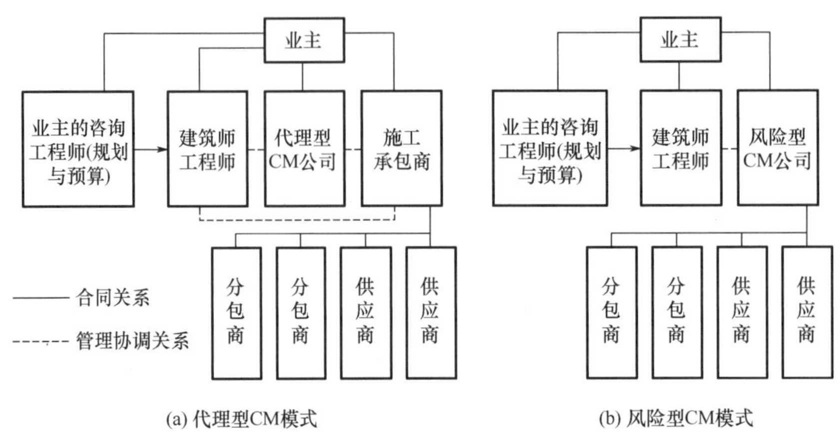

图 2.6　CM 模式常用的两种形式

1）代理型 CM 模式

采用这种形式时，CM 经理负责业主的咨询和代理工作，按照项目规模、服务范围和时间长短收取服务费，一般采用固定酬金加管理费，其报酬一般按项目总成本的 1%～3%计算。业主在各个施工阶段和承包商签订工程施工合同。

2）风险型 CM 模式

采用这种形式时，CM 经理在开发和设计阶段相当于业主的顾问，在施工阶段担任总承包商的角色。一般业主要求 CM 经理提出“保证最大价格”（Guaranteed Maximum Price，GMP），以保证业主对投资进行控制。如最后结算超过 GMP，由 CM 经理的公司赔偿；如低于 GMP，节约的投资归业主所有，但可按约定给予 CM 经理公司一定比例的奖励型提成。这种模式在英国也被称为管理承包（Management Contracting）。

4. 建造-运营-移交模式

建造-运营-移交（Build-Operate-Transfer，BOT）模式是指发包人（主要是政府）开放基础设施建设和运营市场，吸收私人资本，授给项目公司特许权；该公司负责融资和组织建设，建成后负责运营及偿还贷款，在特许期满时将工程移交给发包人。BOT 模式如图 2.7 所示。

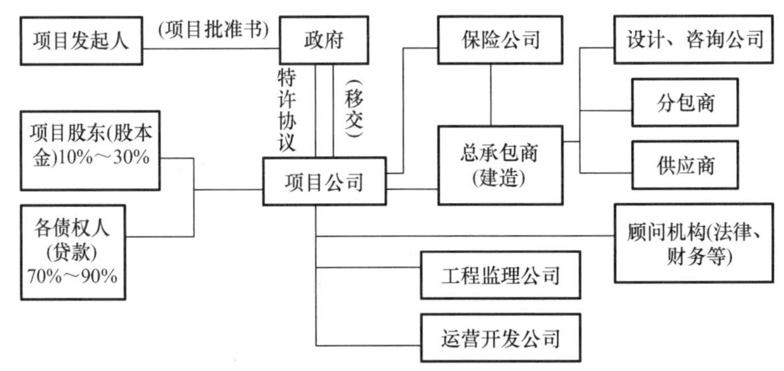

图 2.7　BOT 模式

目前世界上许多国家都在研究和采用 BOT 模式，我国的建设项目投资渠道愈加多元化，利用 BOT 建设的项目也逐渐增多。项目发起人既有外资企业、民营企业，也有国有企业，甚至地方政府也参与投资，日益显现出这种融资及项目管理模式的优越性。各国在 BOT 模式实践的基础上，又发展了多种演变模式，如：BOOT（Build-Own-Operate-Transfer，建造-拥有-运营-移交）；BOO（Build-Own-Operate，建造-拥有-运营）；BLT（Build-Lease-Transfer，建造-租赁-移交）；BT（Build-Transfer，建造-移交）；BTO（Build-Transfer-Operate，建造-移交-运营）；ROT（Rehabilitate-Operate-Transfer，改建-运营-移交）。

5. Partnering 模式

Partnering 模式即合伙模式，是在充分考虑建设项目各方利益的基础上确定建设工程共同目标的一种管理模式。它一般要求业主与项目参与各方在相互信任、资源共享的基础上达成一种短期或长期的协议，通过建立工作小组相互合作，及时沟通以避免争议和诉讼的产生，共同解决建设工程实施过程中出现的问题，共同分担工程风险和有关费用，以保证参与各方目标和利益的实现。

Partnering 模式与传统建设模式相比，有以下几点不同。

1）指导思想不同

传统建设模式的目标控制是针对投资、进度、质量三大方面，而且作为业主方，在项目管理过程中考虑的重点也是业主自身的利益，这往往容易造成业主与承包商之间关系紧张甚至敌对的气氛。而 Partnering 模式则强调目标控制是将项目参与各方的目标作为一个整体来考虑，在项目实施时充分考虑项目参与各方的利益，在项目实践中容易产生一种双赢的结果。

2）业主与承包商的合作方式不同

传统建设模式往往是业主与承包商在单个项目上的合作，而 Partnering 模式着眼于长期的合作。长期合作容易形成知识和经验的积累，增进彼此了解，从而为项目参与各方带来利益。

3）对冲突的解决方式不同

传统建设模式重视对合同的管理，对合同的重视既有利也有弊，它可以确保彼此的权利和义务，但也容易在产生冲突时出于自身利益在合同字眼上做文章，从而不容易找到一种妥善的解决冲突的方案。而 Partnering 模式除了正式的合同之外，项目参与各方彼此之间还要签订一份非合同式的协议，在协议中有专门的争议处理系统，因而可以大大地减少争议和诉讼的发生。

4）对目标的控制不同

Partnering 模式的目标是项目参与各方共同的目标，包括质量、进度、投资和安全等，除了传统的对项目目标控制的手段外，还有项目参与各方共同制定和实施的目标评价系统，用来对项目实施中的目标进行动态的控制。

5）对利益的分享不同

传统建设模式往往在合同中根据项目实施的好坏制定奖惩措施，而 Partnering 模式则通过项目参与各方对共同目标付出的积极努力，使产生的项目利益在实施的工程中被项目参与各方自然分享，如进度提前、投资和造价节省，对业主和承包商都会自然地带来利益；工程质量提高不仅对业主有利，同时也会提高承包商的信誉，对其长远发展十分有利。

6）业主对承包商的选择不同

在传统建设模式中，业主对承包商的信任是建立在对其能力的判断上，业主在选择承包商时要对其资源、承建项目的经历及信誉进行考察，然后通过招投标择优选取。而 Partnering 模式往往在长期的合作中使业主和承包商之间已经有了充分的了解，彼此相互信任，业主选择承包商可以节省大量的交易成本，对双方都有益处。

6. 政府和社会资本合作模式

政府和社会资本合作（Public-Private-Partnership，PPP）模式是指政府为增强公共产品和服务供给能力、提高供给效率，通过特许经营、购买服务、股权合作等方式，与社会资本建立的利益共享、风险分担及长期合作关系。

开展政府和社会资本合作，有利于创新投融资机制，拓宽社会资本投资渠道，增强经济增长内生动力；有利于推动各类资本相互融合、优势互补，促进投资主体多元化，发展混合所有制经济；有利于理顺政府与市场关系，加快政府职能转变，充分发挥市场配置资源的决定性作用。

PPP 模式主要适用于政府负有提供责任又适宜市场化运作的公共服务、基础设施类项目。燃气、供电、供水、供热、污水及垃圾处理等市政设施，公路、铁路、机场、城市轨道交通等交通设施，医疗、旅游、教育培训、健康养老等公共服务项目，以及水利、资源环境和生态保护等项目均可推行 PPP 模式。

案例 2.1

工程发包模式策划案例

对于一个较大型工程的发包，可能会选用多种发包模式，所以在发包前，代理单位必须为建设单位做好发包模式及总分包界定的策划工作。例如：某代理单位在代理某项目施工招标时，根据工程性质、建设单位提出的建设目标及实施要求，就其发包模式及总分包界定作了以下策划。

（1）根据工程的实施情况，将整个工程划分为两大标段，即主体建设工程和绿化景观工程。采用平行发包模式，合同关系独立，由建设单位与相应的施工单位直接签订合同，施工单位就承包内容直接对建设单位负责，不发生总包管理费。绿化招标文件中对绿化景观工程施工范围作了明确的界定，特别是对景观范围内的水、电安装，绿化灌溉、水景配套的水系统（水从总承包单位预留的接水接口处开始），景观照明（电从景观照明配电箱出线开始）都作了明确的说明，以防与主体施工单位在界面上出现交叉。

（2）对于列入主体建设工程施工总承包范围内的部分专业工程，如桩基工程、精装饰工程、弱电系统、燃气工程、变配电工程等，由于需要专业施工资质，且工程量大、计价方式较特殊，因此可以将其设为由建设单位特别认可的分包工程，合同模式为专业分包合同，合同主体为施工总承包单位（即分包合同发包人）和专业分包单位（即分包合同承包人），建设单位为分包合同的鉴证方。分包工程的承包人应当按照分包合同的约定对其承包的工程向分包工程发包人负责，分包工程的发包人和分包工程的承包人就分包工程对建设单位承担连带责任。分包工程的发包人对施工现场安全负责，并对分包工程承包人的安全生产进行管理，分包工程的承包人应当服从分包工程的发包人对施工现场的安全生产管理。分包工程的发包人根据施工总承包合同的约定收取相应的总包管理配合费。

（3）对于幕墙工程、机房工程，由于其专业特点强，结构体系独立，建议采用深化设计施工一体化的模式。

上述策划得到建设方的认可，为业主实现工程目标提供了保证。

2.3 建设工程招标方式

2.3.1 建设工程招标方式的选择

《招标投标法》规定，招标可以分为公开招标和邀请招标两种方式。

1. 公开招标

公开招标又被称为无限竞争性招标，是指招标人以招标公告的方式邀请不特定的法人或者其他组织投标。即招标人按照法定程序，在国内外公开出版的报刊或通过广播、电视、网络等公共媒体发布招标公告，凡有兴趣并符合公告要求的供应商、承包商，不受地域、行业和数量的限制均可以申请投标，经过资格审查合格后，按规定时间参加投标竞争。

这种招标方式的优点是：招标人可以在较广的范围内选择承包商或供应商，投标竞争越激烈，择优率越高，越有利于招标人将工程项目交给可靠的供应商或承包商实施，并获得有竞争性的商业报价，同时也可以在较大程度上避免招标活动中的贿标行为。因此，国际上的政府采购通常采用这种方式。

但其缺点是：对投标申请者进行资格预审和评标的工作量大，招标时间长，费用高。同时，参加竞争的投标者越多，每个参加者中标的机会越小，风险越大，损失的费用也就越多，而这种费用的损失必然反映在标价上，最终会由招标人承担。

案例 2.2

招待所加固改造工程施工招标公告

1. 招标条件

本招标项目招待所加固改造工程已获批准建设，招标人为某单位，建设资金来自国有事业单位自筹资金（中央），项目出资比例为 100%。工程已具备招标条件，现对该项目的施工进行公开招标。

2. 工程概况与招标范围

2.1 本工程的建设地点：中关村南大街××号院内

2.2 本工程的建设规模：2603.6 平方米，合同估算价：1700 万元

2.3 本工程的计划工期：229 日历天

2.4 招标范围：本工程为招待所加固改造工程。地上共四层，总建筑面积 2603.6 平方米，总建筑高度为 13.3 米（至屋面），室内外高差 0.30 米，一层层高 3.4 米，二、三层层高 3.1 米，四层层高 3.4 米。该项目建于 1979 年，至今已有 40 余年，该楼年代久远、设施陈旧，目前拟对该楼进行结构安全加固，同时对室内外装修、水、暖、电、消防、安防系统进行全面改造，增加电梯等。彻底消除老旧建筑的安全隐患，提高资源利用率。

2.5 其他

3. 投标人资格要求

3.1 本工程招标要求投标人须具备建筑工程施工总承包三级及以上资质，近三年有类似项目的业绩，并在人员、设备、资金等方面具有相应的施工能力。其中，投标人拟派项目经理须具备建筑工程专业注册建造师二级及以上执业资格，具备有效的安全生产考核合格证书（B 本），且在确定中标人时不得

担任其他在施建设工程项目的项目经理。外地来京建筑企业在办理进京备案时，应当一并办理注册建造师备案手续。

3.2　本工程招标不接受联合体投标

4. 信誉要求

4.1　本工程招标对投标人进行严格的信誉审查。若投标人被列为失信被执行人，其将直接失去参与本工程投标的资格。

4.2　其他要求：略

5. 招标文件的获取

5.1　凡有意参加投标者且资质符合本章第 3.1 款规定的，方可于 2021 年 03 月 15 日 09 时 00 分至 2021 年 03 月 19 日 16 时 30 分，通过远程或者到招标投标交易场所使用数字身份认证锁登录电子化平台（网址：www.bcactc.com）下载招标文件。

5.2　凡下载招标文件者，请于 2021 年 03 月 15 日至 2021 年 03 月 19 日，每日 09 时至 11 时，13 时至 16 时，在××地领取招标图纸。

6. 投标文件的递交

6.1　凡下载招标文件者，方可通过远程或者到招标投标交易场所使用数字身份认证锁登录电子化平台（网址：www.bcactc.com）上传投标文件，上传成功后平台自动生成的回执时间即为递交成功时间，投标人应保留回执。本工程递交投标文件的截止时间（投标截止时间）为 2021 年 04 月 07 日 14 时 00 分。

6.2　逾期未上传成功的投标文件，招标人不予受理。

7. 发布公告的媒介

本次招标公告已在北京市公共资源交易服务平台（全国公共资源交易平台〔北京市〕，网址：ggzyfw.beijing.gov.cn）上发布，同时在中国招标投标公共服务平台上发布。

8. 联系方式

招 标 人：××单位	招标代理机构：××管理咨询有限公司
地址：××	地址：××
联 系 人：××	联 系 人：××
电话：××	电话：××
传真：××	传真：××
电子邮箱：××	电子邮箱：××

招标人或招标代理机构：（盖企业 CA 电子印章）

法定代表人或其授权委托人：（盖个人 CA 电子印章）

公告发布时间：2021 年 03 月 12 日

2. 邀请招标

邀请招标是指招标人以投标邀请书的方式邀请特定的法人或者其他组织投标。邀请招标又被称为有限竞争性招标，是一种由招标人选择若干符合招标条件的供应商或承包商，向其发出投标邀请，被邀请的供应商、承包商参与投标竞争，招标人从中选定中标者的招标方式。邀请招标的特点有以下几点。

（1）招标人在一定范围内邀请特定的法人或其他组织投标。为了保证招标的竞争性，邀请招标必须向三个以上具备承担招标项目能力并且资信良好的投标人发出投标邀请书。

（2）邀请招标无须发布公告，招标人只要向特定的投标人发出投标邀请书即可。接受邀请的人才有资格参加投标，其他人无权索要招标文件，不得参加投标。

邀请招标的优点是：简化了招标程序，节约了招标费用和缩短了招标时间。而且由于招标人对投标人以往的业绩和履约能力比较了解，从而减少了合同履行过程中承包商违约的风险。邀请招标虽然不履行资格预审程序，但为了体现公平竞争，便于招标人对各投标人的综合能力进行比较，仍要求投标人按招标文件中的相关要求，在投标文件内报送有关资料，在评标时以资格后审的形式将报送的资料作为评标的内容之一。

邀请招标的缺点是：由于投标竞争的激烈程度较低，有可能提高中标的合同价；也有可能排除了某些在技术上或报价上有竞争力的供应商、承包商参与投标；也有可能出现虚假招标，串通投标，陪标的现象。

与公开招标相比，邀请招标耗时短、花费少，对于标的额较小的招标来说，采用邀请招标比较有利。另外，有些项目专业性强，有资格承接的潜在投标人较少，或者需要在短时间内完成投标任务等，也不宜采用公开招标的方式，而应采用邀请招标的方式。

应当指出，邀请招标虽然在潜在投标人的选择上和通知形式上与公开招标不同，但其所适用的程序和原则与公开招标是相同的，其在开标、评标标准等方面都是公开的。因此，邀请招标仍不失其公开性。

案例 2.3

某市政府卫生间改造等工程邀请招标案例

受采购人的委托，20××年 1 月 29 日，某市政府采购中心拟就其卫生间改造等工程进行邀请招标。2 月 5 日，采购中心在财政部门指定的政府采购信息发布媒体上发布了邀请招标公告。2 月 21 日，4 家当地建筑公司如期参与了开标会。

开标后，采购中心意外地发现，B 安装工程有限公司已经更名为 H 建筑工程集团有限公司，其整套资质已经按新公司名称办理完毕，但是他们提供的优质工程的原件是原公司的，他们投标文件中选用的项目经理的证书中标记的也是原公司。对此，项目负责人不知如何处置，于是在现场征求了评标专家的意见后，作了“允许其正常参与投标的决定”。

2 月 23 日，采购中心发布的预中标公告中，H 建筑工程集团有限公司名列第一，获得了该项目承包人的资格。

A 工程股份有限公司此项目的经办人看到预中标公告后，随即给采购中心项目负责人打去电话：“H 建筑工程集团有限公司提供的资质与公司的名称不符，应按无效标处理，怎能让其参与之后的竞争？还让它中标了。”采购中心项目负责人友好地说：“该公司只是换了个名称而已，我们怎能剥夺其权利。”为了能更好地说服质疑人，该项目负责人在电话中笑着打了个比喻：“就像你，如果换了个名字，你还是你，你们公司就不能因为你换了名字而开除你……”没等项目负责人把话说完，质疑人愤怒地挂了电话，第二天便投诉到了监管部门。质疑人声称：采购中心滥用权力，开标过程中没有依法排除无效标；采购中心项目负责人轻视质疑，对质疑人还轻易侮辱，随意拿质疑人的名字开玩笑……采购中心项目负责人听说质疑人的投诉后，也觉得万般委屈：“我这么友好地对他，咋就侮辱他了……”

透过这起投诉案例，有两个问题值得思考：

（1）开标时才发现有被邀请投标的公司更换了名称进行投标怎么办？

（2）采购中心项目负责人或受理质疑的工作人员应如何处理质疑？

针对上述案例中出现的公司名称变更问题，部分业内人士和案例中采购中心项目负责人一样，认为只是一个名称变更问题，不应该剥夺其正常参与竞争的权利：“名称变了，不等于就没了实力，应该允许其投标。”

但专家们却普遍认为，应按无效标处理，因为这个公司可以被认为不是原邀请的投标公司。专家们的解释是，邀请招标虽然不进行资格预审，但是应进行市场调查或依据过去对市场的了解，邀请资质和资格符合要求的公司来投此项目的标。采购中心如果允许其继续竞争是不理性的做法，“一般情况下，公司名称的变更应该是公司发展中的一件大事，公司变更名称应及时通知有利害关系的当事人，既然接受了采购中心的投标邀请，就应在开标之前把这一情况通知招标人或招标代理机构。只有开标前经招标人或招标代理机构同意，该公司才可以投标。对于采购中心来说，邀请的公司名称变了都不知道，说明对公司的发展近况也不了解，所以在其变更名称后拒绝其投标是理所当然的”。

3. 公开招标与邀请招标的区别

公开招标与邀请招标的区别如表 2-1 所示。

表 2-1 公开招标与邀请招标的区别

项　　目	公 开 招 标	邀 请 招 标
发布信息的方式不同	采用招标公告的方式发布招标信息	采用投标邀请书的方式发布招标信息
选择的范围不同	针对的是一切潜在的对招标项目感兴趣的法人或其他组织，招标人事先不知道投标人的数量	针对的是已经了解的法人或其他组织，而且招标人事先已经知道投标人的数量
竞争的范围不同	所有符合条件的法人或其他组织都有机会参加投标，竞争的范围较广，竞争性体现得也比较充分，招标人拥有绝对的选择余地，容易获得最佳招标效果	投标人的数目有限，竞争的范围有限，招标人拥有的选择余地相对较小，有可能提高中标的合同价，也有可能将某些在技术上或报价上更有竞争力的供应商或承包商遗漏
公开的程度不同	所有的活动都必须严格按照预先指定并为大家所知的程序和标准公开进行，大大减少了作弊的可能	公开程度逊色一些，产生不法行为的机会多一些
时间和费用不同	耗时较长，费用也比较高	整个招投标的时间大大缩短，招标费用相应减少
资格审查时间不同	有资格审查环节，可以是资格预审或资格后审	一般无资格审查环节，即使有也是资格后审

4. 适用条件

1）公开招标方式的适用情况

公开招标符合市场经济的要求，因此各类工程项目和实施任务均可采用公开招标的方式，择优选择实施者。国有资金占控股或者主导地位的依法必须进行招标的项目，应当公开招标。

2）可以采用邀请招标方式的情况

国有资金占控股或者主导地位的依法必须进行招标的项目，应当公开招标；但有下列情形之一的，可以邀请招标：

① 技术复杂、有特殊要求或者受自然环境限制，只有少量潜在投标人可供选择；

② 采用公开招标方式的费用占项目合同金额的比例过大。

2.3.2 法律规定必须招标的范围

建设工程采用招标投标这种承发包方式在提高工程经济效益、保证建设质量、保证社会及公众利益方面具有明显的优越性，世界各国和主要国际组织都规定，对某些工程建设项目必须实行招标投标。我国有关的法律、法规和部门规章根据工程建设项目的投资性质、工程规模等因素，对必须招标的工程项目进行了规定，在此范围之内的项目，业主必须通过招标进行发包，而在此范围之外的项目，业主可以自愿选择承发包方式。

1.《招标投标法》规定的必须招标的范围

《招标投标法》第三条规定：在中华人民共和国境内进行下列工程建设项目，包括项目的勘察、设计、施工、监理以及与工程建设有关的重要设备、材料等的采购，必须进行招标。

（1）大型基础设施、公用事业等关系社会公共利益、公众安全的项目。

（2）全部或者部分使用国有资金投资或者国家融资的项目。

（3）使用国际组织或者外国政府贷款、援助资金的项目。

2.《必须招标的工程项目规定》规定的必须招标的范围

《招标投标法》中所规定的招标范围是一个原则性的规定，针对这种情况，国家发展和改革委员会颁布了《必须招标的工程项目规定》（中华人民共和国国家发展和改革委员会第16号令），具体内容如下：

（1）为了确定必须招标的工程项目，规范招标投标活动，提高工作效率、降低企业成本、预防腐败，根据《中华人民共和国招标投标法》第三条的规定，制定本规定。

（2）全部或者部分使用国有资金投资或者国家融资的项目包括：

① 使用预算资金200万元人民币以上，并且该资金占投资额10%以上的项目；

② 使用国有企业事业单位资金，并且该资金占控股或者主导地位的项目。

（3）使用国际组织或者外国政府贷款、援助资金的项目包括：

① 使用世界银行、亚洲开发银行等国际组织贷款、援助资金的项目；

② 使用外国政府及其机构贷款、援助资金的项目。

（4）不属于本规定第（2）条、第（3）条规定情形的大型基础设施、公用事业等关系社会公共利益、公众安全的项目，必须招标的具体范围由国务院发展改革部门会同国务院有关部门按照确有必要、严格限定的原则制订，报国务院批准。

（5）本规定第（2）条至第（4）条规定范围内的项目，其勘察、设计、施工、监理以及与工程建设有关的重要设备、材料等的采购达到下列标准之一的，必须招标：

① 施工单项合同估算价在400万元人民币以上；

② 重要设备、材料等货物的采购，单项合同估算价在200万元人民币以上；

③ 勘察、设计、监理等服务的采购，单项合同估算价在100万元人民币以上。

同一项目中可以合并进行的勘察、设计、施工、监理以及与工程建设有关的重要设备、材料等的采购，合同估算价合计达到以上规定标准的，必须招标。

3.《必须招标的基础设施和公用事业项目范围规定》（发改法规规〔2018〕843 号）规定的必须招标的范围

不属于《必须招标的工程项目规定》第（2）条、第（3）条规定情形的大型基础设施、公用事业等关系社会公共利益、公众安全的项目，必须招标的具体范围包括：

① 煤炭、石油、天然气、电力、新能源等能源基础设施项目；

② 铁路、公路、管道、水运以及公共航空和 A1 级通用机场等交通运输基础设施项目；

③ 电信枢纽、通信信息网络等通信基础设施项目；

④ 防洪、灌溉、排涝、引（供）水等水利基础设施项目；

⑤ 城市轨道交通等城建项目。

2.4　电子招标投标

【《电子招标投标办法》】

【电子招投标指南】

为了规范电子招标投标活动，促进电子招标投标健康发展，国家发展和改革委员会、工业和信息化部、原监察部、住房和城乡建设部、交通运输部、原铁道部、水利部、商务部联合制定了《电子招标投标办法》及相关附件。该办法分为总则，电子招标投标交易平台，电子招标，电子投标，电子开标、评标和中标，信息共享与公共服务，监督管理，法律责任，附则，共 9 章 66 条，自 2013 年 5 月 1 日起施行。

与传统招标投标相比，电子招标投标在提高采购透明度，节约资源和交易成本，利用技术手段解决弄虚作假、暗箱操作、串通投标、限制排斥潜在投标人等突出问题方面具有独特优势。出台《电子招标投标办法》极大地推进信息网络技术的广泛运用，推动信息化和工业化的深度融合，对于促进招标采购市场健康发展、推动政府职能转变、推进生态文明和廉政建设，具有重要意义。

2.4.1　电子招标投标的定义

电子招标投标是指以数据电文形式，依托电子招标投标系统完成的全部或者部分招标投标交易、公共服务和行政监督活动。

一般来说，电子招标投标更具有竞争性，它能比书面招标投标得到更低的价格，整个过程更快、更便于有效管理。

2.4.2　电子招标投标与传统招标投标的区别

电子招标投标是在计算机和网络上完成招标投标的整个过程，即在线完成招标、投标、开标、评标、定标等全部活动。它与依托纸质文件开展的招标投标活动并无本质上的区别。

电子招标投标与传统招标投标的区别：传统招标投标方式下的招标、投标、开标、评标与定标等工作大部分采用人工、书面文件的方式操作，电子化程度低，操作流程复杂，采购周期较长，整个运作成本高；电子招标则是以网络技术为基础，让传统招标、投标、评标、合同等业务过程全部实现数字化、网络化、高度集成化的新型招标投标方式，同时具备数据库管理、信息查询分析等功能，是一种真正意义上的全流程、全方位、无纸化的创新型采购交易方式。

电子招标投标与传统招标投标的角色和流程都没有本质的改变，改变的只是一种操作的方式，但是电子招标投标所具有的线上传播的优势，以及公开、公平、公正的流程，决定了电子招标投标更符合市场的需求。

2.4.3 电子招标投标的优势

电子招标投标是以网络信息技术为支撑实现招标投标业务的协同作业的模式。网络的实时性和开放性打破了传统意义上的地域差别和时空限制，节约了大量的时间和经济成本；同时信息得以及时沟通，增强了招标投标过程的透明度，加快了招标投标活动的整体进程。电子招标投标还将制度设计和流程标准通过信息技术手段加以固化，以期规范操作程序、避免执行偏差、降低项目风险。

1. 确保招标投标活动公开公平公正

由于网络的开放性、普遍性和交互性，电子招标投标方式相比其他媒介更能增加招标投标的公开性和透明度，更有利于公平竞争。同时，在强化系统可靠性和安全性保障、增加系统平台操作监督的基础上，电子招标投标可避免招标投标活动中的暗箱操作，有效保证招标投标活动的公平和公正。

2. 实现招标投标活动便捷高效

传统招标投标中，招标人或招标代理机构需要向不同主管单位送审和报备大量书面材料。电子招标投标中，招标人只需将文件资料通过电子招标投标平台进行网上申报，相关主管部门即可通过网络平台进行审批备案。通过电子招标投标平台发售、下载电子招标文件和网络传输递交电子投标文件，优化了整个招标投标工作业务流程；同时运用计算机辅助评标系统进行评标，还大大提高了评标专家的评标效率，缩短整个项目招标投标时间周期。

3. 降低招标投标活动交易成本

电子招标投标的显著特点是：不仅能有效缩短招标投标活动时间、降低经济和社会成本，还能降低招标人、投标人的招标和投标成本，以及相关部门监督管理和交易场所等部门公共服务成本，有效降低各项开支，推进绿色采购。

4. 促进招标投标活动管理规范

电子招标投标通过系统流程管理，采用网络技术使招标人、投标人、评标专家在招标投标平台上按业务流程进行规范操作，管理部门在电子招标投标平台能实现全过程、全方位监管，招标投标交易的每个环节始终处在可控状态，实现全过程监督和管理，确保过程的公正合法。

2.4.4 电子招标投标交易平台

1. 电子招标投标系统架构

电子招标投标系统由电子招标投标公共服务平台、电子招标投标行政监督平台、电子招标投标交易平台组成，其架构如图 2.8 所示。

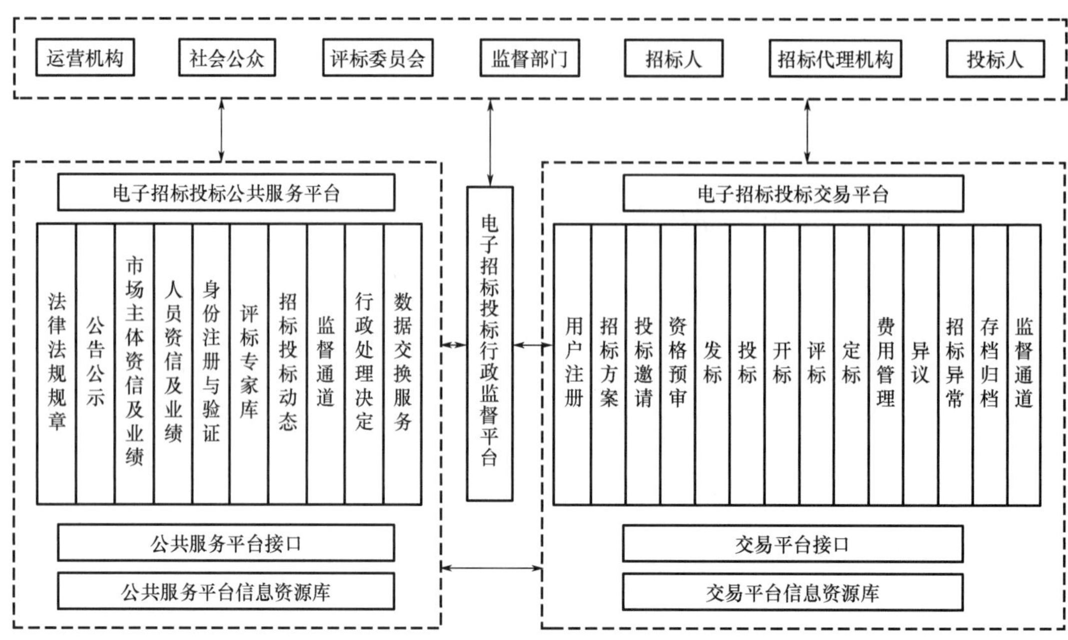

图 2.8　电子招标投标系统架构

2. 电子招标投标交易平台结构

电子招标投标交易平台由基本功能、交易平台信息资源库、技术支撑与保障三个模块构成，并通过接口与公共服务平台和行政监督平台相连接，其基本功能结构如图 2.9 所示。

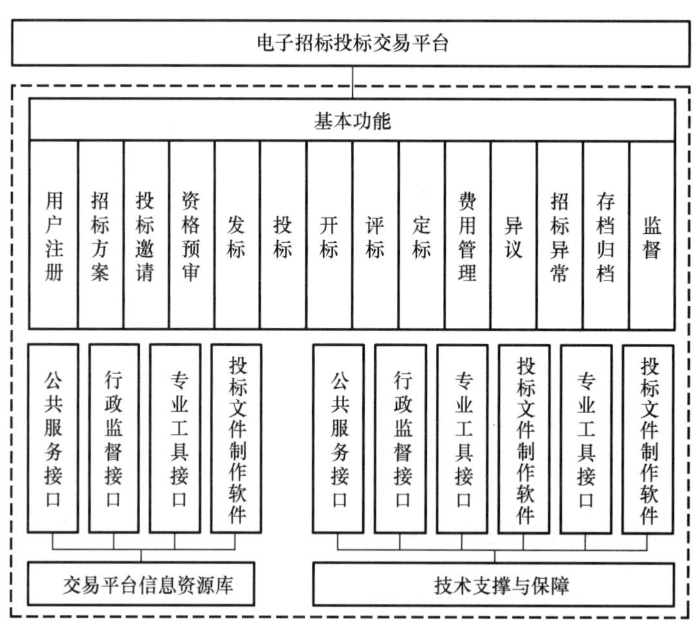

图 2.9　电子招标投标交易平台结构

3. 电子招标投标交易平台基本功能要求

电子招标投标交易平台基本功能应当按照招标投标业务流程要求设置，包括用户注册、招标方案、投标邀请、资格预审、发标、投标、开标、评标、定标、费用管理、异议、招标异常、存档归档、监督等功能。

本章小结

本章主要介绍了建设工程招标投标的基本概念、分类原则及其重要作用。在阐述建设工程采购模式的基础上，重点介绍了建设工程的招标方式。详细解释了电子招标投标的定义及其相关知识。

习　题

一、单项选择题

1. 公开招标也被称为无限竞争性招标，是指招标人以（　　）的方式邀请不特定的法人或者其他组织投标。

A. 投标邀请书　　B. 合同谈判　　C. 行政命令　　D. 招标公告

2. 应当招标的工程项目，根据招标人是否具有（　　），可以将组织招标分为自行招标和委托招标两种情况。

A. 招标资质　　B. 招标许可

C. 编制招标文件和组织评标的能力　　D. 评标专家

3. 根据《招标投标法》和有关规定，全部或部分使用国有资金投资或国家融资的项目，其重要设备材料的采购，单项合同估算价格在（　　）万元人民币以上时，必须进行招标。

A. 3000　　B. 200　　C. 100　　D. 50

4. 招标投标活动应当遵循（　　）原则。

A. 公开、公平、公正和最低价中标　　B. 自愿、公平、公正和合理

C. 公开、公平、公正和诚实信用　　D. 自愿、平等、合理和诚实信用

5. 适用于合同价值较低的标准化货物或服务的采购方式是（　　）。

A. 询价采购　　B. 竞争性磋商　　C. 招标采购　　D. 竞争性谈判

6. 发包人（主要是政府）开放基础设施建设和运营市场，吸收私人资本，授给项目公司以特许权，由该公司负责融资和组织建设，建成后负责运营及偿还贷款，在特许期满时将工程移交给发包人，这种建设工程采购方式是（　　）。

A. DBB 模式　　B. EPC 模式　　C. Partnering 模式　　D. BOT 模式

二、多项选择题

1.《招标投标法》第五条规定：招投标应遵循的原则有（　　）。

A. 公开　　B. 公平　　C. 投标方资信好　　D. 公正

E. 诚实信用

2.《招标投标法》规定，我国建设工程项目招标的方式有（　　）。

A．公开招标　　B．邀请招标　　C．议标　　D．系统内招标

E．行业内招标

3．国有资金占控股或者主导地位的依法必须进行招标的项目，应当公开招标；但有下列哪些情形之一的，可以邀请招标（　　）。

A．技术复杂、有特殊要求或者受自然环境限制，只有少量潜在投标人可供选择

B．使用国际组织或者外国政府资金的项目

C．采用公开招标方式的费用占项目合同金额的比例过大

D．利用扶贫资金实行以工代赈，需要使用农民工

E．生态环境保护项目

4．电子招标投标的优势体现在（　　）等方面。

A．确保招标投标活动公开、公平、公正

B．使招标投标活动便捷高效

C．降低招标投标活动交易成本

D．增加招标投标活动的复杂性和不确定性

E．促进招标投标活动管理规范

三、简答题

1．简述建设工程招标投标方式与范围。

2．建设工程采购的主要内容有哪些？

3．建设工程主要的采购方式有哪些？

4．阐述公开招标和邀请招标的特点和适用范围。

5．简述电子招标投标的优势。

四、案例分析

某单位进行厂区施工公开招标，在资格条件中设置有“在某省获得过施工质量优秀奖项、鲁班奖”“本地企业注册资金 1000 万元，外地企业注册资金 3000 万元”“在某省建筑行业业绩不少于 5 个”几项条件。在投标阶段，合格的投标人只有 3 人，且全部是本地建筑施工单位。

问题：试分析该做法是否妥当。

【在线答题】

第3章 建设工程招标

思维导图

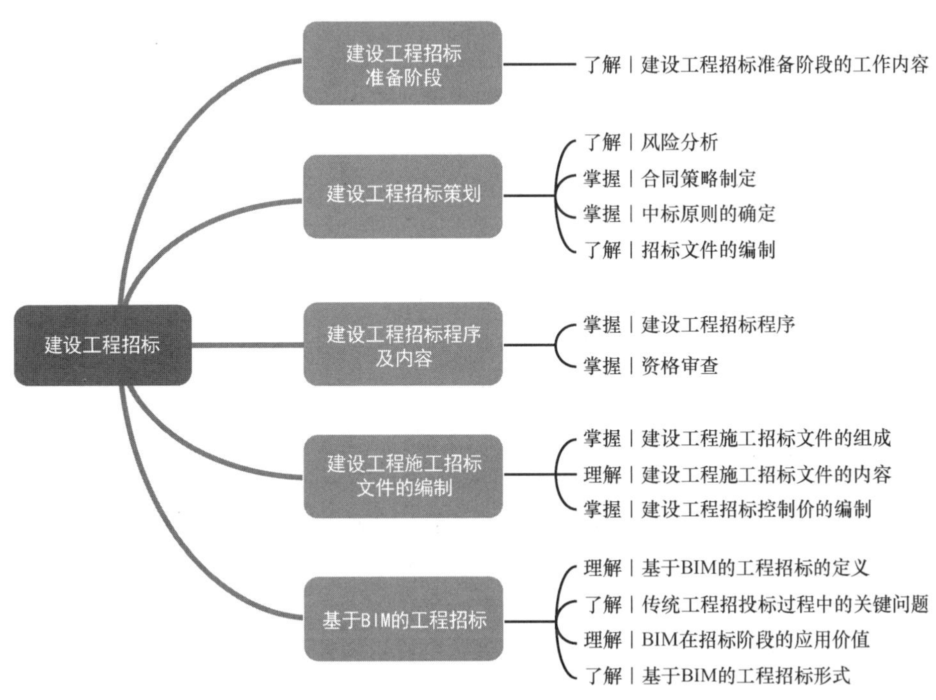

3.1 建设工程招标准备阶段

招标准备阶段的工作内容是指从业主决定进行建设工程招标到发布招标公告之前所做的准备工作，包括成立招标组织机构、办理项目审批手续、确定招标方式、编制招标相关文件等。

1. 成立招标组织机构

招标组织机构的主要职责是拟订招标文件，组织投标、开标、评标和定标工作等。成立招标组织机构有两种途径：一种是业主自行成立招标组织机构组织招标，另一种是业主委托专门的招标代理机构组织招标。

2. 办理项目审批手续

业主需完成工程的各种审批手续（如规划、用地许可、项目的审批等），并完成招标所需涉及图纸及相关的技术资料，使招标的工程项目具备进行施工招标的条件：①计划落实——项目列入国家或省、市基本建设计划；②设计落实——项目应具备相应设计深度的图纸及概算；③投资来源及物资来源落实——项目总投资及年度投资资金有保证，项目设备供应及施工材料订货与到货落到实处；④征地拆迁及“七通一平”落实——项目施工现场应做到通给水、通排水、通电、通信、通路、通燃气、通热力以及场地平整，并具备工作条件；⑤项目建设批准手续落实——有政府主管部门签发的建设用地规划许可证、建设工程规划许可证和建筑工程施工许可证。

3. 确定招标方式

招标人应当依法选定公开招标或邀请招标方式。

4. 编制招标相关文件

（1）编制资格预审文件。资格预审文件包括：①资格预审公告；②申请人须知；③资格审查办法；④资格预审申请文件格式；⑤项目建设概况，可参照《标准施工招标资格预审文件》编写。

（2）编制招标文件。招标文件既是投标人编制投标文件的依据，也是招标阶段招标人的行为准则。招标人应根据工程特点和具体情况参照招标文件示范文本编写招标文件。具体内容和编写方法见3.3节相关内容。

（3）编制招标控制价。招标控制价的编制应遵循客观、公正的原则，严格执行清单计价规范，合理反映拟建工程项目市场价格水平。在编制招标控制价时，消耗量水平、人工工资单价、有关费用标准按省级建设主管部门颁发的计价表（定额）和计价办法执行；材料价格按工程所在地造价管理机构发布的市场指导价取定（没有市场指导价时，按市场信息价或市场询价取定）；措施项目费用按工程所在地常用的施工技术和施工方案计取。

招标控制价应当在递交投标文件截止日前10天由招标人发给投标人。发给投标人的招标控制价应当包括费用汇总表、清单与计价表、材料价格表、相关说明以及招标价调整系数的取值，可以不提供分部分项工程量清单综合单价分析表与措施项目清单费用分析表。

3.2 建设工程招标策划

招标投标是由招标人和投标人经过要约、承诺、择优选定，最终形成具有法律约束力的协议和合同关系的一种交易方法，它是平等主体之间，特别是法人之间，为了达成有偿的经济活动而进行的法律行为。招标投标是商品经济发展到一定阶段的产物，是一种最高竞争的采购方式，是建设工程项目施工合同形成、订立的过程。采取有效措施控制招标工作质量，有利于建设工程项目管理目标的实现。项目施工招标策划阶段是施工招标活动策划、招标文件和合同条款形成的关键阶段，对合同实施有决定性意义。在施工招标策划阶段，运用过程方法对招标工作实施有效的质量控制，是招标活动圆满完成的有力保证。

招标策划阶段的招标工作主要包括风险分析、合同策略制定、中标原则的确定、招标文件编制等。为了确保招标工作的质量，需要充分规划、计划、组织并控制这些工作的实施，同时采取有针对性的预防措施，以降低实施过程中可能出现的错误率，并避免陷入被动的局面。

3.2.1 风险分析

在建设工程招标策划阶段进行风险分析，旨在识别、评估和管理招标过程中及工程施工过程中可能遇到的各种风险。通过风险分析，可以制定有针对性的应对策略和解决方案，从而确保招标工作的顺利进行，并降低后续施工过程中的风险。

招标策划阶段的风险分析包括项目风险管理中的风险识别和风险评价两项内容。风险识别通过经验数据分析、风险调查、专家咨询及实验论证等方式实施。风险评价是根据招标人的承受能力并结合工程实际情况，对识别的工程风险事件作进一步的分析，为下一步制定合同策略提供依据，并研究工程实施过程中风险事件的产生对工程建设造成的不利影响，制定相应的策略和措施。

影响招标投标活动的风险因素包括招标程序的正确性和可操作性、评标办法的可靠性、施工合同条款的可实施性等一系列与招标活动成果得到保证有关的可靠性因素。施工合同签订后，施工实施过程中的风险因素是指一系列在施工实施过程中有可能发生，并影响实现工程预期投资、进度、质量控制目标的风险因素，包括设计变更、合同条款遗漏、合同类型选择不当、承发包模式选择不当、索赔管理不力、合同纠纷等。

3.2.2 合同策略制定

合同策略应在编制招标文件前研究确定。《招标投标法》的第四十六条规定：“招标人和中标人应当自中标通知书发出之日起三十日内，按照招标文件和中标人的投标文件订立书面合同。招标人和中标人不得再行订立背离合同实质性内容的其他协议。”因而招标人对工程建设目标的期望应在招标文件中得到充分反映。在前述的风险分析工作结束后，应制定相应的合同策略，并采用合适的表述方式，将其充分反映和渗透到招标文件合同条款的各相关条款中去。

招标人在合同策略方面的决策内容包括工程采购（发包）模式策划、工程分标策划、合同计价方式的选择、招标方式的确定、合同条款的选择、重要的合同条款的确定等方面。

1. 工程采购（发包）模式策划

工程采购（发包）模式选定的恰当与否将会直接影响到项目的质量、投产时间和效益，因此业主方应熟悉各类采购（发包）模式的特点，为作出正确的决策奠定基础。业主方在确定项目采购（发包）模式时应考虑的主要因素包括：

（1）法律、行政法规、部门法规以及项目所在地的法规与规章和当地政府的要求；

（2）资金来源——融资有关各方对项目的特殊要求；

（3）项目管理经验——业主方以及拟聘用的咨询（监理）单位或管理单位对某种模式的管理经验是否适合该项目，有无标准的合同范本；

（4）项目的复杂性和对项目的时间进度、质量等方面的要求——如工期延误可能造成的后果；

（5）建设市场情况——在市场上能否找到合格的管理和实施单位（如工程咨询公司、项目管理公司、总承包商、承包商、专业分包商等）。

2. 工程分标策划

工程分标策划就是通过项目结构分解，将工程分拆为若干个合同段。项目的分标方式，对承包人来说就是承包方式，对整个工程项目的实施有重大影响。分标策略决定了与招标人签约的承包人的数量，决定着项目的组织结构及管理模式，从根本上决定合同各方责任、权利和义务的划分，所以它对项目的实施过程和项目管理产生根本性的影响。招标人根据分标策略和合同条款，分配项目施工任务，并通过施工合同实现对项目的目标控制。

由于一个建设项目投资额很大，所涉及的各个项目技术复杂，工程量也巨大，往往一个承包商难以完成建设项目。为了加快工程进度，发挥各承包商的优势，降低工程造价，应对一个建设项目进行合理分标，这是非常必要的。

1）工程分标考虑的主要因素

一般情况下，项目进行整体招标。对于大型的项目，符合整体招标条件的承包商较少，采用整体招标将会降低标价的竞争力，或基于其他原因，可将项目划分成若干个标段进行招标。在划分标段时主要考虑的因素如下。

（1）招标项目的专业性要求。

相同、相近的项目可作为整体工程，否则采取分别招标。建设工程项目中的土建和设备安装应分别招标。

（2）工程资金的安排。

工程资金的安排对工程进度有重要影响。有时候根据资金筹措、到位情况和工程建设的次序，在不同时间进行分段招标，显得十分必要。

（3）对工程投资的影响。

标段划分与工程投资相互影响，这种影响是由多种因素造成的。从资金占用角度考虑，若将整个工程项目作为一个整体进行招标，承包商所需投入的资金额度通常会比较大；相反，如果将工程项目划分为多个标段进行分段招标，每个标段的资金占用额度可能会相对较小。从管理费的角度考虑，分段招标的管理费一般比整体直接发包的管理费高。

大型、复杂的工程项目，一般工期长、投资大、技术难题多，因而对承包商在能力、经验等方面的要求很高。对这类工程，如果不分标，可能会使有资格参加投标的承包商数量大为减少，竞争对手少必然会导致投标报价提高，招标人就不容易得到满意的报价。如果对这类工程进行分标，就会避免这种情况，对招标人、投标人都有利。

（4）工程管理的要求。

现场管理和工程各部分的衔接也是分标时应考虑的一个因素。分标要有利于现场的管理，尽量避免各承包商之间在现场分配、生活营地、附属厂房、材料堆放场地、交通运输、弃渣场地等方面的相互干扰；在关键线路上的项目一定要注意相互衔接，防止因一个承包商在工期、质量上的问题而影响其他承包商的工作。如果建设项目的各项工作的衔接、交叉和配合少，责任清楚，则可考虑分别发包。对场地集中、工程量不大、技术上不复杂的工程宜采用一次招标。

总之，标段划分应根据工程特点和招标人的具体情况确定。

2）工程分标的原则

分标时必须坚持不肢解工程的原则，保持工程的整体性和专业性。所谓肢解工程，是指将本应由一个承包商完成的工程任务，分解成若干个部分，分别发包给几个承包商去完成。分标时要防止和克服肢解工程的现象，关键是要弄清工程建设项目的一般划分和禁止肢解工程的最小单位。

一般来说，勘察设计招标发包的最小分标单位为单项工程；施工招标发包的最小分标单位为单位工程。

对不能分标发包的工程进行分标发包的，即构成肢解发包（参见 1.6.2 节“小知识——肢解发包”）。

案例 3.1

某建设项目的合同策划案例

某咨询公司在某文体中心代理项目施工招标时，根据工程性质、建设单位提出的建设目标及实施要求，就其发包模式及总分包的界定作了以下策划。

项目概况：该项目用地面积 5.9 万平方米，新建建筑面积 7.8 万平方米（其中：地上建筑面积 4.9 万平方米，地下建筑面积 2.9 万平方米）。最大建筑高度 99.8 米。建筑单体有：全民健身中心（共三层：一层为游泳池，二层为大众健身中心，三层为球类多功能比赛场地）；文化创意产业大厦（共二十三层：一层至三层为大厅及配套商业用房，四层至五层为青少年活动中心，五层至二十三层为办公用房），是一个集办公、商贸、文体、休闲等服务功能于一体的综合体。

项目主要施工合同架构建议如图 3.1 所示。

后经与业主沟通，发现以下关键问题。

（1）此时只有桩基施工图纸比较完整，主体工程还不具备施工图审查条件。根据业主的目标工期要求，业主建议桩基工程和土方开挖、基坑围护工程先行单独发包。

（2）本项目由苏州市××设计院设计，该院虽然是国内的一所综合性建筑设计院，实力雄厚，但对幕墙、智能化、景观及绿化、室内装修专业无法达到施工图设计的深度，无法进行施工图招标。以上专业的设计客户还在选择队伍阶段。

（3）对于专业性强、功能重要的设备，主要包括空调设备、游泳池水处理系统设备、太阳能热水系统、电梯及自动扶梯等，业主要花大量时间进行厂家考察，综合比选后进行投标报价，此部分设备要独立招标。

综合以上关键问题所在，需要重新设计合理的工程施工合同架构体系。项目优化后的主要施工合同架构如图 3.2 所示。

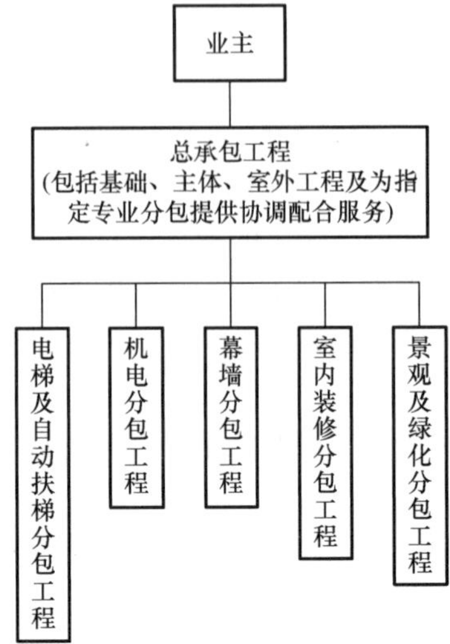

图 3.1　项目主要施工合同架构建议

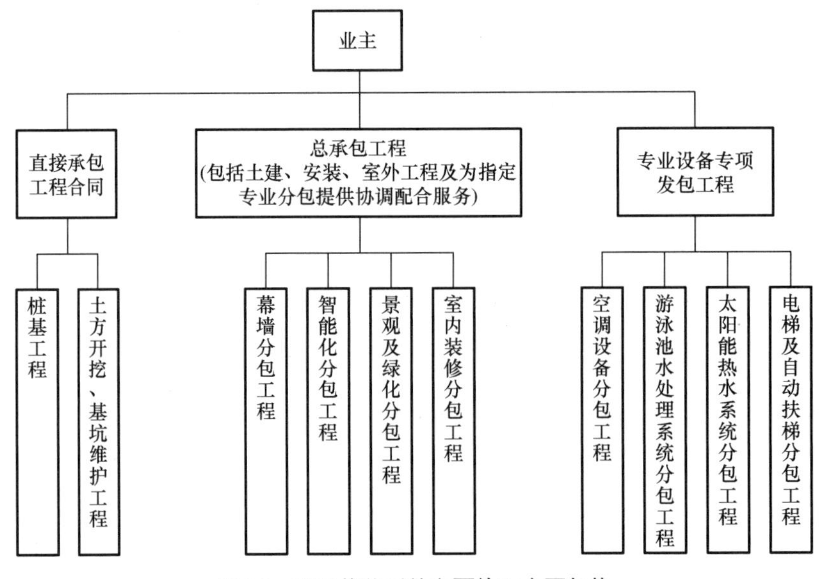

图 3.2　项目优化后的主要施工合同架构

3. 合同计价方式的选择

在工程实践中，合同计价方式有很多，基本形式有单价合同、总价合同、成本加酬金合同等。不同类型的合同，有不同的应用条件、不同的权利和责任分配、不同的付款方式、不同的风险分配方式，应根据具体情况选择合同类型。可以在一个合同中采取上述合同类型的组合形式，也可以在同一项目合同规划的各个合同中分别采取不同类型的合同形式。

4. 招标方式的确定

在确定招标方式时，我们需要综合考虑公开招标和邀请招标在信息发布、选择范围、竞争程度、公开性、时间成本、费用支出、资格审查时机以及适用条件等方面的差异，并严格遵守相关法律法规的规定。

5. 合同条款的选择

合同协议书和合同条款是合同文件最重要的组成部分。在工程实践中，招标人可以按照对工程目标的需要和期望起草合同协议书和合同条款，也可以借鉴国内外各种合同示范文本和标准合同条款来确保合同的合法性和有效性。在具体工程项目应用时，还可以针对工程特点，对合同示范文本及标准合同条款进行修改、补充，其中对于标准合同条款的修改及补充须在合同专用条款内写明具体约定。

6. 重要的合同条款的确定

重要的合同条款包括付款方式、合同价格的调整方式、双方合同风险的分担等。招标人应根据项目建设特点和工程情况综合考虑制定合同条款，恰当的合同条款对项目目标的实现有重要的意义。特别是要慎重考虑双方工程风险的合理分担，承发包双方工程风险的合理分担的基本原则应是通过风险分担激励承包人努力完成项目的投资、进度、质量目标，达到最佳的工程经济效益，使项目参与各方都受益，实现多赢。但是，目前国内建筑市场基本处于买方市场，使部分招标人在招标文件合同条款中制定出不平等的合同条款，并通过招标文件的合同条款将属于招标人的工程风险转移到承包人身上，而这种风险转移措施后面往往隐藏着更大的风险，有可能引发承包人无力施工、企业倒闭等事件，使得工程的各项预期目标无法实现。

招标人在工程合同签订过程中处于主导地位，招标人的合同策略将对整个工程项目的实施有很大影响。制定正确的合同策略，不仅能够确保签订一个完备的有利的合同，而且可以保证圆满地履行工程中的各个合同，并使它们之间能有效地协调，从而顺利地实现工程项目目标。

3.2.3 中标原则的确定

中标原则决定评标定标办法。评标定标办法应体现平等、公正、合法、合理的原则，综合考虑投标人的信誉、业绩、报价、质量、工期、施工组织设计等各方面的因素，不得含有倾向或者排斥潜在投标人的内容，不得妨碍和限制投标人之间的竞争。招标文件定标原则的制定应根据法律法规有关规定，对项目的建设特点和项目具体情况研究分析后决定。

根据《房屋建筑和市政基础设施工程施工招标投标管理办法》第四十条规定，评标可以采用综合评估法、经评审的最低投标价法或者法律法规允许的其他评标方法（参见 5.2.3 节的详细叙述）。

《招标投标法》第四十一条规定，中标人的投标应当符合下列条件之一：（一）能够最大限度地满足招标文件中规定的各项综合评价标准；（二）能够满足招标文件的实质性要求，并且经评审的投标价格最低；但是投标价格低于成本的除外。

一般来说，大型复杂、采用高科技新技术、技术要求高或有深化设计要求的建设项目适用于综合评估法；而采用施工工艺成熟、潜在符合资格投标人数量多的建设项目适用于经评审的最低投标价法。招标文件中采用何种评标方法，关键要根据项目管理目标的要求，对项目建设特点、技术和施工特点的研究分析，依据工程项目的规模大小和结构复杂程度，在法律法规允许的范围内研究决定。招标人可根据工程的具体情况，选择其中一种评标定标办法或选择其中几种评标定标办法综合成一种评标定标办法，经建设行政主管部门或其委托建设工程招标投标管理机构审核同意后写入招标文件。

中标原则的确定关系到对工程建设基本要求和对中标人素质的选择方向，是根据建设项目工程情况和技术、经济特点综合权衡后制定的招标策略。中标人素质和综合实力是项目实施质量、进度、投资目标的有力保证，对招标活动的成果质量有重要的意义。

3.2.4 招标文件编制

招标文件，是指由招标人或招标代理机构编制并向潜在投标人发售的明确资格条件、合同条款、评标办法和投标文件响应格式的文件。在一般情况下，还应附有性能规格、投标保证金保函、预付款保函和履约保函的标准样本。

招标文件编制的基本质量要求主要包含四个方面的内容：一是要符合法律法规要求；二是合同条款应充分反映合同策略，反映招标人的要求和期望；三是所规定的招标活动安排和评定标方式有可实施性；四是招标文本规范、文件完整、逻辑清晰、语言表达准确，避免产生歧义和争议。

工作实践中，可以先根据招标文件范本和工程合同范本编制招标文件，再根据招标方制定的合同策略对范本文件作适当修改、补充。

将施工招标活动和相关的资源作为过程进行管理，可以更高效地得到期望的结果。以过程方法识别施工招标活动中的关键过程，在随后的施工招标实施和管理中不断进行改进来达到招标人对招标工作的要求，以达到控制招标工作质量的目的。将风险分析、合同策略制定、中标原则的确定、招标文件编制作等关键工作为招标策划阶段招标工作关键过程来加以管理控制，并通过研究分析，不断提高这些工作过程的质量水平，有利于提高施工招标策划工作的质量和效果。

在现代社会激烈的商业经济竞争中，招标失败必然会导致招标人在经济资源上的损失，因此需要充分做好招标策划阶段的论证和酝酿工作。只有在招标策划阶段就把招标活动中的各项工作任务、运作程序加以研究分析，将各项招标工作充分准备就绪，才能实现预定的招标目标，保证项目投资、进度、质量控制目标的实现，保证工程项目建设的圆满完成。

案例 3.2

中海某项目合约策划

一、项目概述

项目位于杭州市××区××大道地块，总用地面积为 47735 平方米（71.6 亩），容积率为 2.5，拟建设销售面积 12 万平方米的高档次住宅小区，住宅类型初步定为高层精品小户型住宅与联排别墅。

整个项目计划于 2012 年 9 月 18 日开工建设，2014 年 12 月 25 日竣工，整个开发周期约 2 年零 3 个月。

项目目前已开工。

本项目属自有资金投资项目，建安费用初步估算为 34932 万元（含内配套）。

二、合约策划综述

（一）目的

鉴于本项目占地面积小、房屋类型多、设计标准高、工期紧、项目管理要求高，同时，该项目又为中海地产进入杭州市场的第一个项目，如何克服陌生市场环境带来的困难并进行有效的成本控制管理以及预控指导下一步的工程协调管理，是我们合约管理工作的重点和难点。为此，有必要在项目前期阶段制定良好的合约管理体系、合约工作计划表等，以确保相关的节点目标和成本控制指标得以实现。

（二）合约管理架构

为有效管理和控制成本，本项目拟采用“总承包+专业分包”的管理模式构建合约管理体系，总承包工程拟分为两个标段同步施工。

项目合约管理架构如图 3.3 所示。

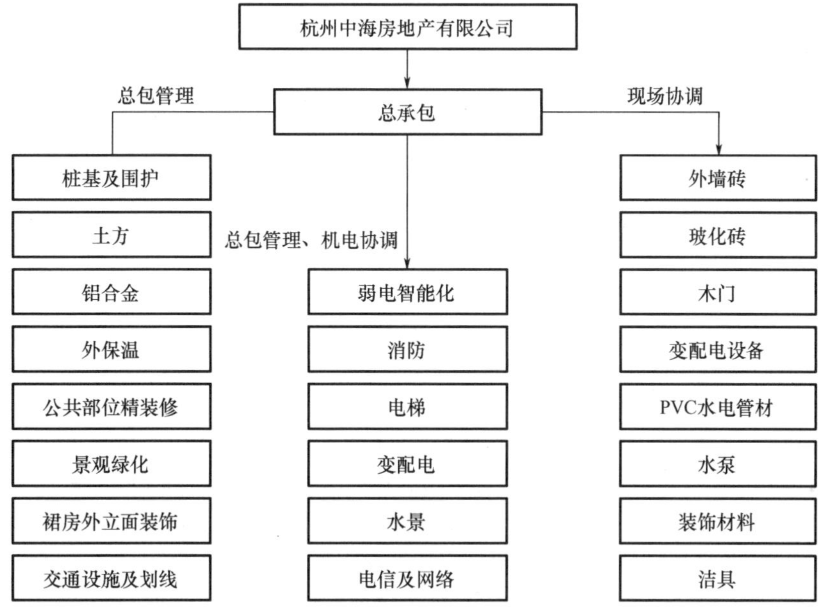

图 3.3 项目合约管理架构

（三）合约分判总体思路

为控制成本和施工管理，本项目拟采用“总承包+专业分包”的管理模式。总承包商承担的工作是主体结构施工、内外粗装饰、强电及给排水工程施工，以及对指定专业分包商的照管（现场全面管理的责任）；各专业分包商需与中海地产及总承包商签订三方合同，明确相互关系和各自权利义务。

招标报价模式采用地产集团标准工程量清单报价模式（按相应模板），定标原则上采用最低价中标，确保最佳性价比。特殊项目（如政府电力配套等垄断性项目）可采用直接议价委托的方式。

对于已出图工程合约价款形式采用总价包干，对于无图的暂定量工程和物资采购合同采用单价包干。

具体而言，本项目拟进行以下专业分包：桩基及围护、土方、铝合金、外保温、公共部位精装修、景观绿化、裙房外立面装饰、交通设施及划线、弱电智能化、消防、电梯、变配电、水景、电信及网络；甲供材料及设备拟包括外墙砖、玻化砖、木门、变配电设备、PVC 水电管材、水泵、装饰材料和洁具。

（四）标段划分

根据目前项目发展情况，考虑到施工管理和工期进度要求，本项目拟将工程分为两个标段进行操作管理；专业上有具体要求不可分割的（如消防工程、弱电智能化工程），则统一为一个标段。

（五）时间节点控制思路

本项目工期较紧，对合约时间节点控制要求较高，同时又受到设计出图计划和工程进度计划的制约。因此，本项目时间节点的控制原则是以工程发展进度计划为根本控制点，根据设计出图及样板确认计划安排具体的合约分判时间节点计划。

在工作开展之前，中海地产将与设计管理部、项目发展部等部门进行良好的沟通，对彼此制订的时间节点计划之间的冲突进行协调处理；在工作开展过程中，中海地产将随项目实际发展进度对合约时间节点计划进行动态调整，并严格执行；一旦出现部分工序的延误，中海地产将及时分析原因，寻找补救对策，确保合约管理工作不影响到整体项目发展。

（六）工程量清单编制原则

工程量清单原则上由中海地产自行编制，模式按照地产集团统一工程量清单模板进行；同时，考虑到杭州公司合约管理部目前的人手配置情况，为减少工程量计算失误概率，中海地产将采取两阶段招标方式，先通过比较和复核回标工程量，即对5～8家投标单位的工程量进行比较复核，统一工程量后再进行报价。

（七）工程价款支付

本项目工程价款支付方式有两种：里程碑节点支付和按月完成量支付，原则上无预付款（除大型/大批定制货物或设备外）。里程碑节点支付方式适用于总承包等工期要求严格、工程额较小、工期仅1～2个月的工程；按月完成量支付方式适用于一般项目。

为了能够及时掌握建安成本实际变动情况，良好地控制建安成本，中海地产计划对设计变更和工程签证的工程量进行即时审核确认，原则上在三个月内对变更价款进行审定，在审定后的次月中期付款中支付款项。

对于工程结算，无特殊情况下，总承包工程在具备结算条件后6个月内完成结算工作，一般专业分包工程在具备结算条件后2个月内完成结算工作。

（八）不利因素分析及应对措施

本项目定位较高、工程技术性强、质量标准高，加上工期较紧，对合约分判的速度和质量要求较高。在合约人员有限的情况下，如何促使团队在紧张的配合下快速、有效地运作将是面临的最大困难。对此，项目启动之初，中海地产将投入大量精力制订详尽的合约统筹计划，明确各阶段的目标、任务、时间节点及所需资源，为后续的合约分判工作打下坚实基础。同时，中海地产将调用合约部的主要业务力量，根据工程性质进行职责分配，使责任到人。此外，为了促进团队间的紧密配合，中海地产将建立高效的沟通与协调机制，包括举行每周的合约协调例会。

3.3 建设工程招标程序及内容

3.3.1 建设工程招标程序

建设工程招标程序，是指在建设工程项目招标活动中，按照一定的时间、空间顺序运作的次序、步骤、方式。招标程序是指招标活动的内容的逻辑关系，不同的招标方式具有不同的活动内容。由于公开招标是程序最为完整、规范、典型的招标方式，接下来将以建设工程项目施工公开招标为例介绍招标程序，邀请招标程序可参照公开招标程序进行。

1. 建设工程公开招标程序

国内建设工程公开招标程序流程如图 3.4 所示。

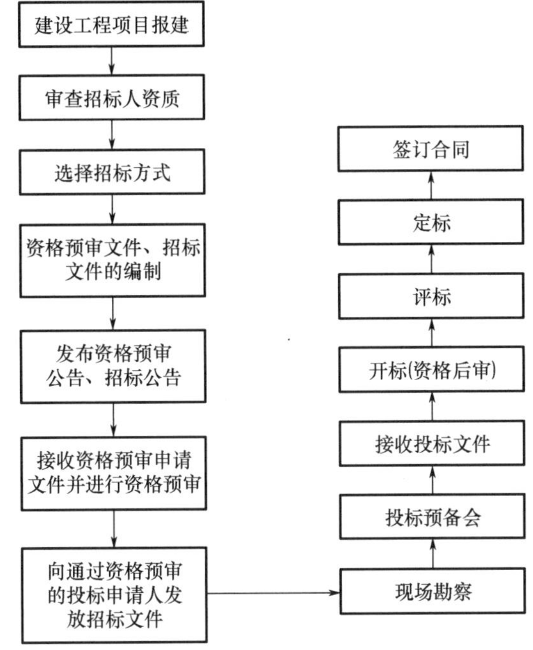

图 3.4 国内建设工程公开招标程序流程

1）建设工程项目报建

根据《工程建设项目报建管理办法》的规定，凡在我国境内投资兴建的工程建设项目，都必须实行报建制度，接受当地建设行政主管部门或其授权机构的监督管理。

建设工程项目报建是建设单位招标活动的前提。

报建范围包括：各类房屋建筑（包括新建、改建、扩建、翻修等）、土木工程（包括道路、桥梁、房屋基础打桩等）、设备安装、管线铺设和装饰装修等固定资产投资项目。

报建的内容主要包括：工程名称、建设地点、投资规模、资金来源、当年投资额、工程规模、开工竣工日期、发包方式和工程筹建情况等。

办理工程项目报建时应该交验的文件资料包括：立项批准文件或年度投资计划，固定资产投资许可证，建设工程规划许可证，验资证明。

建设工程项目的立项批准文件或投资计划下达后，建设单位根据《工程建设项目报建管理办法》的要求进行报建，并由建设行政主管部门审批。

2）审查招标人资质

审查招标人是否具备招标条件。不具备有关条件的招标人，须委托中介机构代理招标。建设单位与中介机构签订委托代理招标的协议，并报招标管理机构备案。

3）选择招标方式

根据招标项目的具体情况，按照法律法规的规定，确定采用公开招标或邀请招标的方式，并向行政监管机关备案。

4）资格预审文件、招标文件的编制

公开招标时，如果要求进行资格预审，则只有通过资格预审的施工单位才可以参加投标。

不采用资格预审的公开招标应进行资格后审，即在开标后进行资格审查。

5）发布资格预审公告、招标公告

我国《招标投标法》规定，招标人采用公开招标形式的，应当发布招标公告。依法必须招标的项目的招标公告和公示信息（指资格预审公告、招标公告、中标候选人公示、中标结果公示等信息）应当在中国招标投标公共服务平台或者项目所在地省级电子招标投标公共服务平台发布。

6）接受资格预审申请文件并进行资格预审

招标人严格遵循既定程序，按时接收资格预审申请文件，确保文件完整、密封无损，并出具签收凭证。招标人对其接受的资格预审文件和资料进行评比分析，确定合格的投标申请人。

7）向通过资格预审的投标申请人发放招标文件

招标人将招标文件、图纸和有关技术资料发放给通过资格预审并获得投标资格的投标单位。投标单位收到招标文件、图纸和有关资料后，应认真核对，核对无误后，应以书面形式予以确认。

8）现场勘察

招标人组织投标人进行现场勘察的目的在于了解工程场地和周围环境情况，以获取投标单位认为有必要的信息。

9）投标预备会

投标预备会的目的在于澄清招标文件中的疑问，解答投标人对招标文件和勘察现场所提出的疑问和问题。

10）接收投标文件

投标人根据招标文件的要求，编制投标文件，并进行密封和标记，在投标截止时间前按规定的地点将其递交至招标人。招标人接收投标文件并将其秘密封存。

11）开标（资格后审）

在投标截止日期后，按规定时间、地点在投标人法定代表人或授权代理人在场的情况下举行开标会议，按规定的议程进行开标。

12）评标

由招标代理、建设单位上级主管部门协商，按有关规定成立评标委员会，在招标管理机构的监督下，依据评标原则、评标方法，从投标单位报价、工期、质量、主要材料用量、施工方案或施工组织设计、以往业绩、社会信誉、优惠条件等方面进行综合评价，公正合理地择优选择中标单位。

13）定标

选定中标单位后，由招标管理机构核准，获准后招标单位发出中标通知书。

14）签订合同

招标人与中标人应当自中标通知书发出之日起 30 日内，按照招标文件和中标人的投标文件签订工程承包合同。

2. *建设工程邀请招标程序*

邀请招标程序是直接向适合本工程施工的单位发出邀请，其程序与公开招标大同小异。

其不同点主要是没有发布资格预审公告、招标公告和资格预审的环节，但增加了发出投标邀请书的环节。

这里的发出投标邀请书，是指招标人可直接向有能力承担本工程的施工单位发出投标邀请书。

3.3.2 资格审查

1. 资格审查的种类及作用

《招标投标法》规定：招标人可以根据招标项目本身的要求，在招标公告或者投标邀请书中，要求潜在的投标人提供有关资质证明文件和业绩情况，并对潜在投标人进行资格审查；国家对投标人的资格条件有规定的，依照其规定。招标人不得以不合理的条件限制或者排斥潜在投标人，不得对潜在投标人实行歧视待遇。

资格审查可分为资格预审和资格后审。资格预审是指在投标前对潜在投标人进行的资格审查；资格后审是指在投标后（即开标后）对投标人进行的资格审查。

对于一些要求开工期比较早、工程不算复杂的工程项目，为了争取早日开工，有时不进行资格预审，而进行资格后审。资格后审是在招标文件中加入资格审查的内容，投标人在填报投标文件的同时，按要求填写资格审查资料。评标委员会在正式评标前先对投标人进行资格审查，对资格审查合格的投标人进行评标，对不合格的投标人不进行评标。资格后审的内容与资格预审的内容大致相同，主要包括：投标人的组织机构、财务状况、人员与设备情况、施工经验等方面。

公开招标通常采用资格预审，只有资格预审合格的施工单位才被允许参加投标；不采用资格预审的公开招标应进行资格后审，即在开标后进行资格审查。

通过资格审查，可以预先淘汰不合格的投标人，减少评标阶段的工作时间和费用；也使不合格的投标人节约购买招标文件、现场考察和投标的费用。

2. 资格预审的程序

资格预审程序一般为发售资格预审文件、潜在投标人编制并提交资格预审申请文件、审查资格预审申请文件和发送资格预审合格通知书。

1）发售资格预审文件

招标人应当按照资格预审公告中的时间和地点发售资格预审文件，其发售期不得少于5日，发售资格预审文件收取的费用应当限于补偿印刷、邮寄的成本支出，不得以营利为目的。潜在投标人或其他利害关系人对资格预审文件有异议的，应当在提交资格预审申请文件截止时间2日前提出异议，招标人应当自收到异议之日起3日内作出答复。作出答复前，招标人应当暂停招标投标活动。

2）潜在投标人编制并提交资格预审申请文件

招标人应当合理确定留给潜在投标人编制资格预审申请文件的时间。我国规定，依法必须进行招标的项目提交资格预审申请文件的时间，自资格预审文件停止发售之日起不得少于5日。对资格预审文件的解答、澄清和修改，招标人应当在递交资格预审申请文件截止时间至少3日前以书面形式通知所有获取资格预审文件的申请人，并构成资格预审文件的组成部分。

3）审查资格预审申请文件

招标人或资格审查委员会在规定的时间内对资格预审申请文件进行审查。国有资金占控股或者主导地位的依法必须进行招标的项目，招标人应当组建资格审查委员会审查资格预审申请文件。通过对申请单位填报的资格预审申请文件和资料进行评比和分析，确定出合格申请单位。

4）发送资格预审合格通知书

资格预审结束后，招标单位应当及时向所有合格申请单位发出资格预审合格通知书，并告知获取招标文件的时间、地点和方法。合格申请单位在收到资格预审合格通知书后，应以书面形式予以确认是否参加投标，在规定的时间领取招标文件、设计施工图及有关技术资料，并在投标截止日期前递交有效的投标文件。未通过资格预审的申请人不具有投标资格，通过资格预审的申请人少于 3 个时，应当重新招标。

3. 资格预审文件的内容

2007 年版的《标准施工招标资格预审文件》（以下简称《标准资格预审文件》）作为国家发改委等九部委联合发布的《〈标准施工招标资格预审文件〉和〈标准施工招标文件〉试行规定》（2007 年第 56 号令）的附件，属于部门规章，首次在法规层次对资格预审文件的内容作了规定。《标准资格预审文件》共有 5 章，各章内容如下。

第一章资格预审公告

第二章申请人须知

第三章资格审查办法（合格制）

第三章资格审查办法（有限数量制）

第四章资格预审申请文件格式

第五章项目建设概况

下面分别加以介绍。

1）资格预审公告

资格预审公告包括以下几方面内容。

（1）招标人的名称和地址。

（2）招标项目的性质和数量。

（3）招标项目的地点和时间要求。

（4）获取资格预审文件的办法、地点和时间。

（5）对资格预审文件收取的费用。

（6）提交资格预审申请书的地点和截止时间。

（7）资格预审的日程安排。

**案例 3.3**

某建设项目的资格预审公告

1. ××公司的××厂房已经批准建设。工程所需资金来源是自筹，现已落实。现邀请合格的潜在投标人参加本工程的资格预审。

2. 招标人自行办理本工程的招标事宜。

3. 工程概况

工程地点：略。

工程规模：略。

计划开工日期：略。

计划竣工日期：略。

4. 本招标工程共分1个标段，标段划分及相应招标内容如下。

招标范围：1/2层厂房、钢结构、附属雨污、室外配套工程。

5. 申请人应当具备的主要资格条件

申请人资质类别和等级：房屋建筑总承包一级及市政二级（独立法人）。

拟选派项目经理资质等级：注册建造师房建一级，配备市政二级。

企业业绩、信誉：投标项目部近两年内在周边地区承建过与本次招标工程类似的项目，且质量优良。

项目经理业绩、信誉：投标项目经理近两年内在周边地区管理过类似工程，且质量优良。

以上证件须为原件副本（验证后归还）及复印件。

其他条件：

企业营业执照

税务登记证

银行资信证明

企业信用手册

6. 请申请人于××年××月××日，上午××时至××时，下午××时至××时到××区建设工程有形市场报名，报名经办人须携带本人身份证件和加盖单位公章的书面报名申请书，申请人须于××年××月××日××时前将相关资料送至××地。

7. 其他

本次招标每标段择优选取7家申请人作为投标单位。

8. 联系方式：　　　　联系人：　　　　联系电话：

2）申请人须知

申请人须知包括前附表和正文两部分。

（1）申请人须知前附表（表3-1）。

申请人须知前附表是针对项目具体要求对申请人须知正文的细化。

表3-1 申请人须知前附表

条款号	条 款 名 称	编 列 内 容
1.1.2	招标人	名称： 地址： 联系人： 电话：
1.1.3	招标代理机构	名称： 地址： 联系人： 电话：
1.1.4	项目名称	
1.1.5	建设地点	
1.2.1	资金来源	

续表

条款号	条 款 名 称	编 列 内 容
1.2.2	出资比例	
1.2.3	资金落实情况	
1.3.1	招标范围	
1.3.2	计划工期	计划工期：__________日历天 计划开工日期：_______年______月______日 计划竣工日期：_______年______月______日
1.3.3	质量要求	
1.4.1	申请人资质条件、能力和信誉	资质条件： 财务要求： 业绩要求： 信誉要求： 项目经理（建造师，下同）资格： 其他要求：
1.4.2	是否接受联合体资格预审申请	□ 不接受 □ 接受，应满足下列要求：
2.2.1	申请人要求澄清 资格预审文件的截止时间	
2.2.2	招标人澄清 资格预审文件的截止时间	
2.2.3	申请人确认收到 资格预审文件澄清的时间	
2.3.1	招标人修改 资格预审文件的截止时间	
2.3.2	申请人确认收到 资格预审文件修改的时间	
3.1.1	申请人需补充的其他材料	
3.2.4	近年财务状况的年份要求	_____年
3.2.5	近年完成的类似项目的 年份要求	_____年
3.2.7	近年发生的诉讼及仲裁情况的 年份要求	_____年
3.3.1	签字或盖章要求	
3.3.2	资格预审申请文件副本份数	_____份
3.3.3	资格预审申请文件的装订要求	
4.1.2	封套上写明	招标人的地址： 招标人全称： _________（项目名称）_______标段施工招标资格预审申请文件 在____年_____月_____日_____时_____分前不得开启
4.2.1	申请截止时间	______年_____月_____日_____时_____分
4.2.2	递交资格预审申请文件的地点	
4.2.3	是否退还资格预审申请文件	
5.1.2	审查委员会人数	
5.2	资格审查方法	
6.1	资格预审结果的通知时间	

续表

条款号	条 款 名 称	编 列 内 容
6.3	资格预审结果的确认时间	
9	需要补充的其他内容	
……	……	
……	……	

（2）总则。

在总则中分别列出项目概况，资金来源和落实情况，招标范围、计划工期和质量要求，申请人资格要求，语言文字以及费用承担。

（3）资格预审文件。

该部分内容包括资格预审文件的组成、澄清和修改。

资格预审文件包括资格预审公告、申请人须知、资格审查办法、资格预审申请文件格式、项目建设概况以及根据文件规定对资格预审文件的澄清和修改。

当资格预审文件、资格预审文件的澄清或修改等在同一内容的表述上不一致时，以最后发出的书面文件为准。

申请人应仔细阅读和检查资格预审文件的全部内容。如有疑问，应在申请人须知前附表规定的时间前以书面形式（包括信函、电报、传真等可以有形表现所载内容的形式，下同），要求招标人对资格预审文件进行澄清。

招标人应在申请人须知前附表规定的时间前，以书面形式将澄清内容发给所有购买资格预审文件的申请人，但不指明澄清问题的来源。

申请人收到澄清后，应在申请人须知前附表规定的时间内以书面形式通知招标人，确认已收到该澄清。

在申请人须知前附表规定的时间前，招标人可以书面形式通知申请人修改资格预审文件。在申请人须知前附表规定的时间后修改资格预审文件的，招标人应相应顺延申请截止时间。

申请人收到修改的内容后，应在申请人须知前附表规定的时间内以书面形式通知招标人，确认已收到该修改。

（4）资格预审申请文件的编制。

资格预审申请文件应包括下列内容。

① 资格预审申请函。

② 法定代表人身份证明或附有法定代表人身份证明的授权委托书。

③ 联合体协议书。

④ 申请人基本情况表。

⑤ 近年财务状况表。

⑥ 近年完成的类似项目情况表。

⑦ 正在施工和新承接的项目情况表。

⑧ 近年发生的诉讼及仲裁情况。

⑨ 其他材料：见申请人须知前附表。

申请人应按要求，编制完整的资格预审申请文件，用不褪色的材料书写或打印，并由申请人的法定代表人或其委托代理人签字或盖单位章。资格预审申请文件中的任何改动之处应加盖单位章或由申请人的法定代表人或其委托代理人签字确认。（签字或盖章的具体要求见申请人须知前附表。）

资格预审申请文件正本一份，副本份数见申请人须知前附表。正本和副本的封面上应清楚地标记“正本”或“副本”字样。当正本和副本不一致时，以正本为准。

（5）资格预审申请文件的递交。

资格预审申请文件的正本与副本应分开包装，加贴封条，并在封套的封口处加盖申请人单位章。

在资格预审申请文件的封套上应清楚地标记“正本”或“副本”字样，封套还应写明的其他内容见申请人须知前附表。

资格预审申请文件应按照申请人须知前附表规定的申请截止时间和递交地点递交。逾期送达或者未送达指定地点的资格预审申请文件，招标人不予受理。

（6）资格预审申请文件的审查。

资格预审申请文件由招标人组建的审查委员会负责审查。审查委员会参照《中华人民共和国招标投标法》第三十七条规定组建。审查委员会根据申请人须知前附表规定的方法和第三章“资格审查办法”中规定的审查标准，对所有已受理的资格预审申请文件进行审查。没有规定的方法和标准不得作为审查依据。

（7）通知和确认。

招标人在申请人须知前附表规定的时间内以书面形式将资格预审结果通知申请人，并向通过资格预审的申请人发出投标邀请书。

应申请人书面要求，招标人应对资格预审结果作出解释，但不保证申请人对解释内容满意。

通过资格预审的申请人收到投标邀请书后，应在申请人须知前附表规定的时间内以书面形式明确表示是否参加投标。在申请人须知前附表规定时间内未表示是否参加投标或明确表示不参加投标的，不得再参加投标。因此造成潜在投标人数量不足 3 个的，招标人重新组织资格预审或不再组织资格预审而直接招标。

（8）申请人的资格改变。

通过资格预审的申请人组织机构、财务能力、信誉情况等资格条件发生变化，使其不再实质上满足“资格审查办法”规定标准的，其投标不被接受。

（9）纪律与监督。

严禁申请人向招标人、审查委员会成员和与审查活动有关的其他工作人员行贿。在资格预审期间，不得邀请招标人、审查委员会成员以及与审查活动有关的其他工作人员到申请人单位参观考察，或出席申请人主办、赞助的任何活动。

申请人不得以任何方式干扰、影响资格预审的审查工作，否则将导致其不能通过资格预审。

招标人、审查委员会成员，以及与审查活动有关的其他工作人员应对资格预审申请文件的审查、比较进行保密，不得在资格预审结果公布前透露资格预审结果，不得向他人透露可能影响公平竞争的有关情况。

申请人和其他利害关系人认为本次资格预审活动违反法律、法规和规章规定的，有权向有关行政监督部门投诉。

3）资格审查办法

资格审查包括初步审查和详细审查两个阶段。

初步审查是指首先对接收到的资格预审文件进行整理，看其是否对资格预审文件作出了实质性的响应，即是否满足资格预审文件的要求。检查资格预审文件的完整性，检查资格预审强制性标准的合格性，如投标申请人（包括联合体成员）营业执照和授权代理人授权书应有效。投标申请人（包括联合体成员）企业资质和资信登记等级应与拟承担的工程标准和规模相适应。如以联合体形式申请资格预审，应提交联合体协议，明确联合体主办人；如有分包，应满足主体工程限制分包的要求。投标申请人提供的财务状况、人员与设备情况及履行合同的情况应满足要求。只有对资格预审文件作出实质性响应的投标人才能参加进一步评审。

详细审查的办法如下。

（1）合格制。

资格预审是为了检查、评估投标人是否具备能令人满意地执行合同的能力。只有表明投标人有能力胜任，公司机构健全，财务状况良好，人员技术、管理水平高，施工设备适用，有丰富的类似工程经验，有良好的信誉，才能被招标人认为是资格预审合格。

合格制资格审查办法主要从营业执照、安全生产许可证、资质等级、财务状况、类似项目业绩、信誉、项目经理资格、其他要求、联合体申请人等方面提出具体要求，有一项因素不符合审查标准的，不能通过资格预审。

（2）有限数量制。

审查委员会依据规定的审查标准和程序，对通过初步审查和详细审查的资格预审申请文件进行量化打分，按得分由高到低的顺序确定通过资格预审的申请人。通过资格预审的申请人不超过《标准资格预审文件》中资格审查办法前附表规定的数量。

4）资格预审申请文件格式

资格预审申请文件应按第四章“资格预审申请文件格式”进行编写，如有必要，可以增加附页，并将其作为资格预审申请文件的组成部分。

主要格式文件包括“资格预审申请函”“法定代表人身份证明”“授权委托书”“联合体协议书”“申请人基本情况表”“近年财务状况表”“近年完成的类似项目情况表”“正在施工和新承接的项目情况表”“近年发生的诉讼及仲裁情况”等。

5）项目建设概况

该部分内容包括项目说明、建设条件和建设要求等。

3.4 建设工程施工招标文件的编制

建设工程施工招标文件，是建设工程招标单位单方面阐述自己的招标条件和具体要求的意思表示，是招标单位确定、修改和解释有关招标事项的书面表达形式的统称。从合同的订立过程来分析，建设工程施工招标文件属于一种要约邀请，其目的在于引起投标人的注意，希望投标人能按照招标人的要求向招标人发出要约。

《招标投标法》规定，招标人应当根据招标项目的特点和需要编制招标文件。国家对招标项目的技术、标准有规定的，招标人应当按照其规定在招标文件中提出相应要求。

建设工程施工招标文件是由招标单位或其委托的咨询机构编制并发布的。它既是投标单位编制投标文件的依据，也是将来招标单位与中标单位签订工程承包合同的基础。招标文件中提出的各项要求，对整个招标工作乃至承发包双方都有约束力。由此可见，建设工程施工招标文件的编制实质上是拟定合同的前期准备工作，即合同的策划工作。

3.4.1 建设工程施工招标文件的组成

建设工程施工招标文件是建设工程施工招标投标活动中最重要的法律文件，它不仅规定了完整的招标程序，而且还提出了各项技术标准和交易条件，拟列了合同的主要条款。招标文件是评标委员会评审投标文件的依据，也是业主与中标人签订合同的基础，同时也是投标人编制投标文件的重要依据。

建设工程施工招标文件由招标文件正式文本、对招标文件正式文本的解释和对招标文件正式文本的修改三部分组成。

1. 招标文件正式文本

招标文件正式文本由招标公告（或投标邀请书）、投标人须知、评标办法、合同条款及格式、工程量清单、图纸、技术标准和要求、投标文件格式组成。

2. 对招标文件正式文本的解释

投标人拿到招标文件正式文本之后，如果认为招标文件有问题需要解释，应在收到招标文件后规定的时间内以书面形式向招标人提出，招标人以书面形式，向所有投标人作出答复。其具体形式是招标文件答疑或答疑会议记录等，这些也构成招标文件的一部分。

3. 对招标文件正式文本的修改

在投标截止日前，招标人可以对已发出的招标文件进行修改、补充，这些修改和补充也是招标文件的一部分，对投标人起约束作用。修改意见和补充内容由招标人以书面形式发给所有获得招标文件的投标人，并且要保证这些修改和补充从发出之日到投标截止有15天的合理时间。

3.4.2 建设工程施工招标文件的内容

2007 年 11 月，九部委（国家发改委牵头，联合财政部、建设部、交通部、铁道部、信息产业部、水利部、民航总局、广电总局）联合发布《〈标准施工招标资格预审文件〉和〈标准施工招标文件〉试行规定》（2007 年第 56 号令），颁布了《标准施工招标资格预审文件》和《标准施工招标文件》。标准文件自 2008 年 5 月 1 日起试行，适用范围为一定规模以上工程，后来被政府投资工程强制使用。

【《标准施工招标资格预审文件》】

该试行规定规定：国务院有关行业主管部门可根据《标准施工招标文件》并结合本行业施工招标特点和管理需要，编制行业标准施工招标文件。行业标准施工招标文件中的“专用合同条款”可对《标准施工招标文件》中的“通用合同条款”进行补充、细化，除“通用合同条款”明确“专用合同条款”可作出不同约定外，补充和细化的内容不得与“通用合同条款”强制性规定相抵触，否则抵触内容无效。

【《标准施工招标文件》】

2010年建设部颁布《房屋建筑和市政工程标准施工招标文件》（简称《行业标准施工招标文件》）是《标准施工招标文件》的配套文件。其是在《标准施工招标文件》的基础上结合房屋建筑与市政工程招投标管理与履约管理的特点进行完善，形成的房屋建筑与市政工程行业招标文件范本。

2011年，国家发展改革委会同工业和信息化部、财政部等9部委联合发布了《关于印发简明标准施工招标文件和标准设计施工总承包招标文件的通知》（发改法规〔2011〕3018号），规定《简明标准施工招标文件》和《标准设计施工总承包招标文件》自2012年5月1日起实施。

【《房屋建筑和市政工程标准施工招标文件》】

其中，《简明标准施工招标文件》共分招标公告（或投标邀请书）、投标人须知、评标办法、合同条款及格式、工程量清单、图纸、技术标准和要求、投标文件格式8章。适用于工期不超过12个月、技术相对简单且设计和施工不是由同一承包人承担的小型项目施工招标。《标准设计施工总承包招标文件》共分招标公告（或投标邀请书）、投标人须知、评标办法、合同条款及格式、发包人要求、发包人提供的资料、投标文件格式7章。对于设计施工一体化的总承包项目，其招标文件应当根据《标准设计施工总承包招标文件》编制。下面就《标准施工招标文件》范本加以重点介绍。

【《标准设计施工总承包招标文件》】

《中华人民共和国标准施工招标文件》（2007年版）包括以下八章内容。

第一章	招标公告或投标邀请书	第五章	工程量清单
第二章	投标人须知	第六章	图纸
第三章	评标办法	第七章	技术标准和要求
第四章	合同条款及格式	第八章	投标文件格式

下面就这八章的主要内容加以介绍。

1. 招标公告或投标邀请书

《中华人民共和国标准施工招标文件》（2007年版）的招标公告和投标邀请书的一般格式分别见表3-2和表3-3。

表3-2 招标公告的一般格式

招标公告（未进行资格预审）
____________（项目名称）__________标段施工招标公告
1. 招标条件
本招标项目_____（项目名称）已由______（项目审批、核准或备案机关名称）以______（批文名称及编号）批准建设，项目业主为_______，建设资金来自_______（资金来源），项目出资比例为______，招标人为________。项目已具备招标条件，现对该项目的施工进行公开招标。
2. 项目概况与招标范围
________（说明本次招标项目的建设地点、规模、计划工期、招标范围、标段划分等）。
3. 投标人资格要求
3.1 本次招标要求投标人须具备______资质，_____业绩，并在人员、设备、资金等方面具有相应的施工能力。

续表

3.2 本次招标______（接受或不接受）联合体投标。联合体投标的，应满足下列要求：________________________________。

3.3 各投标人均可就上述标段中的______（具体数量）个标段投标。

4. 招标文件的获取

4.1 凡有意参加投标者，请于______年______月______日至______年______月______日（法定公休日、法定节假日除外），每日上午______时至______时，下午______时至______时（北京时间，下同），在________________（详细地址）持单位介绍信购买招标文件。

4.2 招标文件每套售价______元，售后不退。图纸押金______元，在退还图纸时退还（不计利息）。

4.3 邮购招标文件的，需另加手续费（含邮费）______元。招标人在收到单位介绍信和邮购款（含手续费）后____日内寄送。

5. 投标文件的递交

5.1 投标文件递交的截止时间（投标截止时间，下同）为____年____月____日____时____分，地点为____________。

5.2 逾期送达的或者未送达指定地点的投标文件，招标人不予受理。

6. 发布公告的媒介

本次招标公告同时在____________（发布公告的媒介名称）上发布。

7. 联系方式

招 标 人：________________	招标代理机构：________________
地　　址：________________	地　　址：________________
邮　　编：________________	邮　　编：________________
联 系 人：________________	联 系 人：________________
电　　话：________________	电　　话：________________
传　　真：________________	传　　真：________________
电子邮件：________________	电子邮件：________________
网　　址：________________	网　　址：________________
开户银行：________________	开户银行：________________
账　　号：________________	账　　号：________________

____年____月____日

表 3-3 投标邀请书的一般格式

投标邀请书（适用于邀请招标）

____________（项目名称）____________标段施工投标邀请书

______________（被邀请单位名称）：

1. 招标条件

本招标项目______（项目名称）已由______（项目审批、核准或备案机关名称）以____________（批文名称及编号）批准建设，项目业主为______，建设资金来自______（资金来源），出资比例为______，招标人为______。项目已具备招标条件，现邀请你单位参加______（项目名称）______标段施工投标。

续表

2．项目概况与招标范围

______（说明本次招标项目的建设地点、规模、计划工期、招标范围、标段划分等）。

3．投标人资格要求

3.1　本次招标要求投标人具备________资质，________业绩，并在人员、设备、资金等方面具有承担本标段施工的能力。

3.2　你单位_____（可以或不可以）组成联合体投标。联合体投标的，应满足下列要求：___________。

4．招标文件的获取

4.1　请于_____年_____月_____日至_____年_____月_____日（法定公休日、法定节假日除外），每日上午_____时至_____时，下午_____时至_____时（北京时间，下同），在_________________（详细地址）持本投标邀请书购买招标文件。

4.2　招标文件每套售价_____元，售后不退。图纸押金______元，在退还图纸时退还（不计利息）。

4.3　邮购招标文件的，需另加手续费（含邮费）_____元。招标人在收到邮购款（含手续费）后_____日内寄送。

5．投标文件的递交

5.1　投标文件递交的截止时间（投标截止时间，下同）为_____年____月____日____时____分，地点为________。

5.2　逾期送达的或者未送达指定地点的投标文件，招标人不予受理。

6．确认

你单位收到本投标邀请书后，请于________（具体时间）前以传真或快递方式予以确认。

7．联系方式

招 标 人：________________________	招标代理机构：___________________
地　　址：________________________	地　　址：_______________________
邮　　编：________________________	邮　　编：_______________________
联 系 人：________________________	联 系 人：_______________________
电　　话：________________________	电　　话：______________________
传　　真：________________________	传　　真：_______________________
电子邮件：________________________	电子邮件：_______________________
网　　址：________________________	网　　址：_______________________
开户银行：________________________	开户银行：_______________________
账　　号：________________________	账　　号：_______________________

______年______月_____日

2. 投标人须知及投标人须知前附表

投标人须知是投标人的投标指南，投标人须知一般包括两部分：一部分为投标人须知前附表，另一部分为投标人须知正文。

1）投标人须知前附表

投标人须知前附表是指把投标活动中的重要内容以列表的方式表示出来。“投标人须知前附表”用于进一步明确“申请人须知”和“投标人须知”正文中的未尽事宜，项目招标人应结合招标项目具体特点和实际需要编制和填写“投标人须知前附表”，但其内容不得与“投标人须知”正文内容相抵触，否则抵触内容无效。

2）投标人须知正文

投标人须知正文内容很多，主要包括以下几部分。

（1）总则。

在总则中分别列出项目概况，资金来源和落实情况，招标范围、计划工期和质量要求，投标人资格要求，费用承担，保密，语言文字，计量单位，踏勘现场，投标预备会，分包，偏离的相关规定。

（2）招标文件。

① 招标文件的组成。

招标文件由招标公告（或投标邀请书）、投标人须知、评标办法、合同条款及格式、工程量清单、图纸、技术标准和要求、投标文件格式、投标人须知前附表规定的其他材料组成。

根据《中华人民共和国标准施工招标文件》（2007 年版）第二章第 1.10 款、第 2.2 款和第 2.3 款对招标文件所作的澄清、修改，也构成招标文件的组成部分。

② 招标文件的澄清。

投标人应仔细阅读和检查招标文件的全部内容。如发现缺页或附件不全，应及时向招标人提出，以便补齐。如有疑问，应在投标人须知前附表规定的时间前以书面形式（包括信函、电报、传真等可以有形地表现所载内容的形式，下同）要求招标人对招标文件予以澄清。

招标文件的澄清将在投标人须知前附表规定的投标截止时间 15 天前以书面形式发给所有购买招标文件的投标人，但不指明澄清问题的来源。如果澄清发出的时间距投标截止时间不足 15 天，相应延长投标截止时间。

投标人在收到澄清后，应在投标人须知前附表规定的时间内以书面形式通知招标人，确认已收到该澄清。

③ 招标文件的修改。

在投标截止时间 15 天前，招标人可以书面形式修改招标文件，并通知所有已购买招标文件的投标人。如果修改招标文件的时间距投标截止时间不足 15 天，相应延长投标截止时间。

投标人收到修改内容后，应在投标人须知前附表规定的时间内以书面形式通知招标人，确认已收到该修改。

（3）投标文件。

投标文件是投标人依据招标文件向招标人发出的要约文件。

① 投标文件的组成。

投标文件应包括：投标函及投标函附录、法定代表人身份证明或附有法定代表人身份证明的授权委托书、联合体协议书（如果有）、投标保证金、已标价工程量清单、施工组织设计、项目管理机构、拟分包项目情况表、资格审查资料、投标人须知前附表规定的其他材料。

② 投标报价。

投标人应按《中华人民共和国标准施工招标文件》（2007 年版）第五章“工程量清单”的要求填写相应表格。

投标人在投标截止时间前修改投标函中的投标总报价，应同时修改《中华人民共和国标准施工招标文件》(2007 年版)第五章“工程量清单”中的相应报价。此修改须符合《中华人民共和国标准施工招标文件》(2007 年版)第二章第 4.3 款的有关要求。

③ 投标有效期。

投标有效期是投标文件保证有效的期限，招标人在招标文件中应当规定一个适当的投标有效期，以保证其有足够的时间完成评标和与中标人签订合同等工作。投标有效期从投标人提交投标文件截止之日起开始。

在投标人须知前附表规定的投标有效期内，投标人不得要求撤销或修改其投标文件。

出现特殊情况需要延长投标有效期的，招标人以书面形式通知所有投标人延长投标有效期。投标人同意延长的，应相应延长其投标保证金的有效期，但不得要求或被允许修改或撤销其投标文件；投标人拒绝延长的，其投标失效，但投标人有权收回其投标保证金。

④ 投标保证金。

投标人在递交投标文件的同时，应按投标人须知前附表规定的金额、担保形式和《中华人民共和国标准施工招标文件》(2007 年版)第八章“投标文件格式”规定的投标保证金格式递交投标保证金，并作为其投标文件的组成部分。联合体投标的，其投标保证金由牵头人递交，并应符合投标人须知前附表的规定。

投标人不按《中华人民共和国标准施工招标文件》(2007 年版)第二章第 3.4.1 项要求提交投标保证金的，其投标文件作废标处理。

招标人与中标人签订合同后 5 个工作日内，向未中标的投标人和中标人退还投标保证金及同期银行存款利息。

投标保证金将不予退还的情形有：投标人在规定的投标有效期内撤销或修改其投标文件；中标人在收到中标通知书后，无正当理由拒签合同协议书或未按招标文件规定提交履约担保。

案例 3.4

因缺少投标保证金而废标

××年××月，××市××区××路路灯设备采购及安装招标项目在某市工程交易中心进行招标。评标委员会按程序审查、评审各投标人的投标文件，结果 A 公司经过技术标和经济标评审后，综合得分最高，但评委仔细检查该公司的投标文件，发现该公司的投标文件正、副本都缺少投标保证金付款凭证，于是按相关规定，否决了该公司的评标资格。

【解析】

在本案例中，该投标人由于某种原因，没有及时递交投标保证金，从而失去了中标的资格。

⑤ 资格审查资料。

对于已进行资格预审的招标项目，投标人在编制投标文件时，应按新情况更新或补充其在申请资格预审时提供的资料，以证实其各项资格条件仍能继续满足资格预审文件的要求，具备承担本标段施工的资质条件、能力和信誉。

对于未进行资格预审的招标项目，资格审查资料一般包括“投标人基本情况表”及应附附件、“近年财务状况表”及应附附件、“近年完成的类似项目情况表”及应附附件、“正在施工和新承接的项目情况表”及应附附件、“近年发生的诉讼及仲裁情况”及应附附件和接受联合体投标的联合体材料。

⑥ 备选投标方案。

除投标人须知前附表另有规定外，投标人不得递交备选投标方案。允许投标人递交备选投标方案的，只有中标人所递交的备选投标方案方可予以考虑。评标委员会认为中标人的备选投标方案优于其按照招标文件要求编制的投标方案的，招标人可以接受该备选投标方案。

⑦ 投标文件的编制。

投标文件应按《中华人民共和国标准施工招标文件》（2007 年版）第八章“投标文件格式”进行编写，如有必要，可以增加附页，作为投标文件的组成部分。其中，投标函附录在满足招标文件实质性要求的基础上，可以提出比招标文件要求更有利于招标人的承诺。

投标文件应当对招标文件有关工期、投标有效期、质量要求、技术标准和要求、招标范围等实质性内容作出响应。

投标文件应用不褪色的材料书写或打印，并由投标人的法定代表人或其委托代理人签字或盖单位章。委托代理人签字的，投标文件应附法定代表人签署的授权委托书。投标文件应尽量避免涂改、行间插字或删除。如果出现上述情况，改动之处应加盖单位章或由投标人的法定代表人或其授权的代理人签字确认。签字或盖章的具体要求见投标人须知前附表。

投标文件正本一份，副本份数见投标人须知前附表。正本和副本的封面上应清楚地标记“正本”或“副本”的字样。当副本和正本不一致时，以正本为准。

投标文件的正本与副本应分别装订成册，并编制目录，具体装订要求见投标人须知前附表规定。

（4）投标。

该部分内容包括投标文件的密封和标记、递交、修改与撤回。

投标文件的正本与副本应分开包装，加贴封条，并在封套的封口处加盖投标人单位章。投标文件的封套上应清楚地标记“正本”或“副本”字样，封套上应写明的其他内容见投标人须知前附表。未按《中华人民共和国标准施工招标文件》（2007 年版）第二章第 4.1.1 项或第 4.1.2 项要求密封和加写标记的投标文件，招标人不予受理。

投标人应在《中华人民共和国标准施工招标文件》（2007 年版）第 2.2.2 项规定的投标截止时间前递交投标文件。投标人递交投标文件的地点见投标人须知前附表。除投标人须知前附表另有规定外，投标人所递交的投标文件不予退还。招标人收到投标文件后，向投标人出具签收凭证。逾期送达的或者未送达指定地点的投标文件，招标人不予受理。

在《中华人民共和国标准施工招标文件》（2007 年版）第 2.2.2 项规定的投标截止时间前，投标人可以修改或撤回已递交的投标文件，但应以书面形式通知招标人。投标人修改或撤回已递交投标文件的书面通知应按照《中华人民共和国标准施工招标文件》（2007 年版）第 3.7.3 项的要求签字或盖章。招标人收到书面通知后，向投标人出具签收凭证。修改的内容为投标文件的组成部分。修改的投标文件应按照《中华人民共和国标准施工招标文件》（2007 年版）第 3 条、第 4 条规定进行编制、密封、标记和递交，并标明“修改”字样。

（5）开标。

该部分内容包括开标时间和地点、开标程序等规定。

招标人在《中华人民共和国标准施工招标文件》（2007 年版）第 2.2.2 项规定的投标截止时间（开标时间）和投标人须知前附表规定的地点公开开标，并邀请所有投标人的法定代表人或其委托代理人准时参加。

主持人按下列程序进行开标：①宣布开标纪律；②公布在投标截止时间前递交投标文件的投标人名称，并点名确认投标人是否派人到场；③宣布开标人、唱标人、记录人、监标人等有关人员姓名；④按照投标人须知前附表规定检查投标文件的密封情况；⑤按照投标人须知前附表的规定确定并宣布投标文件开标顺序；⑥设有标底的，公布标底；⑦按照宣布的开标顺序当众开标，公布投标人名称、标段名称、投标保证金的递交情况、投标报价、质量目标、工期及其他内容，并记录在案；⑧投标人代表、招标人代表、监标人、记录人等有关人员在开标记录上签字确认；⑨开标结束。

（6）评标。

该部分内容包括评标委员会、评标原则和评标办法等规定。

评标由招标人依法组建的评标委员会负责。评标委员会由招标人或其委托的招标代理机构熟悉相关业务的代表，以及有关技术、经济等方面的专家组成。评标委员会成员人数以及技术、经济等方面专家的确定方式见投标人须知前附表。

评标活动遵循公平、公正、科学和择优的原则。

评标委员会按照《中华人民共和国标准施工招标文件》（2007 年版）第三章“评标办法”规定的方法、评审因素、标准和程序对投标文件进行评审。第三章“评标办法”没有规定的方法、评审因素和标准，不作为评标依据。

（7）合同授予。

该部分内容包括定标方式、中标通知、履约担保和签订合同等规定。

除投标人须知前附表规定评标委员会直接确定中标人外，招标人依据评标委员会推荐的中标候选人确定中标人，评标委员会推荐中标候选人的人数见投标人须知前附表。

在《中华人民共和国标准施工招标文件》（2007 年版）第二章第 3.3 款规定的投标有效期内，招标人以书面形式向中标人发出中标通知书，同时将中标结果通知未中标的投标人。

在签订合同前，中标人应按投标人须知前附表规定的金额、担保形式和《中华人民共和国标准施工招标文件》（2007 年版）第四章“合同条款及格式”规定的履约担保格式向招标人提交履约担保。联合体中标的，其履约担保由牵头人递交，并应符合投标人须知前附表规定的金额、担保形式和《中华人民共和国标准施工招标文件》（2007 年版）第四章“合同条款及格式”规定的履约担保格式要求。中标人不能按《中华人民共和国标准施工招标文件》（2007 年版）第二章第 7.3.1 项要求提交履约担保的，视为放弃中标，其投标保证金不予退还，给招标人造成的损失超过投标保证金数额的，中标人还应当对超过部分予以赔偿。

招标人和中标人应当自中标通知书发出之日起 30 天内，根据招标文件和中标人的投标文件订立书面合同。中标人无正当理由拒签合同的，招标人取消其中标资格，其投标保证金不予退还；给招标人造成的损失超过投标保证金数额的，中标人还应当对超过部分予以赔偿。发出中标通知书后，招标人无正当理由拒签合同的，招标人向中标人退还投标保证金；给中标人造成损失的，还应当赔偿损失。

（8）重新招标和不再招标。

招标人将重新招标的情形：投标截止时间止，投标人少于 3 个的；经评标委员会评审后否决所有投标的。

重新招标后投标人仍少于 3 个或者所有投标被否决的，属于必须审批或核准的工程建设项目，经原审批或核准部门批准后不再进行招标。

（9）纪律和监督。

该部分内容包括对招标人、投标人、评标委员会成员、与评标活动有关的工作人员的纪律要求及投诉。

3. 评标办法

评标办法相关的内容主要包括选择评标方法、确定评审因素和标准、确定评标程序等。《中华人民共和国标准施工招标文件》（2007 年版）规定了两种评标方法，即经评审的最低投标价法和综合评估法。招标人或招标人委托的招标代理机构可根据招标项目具体特点和实际需要进行选择，并根据工程项目的实际情况自主确定评标方法。招标人确定评标方法后，必须在招标文件中规定各评审因素和标准。

评标工作一般包括初步评审、详细评审、投标文件的澄清和补正及评标结果等具体程序。

4. 合同条款及格式

招标文件中的合同条款是招标人与中标人签订合同的基础，是对双方权利和义务的约定，合同条款是否完善、公平将影响合同的正常履行。为方便招标人和中标人签订合同，目前国际上和国内都制定有相关的合同条款标准模式，如国际工程承发包中广泛使用的 FIDIC 合同条款，国内的《建设工程施工合同（示范文本）》中的合同条款等。

我国的合同条款分为三部分：第一部分是协议书；第二部分是通用合同条款，是适用于各类建设工程项目的具有普遍适应性的标准化的条款，其中凡双方未明确提出或者声明修改、补充、取消的条款，就是双方都要履行的；第三部分是专用合同条款，是针对某一特定工程项目，对通用合同条款的修改、补充或取消。

合同格式是指招标人在招标文件中拟定好的合同文件的具体格式，以便于定标后招标人与中标人达成一致协议并签署合同。招标文件中合同文件的主要格式有：合同协议书格式、履约担保格式、预付款担保格式等。

小知识

主要合同格式

一、合同协议书格式

合同协议书

________（发包人名称，以下简称“发包人”）为实施________________（项目名称），已接受________（承包人名称，以下简称“承包人”）对该项目_____标段施工的投标。发包人和承包人共同达成如下协议。

1. 本协议书与下列文件一起构成合同文件：

（1）中标通知书；

（2）投标函及投标函附录；

（3）专用合同条款；

(4)通用合同条款;
(5)技术标准和要求;
(6)图纸;
(7)已标价工程量清单;
(8)其他合同文件。
2. 上述文件互相补充和解释,如有不明确或不一致之处,以合同约定次序在先者为准。
3. 签约合同价:人民币(大写)________元(¥________)。
4. 承包人项目经理:________________。
5. 工程质量符合____________标准。
6. 承包人承诺按合同约定承担工程的实施、完成及缺陷修复。
7. 发包人承诺按合同约定的条件、时间和方式向承包人支付合同价款。
8. 承包人应按照监理人指示开工,工期为____日历天。
9. 本协议书一式_____份,合同双方各执一份。
10. 合同未尽事宜,双方另行签订补充协议。补充协议是合同的组成部分。

发包人:________________(盖单位章)　　承包人:__________________(盖单位章)
法定代表人或其委托代理人:____(签字)　　法定代表人或其委托代理人:______(签字)
________年________月________日　　________年________月________日

二、履约担保格式

履约担保

________________(发包人名称):

鉴于________________(发包人名称,以下简称"发包人")接受______(承包人名称)(以下简称"承包人")于_____年_____月_____日参加________(项目名称)________标段施工的投标。我方愿意无条件地、不可撤销地就承包人履行与你方订立的合同,向你方提供担保。

1. 担保金额人民币(大写)________________元(¥____________)。

2. 担保有效期自发包人与承包人签订的合同生效之日起至发包人签发工程接收证书之日止。

3. 在本担保有效期内,因承包人违反合同约定的义务给你方造成经济损失时,我方在收到你方以书面形式提出的在担保金额内的赔偿要求后,在7天内无条件支付。

4. 发包人和承包人按《通用合同条款》第15条变更合同时,我方承担本担保规定的义务不变。

担 保 人:________________________(盖单位章)
法定代表人或其委托代理人:____________(签字)
地　　址:________________________________
邮政编码:________________________________
电　　话:________________________________
传　　真:________________________________
________年________月________日

三、预付款担保格式

预付款担保

________________（发包人名称）：

根据________（承包人名称）（以下简称“承包人”）与______________（发包人名称）（以下简称“发包人”）于_____年_____月_____日签订的________（项目名称）_______ 标段施工承包合同，承包人按约定的金额向发包人提交一份预付款担保，即有权得到发包人支付相等金额的预付款。我方愿意就你方提供给承包人的预付款提供担保。

1. 担保金额人民币（大写）______________ 元（¥____________）。

2. 担保有效期自预付款支付给承包人起生效，至发包人签发的进度付款证书说明已完全扣清止。

3. 在本保函有效期内，因承包人违反合同约定的义务而要求收回预付款时，我方在收到你方的书面通知后，在 7 天内无条件支付。但本保函的担保金额，在任何时候不应超过预付款金额减去发包人按合同约定在向承包人签发的进度付款证书中扣除的金额。

4. 发包人和承包人按《通用合同条款》第 15 条变更合同时，我方承担本保函规定的义务不变。

担 保 人：____________________（盖单位章）

法定代表人或其委托代理人：__________（签字）

地　　址：__________________________

邮政编码：__________________________

电　　话：__________________________

传　　真：__________________________

________年________月________日

5. 工程量清单

工程量清单应包括由投标人完成工程施工的全部项目，它是各投标人投标报价的基础，也是签订合同、调整工程量、支付工程进度款和竣工决算的依据。工程量清单应由具有编制招标文件能力的招标人或其委托的工程咨询机构进行编制。招标文件中的工程量清单应由工程量清单说明和工程量清单表两部分组成。

工程量清单说明主要包括工程量清单说明、投标报价说明和其他说明等。

工程量清单表应由分部分项工程量清单、措施项目清单、其他项目清单、规费项目清单和税金项目清单组成。招标人应按规定的统一格式提供工程量清单。

1）分部分项工程量清单

分部分项工程量清单应根据《建设工程工程量清单计价标准》（GB/T 50500—2024）附录中规定的统一项目编码、项目名称、计量单位、工程量计算规则，以及招投标文件、施工设计图纸、施工现场条件进行编制。附录中未包括的项目，编制人可以补充列项，但要特别加以说明。

分部分项工程量清单项目的工程数量，应按照规范中规定的计量单位和工程量计算规则计算。

2）措施项目清单

措施项目清单包括施工期间需要发生的施工技术措施和施工组织措施等项目。招标人应根据工程的具体情况，参照规范中列出的通用项目内容进行列项，招标人可根据实际情况作响应和补充。

对于措施项目清单，招标人只列出项目，由投标人自主填列数量及价格。

3）其他项目清单

其他项目清单是招标人在工程量清单中暂定，并计入合同价款的一项清单。它用于施工合同签订时尚未确定或者不可预见的所需材料、设备、服务的采购。此外，它还涉及施工中可能发生的工程变更、合同约定调整因素出现时的工程价款调整，以及发生的索赔、现场签证确认等的费用。其他项目清单主要包括暂定金额、暂估价（包括材料暂估单价、工程设备暂估单价、专业工程暂估价）、计日工、总承包服务费，这些费用在工程完工后根据工程实际情况进行确定。此外，决算时，有关费用的说明将作为计价依据。

暂定金额、材料暂估单价、工程设备暂估单价、专业工程暂估价由招标人在招标文件中确定，投标人按照招标人确定的项目及金额列表进行报价，不得变动。计日工由投标人根据招标人给出的计日工数量，自主确定计日工综合单价。总承包服务费由招标人填写项目名称和服务内容，投标人自主确定费率及金额。

4）规费项目清单

规费项目清单是招标人根据工程所在地及国家的有关规定编制的，主要包括环境保护税、社会保险费（包括养老保险费、失业保险费、医疗保险费、工伤保险费、生育保险费）、住房公积金。

5）税金项目清单

税金项目清单是指国家税法规定的应计入建筑安装工程造价内的税金。

6. 图纸

图纸是招标文件的重要组成部分，是投标人在拟定施工方案、选择施工方法、计算或校核工程量、计算投标报价时不可缺少的资料。招标人应对其所提供的图纸资料的正确性负责。

7. 技术标准和要求

招标文件中的技术标准和要求，是指招标人在编制招标文件时，为了保证工程质量，向投标人提出使用具体工程建设标准的要求。

8. 投标文件的格式

投标文件的格式要求是招标文件的组成部分，投标人应按招标人提供的投标文件的格式编制投标文件，否则被视为不响应招标文件的实质性要求，其标成为废标。通常针对投标函及投标函附录、法定代表人身份证明、授权委托书、联合体协议书、投标保证金、已标价工程量清单、施工组织设计、项目管理机构、拟分包项目情况表、资格审查资料及其他材料提出相应的格式要求。

案例 3.5

××学院专家博士生公寓31#～35#楼投标文件格式

附件 5-1　投标函（格式）

致：________（投标单位名称）

1. 根据已收到的__________工程的招标文件，遵照《中华人民共和国招标投标法》的规定，我方经考察现场并研究上述工程招标文件的投标须知、合同条款、技术规范、图纸和其他有关文件后，我方愿以人民币（大写）__________万元（¥____）的承包价按上述合同条款技术规范、图纸等条件承包上述工程的施工、竣工和保修。

2. 一旦我方中标，我方保证在__________天（日历天）内竣工并移交整个工程，质量标准为__________。

3. 如果我方中标，我方将按照规定，在接到中标通知书后7日内向贵方提交履约保证金。

4. 我方同意在招标文件中规定的投标有效期内，本投标文件始终对我方有约束力且随时可能按此投标文件中标。

5. 除非另外达成协议并生效，你方的中标通知书和本投标文件将构成约束我们双方的合同。

6. 我方完全接受招标文件的所有内容及条件。完全理解你方不一定接受我方的投标，无论中标与否，均不要求贵方承担任何责任和损失，也不要求贵方对招标结果作任何解释。

7. 若我方在投标中有违规行为，贵方有权中止我方投标活动或取消我方中标资格，并没收投标保证金。

投标单位（印章）：________________________

法定代表人（签名和盖章）：________________

投标单位地址：___________________________

投标单位电话：___________________________

年　　月　　日

附件5-2　授权委托书（格式）

本授权委托书声明：本人__________（姓名）系__________（投标单位名称）的法定代表人，现授权委托__________（投标单位名称）的__________（姓名）为我方代理人，以我方的名义参加__________（招标单位）的__________工程的投标活动。代理人在开标、评标、合同谈判、签署合同过程中所签署的一切文件和处理与之有关的一切事宜，我方均予以承认。代理人无转委托权，特此委托。

代理人：__________　性别：__________　年龄：__________

单　位：__________　部门：__________　职务：__________

投标单位（印章）：___________________________

法定代表人（签名和盖章）：____________________

代理人：（签字）_____________________________

附代理人身份证复印件

年　　月　　日

附件5-3　投标保证金

保函编号：

____________________（招标人名称）：

鉴于_______________（投标人名称）（以下简称“投标人”）参加你方_______（项目名称）______标段的施工投标，_________________________（担保人名称）（以下简称“我方”）受该投标人委托，在此无条件地、不可撤销地保证：一旦收到你方提出的下述任何一种事实的书面通知，在7日内无条件地向你方支付总额不超过（投标保函额度）的任何你方要求的金额：

1. 投标人在规定的投标有效期内撤销或者修改其投标文件。

2. 投标人在收到中标通知书后无正当理由而未在招标文件规定期限内与贵方签署合同。

3. 投标人在收到中标通知书后未能在招标文件规定期限内向贵方提交招标文件所要求的履约担保。

本保函在投标有效期内保持有效，除非你方提前终止或解除本保函。要求我方承担保证责任的通知应在投标有效期内送达我方。保函失效后请将本保函交投标人退回我方注销。

本保函项下所有权利和义务均受中华人民共和国法律管辖和制约。

担保人名称：________________________（盖单位章）
法定代表人或其委托代理人：________________（签字）
地　　址：________________________________
邮政编码：________________________________
电　　话：________________________________
传　　真：________________________________

年　　月　　日

附件 5-4　拟投入本工程的主要人员简历表

姓名		年龄		专业	
职称		职务		拟在本工程担任何职	
毕业学校	年　月毕业于　　　学校　　　系				
经　　历					
时间	参加过施工工程项目名称			担任何职	备注

下列人员需要填写此表，每人填一份，并附复印件。

1. 建造师
2. 项目技术负责人
3. 专职质检员
4. 专职安全员

注：填报的内容应与报名时信息一致。

附件 5-5　拟派本项目的建造师已完成类似工程，经验收合格并已投入使用的工程项目业绩情况：

项目名称	建设单位	开竣工日期	规模	工程造价	是否已投入使用	验收单位

注：提供完成工程的合同、质量验收证书等相关文件复印件并加盖法人印鉴。

3.4.3 建设工程招标控制价的编制

1. 招标控制价的定义

招标控制价是由招标单位或其委托的具有编制能力的中介机构编制的完成招标项目所需的全部费用，是按国家规定的计价依据和计价方法计算出来的一种工程造价形式，是招标人的预期价格，是对招标工程限定的最高工程造价。

2. 招标控制价在招投标活动中的作用

（1）招标人在编制招标控制价时通常按照政府规定的标准进行编制，即招标控制价反映的是社会平均水平。招标时，招标人可以清楚地了解最低中标价同招标控制价相比能够下浮的幅度，招标控制价可以为招标人判断最低投标价是否低于成本价提供参考依据。

（2）招标控制价与招标文件同步编制，并作为招标文件的一部分与招标文件同时公布，这有利于引导投标方投标报价，避免了投标方在无标底情况下的无序竞争。

（3）招标控制价可以为工程变更新增项目的单价确定提供计算依据。招标人可在招标文件中规定：当工程变更新增项目合同价中没有相同或类似项目时，投标人可参照招标时招标控制价编制原则编制综合单价，再按原招标时中标价与招标控制价相比下浮相同比例确定工程变更新增项目的单价。

（4）招标控制价有利于增强招投标过程的透明度。招标控制价的编制淡化了标底作用，避免工程招标中的弄虚作假、暗箱操作等违规行为，并消除因工程量不统一而引起的在标价上的误差，有利于正确评标。

（5）招标控制价可作为评标时的参考依据，避免出现较大的偏离。

（6）招标控制价作为招标人能够接受的最高交易价，可以使招标人有效控制项目投资，防止恶性投标带来的投资风险。

3. 编制招标控制价的依据

（1）《建设工程工程量清单计价标准》（GB/T 50500—2024）。

（2）国家或省级、行业建设主管部门颁发的计价定额和计价办法。

（3）建设工程设计文件及相关资料。

（4）招标文件中的工程量清单及有关要求。

（5）与建设项目相关的标准、规范、技术资料。

（6）工程造价管理机构发布的工程造价信息，工程造价信息中没有发布的参照市场价。

（7）其他的相关资料。

4. 招标控制价的编制程序

（1）招标控制价编制前的准备工作包括：熟悉施工图纸及说明，如发现图纸中有问题或不明确之处，可要求设计单位进行交底、补充；进行现场踏勘，实地了解施工现场情况及周围环境；了解工程的工期要求；进行市场调查，掌握材料、设备的市场价格。

（2）确定计价方法：判断招标控制价是按传统的定额计价法编制，还是按工程量清单计价法编制。

（3）计算招标控制价格。

（4）审核招标控制价格。

（5）定稿。

5. 招标控制价的编制方法

（1）分部分项工程费的确定：分部分项工程费应根据招标文件中的分部分项工程量清单项目的特征描述及有关要求，按《建设工程工程量清单计价标准》（GB/T 50500—2024）的规定计算综合单价。综合单价应包括招标文件中要求投标人承担的风险费用。招标文件提供了材料的暂估单价，因此可按暂估的单价计算综合单价。

（2）措施项目费的确定：措施项目费应根据招标文件中的措施项目清单，按《建设工程工程量清单计价标准》（GB/T 50500—2024）的规定计价。

（3）其他项目费的确定。

① 暂列金额应根据工程特点，按有关计价规定估算。

② 暂估价中的材料单价应根据工程造价信息或参照市场价格估算；暂估价中的专业工程金额应分不同专业，按有关计价规定估算。

③ 计日工应根据工程特点和有关计价依据计算。

④ 总承包服务费应根据招标文件列出的内容和要求估算。

（4）规费和税金的确定：规费和税金应按《建设工程工程量清单计价标准》（GB/T 50500—2024）的规定计算，同时考虑营业税改征增值税对税金的影响。

（5）招标控制价的备查：招标控制价应在招标时公布，不应上调或下浮，招标人应将招标控制价及有关资料报送工程所在地工程造价管理机构备查。投标人经复核认为招标人公布的招标控制价未按照规定进行编制的，应在开标前5日内向招投标监督机构或（和）工程造价管理机构投诉。招投标监督机构应会同工程造价管理机构对投诉进行处理，发现确有错误的，应责成招标人修改。

招标控制价不应设置过高，因为只要投标报价不超过招标控制价都是有效标，这样可以防止投标人围绕这个最高限价串标、围标；但是如果招标控制价设置过低，就会影响招标效率，可能会出现无人投标的情况，也可能出现投标人无明显的优势，恶意低价抢标。

3.5 基于BIM的工程招标

3.5.1 基于BIM的工程招标的定义

基于BIM的工程招标是以BIM模型为基础，集成构件属性特征、进度、商务报价等信息，动态可视化地呈现评标专家关注的评审点，提升评审质量和评审效率，帮助招标人选择最优中标人的招标方法。

3.5.2 传统工程招投标过程中的关键问题

对于招标方而言，现在的招投标项目时间紧、任务重，甚至还存在边勘测、边设计、边施工的工程，甲方招标清单的编制质量难以得到保障。而施工过程中的过程支付以及施工结算是以合同清单为准，这直接导致了施工过程中变更难以控制、结算费用一超再超的情况时有发生。要想有效地解决施工过程中变更多、索赔多、结算超预算等问题，关键是要把控招标清单的完整性、清单工程量的准确性以及合同清单价格的合理性。

对于投标方而言，由于招标时间比较紧张，要求招标方需高效、灵巧、精准地完成工程量计算，把更多时间运用在投标报价技巧上。但这些工作单靠手工很难按时、保质、保量完成，而且随着现代建筑造型趋向于复杂化、艺术化，人工计算工程量的难度越来越大，快速准确地形成工程量清单成为招投标阶段工作的难点和瓶颈。

这些关键工作的完成迫切需要新技术来支撑，进一步提高效率，提升准确度。近年来，BIM已迅速渗透到工程建设行业的方方面面。无论是大规模复杂建筑还是中小型实用建筑，BIM均显著推动了工程建设领域的发展，并产生质的飞跃，为建筑业的改革发展带来革命性、方向性的变化，也为招投标过程中存在的关键问题的解决提供了技术支撑。

BIM的推广和应用，极大地促进了招投标工作的精细化程度和管理水平。在招投标过程中，招标方根据 BIM 模型可以编制准确的工程量清单，达到清单完整、快速算量、精确算量的效果，有效地避免漏项和错算等情况，最大限度地减少施工阶段因工程量问题而引起的纠纷。投标方通过 BIM 模型能够迅速且准确地提取出工程量信息，并将这些信息与招标文件中提供的工程量清单进行详细比对。这一比对过程不仅验证了招标文件的准确性，更重要的是，投标方能够依托 BIM 模型提供的详尽工程量数据，更深入地理解项目需求、更精确地评估项目成本及潜在利润空间。在此基础上，投标方能够制定出更加周全、更具竞争力的投标策略。

3.5.3 BIM 在招标阶段的应用价值

1. 基于 BIM 提高设计文件的正确性

传统招标过程中，绝大部分的招标图纸是设计院提供的施工图，对于商业地产等大型复杂项目，业主也会要求设计院或聘请第三方做管道综合图和预埋套管图，但由于使用的技术手段还是项目设计时使用的“CAD+效果图”，效果并不理想。也就是说，招标图纸的质量问题依旧比较严重。而借助 BIM，可以对设计院提供的施工图建立用于专业协调和管线综合的 BIM 模型，进行多达几十种不同类型的多方设计布置来进行检查和协调，甚至可以在设计阶段就直接要求设计单位建立 BIM 三维模型，并在 BIM 三维模型的基础上进行多专业间的检查和协调，消灭设计图纸的“错、漏、碰、缺”问题。

2. 基于 BIM 提高工程量计算的准确性和全面性

工程量计算是招投标阶段耗费时间和精力最多的重要工作，而 BIM 是一个富含工程信息的数据库，可以真实地提供工程量计算所需的物理和空间信息。借助这些信息，计算机可以快速对各种构件进行统计分析，从而大大减少根据图纸统计工程量带来的烦琐的人工操作和潜在错误，使工程量计算工作在效率和准确性上得到显著提高。

3. 基于 BIM 有效评估承包商的管理和技术能力

招标方仅仅通过投标文件很难判断承包商的能力是否强，提供的技术方案是否能达到最佳效果。有些承包商也会提供用“电脑动画+CAD”技术制作所谓的施工模拟或者形象进度模拟，但这些电脑动画只能观看，并不能对施工方案进行研究，因此，其对于评估投标方的施工方案优劣并无太大帮助。

而 BIM 的引入，可以把投标方的施工计划连接到 BIM 模型中，并对其施工方案进行 4D、5D 模拟和研究，从而使招标方可对投标方的综合能力和投标方案的优劣进行科学评估，保证招投标活动以及今后项目施工过程的效率和质量。

3.5.4 基于 BIM 的工程招标形式

目前市场上 BIM 被应用于工程招标主要体现在以下三种形式。

（1）在建设工程的招标文件中，明确中标后 BIM 实施的要求。投标人基于招标人的要求，编制投标文件时在专项方案中增加 BIM 相关章节，并以实施方案策划书的形式呈现。

（2）在建设工程的招标文件中，规定除了常规的投标文件（技术标、商务标）外，投标人需要基于招标人提供的图纸进行 BIM 建模，提交 BIM 模型源文件以及 BIM 衍生物（如深化设计、漫游、材料统计等）。

（3）在建设工程的招标文件中，规定制作 BIM 投标文件。要求将评标过程的各项评审点集成到 BIM 模型上，通过 BIM 模型来展示投标方案。

通过以上三种形式，可以看出基于 BIM 的工程招标的演变过程：考察 BIM 实施方案编写能力、BIM 建模能力、应用 BIM 完成项目的能力。

总之，BIM 在促进建筑业全面升级换代的同时，还可以提高招标、投标的质量和效率，有力地保障工程量清单的全面和精确，促进投标报价的科学化、合理化，提高招投标管理的精细化水平，减少风险，进一步促进招投标市场的规范化、市场化、标准化发展。

案例 3.6

某金融大厦工程建设项目 BIM 招标案例分析

1. 招标项目概况

该金融大厦工程建设项目位于某地 CBD（Central Business District，中央商务区）副中心区，主要用于金融办公，总建筑面积约 42000 平方米，地下 4 层，地上 13 层，建设高度约 60 米，计划工期 3 年。地块周边东侧为 24 米以下商业建筑，西侧为 120 米办公建筑，南侧为城市绿地，北侧为与本地块高度相同的 60 米金融办公建筑，本地块与 120 米高层之间为景观带。该项目建成后要满足外观上的庄重大气以及现代、经济、合理、实用的定位需求，做到整体关联、群体对话、和而不同，并与周边 20 栋 60 米高度的建筑一同被打造为该金融集聚区的一道标志性建筑景观。

2. BIM 招标范围及服务内容

本项目对 BIM 的实施主要作了以下规定：完成初步设计阶段、施工图设计阶段及施工阶段的建筑、结构、机电、室内、景观、场地布置、幕墙、精装修 8 个系统的 BIM 应用，并编制一份 BIM 服务投标文件；要求 BIM 服务方能够根据业主需要及工程进展分期提供协调管理，实现方案设计比选，根据设计单位提供的建筑、结构、机电、景观、幕墙等各专业施工图创建 BIM 初始模型，对初始模型进行碰撞检测，提供侦错服务及碰撞检测报告，并对后续模型不断进行优化处理直至模型能够指导、协调总分包单位对工程目标的控制；通过规范各参与单位的工作职责与具体内容，实现对 BIM 模型的过程更新和维护，直至完成 BIM 竣工模型等工作内容，形成基于 BIM 数据的平台协同、高效的工作模式。

3. 项目各参与方 BIM 工作职责的分工

本项目参与方众多，因此为了保证项目参与各方在 BIM 上的协同应用，应提前明确项目各参与方的 BIM 工作职责。

（1）业主：业主提出项目应用 BIM 的总体目标和要求，明确实施内容及取费标准，制定 BIM 实施管理方案，建立管理体系，审核 BIM 交付成果，并监督各参与方按要求执行任务。

（2）项目管理团队：项目管理团队配合业主方完成本项目的 BIM 策划，组织管理本项目的 BIM 实施，协助业主审核项目各参与方的工作成果，并进行指导、支持和校审。

（3）BIM 团队：BIM 团队按照 BIM 招标文件及合同要求，完成 BIM 应用，建立和更新 BIM 模型，并对应用过程中发现的问题进行汇总交予业主方，配合业主方解决问题并完成设计模型向施工单位的移交，更新施工模型，完成施工阶段 BIM 应用，将竣工模型提交给业主。

（4）设计方：设计方根据 BIM 反馈的问题报告，更新设计图纸，并把最新的设计图纸提供给业主、项目管理团队和 BIM 团队进行再次审核检验。

（5）施工总包：施工总包方接收施工图 BIM 模型，对自身合约范围内的施工图 BIM 模型进行必要校核和调整，完善成为施工阶段 BIM 模型，并在施工过程中及时更新，保持适用性。施工总包方负责管理、统筹、协调各分包商 BIM 模型的实施和管理工作，并对 BIM 模型做好各项审查工作，提交最终的竣工模型。

（6）专业分包：专业分包方接收自身合约范围内的施工图 BIM 模型，进行必要的校核和调整，完善成为施工阶段 BIM 模型，并在施工过程中及时更新 BIM 模型，保持适用性。专业分包方向总承包方提交自身合约范围内的施工阶段 BIM 模型。

（7）监理：在施工阶段，监理单位负责审核施工现场已经完成的工程实体与施工图、深化设计图（该图纸与对应的 BIM 模型是相同的）的一致性，并负责向业主提交材料设备的验收资料。

（8）其他参与方：按照合同约定范围内的实施内容，项目其他参与方组织内部 BIM 实施体系，配合完成 BIM 应用，建立 BIM 模型，协同管理，提交 BIM 实施成果。

4. BIM 招标文件的编制

按照BIM招标实施机制规范化设计思路，业主和项目管理方根据项目实施BIM的总体目标及实施要求，结合 BIM 招标思路，编制了 BIM 咨询服务招标文件。

由于业主在工程建设前期临时提出应用 BIM 的想法，为了快速完成 BIM 咨询服务单位的遴选工作，本项目选取邀请招标的方式进行 BIM 咨询服务单位的招标。该金融大厦工程建设项目的 BIM 应用主要集中在建筑、结构、机电、室内、景观、场地布置、幕墙、精装修 8 个系统的 BIM 实施，其招标文件主要包括投标邀请书、投标须知、任务书、评标办法、投标文件格式及合同条款共六部分内容，对投标单位编制及提交投标文件作出了明确要求，其中，本项目 BIM 招标文件的组成如表 3-4 所示。随投标文件一并提交的还有企业营业执照、法人授权书、BIM 业绩及服务合同、BIM 获得奖项、分阶段 BIM 服务费分项报价明细表要求等。

从应用需求出发，项目部 BIM 负责人按照规范化设计框架，结合业主方需求，组织编制了本项目的 BIM 招标文件，并对 BIM 招标文件的主要组成部分作出了明确规定，规定了项目的相关需求及参与人员的责、权、利划分等 BIM 实施的实质性内容。

表 3-4　本项目 BIM 招标文件的组成

招标文件目录	组成部分	详细内容
投标邀请书	投标邀请书	明确投标邀请意向，持投标邀请书领取招标文件及投标人应知内容
投标须知	1. 工程概况和招标范围 2. 招标人 3. 投标人条件 4. 投标费用 5. 招标文件 6. 技术标和商务标 7. 投标价格 8. 投标文件的有效期 9. 投标文件的签署 10. 投标保证金 11. 投标文件的送达 12. 开标与评标	投标人技术要求；招标文件澄清、修改规定；技术标和商务标的具体条款内容；投标报价要求；投标文件及投标保证金的有效期；投标文件格式要求；投标保证金数额及退还、不予退还情形；投标文件送达及撤回规定；开标时间、地点及评审；中标通知书发放及合同订立规定
任务书	BIM 服务范围及具体内容	各阶段具体服务及交付要求
评标办法	招标评标说明、评标具体办法及定标方案	技术标和商务标评分内容和分值分配情况
投标文件格式	1. 投标函、法定代表人授权委托书、咨询服务内容实施方案、拟派本项目总负责人及其他专业技术人员资格审查表、近几年类似项目一览表 2. 咨询服务报价一览表、服务内容分项报价明细	编写 BIM 投标文件格式要点

续表

招标文件目录	组成部分	详细内容
合同条款	1. 工程概况 2. 服务阶段 3. 服务内容 4. 人员配置和职责 5. 服务期限 6. 服务质量标准 7. 委托人的权利和义务 8. 受托人的权利和义务 9. 服务费计算和合同价 10. 合同款支付 11. 合同价款调整 12. 合同变更和终止 13. 违约和追溯 14. 合同争议处理 15. 知识产权 16. 保密条款 17. 关于咨询服务质保期 18. 签订时间和合同生效 19. 合同份数 20. 本合同附件	对各阶段 BIM 咨询服务内容、有关岗位人员职责及能力作出明确要求；界定双方权利及履行义务，BIM 咨询服务单位应按照合同要求完成全部服务内容并提供项目全过程咨询服务，业主应给予 BIM 咨询服务单位相应的权利并按照规定支付服务费用；因工程量调整，或服务内容发生变化，要按照实际对合同价进行调整；发生合同争议的，双方可通过协商和解进行，协商不成的，按照合同约定内容解决；合同当事人保证在履行合同过程中不得以任何方式侵犯对方及第三方的知识产权；本合同以《上海市建筑信息模型技术应用指南（2015 版）》为附件，有关的技术规则可遵照附件执行

5. BIM 评标办法

本项目评标办法采用综合评估法，主要根据传统标的评标内容的有关规定，参照《上海市建筑信息模型技术应用咨询服务招标示范文本（2015 版）》，并结合本项目招标文件特别制定。其中，BIM 评标办法中的分值分配是参照国内类似 BIM 项目分配值设定。

投标人最终得分为技术标得分、商务标得分和报价得分之和，总分设置为 100 分，其中技术标、商务标评分占 70 分，报价部分评分占 30 分。

本项目 BIM 评标办法如表 3-5 所示。

表 3-5 本项目 BIM 评标办法

序号	得分组成	内容	评审说明	得分项	分值
1	BIM 报价评审（30 分）	BIM 咨询服务费报价（30 分）	以满足条件的投标人投标报价的算术平均值为评标基准价，各投标报价与评标基准价相比，相等的得满分，每高 5% 扣 2 分，每低 5% 扣 1 分，不足 5 个百分点的部分按线性内插法同比率计算得分（四舍五入保留为整数）	基于 BIM 的建模、维护及冲突检测	5
				基于 BIM 的 3D 管线综合服务	5
				基于 BIM 的各实施阶段技术服务	5
				基于 BIM 的项目协同平台	15

续表

序号	得分组成	内容	评审说明	得分项	分值
2	BIM 技术标、商务标评审（70 分）	服务方案（35 分）	依据 BIM 招标文件和投标人提交方案的综合性及附带要求资料的完整性进行评审	响应项目 BIM 实施要求	3
				响应 BIM 招标文件	5
				随方案提交的资料的完备性	3
				BIM 咨询服务方案可行性、合理性和完善程度	3
				BIM 咨询服务方案满足本工程 BIM 应用的程度	5
				BIM 咨询服务方案对项目 BIM 咨询服务机构人员的组织分工以及相应权利与职责的清晰和合理程度	5
				BIM 协同管理平台的适用程度和经济性	5
				本项目拟配置的软硬件设备配置合理性、经济程度	2
				BIM 咨询服务方案的核心技术程度	2
				BIM 实施流程明确，技术应用全面	2
		企业实力（15 分）	依据提供BIM业绩和服务合同的真实性及资料的完整性进行评审	企业营业执照、法人授权书	2
				获得 BIM 相关奖项或成为省部级观摩项目的资料	3
				近 3 年 BIM 服务的案例业绩及委托服务合同	3
				企业盈利情况，须提交近 2 年的财务审计报告	3
				提交所属员工缴纳社保名录清单、主要技术骨干职称或资格证书	2
				各专业技术人员配备及实际操作水平切合项目对 BIM 实施的要求	2
		咨询服务人员配置（5 分）	依据招标文件要求进行评审	项目咨询服务人员数量和能力符合项目需求	2
				项目咨询服务人员专业配置齐全	2
				项目咨询服务人员工作经历和经验丰富	1
		服务承诺（15 分）	评委根据投标人的综合实力（公司规模、业界影响、财务状况、技术应用、人员构成等）进行评审，签订承诺保证书	建立项目级、企业级 BIM 规章制度	1
				BIM 系统软件及解决方案系统要立足于行业领先的软件进行搭建，如建模软件、算量软件、平台软件等	1
				族库内容能满足正常土建、机电、设备、管线综合、动画、钢构、幕墙、内装建模需求	1
				技术指导方式针对我公司及项目应用实际情况	1
				能根据设计、施工及实际情况等变化及时调整模型	1
				提出 BIM 可视化交底及优化建议，进行方案及进度模拟	1
				派驻人员能熟练操作 BIM 相关软件且专业知识扎实，能够胜任服务期内所有 BIM 工作，态度认真	1

续表

序号	得分组成	内容	评审说明	得分项	分值
2	BIM技术标、商务标评审（70分）	服务承诺（15分）	评委根据投标人的综合实力（公司规模、业界影响、财务状况、技术应用、人员构成等）进行评审，签订承诺保证书	对项目人员进行详细培训	1
				模型精度满足项目实施要求，各种信息准确无误	1
				模型深度能够保证达到获奖标准	1
				BIM实施能够对项目进行有效控制	1
				BIM成果交付满足项目及公司要求	1
				BIM负责人能定期参加工程会议	1
				能够保证各种汇报所需文件的编制	1
				BIM实施能够带来明显的投资回报	1

本章小结

本章主要从建设工程招标的角度，详细讲述了建设工程招标的准备、策划及具体运作程序，建设工程编制招标文件时应包含的内容，建设工程招标控制价的定义、编制步骤及要求，基于BIM的工程招标。本章还通过招标实例更加全面地介绍了建设工程招标的全过程。

习　题

一、单项选择题

1．根据我国《建设工程施工合同（示范文本）》的规定，对于具体工程的一些特殊问题，可通过（　　）约定承发包双方的权利和义务。

A．通用条款　　B．专用条款　　C．监理合同　　D．协议书

2．根据我国有关规定，凡在我国境内投资兴建的工程建设项目，都必须实行（　　），受当地建设行政主管部门的监督管理。

A．报建制度　　B．监理制度　　C．工程咨询　　D．项目合同管理

3．下列不属于招标文件内容的是（　　）。

A．投标邀请书　　B．设计图纸　　C．合同主要条款　　D．财务报表

4．招标文件、图纸和有关技术资料发放给通过资格预审并获得投标资格的投标单位。投标单位应当认真核对资料，核对无误后以（　　）形式予以确认。

A．会议　　B．电话　　C．口头　　D．书面

5．《工程建设项目施工招标投标办法》第十五条规定：“对招标文件或者资格预审文件的收费应当限于补偿印刷、邮寄的成本支出，不得以营利为目的。对于所附的设计文件，招标人可以向投标人酌收（　　）。”

A．押金　　B．成本费　　C．手续费　　D．租金

6．招标文件发售后，招标人要在招标文件规定的时间内组织投标人踏勘现场，了解工

程现场和周围环境情况，并对潜在投标人针对（　　）及现场提出的问题进行答疑。

A．设计图纸　　B．招标文件　　C．地质勘察报告　　D．合同条款

7．如果投标人对招标文件或者在现场踏勘中有疑问或有不清楚的问题，应当用（　　）的形式要求招标人予以解答。

A．书面　　B．电话　　C．口头　　D．会议

8．《招标投标法》第二十四条规定：“依法必须进行招标的项目，自招标文件开始发出之日起至投标人提交投标文件截止之日止，最短不得少于（　　）日。”

A．10　　B．15　　C．20　　D．7

9．下列哪项内容在开标前不应公开（　　）。

A．招标信息　　B．开标程序

C．评标委员会成员的名单　　D．评标标准

10．《招标投标法》第二十八条规定：“招标人收到投标文件后，应当（　　），不得开启。在招标文件要求提交投标文件的截止时间后送达的投标文件，招标人应当拒收。”

A．登记备案　　B．签收送审　　C．集中上报　　D．签收保存

11．招标人收到投标文件后，应当向投标人出具标明签收人和签收时间的（　　），在开标前任何单位和个人不得开启投标文件。

A．凭证　　B．回执　　C．协议　　D．收条

12．提交投标文件的投标人少于（　　）个的，招标人应当依法重新招标。重新招标后投标人仍少于这个数，且项目属于必须审批的工程建设项目，经原审批部门批准后可以不再进行招标；其他工程建设项目，招标人可自行决定不再进行招标。

A．3　　B．4　　C．2　　D．5

13．招标人和中标人应当自中标通知书发出之日起（　　）日内，按照招标文件和中标人的投标文件订立书面合同。

A．15　　B．30　　C．45　　D．60

二、多项选择题

1．招标文件应当包括（　　）等所有实质性要求、条件以及拟签订合同的主要条款。

A．招标工程的报批文　　B．招标项目的技术要求

C．对投标人资格审查的标准　　D．投标报价要求

E．评标标准

2．招标控制价的编制依据有（　　）。

A．招标文件确定的计价依据和计价方法　　B．经验数据资料

C．工程量清单　　D．工程设计文件

E．施工组织设计和施工方案等

3．资格预审文件包括（　　）。

A．申请人须知　　B．资格预审公告

C．资格预审申请文件格式　　D．工程量清单

E．资格审查办法

4．《建设工程施工合同（示范文本）》（GF—2017—0201）由（　　）三部分组成。

A. 协议书　　　　　　　　　　　　B. 履约保函
C. 通用合同条款　　　　　　　　　D. 银行保函
E. 专用合同条款

5. 投标人有下列情形之一的，投标担保不予退还（　　）。

A. 投标人在投标有效期内未经招标人许可撤回其投标文件的
B. 提交投标文件后，投标人在投标截止日前表示放弃投标的
C. 开标后投标人被评标委员会要求对其投标文件进行澄清的
D. 中标人未能在规定期限内提交履约担保的
E. 评标期间招标人通知延长投标有效期，投标人拒绝延长的

三、问答题

1. 招标准备工作有哪些？
2. 简述建设工程招标的程序。
3. 简述建设工程招标文件的内容。
4. 叙述招标控制价的作用和编制方法。
5. 将 BIM 应用于工程招标的价值体现在哪些方面？

四、案例分析

某国家机关办公楼建设项目前期审批手续已完成，施工图样已具备且满足深度要求，招标人委托某招标公司对该工程组织公开招标，采用资格预审的形式，招标方案如下。

（1）估计除本市施工企业参加投标外，还可能有外省施工企业参加投标，故业主委托咨询单位编制了两个标底，准备分别用于对本市和外省市施工企业投标的评定。

（2）资格预审文件定于 2023 年 11 月 2 日发售，截止日期为 2023 年 11 月 5 日。

（3）招标人向所有递交资格预审申请文件的潜在投标人发售招标文件。

（4）各投标人在投标截止日期前按招标文件要求提交投标文件。

（5）招标人先召开投标预备会，向提出问题的招标文件购买人发出招标文件的书面澄清文件，后组织现场踏勘。

（6）招标公司组织开标会议。

（7）由招标人直接确定的评标专家组成评标委员会进行评标。

（8）招标人根据招标文件中确定的评标办法，最终确定中标单位，并按规定向中标单位发出中标通知书。

（9）招标人与中标人就投标报价多次谈判后，在原报价基础上以降低 8%的价款签订书面合同。

问题：请问招标方案中，哪些工作存在不妥之处？为什么？

【在线答题】

第4章 建设工程投标

思维导图

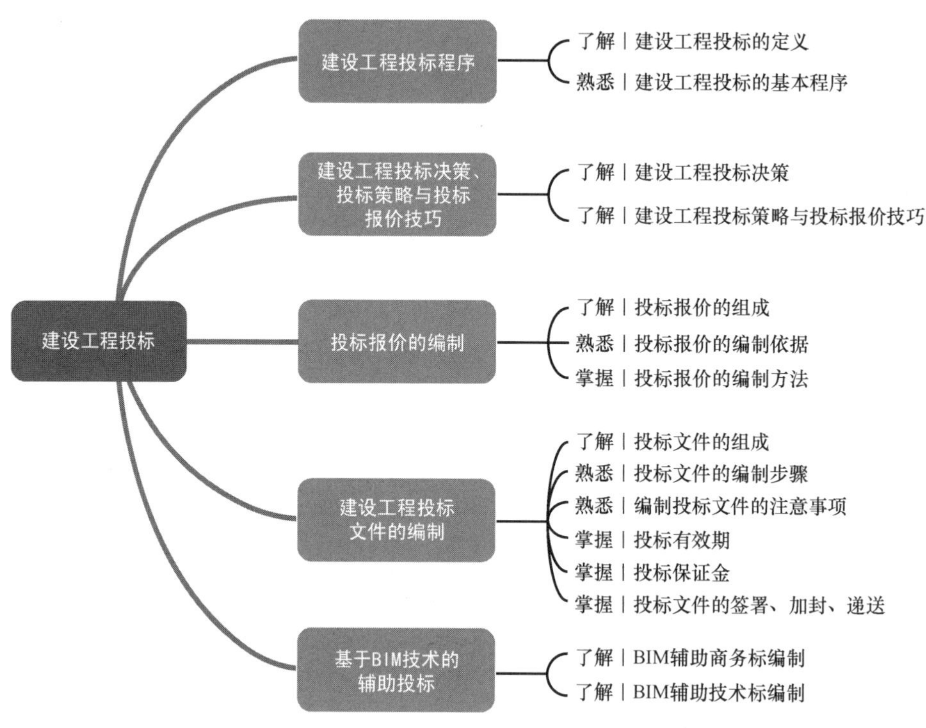

4.1 建设工程投标程序

4.1.1 建设工程投标的定义

1. 建设工程投标

建设工程投标是指具有合法资格和能力的投标人根据招标条件，经过初步研究和估算，按照招标文件规定的统一要求递交投标文件，争取获得建设工程项目实施资格的经济活动。在市场经济体制下，投标是建筑企业取得工程施工合同的主要途径，它是针对招标的工程项目，力求实现决策最优化的活动。

【一分钟了解投标】

2. 投标人

我国《招标投标法》规定，投标人是响应招标、参加投标竞争的法人或者其他组织。工程项目施工招标的投标人是响应施工招标、参与投标竞争的施工企业，应当具备相应的施工企业资质，并在工程业绩、技术能力、财务状况等方面满足招标文件提出的要求，具备承担招标项目的能力。

3. 联合体投标

联合体投标是指两个以上法人或者其他组织可以组成联合体，以一个投标人的身份共同投标。当招标文件中允许联合体投标时，投标人可以以联合体的身份参加投标。

1）共同投标的联合体的基本条件

（1）联合体可以组成，也可以不组成。是否组成联合体由联合体各方自己决定。招标人不得强制投标人组成联合体共同投标，不得限制投标人之间的竞争。

（2）共同投标的联合体各方应具备一定的条件。根据《招标投标法》的规定，联合体各方均应具备承担招标项目的相应能力；国家有关规定或者招标文件对投标人资格条件有规定的，联合体各方均应当具备规定的资格条件，保证招标质量。由同一专业的单位组成的联合体按照资质等级低的单位确定其资质等级，联合体的资质等级采取就低不就高的原则，这可以促使资质优等的投标人组成联合体，保证招标项目的质量。

（3）联合体是一个临时性的组织，不具有法人资格。组成联合体的目的是增强投标竞争能力，减少联合体各方因支付巨额履约保证金而产生的资金负担，分散联合体各方的投标风险，弥补各方技术力量的相对不足，提高共同承担项目完工的可靠性。如果是共同注册并进行长期经营活动的合资公司等法人形式的联合体，则不属于《招标投标法》所称的联合体。

2）联合体内部关系及其对外关系

（1）联合体内部关系以协议的形式确定。联合体在组建时应依据《招标投标法》和有关合同法律的规定共同订立书面投标协议，在协议中拟定各方应承担的具体工作和责任，并将共同投标协议连同投标文件一并提交给招标人。

（2）联合体对外关系。中标的联合体各方应当共同与招标人签订合同，并在合同书上签字或盖章。在同一类型的债权债务关系中，联合体任何一方均有义务履行招标人提出的债权债务要求。招标人可以要求联合体的任何一方履行全部的义务，被要求的一方不得以内部订立的权利义务关系为由拒绝履行义务，即联合体各方就承包项目向招标人承担连带责任。

4.1.2 建设工程投标的基本程序

建设工程投标程序主要是指投标活动在时间和空间上应遵循的先后顺序，投标工作程序如图 4.1 所示。

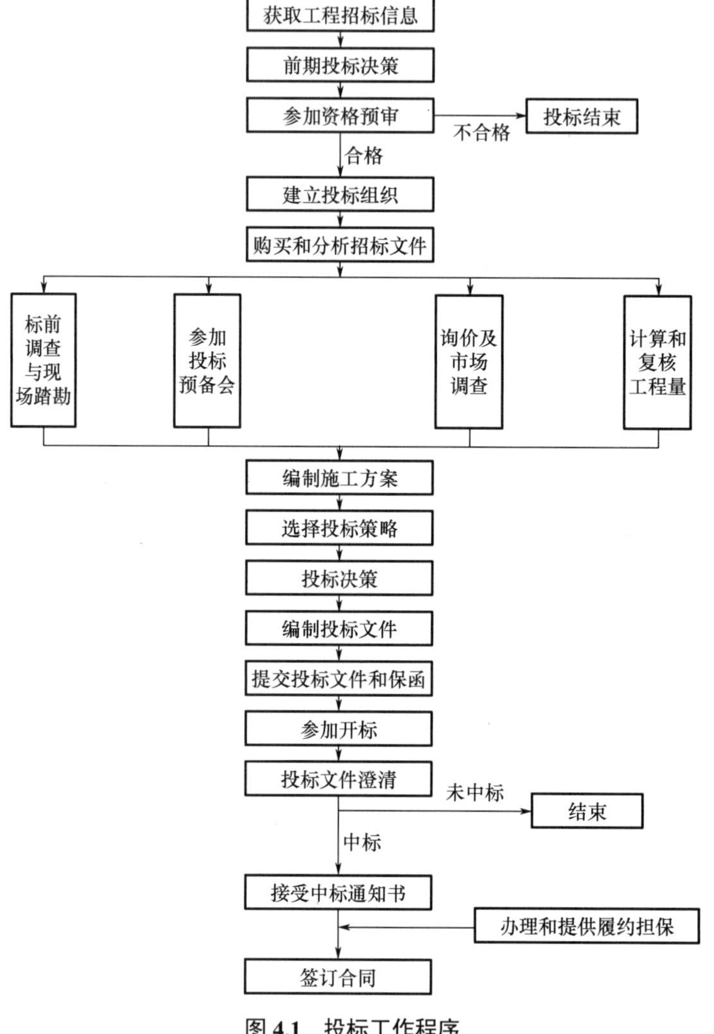

图 4.1 投标工作程序

1. 投标的前期工作

投标的前期工作包括获取工程招标信息与前期投标决策。

1）获取工程招标信息

投标人获取招标信息的渠道很多，最普遍的方式是通过大众媒体所发布的招标公告获取招标信息。投标人必须认真分析所获取信息的可靠性，对发包人进行必要的调查研究，证实其招标项目确实已立项批准、资金已经落实等情况。

2）前期投标决策

证实招标信息真实可靠后，施工企业不可能每个项目都去投标，而应有选择地进行投标，通过了解招标人的信誉、实力等方面的情况，分析企业的技术等级、现有的资源条件、潜在的竞争对手情况等，作出投标决策，即是否投标、以什么身份投标、投哪一段标。

2. 参加资格预审

资格预审是公开招标中投标人需要通过的第一关，一般按招标人所编制的资格预审文件内容进行审查。

1）资格预审的工作程序

（1）资格预审报名，购买资格预审文件。

投标人根据资格预审公告规定的时间和地点，持单位介绍信和本人身份证报名，购买资格预审文件。

（2）选择拟投标标段、投标形式和分包人。

投标人根据招标文件要求和企业自身的实力，选择拟申请投标的标段。投标人根据拟投标标段工程规模和难度以及本单位能力确定独立承包、组成联合体或者分包部分工程。

（3）填写资格预审表。

资格预审表通常是招标人根据项目的技术经济特点和有关规定，制定的统一表格。投标人应严格按照要求逐项填写，不能漏项，每项内容都需要填写清楚。

（4）提交资格预审材料。

投标人提交的资格预审材料包括两部分：一部分是规定的标准表格；另一部分是资格证明材料，一般需要投标人提供资质证明、业绩证明、社会信誉等方面的证明材料。

2）资格预审的资料内容

为了顺利通过资格预审，投标人应在平时就将有关基础材料有目的地积累起来，建立企业资格预审资料信息库，并及时更新。投标人针对某个项目填写资格预审文件时，将有关文件调出来加以补充完善，再补齐其他项目，即可成为资格预审书。此外，投标人每竣工一个工程，可以请该工程发包人和有关单位开具证明工程质量良好的鉴定信，作为业绩的有力证明。

投标资格预审的资料主要包括：①公司简介，包括公司概况表、公司组织机构、人员数量等；②公司营业执照、公司资质证书、公司资信等级证书的复印件；③公司财务状况表；④近几年已完成工程概况表和交（竣）工验收工程质量鉴定书复印件及有关证明文件；⑤在建工程情况，包括工程名称、规模、承包合同段、工期、投入施工人员等情况；⑥拟派到工地的主要管理、技术人员的数量、资格（资质）；⑦公司目前剩余劳动力和机械设备情况；⑧近两年来涉及的诉讼案件情况；⑨合作单位（拟作为联合体成员或分包单位）的资质、公司概况、业绩、施工设备、财务，以及主要管理人员资历表等有关资料和证件；⑩其他资料（如各种奖励和处罚等）。

3. 建立投标组织

为了确保在投标竞争中获得胜利，投标人应在投标前建立专门的投标班子，负责投标事宜。投标班子中的人员应包括企业决策层、施工管理、技术、经济、财务、法律法规等方面的人员。参加投标的人员应对投标业务比较熟悉，掌握市场和本单位有关投标的资料和情况，可以根据拟投标项目的具体情况，迅速提供有关资料或编制投标文件。

（1）经济管理类人才，是指直接从事工程估价的人员。他们不仅要对本公司各类分部分项工程工料消耗的标准和水平了如指掌，而且对本公司的技术特长、优势以及不足之处有客观的分析和认识，对竞争对手的动态和生产要素市场的行情也要非常熟悉。他们能运用科学的调查、统计、分析、预测的方法，对所掌握的信息和数据进行正确的处理，使估价工作建立在可靠的基础之上。另外，他们对常见工程的主要技术特点和常用施工方法也应有足够的了解。

（2）专业技术类人才，是指工程设计和施工中的各类技术人员，如建筑师、结构工程师、电气工程师、机械工程师等。他们应掌握本专业领域内最新的技术知识，具备熟练的实际操作能力，能解决本专业的技术难题，以便在估价时能从本公司的实际技术水平出发，根据拟投标工程的技术特点和需要，选择适当的专业实施方案。

（3）商务金融类人才，是指从事金融、贸易、采购、保险、保函、贷款等方面工作的专业人员。他们要懂税收、保险、涉外财会、外汇管理和结算等方面的知识，特别要熟悉工程所在地有关方面的情况，根据招标文件的有关规定选择工作方案，如材料采购计划、贷款计划、保险方案、保函业务等。

（4）合同管理类人才，是指从事合同管理和索赔工作的专业人员。他们应熟悉国际上与工程承包有关的主要法律和国际惯例，熟悉国际上常用的合同条件，充分了解工程所在地的有关法律和规定。他们应能对招标文件所规定采用的合同条件进行深入分析，从中找出对承包人有利和不利的条款，提出要予以特别注意的问题，并善于发现索赔的可能性及其合同依据，以便在估价时予以考虑。

另外，对投标人来说，要注意保持投标班子成员的相对稳定，以便积累和总结经验，不断提高素质和水平，提高估价工作的效率，从而提高本公司投标报价的竞争力。一般来说，除了专业技术类人才要根据拟投标工程的工程内容、技术特点等因素而有所变动之外，其他三类专业人员应尽可能不作大的调整或变动。

4. *购买和分析招标文件*

投标单位通过资格预审后，就表明其已具备参加该项目投标的资格。如果投标单位决定参加投标，应按招标单位规定的日期和地点，凭邀请书或通知书及有关证件购买招标文件。

招标文件是投标报价的主要依据，也是投标人正确分析、判断是否进行投标和如何获取成功的重要依据，因此应组织设计、施工、估价等人员对招标文件进行认真研究。通过对招标文件的认真研究，投标人对疑问之处进行整理记录，并将其交由参加现场踏勘和标前会议的人员，使他们在标前会议上尽力予以澄清，也可随时向发包人及招标人致函咨询。投标人全面权衡利弊得失后，才能据此作出评价和是否投标报价的决策。研究重点通常放在以下几方面。

（1）研究工程的综合说明，借以获得工程全貌的轮廓。

（2）熟悉并详细研究设计图纸、技术说明书及特殊要求。其目的在于了解工程的技术细节和具体要求，使制定的施工方案和报价有确切的依据。详细了解设计规定的各部分工艺做法和对材料品种、加工规格的要求，对整个建筑装饰设计及其各部位详图的尺寸，各种图纸之间的关系都要清晰，发现不清楚或互相矛盾之处，要提请招标人解释或订正。

（3）研究合同的主要条款，明确中标后应承担的义务、责任及应享有的权利。重点注意承包方式，开竣工时间及工期奖罚，材料供应及价款结算办法，预付款的支付和工程款结算办法，工程变更及停工、窝工损失处理办法等。这些因素关系到施工方案的安排、资金的周转，以及工程管理的成本费用，最终都会反映在标价上，所以都必须认真研究，以减少承包风险。

(4) 熟悉投标须知，明确在投标过程中投标人应在什么时间做什么事和不被允许做什么事，目的在于提高效率，避免造成废标，徒劳无功。

全面研究了招标文件，对工程本身和招标人的要求有基本的了解之后，投标人就可以制订自己的投标工作计划，有秩序地开展工作。

5. 收集资料、准备投标

研究招标文件后，投标人就要尽快通过调查研究和对问题的质询与澄清，获取投标所需的有关数据和情报，解决招标文件中存在的问题并进行投标准备。投标准备工作包括标前调查与现场踏勘、参加投标预备会、询价及市场调查、计算和复核工程量等内容。

1）标前调查与现场踏勘

如果投标人在投标决策的前期阶段对拟去的地区进行了较为深入的调查研究，则在其拿到招标文件后就只需进行有针对性的补充调查，否则，应进行全面细致的调查研究。投标人若有疑问或不清楚的问题需要招标人予以澄清和解答的，应在收到招标文件后的规定时间内以书面形式向招标人提出。

投标人在去现场踏勘之前，应先仔细研究招标文件的有关概念和各项要求，特别是招标文件中的工作范围、专用条款、设计图纸和说明等，然后有针对性地拟定踏勘提纲，确定需要得到重点澄清和解答的问题，做到心中有数。投标人参加现场踏勘的费用，由投标人自己承担。招标人一般在招标文件发出后，就着手考虑安排投标人进行现场踏勘等准备工作，并在现场踏勘中对投标人给予必要的协助。招标人在踏勘现场中介绍的工程场地和相关的周边环境情况，供投标人在编制投标文件时参考，招标人不对投标人据此作出的判断和决策负责。

投标人进行现场踏勘主要包括以下几个方面的内容。

(1) 工程的范围、性质以及与其他工程之间的关系。

(2) 投标人参与投标的那一部分工程与其他承包商或分包商之间的关系。

(3) 现场地貌、地质、水文、气候、交通、电力、水源等情况，有无障碍物等。

(4) 进出现场的方式，现场附近有无食宿条件、料场开采条件、其他加工条件、设备维修条件等。

(5) 现场附近治安情况。

案例 4.1

某建筑工程投标案例

某建筑工程的招标文件中标明距离施工现场 1km处存在一个天然砂场，并且该砂可以免费取用。投标人现场实地考察后没有提出疑问，在投标报价中没有考虑工程买砂的费用，只计算了取砂和运输费用。由于承包人没有仔细了解天然砂场中天然砂的具体情况，其中标后在工程施工中准备使用该砂时，监理工程师认为该砂级别不符合工程施工要求，而不允许在施工中使用，于是承包人只得自己另行购买符合要求的砂。

承包人以招标文件中标明现场有砂而投标报价中没有考虑为理由，要求发包人补偿现在必须购买的砂的差价。请思考监理工程师能否同意承包人的补偿要求，并说明理由。

【解析】

监理工程师不能同意承包人的补偿要求。对于上述招标文件中标明的条件，投标人已经进行了踏勘，最后自己作出了只计算取砂和运输费用的结论，投标人应该对自己的理解和推论负责。这是一个有经验的承包商可以合理预见的情况。

2）参加投标预备会

投标预备会，又称答疑会、标前会议，一般在现场踏勘之后的1～2天内举行。答疑会的目的是解答投标人对招标文件和在现场中所提出的各种问题，并对图纸进行交底和解释。

投标人在对招标文件进行认真分析并对现场进行踏勘之后，应尽可能多地将投标过程中可能遇到的问题向招标人提出疑问，争取得到招标人的解答，为下一步投标工作的顺利进行打下基础。投标人应在投标人须知前附表规定的时间前，以书面形式将提出的问题送达招标人，以便招标人在会议期间澄清。该澄清内容为招标文件的组成部分，具有约束作用。招标文件的澄清需要注意以下几点。

（1）投标人提出的关于招标文件存在的问题、矛盾、错误、不清楚的地方，含义不明确的内容，招标人要在澄清会议上作出答复、解释或者说明。

（2）组织投标前预备会的时间节点至少应在投标截止日15日以前。

（3）招标文件的澄清、修改、补充等内容均以书面形式进行明确，当招标文件的澄清、修改、补充等对同一内容的表述不一致时，以最后发出的书面文件为准。

（4）为使投标人在编制投标文件时有充分的时间将招标文件的澄清、修改、补充等内容考虑进去，招标人可酌情延长提交投标文件的截止时间。

3）询价及市场调查

编制投标文件时，投标报价是一个很重要的环节，为了能够准确地确定投标报价，投标人在投标时应认真调查工程所在地的人工工资标准、材料来源及价格、运输方式、机械设备租赁价格等和报价有关的市场信息，为准确报价提供依据。

4）计算和复核工程量

投标人在进行投标时，应根据图纸等资料对给定工程量的准确性进行复核，为投标报价提供依据。在工程量复核过程中，如果投标人发现某些工程量有较大的出入或遗漏，应向招标人提出，要求招标人更正或补充。

6. 编制施工方案

施工方案也是投标内容中很重要的部分，是招标人了解投标人的施工技术、管理水平、机械装备的途径。编制施工方案的主要内容有：①选择和确定施工方法；②对大型复杂工程则要考虑几种方案，进行综合对比；③选择施工设备和施工设施；④编制施工进度计划等。

7. 选择投标策略

建设工程投标策略是指建设工程投标人为了达到中标目的而在投标过程中所采用的手段和方法。投标人应根据项目状况、自身条件和竞争状况合理选择投标策略。

8. 投标决策

投标决策的正确与否，关系到能否中标和中标后的效益问题，关系到企业的信誉、发展前景及职工的切身经济利益，甚至关系到国家的信誉和经济发展问题。因此，企业的决策班子必须充分认识到投标决策的重要意义，慎重考虑。

9. 编制投标文件及提交投标文件和保函

投标单位应按招标文件的要求，认真编写投标文件。投标人按照招标文件的内容、格式和顺序要求进行编制，并在规定时间内将投标文件密封送至招标文件指定地点。若投标人发现投标文件有误，须在投标截止时间前用正式函件更正，否则以原投标文件为准。投标人在递交投标文件时，应同时提交开户银行出具的投标保函或交付投标保证金。

10. 参加开标、投标文件澄清

投标人在编制、递交投标文件后，要积极准备出席开标会议。参加开标会议对投标人来说，既是权利也是义务。开标会议由投标人的法定代表人或其授权代理人参加，如果是法定代表人参加，一般应持有法定代表人资格证明书；如果是委托代理人参加，一般应持有授权委托书。按照国际惯例，投标人不参加开标会议的，视为弃权，不允许参加评标。投标人参加开标会议，要注意其投标文件是否被正确启封、宣读，对于被错误地认定为无效的投标文件或唱标出现的错误，投标人应当场提出异议。

在评标期间，评标组织要求澄清投标文件中不清楚问题的，投标人应积极予以说明、解释、澄清。澄清投标文件一般可以采用向投标人发出书面询问，由投标人书面作出说明或澄清的方式，也可以采用召开澄清会的方式。澄清会是评标组织为有助于对投标文件的审查、评价和比较，要求个别投标人澄清其投标文件（包括单价分析表）而召开的会议。在澄清会上，评标组织有权对投标文件中不清楚的问题，向投标人提出询问。有关澄清的要求和答复，最后均应以书面形式进行。所说明、澄清和确认的问题，经招标人和投标人双方签字后，作为投标文件的组成部分。在澄清会谈中，投标人不得更改标价、工期等实质性内容，开标后和定标前提出的任何修改声明或附加优惠条件，一律不得作为评标的依据。澄清、修正必须以书面方式进行。如果投标人不愿意根据要求加以修正或对所澄清的内容感到不能接受时，可被视为不符合要求而否定其投标。

11. 接受中标通知书，签订合同，办理和提供履约担保

经评标，投标人被确定为中标人后，应接受招标人发出的中标通知书。未中标的投标人有权要求招标人退还其投标保证金。中标人收到中标通知书后，应按规定的时间和地点与招标人签订合同。我国规定招标人和中标人应当自中标通知书发出之日起 30 日内订立书面合同。同时，按照招标文件的要求，中标人提交履约保证金或履约保函，招标人同时退还中标人的投标保证金。中标人如拒绝在规定的时间内提交履约担保和签订合同，招标人报请招标投标管理机构，批准同意后取消其中标资格，按规定不退还其投标保证金，并考虑在其余投标人中重新确定中标人，与之签订合同，或重新招标。中标人与招标人正式签订合同后，应按要求将合同副本分送至有关主管部门备案。

案例 4.2

某火力发电厂工程投标案例

针对某火力发电厂工程，发包人采用交钥匙合同的形式进行项目建设。为此，发包人依法进行了公开招标，并委托某监理公司代为招标。在该工程招标过程中，相继发生了下述事件。

事件一：在现场踏勘中，C 公司的技术人员对现场进行了补充勘察，并当场向监理人员指出招标文件中的地质资料有误。监理人员则口头答复："如果招标文件中的地质资料确属错误，可按照贵公司勘察数据编制投标文件。"

事件二：投标人 D 在编制投标文件时，认为招标文件要求的合同工期过于苛刻，如按此报价，导致报价过高，于是按照其认为较为合理的工期进行了编标报价，并于截止提交投标文件日期前两天将投标文件报送招标人。1 日后，D 公司又提交一份降价补充文件。但招标人的工作人员以"一标一投"为由拒绝接受该降价补充文件。

问题：

（1）在事件一中，有关人员的做法是否妥当？为什么？

（2）在事件二中，是否存在不妥之处？请一一指出，并说明理由。

【解析】

（1）C 公司技术人员口头提问不妥，投标人对招标文件有异议时，应当以书面形式提出；监理人员当场答复也不妥，招标人应当对各个投标人的质疑进行统一回答，并形成书面答疑文件，寄送给所有得到招标文件的投标人。

（2）投标人 D 不按招标文件要求的合同工期报价的做法不妥，投标人应对招标文件作出实质性响应；招标人工作人员拒绝投标人的补充文件不妥，投标人在提交投标文件截止时间前可以补充、修改其投标文件。

4.2 建设工程投标决策、投标策略与投标报价技巧

4.2.1 建设工程投标决策

1. 投标决策的内容

投标决策主要包括三方面的内容：其一，针对项目招标是投标或是不投标；其二，倘若去投标，是投什么性质的标；其三，投标中如何以长制短，以优胜劣。

投标人在进行投标决策时主要分析以下几个方面。①分析本企业在现有资源条件下，一定时间内可承揽的工程任务数量。②对可投标工程的选择和决定。当只有一项工程可供投标时，决定是否投标；有若干项工程可供投标时，正确选择投标项目，决定向哪个或哪几个工程投标。③确定对某工程进行投标后，在满足招标单位质量和工期要求的前提下对工程成本进行估价，即结合工程实际对本企业的技术优势和实力作出合理的评价。④在收集各方信息的基础上，从竞争谋略的角度确定采取高价、微利或保本的投标报价策略。

2. 影响投标决策的因素

1）发包人和监理工程师的情况

发包人的合法地位、资金支付能力、履约能力，发包人对招标工程的主体资格，监理工程师处理问题的公正性、合理性、技术能力和职业道德等均是影响投标人决策的重要客观因素。

2）投标竞争形式和竞争对手的情况

竞争对手的实力、优势和投标环境是影响投标决策的主要因素，如竞争对手是大型工程承包公司、中小型公司或是当地的工程公司。一般来说，大型工程承包公司技术水平高，管

理经验丰富，适应性强，具有承包大型工程的能力，因此在大型工程项目中，其中标可能性较大；而在中小型工程项目的投标中，中小型公司或是当地的工程公司中标的可能性更大。另外，竞争对手在建工程的规模和进度对投标人的投标决策也存在一定的影响。

3）法律、法规情况

对于国内工程承包，适用的是我国的法律法规、工程所在地的地方性法规和政府规章，投标人应熟悉相应的法律法规。如果是国际工程承包，则存在法律适用的问题。法律适用的原则有：强制适用工程所在地原则、意思自治原则、适用国际惯例原则、国际法优先于国内法原则。在具体使用过程中，应该根据工程招投标的实际情况来确定采取的法律适用原则。

4）投标风险的情况

投标风险包括市场风险、自然条件风险、政治经济风险等。在市场经济中风险是和利润并存的，风险的存在是必然的，只是有大小之分。因此，投标人在决定是否投标时必须考虑风险因素。投标人只有经过调查研究、总结资料、全面分析才能对投标作出正确的决策。承包工程的效益性很重要，投标人应对承包工程的成本、利润进行预测和分析，以便将其作为投标决策的依据。

5）投标人自身的实力

投标人自身的实力具体包括以下四方面的内容。

（1）技术实力：有由精通专业的建筑师、工程师、造价师、会计师和管理专家等组成的投标组织机构；有技术、经验较为丰富的施工队伍；有工程项目施工专业特长和解决工程项目施工技术难题的能力；有与招标工程项目同类的施工和管理经验；有具有一定技术实力的合作伙伴、分包商和代理人。

（2）经济实力：有一定的固定资产和机械设备；有资金周转能力；有支付各项税款和保险金、担保金的能力；具有承担不可抗力所带来的风险的能力。

（3）管理实力：具有成本控制能力；能建立健全的企业管理制度，制定切实可行的措施。

（4）信誉实力：有“重质量、重合同、守信誉”的意识；能遵守国家的法律、法规，按照国际惯例办事，保证工程施工的安全、工期和质量。

3. 投标项目的选择

根据上述影响投标决策的因素，对于下列招标项目，投标人应放弃投标。

（1）本施工企业的业务范围和经营能力之外的项目。

（2）工程资质要求超过本企业资质等级的项目。

（3）本施工企业生产任务饱满，无力承担的工程项目。

（4）招标工程的赢利水平较低或风险较大的项目。

（5）本施工企业技术等级、信誉、施工水平明显不如潜在竞争对手的项目。

4. 投标报价的类型

投标报价由投标人自主确定，由投标人或受其委托、具有相应资质的工程造价咨询人员编制。

承包人要决定是否参与某项工程的投标，首先要考虑企业当前的经营状况和长远经营目标，其次要明确参加投标的目标，然后分析中标机会的外部影响因素和内在影响因素。我们可将投标报价分为以下三种类型。

（1）生存型：指承包人投标报价以克服生存危机为目标，争取中标时可以不考虑各种利益。社会、政治、经济、环境的变化和承包人自身经营管理不善，都可能造成承包人的生存危机。这种危机首先表现为政治原因，新开工工程减少，所有的承包人都将面临生存危机；其次，政府调整基建投资方向，使某些承包人擅长的工程项目减少，这种危机常常影响营业范围单一的专业工程承包人；最后，如果承包人经营管理不善，投标邀请越来越少，这时承包人应以生存为重，采取不赢利甚至赔本也要夺标的态度，只图暂时维持生存渡过难关，寻求东山再起的机会。

（2）竞争型：指承包人投标报价以竞争为手段，以开拓市场、低赢利为目标，在精确计算成本的基础上，充分估计各竞争对手的报价目标，以有竞争力的报价达到中标的目的。如果承包存在经营状况不景气、近期接受的投标邀请较少、竞争对手有威胁性、试图打入新的地区、开拓新的工程施工类型等情况，或者招标项目风险小、施工工艺简单、工程量大、社会效益好，则应压低报价，力争夺标。

（3）赢利型：指承包人投标报价充分发挥自身优势，以实现最佳赢利为目标，对效益无吸引力的项目热情不高，对赢利大的项目充满自信。如果承包人在该地区已经打开局面，施工能力出色，信誉度高，竞争对手少，具有技术优势和较强的名牌效应，或者项目施工条件差、难度高、资金支付条件不好、工期质量要求苛刻，则应采用比较高的报价。

俗话说“知己知彼，百战不殆”，对工程投标决策的研究就是知己知彼的研究，这个“己”就是影响投标决策的主观因素，“彼”就是影响投标决策的客观因素。一旦知己知彼，就确定了承包人应投赢利标、保本标或亏损标。对于各种性质标的确定：如果招标工程既是本企业的强项又是竞争对手的弱项，或企业任务饱满，利润丰厚，考虑到企业超负荷运转，此种情况下就投赢利标；当企业无后继工程或已出现部分窝工现象，争取中标，但招标的项目对企业又无优势可言，竞争对手又多，此时就投保本标，至多投薄利标；当企业已大量窝工、严重亏损时，若中标后至少可以使部分人工、机械运转，减少亏损，或者为了在对手林立的竞争中中标，不惜压低标价，或者为了进入新市场，取得拓宽市场的立足点，此时就投亏损标，但这种标是一种非常手段，虽然是不正常的，但在激烈的竞争中有时也会被采用。

5. 投标决策应遵循的原则

承包人应对投标项目有所选择，特别是投标项目比较多时，投哪个标、不投哪个标以及投一个什么样的标，都关系到中标的可能性和企业的经济效益。要从战略全局全面地权衡得失与利弊，作出正确的决策。投标决策实际上是企业的经营决策问题，因此，承包人进行投标决策时，必须遵循下列原则。

1）可行性

承包人要了解选择的投标项目是否可行。首先，要从本企业的实际情况出发，实事求是，量力而行，以保证本企业均衡生产、连续施工为前提，防止出现窝工和赶工现象。要从企业的施工力量、机械设备、技术能力、施工经验等方面，考虑该招标项目是否比较合适，是否有一定的利润，能否保证工期和满足质量要求。其次，要考虑能否发挥本企业的特点、特长、技术优势和装备优势，要注意扬长避短，选择适合发挥自己优势的项目，才能提高利润，创造信誉；要避开自己不擅长的项目或缺乏经验的项目。最后，要根据竞争对手的技术经济情报和市场投标报价动向，分析和预测是否有夺标的把握和机会。

2）可靠性

承包人要了解招标项目是否已经过正式批准，被列入国家或地方的建设计划，资金来源是否可靠，主要材料和设备供应是否有保证，设计文件完成的阶段性情况、设计深度是否满足要求等。此外，承包人还要了解发包人的资信条件及合同条款的宽严程度，招标项目有无重大风险性。承包人应当尽早回避那些利润小而风险大的招标项目以及本企业没有条件承担的招标项目，否则，造成的后果将不堪设想。特别是国外的招标项目，更应该注意这个问题。

3）赢利性

利润是承包人追求的目标之一。保证承包人的利润，既可保证国家财政收入随着经济发展而稳定增长，又可使承包人不断改善技术装备，扩大再生产；同时有利于提高企业职工的收入，改善生活福利设施，从而有助于充分调动企业职工的积极性和主动性。所以，确定适当的利润率是承包人经营的重要决策。在选取利润率的时候，承包人要分析竞争形势，掌握当时当地的一般利润水平，并综合考虑本企业近期及长远目标，注意近期利润和远期利润的关系。

4）审慎性

承包人每次参与投标，都要花费不少人力、物力，付出一定的代价，如能夺标，才有利润可言。特别在基建任务不足的情况下，竞争非常激烈，承包人为了生存都在拼命压价，赢利甚微。承包人要审慎选择投标项目，除非在迫不得已的情况下，绝不能承揽亏本的施工任务。

5）灵活性

在某些特殊情况下，承包人可采用灵活的战略战术。例如，承包人为了在某个地区打开局面，取得立足点，可以采用让利方针，以薄利优质取胜。承包人由于报价低、项目完成得好，赢得了信誉。承包人承揽了当前工程，可为今后的工程投标中标创造机会和条件。

对决定投标的项目，承包人应充分估计竞争对手的实力、优势及投标环境的优劣等情况。竞争对手的实力越强，竞争就越激烈，对中标的影响就越大。竞争对手拥有的任务量不饱满，竞争也会越激烈。

4.2.2 建设工程投标策略与投标报价技巧

投标策略作为投标取胜的方式、手段和艺术，贯穿于投标竞争的始终，内容十分丰富。在投标与否、投标项目的选择、投标报价等方面，无不涉及投标策略，投标策略在投标报价过程中的作用更为显著。工程项目施工的投标技巧研究，其实是在保证工程质量与工期的条件下，寻求一个好的报价的技巧问题。恰当的报价是能否中标的关键，但恰当的报价，并不一定是最低报价。

1. 建设工程投标策略

1）知己知彼，百战不殆

当今世界处于信息时代，广泛、全面、准确地收集和正确开发利用投标信息，在投标活动中具有举足轻重的作用。投标人要通过广播、电视、报刊、杂志等媒体和政府部门、中介机构等各种渠道，广泛、全面地收集招标人情况、市场动态、建筑材料行情、工程背景和条件、竞争对手情况等各种与投标密切相关的信息，并对各种投标信息进行深入调查，综合分析获得的信息，去伪存真，准确把握形势，做到知己知彼，百战不殆。

2）以长制短，以优胜劣

人总有长处与短处，即使一个优秀的企业也是这样。建设工程投标人也有自己的短处，在投标竞争中，其必须学会以长处胜过短处，以优势胜过劣势。

3）随机应变，争取主动

建筑市场处于买方市场，竞争非常激烈。承包人要对自己的实力、信誉、技术、管理、质量水平等各个方面作出正确的评价，过高或过低评价自己，都不利于市场竞争。在竞争中，面对复杂的形势，承包人要准备多种方案和措施，善于随机应变，掌握主动权，真正成为投标活动的主人。

2. 投标报价技巧

投标报价技巧在投标过程中，主要表现为通过各种操作技能和诀窍，确定一个好的报价。常见的投标报价技巧有以下几种。

1）扩大标价法

这种方法比较常用，即除了按正常的已知条件编制报价外，承包人对工程中变化较大或没有把握的工作，采用扩大单价、增加不可预见费的方法来减少风险。但是这种投标报价方法往往因为总价过高而不易中标。

2）不平衡报价法

这种方法又称前重后轻法，是指在总报价基本确定的前提下，调整内部各个子项的报价，以期既不影响总报价，又能在中标后满足资金周转的需要，获得较理想的经济效益。不平衡报价法的通常做法有以下几种。

（1）对于先期开工的、能够早日结账收回工程款的项目（如土石方工程、基础工程等），单价可适当报高些；对机电设备安装、装饰等后期项目，单价可适当报低些。

（2）经过核算工程量，估计到后期会增加工程量的项目，其单价适当提高；工程量会减少的项目，其单价适当降低。

（3）对于设计图纸内容不明确或有错误，估计修改后工程量要增加的项目，可以提高其单价；而对于工程内容不明确的项目，可以降低其单价。

（4）对没有工程量、只填单价的项目（如土石方工程中挖淤泥、岩石、土方超运等采用备用单价的项目），可以将单价提高，这样既不影响投标总价，又有利于多获利润。

（5）对暂定项目（任意项目或选择性项目）中实施可能性大的项目，单价可报高些；预计不一定实施的项目，单价可适当报低些。

（6）零星用工（计日工）单价一般可稍高于工程中的工资单价，因为计日工不属于承包总价的范围，发生时实报实销。但如果招标文件中已经假定了计日工的名义工程量，则需要具体分析是否报高价，以免提高总报价。

（7）对于允许价格调整的工程，当利率低于物价上涨时，后期施工的工程项目的单价报价高，反之，单价报价低。

采用不平衡报价法，优点是有助于对工程报价表进行仔细校核和统筹分析，总价相对稳定，不会过高；缺点是单价报高报低的合理幅度难以掌握，单价报得过低会因执行中工程量增多而造成承包人损失，报得过高会因招标人要求比价而使承包人得不偿失。因此，在运用不平衡报价法时，要特别注意工程量有无错误，具体问题具体分析，避免盲目报高报低。

3）多方案报价法

这种方法是指对同一个招标项目，除了按招标文件的要求编制了一个投标报价以外，还编制了一个或几个建议方案。多方案报价法有时是招标文件中规定采用的，有时是承包人根据需要决定采用的。承包人决定采用多方案报价法，主要有以下两种情况。

（1）如果发现招标文件中的工程范围很不具体、不明确，或条款内容很不清楚、不公正，或对技术规范的要求过于苛刻，承包人可先按招标文件中的要求编制一个投标报价，然后再说明假如招标人对合同要求作某些修改，报价可降低多少。

（2）如承包人发现设计图纸中存在某些不合理但可以改进的地方或可以利用某项新技术、新工艺、新材料替代的地方，或者发现自己的技术和设备满足不了招标文件中设计图纸的要求，可以先按设计图纸的要求编制一个投标报价，然后再另附一个修改设计的比较方案，或说明在修改设计的情况下，报价可降低多少。这种情况，通常也被称作修改设计法。

案例 4.3

投标报价技巧应用案例

某办公楼施工招标文件的合同条款规定：预付款数额为合同价的 30%，开工后 3 天内支付，主体结构工程完成一半时一次性全额扣回，工程款按季度支付。

某承包商对该项目投标，经造价工程师估算，总价为 9000 万元，总工期为 24 个月。其中：基础工程估价为 1200 万元，工期为 6 个月；主体结构工程估价为 4800 万元，工期为 12 个月；装饰和安装工程估价为 3000 万元，工期为 6 个月。

该承包人为了既不影响中标，又能在中标后取得较好的收益，决定采用不平衡报价法对造价工程师的原估价作适当调整，基础工程调整为 1300 万元，主体结构工程调整为 5000 万元，装饰和安装工程调整为 2700 万元。

另外，该承包人还考虑到，该工程虽然有预付款，但平时工程款按季度支付不利于资金周转，于是其决定除按上述调整后的数额报价外，还建议发包人将支付条件改为：预付款为合同价的 5%，工程款按月支付，其余条款不变。

问题：

（1）该承包人所运用的不平衡报价法是否恰当？为什么？

（2）除了不平衡报价法，该承包人还运用了哪一种报价技巧？运用是否得当？

【解析】

（1）恰当。因为该承包人是将属于前期工程的基础工程和主体结构工程的报价调高，而将属于后期工程的装饰和安装工程的报价调低，这样承包人可以在施工的早期阶段收到较多的工程款，从而提高承包人所得工程款的现值；而且，这三类工程单价的调整幅度均在±10%以内，属于合理范围。

（2）该承包人运用的另一种投标技巧是多方案报价法，该报价技巧运用恰当，因为承包人的报价既适用于原付款条件，也适用于建议的付款条件。

4）突然降价法

这种方法是指为迷惑竞争对手，承包人可在整个报价过程中，仍然按照一般情况进行报价，在准备投标报价的过程中预先考虑好降价的幅度，然后有意泄露一些虚假情况，如宣扬自己对该工程兴趣不大，不打算参加投标等假象，到投标截止前几小时，突然前往投标，并压低投标报价，从而使竞争对手措手不及而败北。

5）先亏后盈法

在实际工作中，有的承包人为了打进某一地区的市场，或为减少大量窝工损失，或为挤走竞争对手保住自己的地盘，依靠自身的雄厚资本实力，采取一种不惜代价、只求中标的低价投标方案。一旦该承包人中标之后，可以承担这一地区或这一领域更多的工程任务，达到总体赢利的目的。应用这种手法的承包人必须有较好的资信条件，并且其提出的施工方案也先进可行。

6）优惠取胜法

这种方法是指承包人向发包人提出缩短工期、提高质量、降低支付条件，提出新技术、新设计方案，提供物资、仪器、设备（交通车辆、生活设施等），以此优惠条件取得发包人赞许，争取中标。

7）以人为本法

这种方法是指承包人注重与发包人、当地政府搞好关系，邀请他们到本企业施工管理过硬的在建工地考察，以显示企业的实力和信誉。通过处理好人与人之间的关系，求得理解与支持，争取中标。

建设工程投标人对招标工程进行投标时，除了应在投标报价上下功夫，还应注意掌握其他方面的技巧。其他方面的投标技巧主要有：①聘请投标代理人。投标人在招标工程所在地聘请代理人为自己出谋划策，以争取中标。②寻求联合投标。一家承包人实力不足时，可以联合其他企业，特别是联合工程所在地的公司或技术装备先进的著名公司投标，这是争取中标的一种有效方法。③开展公关活动。公关活动是投标人宣传和推销自我，沟通和联络感情，树立良好形象的重要活动。积极开展公关活动是投标人争取中标的一个重要手段。

案例 4.4

分项报价低于市场价能否被认定为低于成本竞标

某单位施工项目招标，评标委员会推荐H公司中标，中标价格为670万元。评标结果公示后，D公司质疑H公司低于成本价竞标，主要依据有三方面：（1）H公司报价比其他三家投标人算术平均价（870万元）低了200万元；（2）H公司某几项分项报价明显低于国内市场价格30%；（3）H公司报价过低，可能在供货时偷工减料或降低材料质量。鉴于以上三方面原因，D公司认为H公司违反《招标投标法》第三十三条“投标人不得以低于成本的报价竞标”的规定，应否决H公司的投标。招标公司收到质疑后组织评标专家复核，评标委员会复核后认为D公司质疑H公司“以低于成本的报价竞标”理由不充分，项目管理单位同意评标委员会意见并维持原评标结果不变。

【解析】

鉴于国内现行规定中缺乏对低于成本价的明确判断依据，实践中对于是否低于成本价的认定应十分谨慎。本案例中D公司的认定依据缺乏说服力。首先，市场价和成本价是两个概念，需要强调的是只有低于成本价的竞争才属于恶意竞争，《招标投标法》里所指的成本不是指社会平均成本，而是指企业的生产成本。

如果投标人的价格低于市场价格，但无法证明其报价低于自己企业的生产成本，就不能认定其以低于成本的报价恶意竞争。其次在工程类项目的报价体系中，有选择地就某些分项内容报高价或报低价是工程项目中常见的报价技巧，关于第三条存在供货质量等合同风险问题，发包人可以要求H公司提高履约保证金，以降低买方风险。

4.3 投标报价的编制

4.3.1 投标报价的组成

建设工程投标报价主要由工程成本（直接费、间接费）、利润、税金组成。直接费是指工程施工中直接用于工程实体的人工费、材料费、施工机具使用费等费用的总和；间接费是指组织和管理施工所需的各项费用。直接费和间接费共同构成工程成本。利润是指建筑施工企业承担施工任务时应计取的合理报酬。税金是指按国家有关规定，被计入建筑安装工程造价内的增值税。

4.3.2 投标报价的编制依据

编制投标报价时应考虑以下几方面。

【投标报价编制的基本原则和关键点】

（1）《建设工程工程量清单计价标准》（GB/T 50500—2024）。

（2）国家或省级、行业建设主管部门颁发的计价办法。

（3）企业定额，国家或省级、行业建设主管部门颁发的计价定额。

（4）招标文件、工程量清单及其补充通知、答疑纪要。

（5）建设工程设计文件及相关资料。

（6）施工现场情况、工程特点及拟定的投标施工组织设计或施工方案。

（7）与建设项目相关的标准、规范等技术资料。

（8）市场价格信息或工程造价管理机构发布的工程造价信息。

（9）其他的相关资料。

4.3.3 投标报价的编制方法

投标报价的编制过程如下：投标人首先根据招标人提供的工程量清单，编制分部分项工程量清单计价表、措施项目清单计价表、其他项目清单计价表、规费、税金；计算完毕之后，汇总得到单位工程投标报价汇总表；再层层汇总，分别得出单项工程投标报价汇总表和工程项目投标总价汇总表。在编制过程中，投标人应按照招标人提供的工程量清单填报价格。投标人填写的项目编码、项目名称、项目特征、计量单位、工程量必须与招标人提供的一致。

1. 投标报价封面及汇总表的编制

1）投标人投标总价封面

投标人应填写投标工程的具体名称，应盖单位公章。示例见案例4.5。

案例 4.5

投标人投标总价封面

××公寓楼 工程

投标总价

投标人：××建筑公司
（单位盖章）
××年××月××日

投标总价

招标人：×××

工程名称：××公寓楼

投标总价（小写）：¥6142796

（大写）：陆佰壹拾肆万贰仟柒佰玖拾陆元

投标人：××建筑公司
（单位盖章）

法定代表人
或其授权人：×××
（签字或盖章）

编制人：×××
（造价人员签字盖专用章）

时间：××年××月××日

2）投标报价总说明

该说明中应有工程概况，包括建设规模、工程特征、计划工期、合同工期、实际工期、施工现场及变化情况、施工组织设计的特点、自然地理条件、环境保护要求等内容。投标报价总说明如表 4-1 所示。

案例 4.6

表 4-1　投标报价总说明

工程名称：××公寓楼工程　　　　　　　　　　　　　　　　　　　　　　第　页　　共　页

1．工程概况：本工程为框架剪力墙结构，混凝土灌注桩基，建筑层数为六层，建筑面积 6920m^2，招标计划工期为 200 日历天，投标日期为 180 日历天。

2．投标报价范围包括：本次招标的施工图范围内的建筑工程和安装工程。

3．投标报价编制依据：

（1）招标文件、招标工程量清单和有关报价要求，招标文件的补充通知和答疑纪要；

（2）施工图及投标施工组织设计；

（3）《建设工程工程量清单计价标准》(GB/T 50500—2024）以及有关的技术标准、规范和安全管理规定等；

（4）省建设主管部门颁发的计价定额、计价办法及相关计价文件；

（5）材料价格根据本公司掌握的价格情况并参照工程所在地工程造价管理机构××年××月工程造价信息发布的价格。单价中已包括招标文件要求的≤5%的价格波动风险。

4．其他（略)。

3）建设项目投标报价汇总表

投标报价汇总表与投标函中投标报价金额应当一致。就投标文件的各个组成部分而言，投标函是最重要的文件，其他组成部分都是投标函的支持性文件。投标函是必须经过投标人签字盖章，并且必须在开标会上当众宣读的文件。如果投标报价汇总表的投标总价与投标函填报的投标总价不一致，应当以投标函中填写的大写金额为准。建设项目投标报价汇总表和单位工程投标报价汇总表如表 4-2、表 4-3 所示。

案例 4.7

表 4-2　建设项目投标报价汇总表

工程名称：××公寓楼工程　　　　　　　　　　　　　　　　　　　　　　第　页　　共　页

序号	单项工程名称	金额（元）	其中：		
			暂估价（元）	安全文明施工费（元）	规费（元）
1	公寓楼工程	6042796	246000	175760	239001
合计		6042796	246000	175760	239001

注：1．本表适用于建设项目投标报价的汇总。
　　2．本工程仅为一栋公寓楼，故单项工程即为建设项目。

表 4-3　单位工程投标报价汇总表

工程名称：××公寓楼工程　　　　　　　　　　　　　　　　　　　　　　第　页　　共　页

序号	汇总内容	金额（元）	其中：暂估价（元）
1	分部分项工程		
1.1			

续表

序号	汇总内容	金额（元）	其中：暂估价（元）
1.2			
1.3			
1.4			
1.5			
……			
2	措施项目		—
2.1	其中：安全文明施工费		—
2.2	其他措施费		
2.3	单价措施费		
3	其他项目费		—
3.1	其中：暂列金额		—
3.2	其中：专业工程暂估价		—
3.3	其中：计日工		—
3.4	其中：总承包服务费		—
4	规费		—
5	增值税		—
投标总价合计=1+2+3+4+5			

注：本表适用于投标报价的汇总，如无单位工程划分，单项工程也使用本表汇总。

2. 分部分项工程量清单与计价表的编制

分部分项工程量清单是指构成建筑工程实体的所有分项实体项目的名称和相应数量的明细清单，包括项目编码、项目名称、项目特征、计量单位和工程量。分部分项工程量清单与计价表主要包括分部分项工程项目、措施项目、其他项目、规费项目和税金项目的名称和相应数量的明细及其计价。承包人投标价中的分部分项工程费应按招标文件中分部分项工程量清单项目的特征描述确定的综合单价来计算。因此，确定综合单价是分部分项工程量清单与计价表编制过程中最主要的内容。综合单价不仅包括完成单位分部分项工程所需的人工费、材料费、机械使用费、管理费、利润，还要考虑风险费用的分摊。其中人工费、材料费、机械使用费指市场价的人、材、机费用。管理费指发生在企业、施工现场的各项费用。利润（含风险费）由施工单位根据工程情况和市场因素自主确定。即：

分部分项工程综合单价=人工费+材料费+机械使用费+管理费+利润+风险

分部分项工程和单价措施项目清单与计价表及分部分项工程量综合单价分析表如表4-4、表4-5所示。

案例 4.8

表 4-4　分部分项工程和单价措施项目清单与计价表

工程名称：某公寓楼　　　　　　　　　标段　　　　　　　　　　　第　页　共　页

序号	项目编码	项目名称	项目特征描述	计量单位	工程量	金额（元）	
						单价	综合单价
第一章　土石方工程							
1	010101001001	平整场地	一、二类土	m^2	454.00	4.64	2106.56
2	010101003001	挖基础土方	二类土，砖条基，挖土深度1.4m，弃土运距 50m	m^3	964.00	21.57	20793.48
3	010103001001	基础回填土方	分层夯填	m^3	558.00	30.00	16740.00
分部小计							39640.04
4	010302001001	实心砖墙	地下室 M10 水泥砂浆 240 厚	m^3	30.00	145.15	4354.50
……	……	……	……	……	……	……	……

表 4-5　分部分项工程量清单综合单价分析表

工程名称：某公寓楼　　　　　　　　　标段　　　　　　　　　　　第　页　共　页

项目编码	010101003001		项目名称	挖基础土方		计量单位	m^3		工程量	964.00	
清单综合单价组成明细											
定额编号	定额名称	定额单位	数量	单价（元）				合价（元）			
				人工费	材料费	机械费	管理费和利润	人工费	材料费	机械费	管理费和利润
1-18	挖基槽	$100m^3$	9.64	1229.33			320.20	11850.74			3086.73
1-36	余土外运 50m	$100m^3$	4.06	1105.53	13.56		287.95	4488.45	55.05		1169.08
1-128	原土夯实	$100m^2$	2.32	41.28		7.11	13.73	95.77		16.50	31.85
人工单价		小　计						16434.96	55.05	16.50	4287.66
元/日		未计价材料费						0			
清单项目综合单价								20794.17 元/964m^2≈21.57 元/m^2			

3. 措施项目清单计价表的编制

措施费是指工程量清单中，除工程清单项目以外，为保证工程顺利进行，按照国家现行有关建设工程施工及验收规范、规程要求，必须配套完成的工程内容所需的费用。措施费主要是通过计算各项措施项目费得到的，措施项目费应根据招标文件中的措施项目清单及投标时拟定的施工组织设计或施工方案按不同报价方式自主报价。

措施项目费的内容包括：安全文明施工费、夜间施工增加费、二次搬运费、冬雨季施工增加费、已完工工程及设备保护费、工程定位复测费、特殊地区施工增加费、大型机械设备进出场及安拆费、脚手架工程费。措施项目及其包含的内容详见各类专业工程的现行国家或行业计量规范。招标人编制工程量清单时，表中的项目可根据工程实际情况进行增减。投标人编制投标报价时，除安全文明施工费必须按规范的强制性规定、省级或行业建设主管部门的规定计取外，其他措施项目均可根据投标施工组织设计自主报价。

4. 其他项目清单计价表的编制

其他项目费主要包括暂列金额、暂估价、计日工、总承包服务费。暂列金额应按照其他项目清单中列出的金额填写，不得变动。暂估价不得变动和更改，暂估价中的材料暂估价必须按照招标人提供的暂估单价计入分部分项工程费中的综合单价；专业工程暂估价必须按照招标人提供的其他项目清单中列出的金额填写；材料暂估价和专业工程暂估价均由招标人提供，为暂估价格。在工程实施过程中，对于不同类型的材料与专业工程，采用不同的计价方法。计日工应按照其他项目清单列出的项目和估算的数量，自主确定各项综合单价并计算费用。总承包服务费应根据招标人在招标文件中列出的分包专业工程内容、供应材料、设备情况，按照招标人提出的协调、配合与服务要求和施工现场管理需要来自主确定。其他项目清单计价汇总表如表 4-6 所示。

案例 4.9

表 4-6　其他项目清单计价汇总表

工程名称：某公寓楼　　　　标段　　　　第　页　共　页

序号	项目名称	计量单位	金额（元）	备注
1	暂列金额	项	300000	
2	暂估价		100000	
2.1	材料暂估价		—	
2.2	专业工程暂估价	项	100000	
3	计日工		22156	
4	总承包服务费		10000	
合计			532156	

5. 规费、税金项目清单计价表的编制

规费和税金应按照国家或省级、行业建设主管部门的规定计算，不得作为竞争性费用。

4.3.4 投标报价的审核

为了提高中标概率，在投标报价正式确定之前，投标人应对其进行认真审查、核算。投标报价审核的方法很多，常用的有以下几种。

（1）用一定时期本地区内各类建设项目的单位工程造价对投标报价进行审核。

（2）运用全员劳动生产率（即全体人员每工日的生产价值）对投标报价（主要适用于同类工程，特别是一些难以用单位工程造价分析的工程）进行审核。

（3）用各类单位工程用工用料正常指标对投标报价进行审核。

（4）用各分项工程价值的正常比例（如一栋楼房的基础、墙体、楼板、屋面、装饰、水电、各种专用设备等分项工程在工程价值中所占有的大体合理的比例）对投标报价进行审核。

（5）用各类费用的正常比例（如人工费、材料费、设备费、施工机械费、间接费等各类费用之间所占有的合理比例）对投标报价进行审核。

（6）用储存的一个国家或地区的同类型工程报价项目和中标项目的预测工程成本资料对投标报价进行审核。

（7）用个体分析整体综合控制法（如先对组成一条铁路工程的线、桥、隧道、站场、房屋、通信信号等个体工程逐个进行分析，然后再对整条铁路工程进行综合研究控制）对投标报价进行审核。

（8）用综合定额估算法（即以综合定额和扩大系数法估算工程的工料数量和造价）对投标报价进行审核。

4.4 建设工程投标文件的编制

投标文件的编制是指投标人按招标人的要求，参加各项投标活动且逐一完成投标人须知中规定的各项内容，并将完成的内容按招标文件要求装订成册后提交的过程。投标文件是投标活动的一个书面成果，它是投标人能否通过评标、决标并签订合同的依据。因此，投标人应高度重视投标文件的编制。

4.4.1 投标文件的组成

投标文件的内容包括以下几个部分。

（1）投标函及投标函附录。

（2）法定代表人身份证明。

（3）授权委托书。

（4）联合体协议书（未成立联合体的不采用）。

（5）投标保证金。

（6）已标价工程量清单。

（7）施工组织设计。

（8）项目管理机构。

（9）拟分包项目情况表。

（10）资格审查资料（资格预审的不采用）。

（11）投标人须知规定的应填报的其他材料。

投标人在实际编制中应注意不要遗漏招标文件规定的内容，根据需要，确有必要时，可适当增加相应内容。

4.4.2 投标文件的编制步骤

投标文件的编制有以下几个要点。

（1）研究招标文件，重点是投标人须知、合同条件、技术规范、工程量清单及图纸。

（2）为编制好投标文件和投标报价，应收集现行定额标准、取费标准及各类标准图集，收集掌握政策性调价文件及材料、设备价格情况。

（3）编制实质性响应条款，包括对合同主要条款、提供资质证明的响应。

（4）依据招标文件和工程技术规范要求，并根据施工现场情况编制施工方案或施工组织设计。

（5）按照招标文件中规定的各种因素和依据计算报价，并仔细核对，确保准确，在此基础上正确运用投标报价技巧和策略，并用科学方法作出报价决策。

（6）填写各种投标表格。

（7）投标文件编写完成后要按招标文件要求的方式封装。

4.4.3 编制投标文件的注意事项

【投标过程中如何避免废标】

（1）投标人编制投标文件时必须使用招标文件提供的投标文件表格格式。填写表格时，凡要求填写的空格都必须填写，否则，即被视为放弃该项要求。重要的项目或数字（如工期、质量等级、价格等）未填写的，将被作为无效或作废的投标文件处理。

（2）编制的投标文件正本仅一份，副本则按招标文件中要求的份数提供，同时要明确标明“投标文件正本”和“投标文件副本”字样。投标文件正本和副本如有不一致之处，以正本为准。

（3）投标文件正本与副本均应使用不能擦去的墨水打印或书写。投标文件的书写要字迹清晰、整洁、美观。

（4）所有投标文件均由投标人的法定代表人签署、加盖印鉴，并加盖法人单位公章。

（5）填报的投标文件应反复校核，保证分项和汇总计算均无错误。全套投标文件均应无涂改和行间插字，除非这些删改是根据招标人的要求进行的，或者是投标人造成的必须修改的错误。修改处应由投标文件签字人签字证明并加盖印鉴。

（6）如招标文件规定投标保证金为合同总价的某百分比时，不要太早开具投标保函，以防泄露报价。但有的投标人提前开出并故意加大保函金额，以麻痹竞争对手，这种情况也是存在的。

（7）投标文件应严格按照招标文件的要求进行封装，避免由于封装不合格造成废标。

（8）认真对待招标文件中关于废标的条件，以免被判为无效标而前功尽弃。

案例 4.10

工程建设项目投标案例评析

20××年10月，××市某建设工程在市建设工程交易中心公开评标。该项目所有投标单位的投标函和投标文件封面均按照招标文件的要求，已盖投标单位及法定代表人章，相关造价专业人员也已签字盖章。

洪某、范某、吴某、周某四位专家在投标文件商务标的评审过程中，未按招标文件的要求进行评审，以"投标文件中工程量清单封面没有盖投标单位及法定代表人章"为由，将其中两家投标单位的标随意视作废标，导致评标结果出现重大偏差，该项目因而不得不重新进行评审，严重影响了招标人正常招标的流程和整个项目的进度。

为严肃评标纪律，端正评标态度，维护招投标评审工作的科学性与公正性，××市住房和城乡建设管理委员会根据《工程建设项目施工招标投标办法》，作出了"给予洪某、范某、吴某、周某四位专家警告，并进行通报批评"的行政处理决定。

【解析】

上述案例中，有一个重要的事实是"两家投标单位的投标函和投标文件封面均已盖投标单位及法定代表人章，相关造价专业人员也已签字盖章"。而根据《建设工程工程量清单计价标准》（GB/T 50500—2024）和××市招投标的相关规定，"投标函和投标文件封面已盖投标单位及法定代表人章，相关造价专业人员也已签字盖章"的投标文件，实质上已经响应了招标文件中关于"投标文件封面、投标函均应加盖投标人印章并经法定代表人或其委托代理人签字或盖章的要求，属于有效投标文件"。评审过程中两位商务标专家未能仔细领会招标文件的相关规定，在明知投标文件和投标函均已盖投标单位及法定代表人章，相关造价专业人员也已签字盖章的前提下，仍随意将两家投标单位确定为废标的行为是草率和不负责任的。由此导致的项目重评，既影响了项目的正常开工，给招标单位带来了损失；也引发了多家投标单位的质疑和投诉，在社会上产生了一些负面影响。

4.4.4 投标有效期

投标有效期是指招标文件中规定的一个适当的有效期限，在此期限内投标人不得要求撤销或修改其投标文件。根据规定，招标文件应当规定一个适当的投标有效期，以保证招标人有足够的时间完成评标并与中标人签订合同。投标有效期是从招标文件规定的提交投标文件的截止之日起计算。

1. 投标有效期的延长

出现特殊情况需要延长投标有效期的，在原投标有效期结束之前，招标人可以通知所有投标人延长投标有效期。同意延长投标有效期的投标人应当相应延长其投标保证金的有效期，但不得要求或被允许修改或撤销其投标文件；投标人拒绝延长的，其投标失败，但投标人有权收回投标保证金。

2. 投标有效期延长的要求

（1）招标人要延长投标有效期的，应以书面形式通知投标人并获得投标人的书面同意。

（2）投标人不得修改投标文件的实质性内容，投标人在投标文件中的所有承诺不应随有效期的延长而发生改变。

4.4.5 投标保证金

投标保证金是指为了避免因投标人投标后随意撤回、撤销投标或随意变更应承担的相应义务给招标人和招标代理机构造成损失，要求投标人提交的担保。

1. 投标保证金的提交

投标人在提交投标文件的同时，应按招标文件规定的金额、形式、时间向招标人提交投标保证金，并将投标保证金作为其投标文件的一部分。

（1）投标保证金是投标文件的必需要件，是招标文件的实质性要求。投标保证金不足、无效、迟交、有效期不足或者形式不符合招标文件要求等情形，均将因构成实质性不响应而被拒绝。

（2）对于联合体形式投标的，其投标保证金由牵头人提交。

（3）投标保证金作为投标文件的有效组成部分，其递交的时间应与投标文件要求的提交时间一致，即在投标文件提交截止时间之前送达。投标保证金送达的含义根据投标保证金的形式而异，通过电汇、转账、电子汇兑等形式的投标保证金应以款项实际到账时间为送达时间，通过现金或见票即付的票据形式提交的投标保证金则以实际交付时间为送达时间。

（4）对于依法必须进行招标的项目的境内投标单位，以现金或支票形式提交的投标保证金应当从其基本账户转出。

2. 投标保证金的金额

为避免招标人设置过高的投标保证金额度，《中华人民共和国招标投标法实施条例》规定："招标人在招标文件中要求投标人提交投标保证金的，投标保证金不得超过招标项目估算价的 2%"。

4.4.6 投标文件的签署、加封、递送

投标文件编制完成，经核对无误，由投标人的法定代表人签字密封，派专人在投标截止日期前送到招标人指定地点，并取得收讫证明。当招标人延长了递交投标文件的截止日期时，招标人与投标人以前在投标截止日期方面的全部权利、责任和义务，将适用于延长后新的投标截止日期。在投标截止日期以后送达的投标文件，招标人将拒收。递送投标文件不宜太早，因市场情况在不断变化，投标人需要根据市场行情及自身情况对投标文件进行修改。递送投标文件的时间在招标人规定的投标文件截止日前两天为宜。

投标人可以在提交投标文件以后，在规定的投标截止时间之前，采用书面形式向招标人递交补充、修改或撤回其投标文件的通知。在投标截止日期以后，投标人不能更改投标文件。投标人的补充、修改或撤回通知应按招标文件中投标人须知的规定编制、密封、加写标志和提交，补充、修改的内容成为投标文件的组成部分。根据招标文件的规定，在投标截止时间与招标文件中规定的投标有效期终止日之间的这段时间内，投标人不能撤回投标文件，否则其投标保证金将不予退还。

4.5 基于BIM的辅助投标

BIM促进建设工程施工管理水平提升的同时，也可以提高招标投标的质量和效率，保证工程量清单的全面和精确，促进投标报价科学、合理化发展，降低各方风险。投标人通过对BIM模型的数据进行提取，获得建设项目投标预算报价，进行施工方案优化，帮助企业在招投标过程中作出合理的决策，进而提高竞标能力，提升中标率。

4.5.1 BIM辅助商务标编制

商务标是投标文件中陈述投标报价、企业资质与荣誉等内容的部分。投标人可以在招标人基于BIM模型编制的工程量清单、招标控制价的基础上快速核算人、材、机用量，更加科学合理地编制报价，争取中标并且获得最大的经济利益。商务标的编制可归纳为两方面的核心内容：准确地计算工程量；合理地进行清单项的报价，进而确定工程总价。

1. 基于BIM的商务标算量

基于BIM模型可以快速地提取各类工程量，对各类工程量进行整理、合并和拆分，以满足投标中不同参与人员对工程量的不同需求。与传统的手动计算工程量相比，基于BIM的商务标算量具有明显的优势。

1）提高了算量效率

BIM模型是一个存储项目构件信息的数据库，可以为造价人员提供造价编制所需的项目构件信息，从而大大减少根据图纸人工识别构件信息的工作量以及由此引起的潜在错误。因此，BIM模型的自动化算量功能可以使工程量计算工作摆脱人为因素影响，得到更加客观的数据。

2）提高算量准确性

BIM算量软件可以精准地计算到每个构件的工程量，既不会有重复也不会出现遗漏。同时生成的工程量清单与模型存在内在的数据关系，当模型发生变化时，相应的工程量会随之改变，不会出现因更新不及时造成的工程量偏差情况。

2. 基于BIM的商务标报价

商务标报价是商务标编制中极为重要的工作内容，该报价将对投标结果起到决定性的影响，因此报价必须足够准确。同时商务标报价也体现了施工企业技术、管理水平，因此该报价数据更多地取决于企业自身。利用BIM建立的施工模型，可以快速进行施工仿真和资源优化，从而实现资金的合理使用和规划。通过分析成本与进度的关系，可以在不同的维度实现资本管理和分析。人、材、机等建设资源的配置是工程建设正常运行和成本控制的关键。通过BIM的统计功能，可以方便而准确地计算工程量，从而可以准确地配置施工资源，施工单位能更清楚地了解项目资金的使用情况，帮助投标人提高投标的竞争力。

4.5.2 BIM辅助技术标编制

技术标重点陈述施工组织设计，涉及施工方案、施工进度计划、施工资源配置、施工现场布置等内容。利用BIM创建建筑信息模型，可以对施工过程中的进度、资金、物资走向进行仿真，有助于预算控制、进度计划的全面优化；应用 BIM 进行三维施工现场布置和施工方案编制，也有利于技术交底、节约成本。

1. 基于 BIM 的初步建模

在工程项目投标阶段利用 Revit、Tekla 等软件对招标图纸进行初步的结构建模，以 BIM 模型图片的方式展示建筑、结构、机电等设计概况，最终提取项目的工程量信息，具体表达出成本管理所需的内容信息，并利用模型的可提取性，快速地对项目各项施工内容进行分析统计，减少人工计算出现错误的概率，使设计图纸与工程量信息完全一致。如图 4.2 所示为某项目用 Revit 软件做出的三维建筑模型。

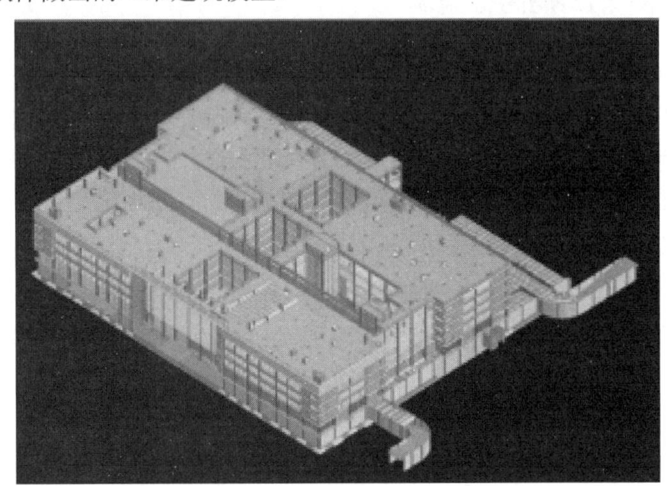

图 4.2　三维建筑模型

2. 基于 BIM 的施工方案模拟

通过 BIM 的三维可视化功能可以直观地展示工程施工现场与竣工后的运维虚拟漫游，在可视化的场景下感受工程各实施方案的可行性，并对其加以论证。在分析施工组织设计方案方面，利用 BIM 模型及其包含的各种工程信息，以直观的表现、准确的数据和精细的方案清晰充分地向发包人表达施工策划理念；同时对拟投入的人力、材料、机械进行定量分析，合理地配置资源。例如，图 4.3 是某项目基于 BIM 的施工模拟，图 4.4 和图 4.5 分别是某项目的三维实体填充和基于 BIM 的模板、脚手架搭设。

图 4.3　基于 BIM 的施工模拟

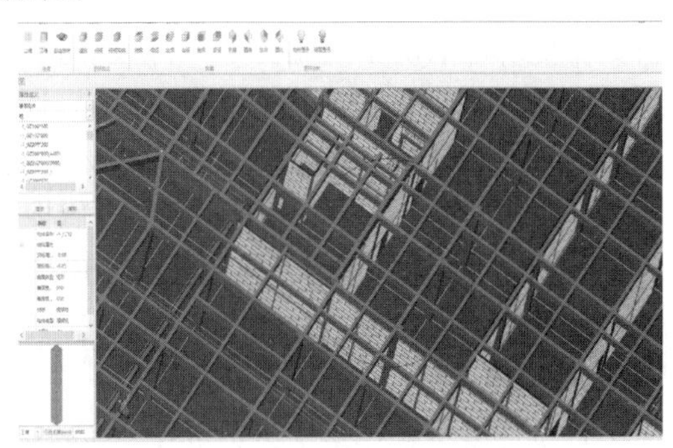

图 4.4　三维实体填充

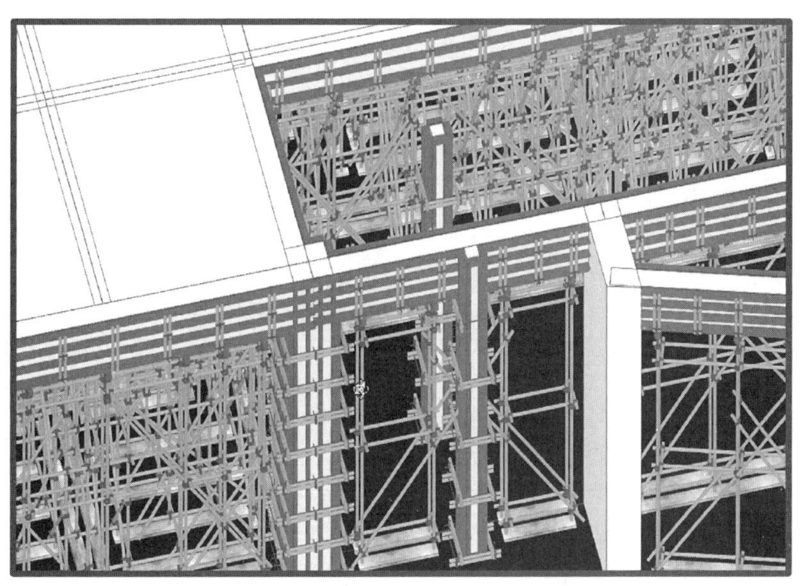

图 4.5　基于 BIM 的模板、脚手架搭设

3. 基于 BIM 的场地布置

施工场地布置是项目施工的前提，在技术标编制阶段，基于 BIM 的场地布置将更合理、更直观地反映不同阶段的现场施工状态，提高了场地利用率，增大了材料堆放和加工空间，减少二次搬运，方便交通运输，避免塔吊打架，降低生产成本。如图 4.6 所示为某项目基于 BIM 的场地布置。

图 4.6　基于 BIM 的场地布置

4. 基于 BIM 的工程量统计

在技术标编制阶段，可以通过 BIM 模型提取对应工程量来辅助商务标编制工作的开展。常见工程量提取内容可包括混凝土工程量、模板钢筋量、抹灰工程量等。通过对工程量的数

值提取，可以进一步制订资源计划。如图 4.7 所示为某项目通过 BIM 模型提取的梁模板材料用量统计。

梁模板材料统计表				
材料名称	用途	规格	单位	数量
48×3.5钢管	剪刀撑	1.5m	根	2
		3.0m	根	4
		3.5m	根	2
		4.0m	根	12
		4.5m	根	16
		5.0m	根	16
	斜撑	5.5m	根	20
	水平杆	0.5m	根	47
		3.0m	根	20
		3.5m	根	40
		5.0m	根	6
	立杆	4.0m	根	56
		4.2m	根	36
	合计		根	274
主楞	侧模	48×3钢管	m	117
	底模	80×80木方	m	27
可调托座	承托主楞	T38×6	套	92
垫板	垫板	垫板	块	60
对拉螺栓	梁侧模对拉	直径14mm，长 750mm	套	36
		直径14mm，长 800mm	套	72
扣件	架体钢管间的连接	旋转扣件	个	274
		直角扣件	个	600
次楞	侧模	100×50木方	m	214
	底模	100×50木方	m	105
	合计		m	319
面板	侧模	12mm厚	m²	38.63
	底模	12mm厚	m²	11.71
	合计		m²	50.34

图 4.7　梁模板材料用量统计

5. 基于 BIM 的 5D 进度仿真

建设项目从进场施工至竣工验收是一系列动态过程的组合，目前工程项目的进度计划多以简单的横道图为主，不能全面清晰地描述整个施工流程的进度情况，在大型公共建筑工程项目中更是无法直接理清关系复杂的工序流程，影响施工单位在有限的工期内对项目施工的把控。而利用 BIM 的 5D 仿真功能将施工进度和空间信息相结合，实现了 5D（3D+时间+成本）进度仿真，准确地反映了各个节点的整体施工过程和图像进度。BIM5D 还可以合理安排、准确控制施工进度，合理利用施工资源，科学地安排施工现场，并对整个工程的施工进度、物料安排和资金进行管理，以缩短施工工期，提高工程质量。如图 4.8 所示为某项目基于 BIM 的 5D 进度管控。

6. 基于 BIM 的招投标动画制作

在运用 BIM 辅助招投标工作开展的过程中，为更好地表达技术标的施工组织设计，我们可以根据不同的技术标需求，运用 BIM 模型快速地制作 BIM 招投标动画。

7. 基于 BIM 的三维可视化设计

在技术标编制阶段，运用技术标 BIM 模型可以对大型施工方案进行三维可视化施工场景还原及验证，展现其施工工艺流程和方案思路。如图 4.9 所示为某项目基于 BIM 的建筑内部漫游。

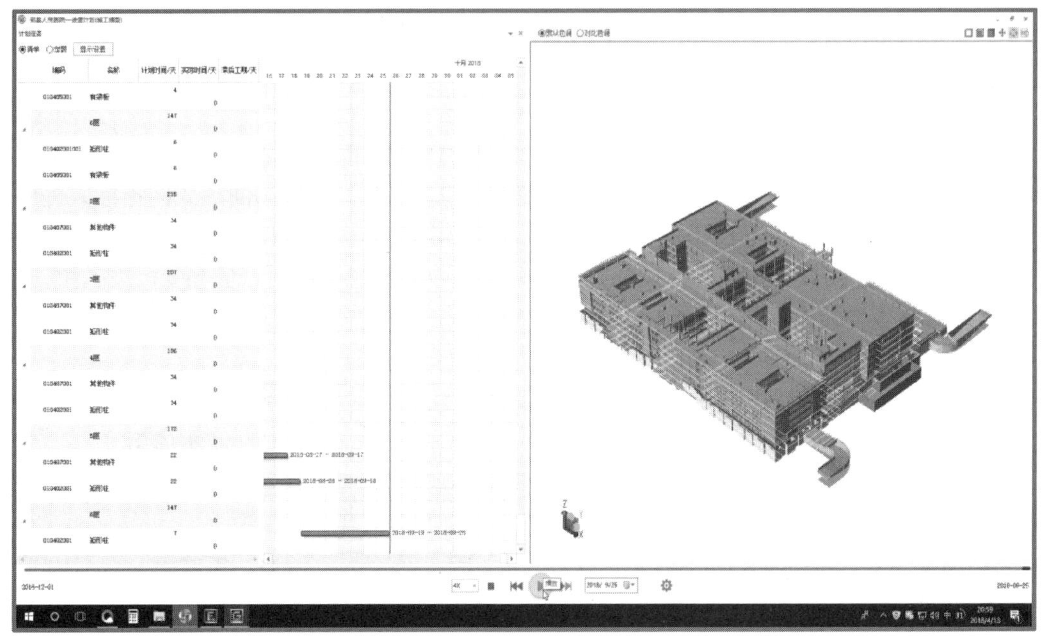

图 4.8　基于 BIM 的 5D 进度管控

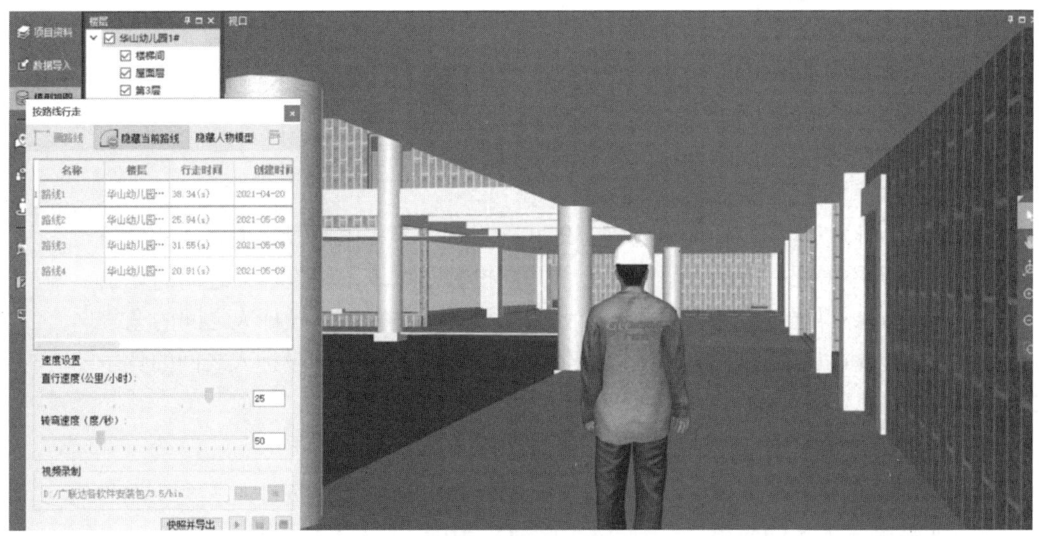

图 4.9　基于 BIM 的建筑内部漫游

本章小结

本章从建设工程施工投标的角度，讲述了建设工程投标的程序、投标准备、投标决策的内容、投标策略与投标报价技巧、投标报价的组成与编制、投标文件的组成与编制步骤、投标文件的递送、基于 BIM 的辅助投标等内容。

习　题

一、单项选择题

1．投标人获取招标文件后，应进行全面细致的调查研究。若有疑问或不清楚的问题需要招标人予以澄清和解答的，应在收到招标文件后的（　　）内以书面形式向招标人提出。

A．半个月　　B．10 日　　C．一定期限　　D．1 周

2．在建设工程投标程序中，投标人调查研究、收集信息资料后，应当（　　）。

A．对是否参加投标作出决定　　B．确定投标方案

C．办理资格审查　　D．进行投标计价

3．承包人假借资质进行投标违反了《招标投标法》中的（　　）原则 。

A．公开　　B．公平　　C．公正　　D．诚实信用

4．甲、乙、丙三家土建施工单位，甲的资质等级最高，乙次之，丙最低。当三家单位组成联合体投标时，应按照（　　）单位的业务许可范围承揽工程。

A．甲　　B．乙　　C．丙　　D．甲或丙

5．甲、乙工程承包单位组成施工联合体参与某项目的投标，中标后联合体接到中标通知书，但尚未与招标人签订合同，联合体投标时提交了 5 万元投标保证金。此时两家单位认为该项目盈利太少，于是放弃该项目，对此，《招标投标法》的相关规定是（　　）。

A．5 万元投标保证金不予退还

B．5 万元投标保证金可以退还一半

C．若未给招标人造成损失，投标保证金可退还

D．若未给招标人造成损失，投标保证金可以退还一半

6．以下关于投标的说法，正确的是（　　）。

A．招标人可以强制投标人组成联合体共同投标，不得限制投标人之间的竞争

B．招标人不得强制投标人组成联合体共同投标，可以限制投标人之间的竞争

C．招标人不得强制投标人组成联合体共同投标，不得限制投标人之间的竞争

D．招标人可以强制投标人组成联合体共同投标，可以限制投标人之间的竞争

二、多项选择题

1．招标项目属于建设施工项目的，投标文件的内容应当包括（　　）。

A．投标人的资质　　B．拟派出的项目负责人

C．主要技术人员的简历　　D．中标后的利润回报率

E．拟用于完成招标项目的机械设备

2．中标的联合体除不可抗力因素外，不履行与招标人签订的合同时，则（　　）。

A．应当赔偿招标人双倍履约保证金

B．履约保证金不予退还

C．给招标人造成损失不足履约保证金数额的，可以退还不足的部分

D．给招标人造成损失超过履约保证金数额的，应当对超过部分承担连带赔偿责任

E．如果没有造成损失，就退还履约保证金

3．施工投标单位资格审查的内容有（　　）。

A．法人地位　　B．商业信誉　　C．财务能力　　D．技术能力

E．施工经验

4．投标人须知是招标人向投标人传递基础信息的文件，研究投标人须知时，投标人应注意的事项有（　　）。

A．注意招标工程的详细内容和范围，避免遗漏或多报

B．注意投标文件的组成，避免因提供的资料不全而被作为废标处理

C．注意合同条款中投标人在中标后享有的权利和义务条款约定是否公平

D．注意招标答疑时间、投标截止时间的安排

E．注意其中报价原则的规定

5．投标人在研究招标文件的同时，还可对工程其他情况进行调查研究，以避免投标及履约风险。这些调查研究可能包括（　　）。

A．工程发包人与当地政府关系调查　　B．工程现场地质情况考察

C．工程所在地区自然环境考察　　D．工程发包人资信状况调查

E．工程竞争对手履约能力调查

6．关于投标人资格审查的说法，正确的有（　　）。

A．资格审查分为资格预审、资格中审和资格后审

B．资格预审结束后，评标委员会应及时向资格预审申请人发出资格预审结果通知书

C．招标人采用资格预审时应当发布资格预审公告

D．国有资金占控股或主导地位的依法必须招标的项目，招标人应组建资格审查委员会

E．资格后审在开标后由招标人按照招标文件的标准和方法对投标人资格进行审查

7．关于投标文件的说法，正确的有（　　）。

A．对未通过资格预审的申请人提交的投标文件，招标人应当签收保存，不得开启

B．投标人在招标文件中写明的要求提交投标文件的截止时间前，可以补充、修改或者撤回已提交的投标文件，并书面通知招标人

C．对于招标文件中写明的要求提交投标文件的截止时间后送达的投标文件，招标人应当拒收

D．投标人提交的投标文件中的投标报价可以低于工程成本

E．投标文件应当对招标文件提出的实质性要求与条件作出响应

三、简答题

1．简述建设工程投标的一般程序。

2．建设工程投标决策的依据有哪些？

3．常用的投标报价技巧有哪几种？

4．建设工程投标报价的组成有哪些？

5．简述投标报价的编制方法。

6．建设工程投标文件由哪些内容组成？

7．编制投标文件时应注意哪些事项？

8．通过查阅资料举例说明几种投标策略的应用。

9．什么是投标保证金？什么是履约担保？作用各是什么？

四、案例解析

某招标项目招标文件规定：投标保证金金额为 10 万元人民币；招标人接受的投标保证金形式为现金、银行汇票或银行保函；投标函必须加盖投标人印章，同时由法定代表人或其授权代理人签字；投标文件分为投标函、商务文件、技术文件三部分，均需单独密封，否则招标人不予接受。

投标人共有 6 家，分别为 A、B、C、D、E、F。投标文件递交情况如下。

（1）投标人 A 提前一天递交了投标文件，其投标函、商务文件和技术文件被密封在同一个文件箱内，投标保证金为 10 万元人民币的银行保函。

（2）投标人 B 在投标截止日期前递交了投标文件，其投标函、商务文件、技术文件单独密封，但其投标保证金 10 万元人民币现金在投标截止时间后 10 分钟送达招标人。

（3）投标人 C 在开标当天投标截止时间前按时递交了投标文件。投标函、商务文件和技术文件单独密封，其投标保证金为 5 万元人民币的银行汇票。

（4）投标人 D 的投标文件于投标截止时间前 1 日寄达招标人，但其参加开标会议的代表迟到 10 分钟抵达开标现场。

（5）投标人 E、F 的投标文件均提前递交，并均符合招标文件的要求。

招标人只接收了投标人 A、B、E、F 递交的 4 份报价。因投标人 C 的投标保证金金额不足、投标人 D 的投标代表迟到，招标人拒绝接收其投标文件。

唱标过程中，发现投标人 A 的投标函上没有其法定代表人或其授权代理人签字，招标人唱标后，当场宣布 A 的投标为废标。投标人 B 的投标函上有两个大写的投标报价，招标人要求其确认了其中一个报价后进行了唱标。投标人 E 的投标报价大写为壹佰捌拾捌万元整，小写为 180 万元，招标人按照有利于招标人的原则以 180 万元唱标。

唱标结束后，招标人要求每个投标人在开标会记录上签字，投标人 F 认为招标人组织的开标存在问题，拒绝在开标会记录上签字，招标人当场宣布其投标为废标。

这样仅剩下 B、E 两个有效投标人，评标委员会经评审后认为有效投标人少于 3 个，明显缺乏竞争性，于是否决了所有投标。

问题：

（1）对投标人 A～F 的投标文件及保证金，招标人应接收哪些？拒收哪些？认为招标人应拒收的，简要说明理由。

（2）招标人在唱标过程中对 A、B、E 的投标文件的处理存在哪些不妥之处？简要说明理由，并给出正确做法。

（3）招标人当场宣布投标人 F 的投标为废标是否正确？简要说明理由。

（4）在本项目中，评标委员会是否有权否决所有投标？招标人下一步应采取什么措施？

【在线答题】

第5章 开标、评标与决标

思维导图

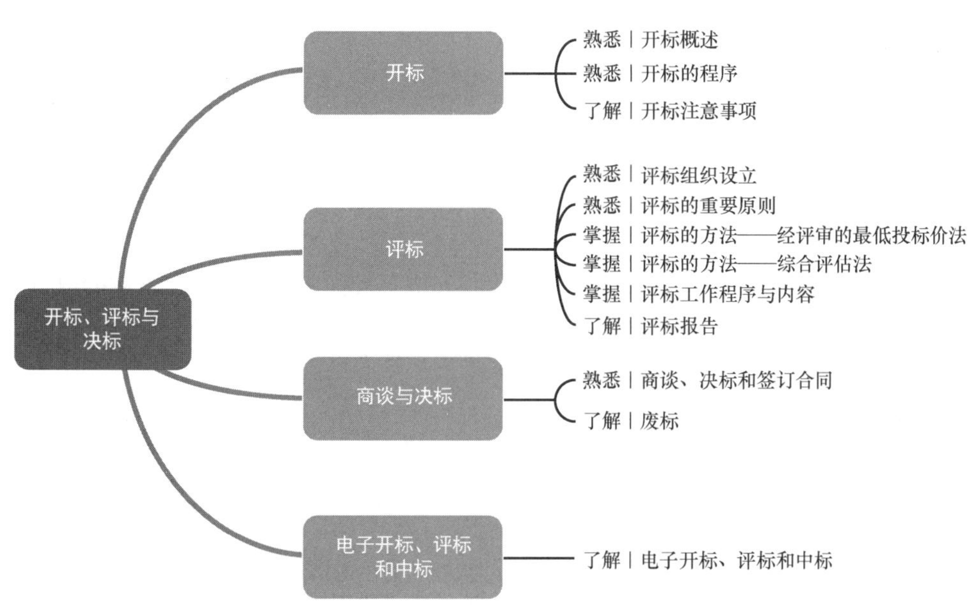

5.1 开 标

5.1.1 开标概述

1. 开标的定义

开标是指在规定的日期、时间、地点当众宣布所有投标人的名称和报价，使全体投标人了解各家投标人的投标价和自己在其中的顺序，是向所有投标人和公众保证其招标程序公平合理的最佳方式。

在没有特殊原因的情况下，开标应于招标文件确定的投标截止日的当天或次日举行。开标地点及时间都应在招标文件中预先确定，若招标人变更开标时间和地点，应提前三天通知投标人和有关单位。

2. 开标的参加人员

开标由招标人或招标代理机构主持，投标人代表、公证部门代表和有关单位代表参加。招标人要事先以各种有效的方式通知投标人参加开标，不得以任何理由拒绝任何一个投标人代表参加开标。投标人或其代表应按时赴约定地点参加开标。

3. 开标的主要工作内容

开标时招标人应当众打开在规定时间内收到的所有投标文件，宣读无效标和弃权标的规定，核查投标人提交的各种证件、资料，检查投标文件密封情况，当众宣读并记录投标人名称以及报价（包括投标人报价内容及备选方案报价）等内容。

5.1.2 开标的程序

1. 招标人签收投标人递交的投标文件

招标人应委托专人负责签收投标人递交的投标文件。提前递交的投标文件应当办理签收手续，由招标人携带至开标现场。在开标当日且在开标地点递交的投标文件，应当填写投标文件报送签收一览表。

对未按规定日期寄到的投标文件，原则上均应将其视为废标而予以原封退回，但如果迟到时间不长，且延误并非由于投标人的过失（如邮政、罢工等原因），招标人也可以考虑接受迟到的投标文件。

招标人在招标文件要求提交投标文件的截止时间前收到的所有投标文件，开标时都应当众予以拆封，不能遗漏，否则构成对投标人的不公正对待行为。

2. 投标人授权出席开标会的代表签到

投标人授权出席开标会的代表填写开标会签到表，招标人委托专人负责核对签到人员身份，此应与签到的内容一致。

3. 开标会主持人宣布开标会开始、宣布开标人、唱标人、记录人和监督人员

开标会主持人一般为招标人代表，也可以是招标人指定的招标代理机构的代表。开标人

通常是一个由多角色组成的团队，包括招标人代表、评标专家、公证人员或第三方监督机构人员等。他们在开标过程中紧密联系、相互配合，共同确保整个过程的规范、公正和透明。唱标人可以是投标人的代表、招标人或招标代理机构的工作人员。记录人由招标人指派，公共资源交易中心工作人员同时记录唱标内容。招标办监管人员或招标办授权的公共资源交易中心工作人员对开标过程进行监督。

4. 开标会主持人介绍主要与会人员

主要与会人员包括到会的招标人代表、招标代理机构代表、各投标人代表、公证机构公证人员、见证人员及监督人员等。

5. 开标会主持人宣布开标会程序、开标会纪律和当场废标的条件

开标会主持人宣布开标会纪律，对参与开标会议的人员提出会场要求，主要包括开标过程中不得喧哗、通信工具调整到静音状态、按约定的提问方式提问等。任何人不得干扰正常的开标顺序。

投标文件有下列情形之一的，应当场宣布为废标：

（1）逾期送达的或未送达指定地点的;

（2）未按招标文件要求密封的。

6. 开标会主持人核对投标人授权代表的有效身份证件、授权委托书及出席开标会人数

招标人代表出示法定代表人委托书和有效身份证件，同时招标人代表当众核查投标人的授权代表的授权委托书和有效身份证件，确认投标人授权代表的有效性，并留存授权委托书和身份证件的复印件。出席开标会的法定代表人要出示其有效身份证件。身份主持人还应当核查各投标人出席开标会的代表人数，无关人员应当退场。

7. 开标会主持人介绍招标文件、补充文件或答疑文件的组成和发放情况，投标人确认

开标会主持人主要介绍招标文件组成部分、发标时间、答疑时间、补充文件或答疑文件的组成、发放和签收情况。开标会主持人可以同时强调主要条款和招标文件中的实质性要求。

8. 开标会主持人宣布投标文件截止和实际送达时间

开标会主持人宣布招标文件规定的递交投标文件的截止时间和各投标单位实际送达时间。在截标时间后送达的投标文件应当场被视作废标。

9. 招标人和投标人的代表共同检查各投标文件密封情况

密封不符合招标文件要求的投标文件应当场被视作废标，不得进入评标。对于密封不符合招标文件要求的投标文件，招标人应当通知招标办监管人员到场见证。

10. 开标、唱标

一般按投标文件送达时间或以抽签方式排列投标人开标、唱标顺序。开标由开标会主持人在监督人员及与会代表的监督下当众拆封，拆封后应当检查投标文件的组成情况并记入开标会记录。

开标会主持人按顺序宣读各家投标人的投标文件。唱标内容一般包括投标报价，工期、质量、奖项等方面的承诺，替代方案报价，投标保证金，主要人员等。投标截止时间前收到的投标人递交的投标文件的补充、修改文件也应同时宣布，投标截止时间前投标人要求撤回

其投标的投标文件不再作为唱标内容，但须在开标会上说明。

11. 开标会记录签字确认

招标人应指定专人监督唱标，并做好开标会记录（工程开标汇总表）。开标会记录应当如实记录开标过程中的重要事项，包括开标时间、开标地点、出席开标会的各单位及人员、唱标记录、开标会程序、开标过程中出现的需要评标委员会评审的情况，有公证机构出席公证的还应记录公证结果，投标人的授权代表应当在开标会记录上签字确认。对记录内容有异议的部分可以注明，但必须对没有异议的部分签字确认。

开标会记录一般应记载档案号、招标项目的名称及数量摘要、投标人的名称、投标报价、开标日期、其他必要的事项，由开标会主持人和其他工作人员签字确认。

一旦开标，任何投标人均不得更改其投标内容和报价，也不允许再增加优惠条件，但在业主需要时可以作一般性说明和疑点澄清。

12. 公布标底

招标人设有标底的，标底必须被公布。唱标人公布标底。

13. 投标文件、开标会记录等送封闭评标区封存

实行工程量清单招标的，招标文件约定在评标前先进行清标工作的，应封存投标文件正本，副本用于清标工作。

5.1.3 开标注意事项

（1）在投标截止时间前，投标人书面通知招标人撤回其投标的，无须进入开标程序。

（2）至投标截止时间提交投标文件的投标人少于 3 个的，不得开标。招标人应将接收的投标文件原封不动地退回投标人，并依法重新组织招标。

（3）投标人对开标有异议的，应当在开标现场提出，招标人应当场作出答复并记录。开标现场可能出现对投标文件提交、截标时间、开标程序、投标文件密封检查和开封、唱标内容、标底价格的合理性、开标记录、唱标次序等的争议，以及投标人和招标人或者投标人相互之间是否存在《中华人民共和国招投标法实施条例》规定的利益冲突的情形，这些争议和问题如不及时加以解决，将影响招投标的有效性以及后续评标工作，导致事后纠正存在困难或者无法纠正。因此要求应当在开标现场提出并答复异议。

（4）招标人在招标文件中规定投标人必须出席开标会的，投标人应当尽可能委派代表出席，以便在对开标结果有意见时能当场提出异议。

（5）开标工作人员包括监督人员不应在开标现场对投标文件作出有效或者无效的判断处理，应递交评标委员会评定。

5.2 评　　标

开标后即转入秘密评标阶段，这阶段工作要严格对投标人以及任何不参与评标工作的人保密。评标是指评标委员会依据招标文件的规定和要求，对投标人递交的投标文件进行审查、评审和比较以最终确定中标人的全过程。评标是招标投标活动的重要环节，是招标能否成功

的关键，是确定中标人的必要前提。

评标必须在招标投标管理机构的监督下，由招标人依法组建的评标委员会进行。

5.2.1 评标组织的设立

1. 组建评标组织

1）评标组织的构成

依法必须进行招标的项目，其评标委员会由招标人或招标代理机构熟悉相关业务的代表，以及有关技术、经济等方面的专家组成，成员人数为5人以上单数，其中技术、经济等方面的专家不得少于成员总数的三分之二。

2）规范和优化评标组织方式

积极推广网络远程异地评标，打破本地评标专家“小圈子”，推动优质专家资源跨省市、跨行业互联共享。评标场所应当封闭运行，配备专门装置设备，严禁评标期间评标委员会成员与外界的一切非正常接触和联系，实现所有人员的语言、行为、活动轨迹全过程可跟踪、可回溯。有关部门应当规范隔夜评标管理，落实行政监督责任，评标场所应当为隔夜评标提供便利条件，做好配套服务保障。

2. 评标专家资格

根据《评标专家和评标专家库管理办法》（国家发展改革委2024年第26号令）规定，入选评标专家库的专业人员，应当具备下列条件。

（1）具备良好的职业道德。

（2）从事相关专业领域工作满8年并具有高级职称或同等专业水平。

（3）具备参加评标工作所需要的专业知识和实践经验。

（4）熟悉有关招标投标的法律法规。

（5）熟练掌握电子化评标技能。

（6）具备正常履行职责的身体和年龄条件。

（7）法律、法规、规章规定的其他条件。

存在下列情形之一的，不得入选评标专家库。

（1）无民事行为能力或者限制民事行为能力的。

（2）被有关行政监督部门取消担任评标委员会成员资格的。

（3）被开除公职的。

（4）受过刑事处罚的。

（5）被列入严重失信主体名单的。

（6）法律、法规、规章规定的其他情形。

3. 评标专家的确定

依法必须进行招标的项目，应当从评标专家库中随机抽取来确定评标专家。技术复杂、专业性强或者国家有特殊要求的依法必须进行招标的项目，采取随机抽取方式确定的专家难以胜任评标工作的，招标人可以依法直接确定评标专家，并向有关行政监督部门报告。政府投资项目的评标专家，应当从国务院有关部门组建的评标专家库或者省级综合评标专家库中抽取。

任何单位和个人不得以明示、暗示等任何方式指定或变相指定参加评标委员会的专家成员。评标委员会成员名单在中标结果确定前应当保密。

4. 对评标专家的要求

评标专家应当认真、公正、诚实、廉洁、勤勉地履行专家职责，按时参加评标，严格遵守评标纪律。

1）评标纪律

（1）评标专家不得对其他评标委员会成员的独立评审施加不当影响。

（2）评标专家不得私下接触投标人，不得收受投标人、中介人、其他利害关系人的财物或者其他好处，不得接受任何单位或者个人明示或者暗示提出的倾向或者排斥特定投标人的要求。

（3）评标专家不得透露评标委员会成员身份和评标项目。

（4）评标专家不得透露对投标文件的评审和比较、中标候选人的推荐情况、在评标过程中知悉的国家秘密和商业秘密以及与评标有关的其他情况。

（5）评标专家不得故意拖延评标时间，或者敷衍塞责随意评标。

（6）评标专家不得在合法的评标劳务费之外额外索取、接受报酬或者其他好处。

（7）严禁评标专家组建或者加入可能影响公正评标的微信群、QQ 群等网络通信群组。

招标人、招标代理机构、投标人发现评标专家有违法行为的，应当及时向行政监督部门报告。行政监督部门对评标专家违法行为应当依法严肃查处，并通报评标专家库管理单位、评标专家所在单位和入库审查单位，不得简单以暂停或者取消评标专家资格代替行政处罚；暂停或者取消评标专家资格的决定应当公开，强化社会监督；涉嫌犯罪的，及时向有关机关移送。

2）回避原则

有下列情形之一的，评标专家应主动回避。

（1）评标专家是投标人或投标人的主要负责人的近亲属。

（2）评标专家是项目主管部门或行政监督部门的人员。

（3）评标专家与投标人有经济利益关系，可能影响投标公正评审的。

（4）评标专家曾因在招标、评标以及其他与招标投标有关活动中有违法行为而受过行政处罚或刑事处罚的。

3）评标专家动态管理

充分依托省级人民政府组建的综合评标专家库和国务院有关部门组建的评标专家库，建立健全对评标专家的入库审查、岗前培训、继续教育、考核评价和廉洁教育等管理制度。加强专家库及评标专家信息保密管理，除依法配合有关部门调查外，任何单位和个人不得泄露相关信息。严格规范评标专家抽取工作，做到全程留痕、可追溯。评标专家库管理单位应当建立评标专家动态考核机制，将评标专家依法客观公正履职情况作为主要考核内容，根据考核情况及时清退不合格评标专家。

5.2.2 评标的重要原则

《招标投标法》规定，招标人应当采取必要的措施，保证评标在严格保密的情况下进行。任何单位和个人不得非法干预或者影响评标过程和结果。评标工作具有严肃性、科学性和合理性，评标委员会成员应当遵循公平、公正、科学、择优的原则，认真研究招标文件，根据招标文件规定的评标标准和方法，对投标文件进行系统的评审和比较。评标委员会要客观公正，不以主观好恶为标准，不带成见，遵守评标纪律，遵循严守保密原则，遵循合理中标原则，维护招投标双方的合法权益。

评标委员会在评标过程中发现问题时，应当及时向招标人提出处理建议；发现招标文件内容违反有关强制性规定或者招标文件存在歧义、重大缺陷导致评标无法进行时，应当停止评标并向招标人说明情况；发现投标文件中含义不明确、对同类问题表述不一致、有明显文字和计算错误、投标报价可能低于成本而影响履约时，应当先请投标人作必要的澄清、说明，不得直接否决投标；有效投标人不足三个时，应当对投标是否明显缺乏竞争和是否需要否决全部投标进行充分论证，并在评标报告中记录论证过程和结果；发现违法行为以及评标过程和结果受到非法影响或者干预时，应当及时向行政监督部门报告。招标人既要重视发挥评标专家的专业和经验优势，又要通过科学设置评标标准和方法，引导专家在专业技术范围内规范行使自由裁量权。根据招标项目实际需要，招标人合理抽取专家专业，并保证充足的评标时间。

施工评标定标的主要原则包括：标价合理，工期适当，施工方案科学合理，施工技术先进，质量、工期、安全保证措施切实可行，有良好的施工业绩和社会信誉。

5.2.3 评标方法

评标委员会应当按照招标文件确定的评标标准和方法，对投标文件进行评审和比较；评标可以采用经评审的最低投标价法、综合评估法或者法律法规允许的其他评标方法。

1. 经评审的最低投标价法

经评审的最低投标价法是将投标文件中的各项评标因素尽可能地折算为货币量，对投标报价进行综合比较后，确定出评标价格最低的投标，并视该投标人为中标候选人的评标方法。

（1）适用范围：一般适用于具有通用技术、性能标准或者招标人对其技术、性能没有特殊要求的招标项目。

（2）评审比较的程序和原则。

① 投标文件能够满足招标文件的实质性要求，并且是经评审的最低投标价的投标时，其投标人应当被推荐为中标候选人。

② 根据招标文件中规定的评标价格调整方法，对所有投标人的投标报价以及投标文件商务部分的细微偏差、遗漏等作必要的价格调整。

③ 不再对投标文件的技术部分进行价格折算，仅以商务部分折算的调整值作为比较基础。

④ 按照经评审的投标价由低到高的顺序推荐中标候选人，或根据招标人授权直接确定中标人，但投标报价低于成本的投标人除外；经评审的投标价相等时，投标报价低的投标人优先；投标报价也相等的，由招标人自行确定中标人。

2. 综合评估法

不宜采用经评审的最低投标价法的招标项目，一般应当采取综合评估法进行评审。

综合评估法是对价格、施工组织设计（或施工方案）、项目经理的资历、质量、工期、信誉和业绩等因素进行综合评价，从而确定最大限度地满足招标文件中规定的各项综合评价标准的投标人为中标人的评标定标方法。它是使用最广泛的评标定标方法。

综合评估法需要综合考虑投标文件的各项内容是否同招标文件的各项文件、资料和技术要求一致。招标人不仅要对价格因素进行评议，还要对其他因素进行评议。评议内容主要包括：（1）标价（即投标报价）；（2）施工组织设计或施工方案；（3）投入的技术及管理力量；（4）质量；（5）工期；（6）信誉和业绩。根据综合评估法，最大限度地满足招标文件中规定的各项综合评价标准的投标人，应当被推荐为中标候选人。

按其具体分析方式的不同，综合评估法又可分为定性综合评估法和定量综合评估法。

（1）定性综合评估法。

该评估法又被称为评议法，通常的做法是：由评标组织对工程报价、工期、质量、施工组织设计、主要材料消耗、安全保障措施、业绩、信誉等评审指标，分项进行定性比较分析，综合考虑；经过评议后，选择其中被大多数评标组织成员认为各项条件都比较优良的投标人为中标人，也可用记名或无记名投票表决的方式确定中标人。

定性综合评估法的优点是不量化各项评审指标，它是一种定性的优选法。采用定性综合评估法，一般要按从优到劣的顺序，为各投标人排列名次，排序第一的投标人即为中标人。

这种方法虽然能深入地听取各方面的意见，但由于没有进行量化评定和比较，评标的科学性较差。其优点是评标过程简单，较短时间内即可完成，一般适用于小型工程或规模较小的改扩建项目。

（2）定量综合评估法。

该评估法又被称为打分法、百分制计分评估法。通常的做法是：事先在招标文件或评标定标办法中将评标的内容进行分类，形成若干评价因素，并确定各项评价因素所占的比例和评分标准；开标后由评标组织中的每位成员按评标规则，采用无记名方式打分；最后统计投标人的得分，得分最高者（排序第一）或次高者（排序第二）为中标人。

这种方法的主要特点是：量化各评审因素（即工程报价、工期、质量、施工组织设计、主要材料消耗、安全保障措施、业绩、信誉等评审指标），确定科学的评分及权重分配，充分体现投标人的整体素质和综合实力，符合公平、公正的竞争法则，使质量好、信誉高、价格合理、技术强、方案优的企业能中标。

3. 法律法规允许的其他评标方法

其他评标方法包括两阶段低价评标法、综合指数合理低价法、商务报价合理低价法、综合定量评价法等。

招标人设有标底的，标底应当保密，并在评标时将其作为参考，标底不得作为评标的依据。在评标过程中，评标委员会发现投标人的报价明显低于其他投标报价或者明显低于标底，导致其投标报价可能低于其个别成本的，应当要求该投标人作出书面说明并提供相关证明材料。

5.2.4 评标工作程序与内容

评标工作程序分为评标准备，初步评审，技术评审，商务评审，投标文件的澄清、说明和补正，综合评审这几个步骤。

1. 评标准备

1）评标委员会成员签到

评标委员会成员到达评标现场时应在签到表上签到以证明其出席。

2）评标委员会的分工

评标委员会首先推选一名评标委员会主任，招标人也可以直接指定评标委员会主任。评标委员会主任负责评标活动的组织领导工作，其在与其他评标委员会成员协商的基础上，可以将评标委员会划分为技术组和商务组。

3）熟悉文件资料

（1）评标委员会主任应组织评标委员会成员认真研究招标文件，了解和熟悉招标目的、招标范围、主要合同条件、技术标准及要求、质量标准和工期要求等，掌握评标标准和方法，熟悉评标表格的使用。未在招标文件中规定的标准和方法不得作为评标的依据。

（2）招标人或招标代理机构应向评标委员会提供评标所需的信息和数据，包括招标文件、未在开标会上当场拒绝的各投标文件、开标会记录、资格预审文件及各投标人在资格预审阶段递交的资格预审申请文件（适用于已进行资格预审的）、招标控制价或标底（如果有）、工程所在地工程造价管理部门颁布的工程造价信息、定额（如作为计价依据）、有关的法律、法规、规章、国家标准和招标人或评标委员会认为必要的其他信息和数据。

4）对投标文件进行基础性数据分析和整理（清标）

（1）在不改变投标人投标文件实质性内容的前提下，评标委员会应当对投标文件进行基础性数据分析和整理（简称为清标），从而发现并提取其中可能存在的对招标范围理解的偏差、投标报价的算术性错误、错漏项、投标报价构成不合理、不平衡报价等存在明显异常的问题，并就这些问题整理形成清标成果。评标委员会对清标成果审议后，决定需要投标人进行书面澄清、说明和补正的问题，形成质疑问卷，向投标人发出问题澄清通知（包括质疑问卷）。

（2）在不影响评标委员会成员的法定权利的前提下，评标委员会可委托由招标人专门成立的清标工作小组完成清标工作。这种情况下，清标工作可以在评标工作开始之前完成，也可以与评标工作同时进行。清标工作小组成员应为具备相应执业资格的专业人员，且应当符合有关法律法规对评标专家的回避规定和要求，不得与任何投标人有利益、上下级等关系，不得代行依法应当由评标委员会及其成员行使的权利。清标成果应当经过评标委员会的审核确认，经过评标委员会审核确认的清标成果被视为评标委员会的工作成果，并由评标委员会以书面方式追加对清标工作小组的授权，书面授权委托书必须由评标委员会全体成员签名。

（3）投标人接到评标委员会发出的问题澄清通知后，应按评标委员会的要求提供书面澄清资料并按要求进行密封，在规定的时间内递交到指定地点。投标人递交的书面澄清资料由评标委员会开启。

2. 初步评审

1）投标文件的符合性审查

评标委员会对投标文件的实质性内容进行符合性审查，判定其是否满足招标文件要求，决定是否继续进入详评。未通过符合性审查的投标文件将不能进入评分环节。

通过符合性审查的主要条件如下。

① 投标文件是否按照招标文件的规定和要求编制，是否字迹清晰并按招标文件的要求密封。

② 投标文件上投标人的法定代表人或其代理人的签字是否齐全，是否按要求盖章，签署的投标文件正副本之间的内容是否一致。

③ 投标文件上标明的投标人信息与通过资格预审时的信息无实质性变化，投标人是否与资格预审名单一致。

④ 投标人是否按照招标文件的规定提交了投标保函或投标保证金。

⑤ 投标人是否按照招标文件的规定提交了授权代理人授权书。

⑥ 投标文件是否有重大漏项、缺项。

⑦ 投标文件是否实质上响应招标文件的要求。

所谓实质上响应招标文件的要求，就是其投标文件应该与招标文件的所有条款、条件和规定相符，无显著差异或保留。显著差异或保留是指对工程的发包范围、质量标准、工期、计价标准、合同条件及权利义务产生实质性的影响。如果投标文件实质上不响应招标文件的要求或不符合招标文件的要求，将被确认为无效标。

2）重大偏差与细微偏差

（1）重大偏差。

评标委员会应当根据招标文件，审查并逐项列出投标文件的全部投标偏差。投标文件存在重大偏差时，按废标处理，下列情况属于重大偏差。

① 没有按照招标文件要求提供投标担保或者所提供的投标担保有瑕疵。

② 投标文件没有投标人授权代表签字和加盖公章。

③ 投标文件载明的招标项目完成期限超过招标文件规定的期限。

④ 投标文件明显不符合技术规格、技术标准的要求。

⑤ 投标文件载明的货物包装方式、检验标准和方法等不符合招标文件的要求。

⑥ 投标文件附有招标人不能接受的条件。

⑦ 投标文件不符合招标文件中规定的其他实质性要求。

评标委员会否决不合格投标或者将其界定为废标后，因有效投标人不足三个使得投标明显缺乏竞争时，根据《招标投标法》第四十二条的规定：“评标委员会经评审，认为所有标都不符合招标文件要求的，可以否决所有投标。依法必须进行招标的项目的所有投标被否决的，招标人应当依照本法重新招标。”

招标文件对重大偏差另有规定的，从其规定。经过审查，只有合格的投标文件才有资格进入下一轮的详评。

（2）细微偏差。

细微偏差是指投标文件在实质上响应招标文件要求，但在个别地方存在漏项或者提供了不完整的技术信息和数据等情况，并且补正这些遗漏或者不完整之处不会对其他投标人造成不公平的结果。细微偏差不影响投标文件的有效性。

评标委员会应当书面要求存在细微偏差的投标人在评标结束前予以补正。拒不补正的，在详细评审时可以对细微偏差作不利于该投标人的量化，量化标准应当在招标文件中规定。

案例 5.1

某建筑公司投标文件被确定为废标的案例

某建筑公司所投的投标文件只有单位的盖章而没有法定代表人的签字，被评标委员会确定为废标。评标委员会的理由是：招标文件上明确规定投标文件必须既要有单位的盖章也要有法定代表人的签字，否则就是废标。建筑公司认为评标委员会的处理是不当的，与《工程建设项目施工招标投标办法》关于废标的规定不符。根据该办法，只要有单位的盖章就不是废标。你认为评标委员会这样处理是否正确？

【解析】

评标委员会的处理是正确的。虽然《工程建设项目施工招标投标办法》规定的废标条件是“无单位盖章并无法定代表人或法定代表人授权的代理人签字或盖章”，但同时还规定“未按规定的格式填写，在评标过程中，经过对投标文件的符合性审查，可能会对投标人的报价名次重新进行排列”。这是因为，某些投标人的报价在公开开标时可能表面上因报价较低而排在前列，经过对投标文件的符合性审查则可能属于不合格的投标文件而被排除。中国某公司在项目投标竞争中就多次遇到这种情况。有一次甚至在公开开标时因报价偏高而被列为第五名，最后经过评审，前面几家均因各种不同原因被排除，而这家公司却因晋升为第一名，成为最低报价的合格标而中标。可见，承包人除了力争合理降低投标报价外，还必须认真对待投标文件的有效性、完整性、一致性和正确性，使之能通过对投标文件的符合性审查而被列入合格投标文件的行列。

3. 技术评审

对投标人的技术评审主要是评审施工方案或施工组织设计、施工进度计划的合理性，施工技术管理人员和施工机械设备的配备，关键工序、劳动力、材料计划、材料来源、临时用地、临时设施布置是否合理可行，施工现场周围环境污染的保护措施，投标人的综合施工技术能力、质量控制措施、以往履约能力、业绩和分包情况等。技术评审的具体内容如下。

(1) 施工总体布置。着重评审施工总体布置的合理性。对于分阶段施工，还应评审各阶段之间的衔接方式是否合适，以及如何避免与其他承包人之间（如果有的话）发生作业干扰。

(2) 施工进度计划。首先要看施工进度计划是否满足招标要求，进而再评价其是否科学、严谨、切实可行。业主有阶段工期要求的工程项目，对里程碑工期的实现也要进行评价。评审时要依据施工方案中计划配置的施工设备、生产能力、材料供应、劳务安排、自然条件、工程量大小等因素，将重点放在审查作业循环和施工组织是否满足施工高峰月的强度要求，从而确定其进度计划是否建立在可靠的基础上。

(3) 施工方法和技术措施。主要评审各单项工程所采取的施工方法、程序技术与组织措施，包括所配备的施工设备性能是否合适、数量是否充分；采用的施工方法是否既能保证工程质量，又能加快进度并减少干扰；安全保证措施是否可靠等。

(4) 材料和设备。主要评审由承包人提供或采购的材料和设备，是否在质量和性能方面满足设计要求和招标文件中规定的标准。必要时可要求投标人进一步报送主要材料和设备的样本，技术说明书，型号、规格、地址等资料。评审人员可以从这些材料中审查和判断其技术性能是否可靠并达到设计要求。

（5）技术建议和替代方案。对投标文件中提出的技术建议和可供选择的替代方案，评标委员会应进行认真细致的研究，评定该方案是否会影响工程的技术性能和质量。在分析技术建议或替代方案的可行性和技术经济价值后，考虑其是否可以被全部采纳或部分采纳。

4. 商务评审

评标委员会对被确定为实质上响应招标文件要求的投标文件进行商务评审，主要审查内容包括以下几点。

（1）投标报价是否按招标文件要求的计价依据进行报价。

（2）是否擅自修改了工程量清单数据。

（3）报价构成是否合理，是否低于工程成本等。

（4）报价数据是否有计算上或累计上的错误等。

对工程量清单表中的单价和合计进行校核，如有计算或累计上的错误，按修正错误的方法调整投标报价。修正算术性错误的方法是：投标文件中的大写金额与小写金额不一致时，以大写金额为准；总价金额与依据单价金额计算出的结果不一致时，以单价金额为准修正总价，但单价金额小数点有明显错误的除外。修正后的投标报价经投标人代表确认同意后，对投标人起约束作用。如果投标人不接受修正价格，其投标作废标处理。

在评标过程中，评标委员会发现投标人的报价明显低于其他投标报价或者在设有标底时明显低于标底，使得其投标报价可能低于其个别成本时，应当要求该投标人作出书面说明并提供相关证明材料。投标人不能合理说明或者不能提供相关证明材料的，由评标委员会认定该投标人以低于成本的报价竞标，其投标应作废标处理。

5. 投标文件的澄清、说明和补正

在初步评审过程中，评标委员会应当就投标文件中不明确的内容要求投标人进行澄清、说明和补正。投标人对此以书面形式予以澄清、说明和补正。

澄清的内容包括：要求投标人补充报送某些标价计算的细节资料；对具有某些特点的施工方案作出进一步的解释；补充说明其施工能力和经验，或对其提出的建议方案进行详细的说明等。在答辩会上，评标委员会分别对投标人进行询问，投标人应给予解答，随后投标人应以书面形式予以确认。投标人拒不按照要求对投标文件进行澄清、说明和补正的，评标委员会可以否决其投标。

澄清和补正的问题经招标人和投标人双方签字后，作为投标文件的组成部分，被列为评标依据，但不得超出投标文件的范围或改变投标文件的实质性内容，不允许招标人和投标人变更或寻求变更价格、工期、质量等级等实质性内容。

开标后，投标人对价格、工期、质量等级等实质性内容提出的任何修正声明或者附加优惠条件，一律不得作为评标组织评标的依据。

6. 综合评审

综合评审是在以上工作的基础上，根据事先拟定好的评标原则、评价指标和评标办法，按照平等竞争、公正合理的原则，对实质性响应招标文件要求的投标文件的报价、工期、质量、主要材料用量、施工方案或施工组织设计、以往业绩和履行合同的情况、社会信誉、优惠条件等进行综合评价和比较，通过进一步澄清、答辩和评审，公正合理地择优选定中标候选人。

5.2.5 评标报告

1. 评标报告的内容

评标委员会完成评标后，应当向招标人提供书面评标报告，阐明评标委员会对投标文件的评审和比较意见，并抄送有关行政监督部门。评标报告应当如实记录以下内容：

（1）基本情况和数据表；

（2）评标委员会成员名单；

（3）开标记录；

（4）符合要求的投标一览表；

（5）否决投标的情况说明；

（6）评标标准、评标方法或者评标因素一览表；

（7）经评审的价格或者评分比较一览表；

（8）经评审的投标人排序；

（9）推荐的中标候选人名单与签订合同前要处理的事宜；

（10）澄清、说明、补正事项纪要。

2. 评标报告的签字

评标报告由评标委员会全体成员签字。对评标结论持有异议的评标委员会成员可以书面方式阐述其不同意见和理由。评标委员会成员拒绝在评标报告上签字且不陈述其不同意见和理由的，视为同意评标结论。评标委员会应当对此作出书面说明并记录在案。

评标委员会向招标人提交书面评标报告和建议后，即宣告解散。评标过程中使用的文件、表格及其他资料应当立即归还招标人。

3. 评标报告的审查

招标人应当在中标候选人公示前认真审查评标委员会提交的书面评标报告，发现异常情形的，依照法定程序进行复核，确认存在问题的，依照法定程序予以纠正。重点关注评标委员会是否按照招标文件规定的评标标准和方法进行评标；是否存在对客观评审因素评分不一致，或者评分畸高、畸低现象；是否对可能低于成本或者影响履约的异常低价投标和严重不平衡报价进行分析研判；是否依法通知投标人进行澄清、说明和补正；是否存在随意否决投标的情况。评标委员会应加大评标情况公开力度，积极推进评分情况向社会公开、投标文件被否决原因向投标人公开。

案例 5.2

某高速公路施工项目评标案例

1. 评标原则与评标方法

该工程的评标工作要遵循公平、公正、公开的原则。

评标工作由招标人依法组建的评标委员会负责。

在其评标细则中规定：

（1）合同应授予通过符合性审查、商务及技术评审，报价合理、施工技术先进、施工方案切实可行，重信誉、守合同、能确保工程质量和合同工期的投标人。

（2）评分时，评标委员会严格按照评标细则的规定，对影响工程质量、合同工期和投资的主要因素逐项评分后，按合同段将投标人的评标总得分由高至低顺序排列，并给出推荐意见，一个合同段应推荐不超两名的中标候选单位。

（3）评标时采用综合评分的方法，根据评标细则的规定对投标单位进行打分，满分100分。

各项评分分值如下：

投标报价60分；

施工能力11分；

施工组织管理12分；

质量保证10分；

业绩与信誉7分。

（4）在整个评标过程中，由政府监督人员负责监督，其工作内容包括以下几点。

① 监督复合标底的计算及保密工作。

② 监督评标工作是否封闭进行，是否泄露评标情况。

③ 监督评标工作有无弄虚作假行为。

④ 监督人员对违反规定的行为应当及时进行制止和纠正，对违法行为报有关部门依法处理。

（5）评标工作按以下程序进行。

① 投标文件符合性审查与算术性修正。

② 投标人资质复查。

③ 不平衡报价清查。

④ 投标文件澄清。

⑤ 投标文件商务和技术的评审。

⑥ 确定复合标底和评标价。

⑦ 综合评分，提出评价意见。

⑧ 编写评标报告，推荐候选的中标单位。

2. 符合性审查与算术性修正

开标时应对投标文件进行一般符合性检查，投标人法定代表人或其委托代理人应准时参加由业主主持的开标会议，公证单位对开标情况进行公证。评标阶段应对投标文件的实质性内容进行符合性审查，判定其是否满足招标文件要求，决定是否继续进入详评。未通过符合性审查的投标文件将不能进入评分环节。

（1）通过符合性审查的主要条件。

① 投标文件按照招标文件规定的格式、内容填写，字迹清晰并按招标文件的要求密封。

② 投标文件上法定代表人或其委托代理人的签字齐全，投标文件按要求盖章、签字。

③ 投标文件上标明的投标人与通过资格预审时的投标人无实质性变化。

④ 按照招标文件的规定提交了投标保函或投标保证金。

⑤ 按照招标文件的规定提交了委托代理人授权书。

⑥ 有分包计划的投标单位提交了分包比例和分包协议。

⑦ 按照工程量清单要求填报了单价和总价。

⑧ 同一份投标文件中，只应有一个报价。

（2）按照招标文件规定的修正原则，对通过符合性审查的投标报价的计算差错进行算术性修正。

（3）各投标人应接受算术修正后的报价。如投标人不接受修正，业主有权宣布其投标无效。

（4）澄清情况。

根据招标文件的规定，在评标工作中，对投标文件中需要澄清、说明和补正的问题，招标单位发函要求投标单位予以澄清、说明或补正。要求澄清、说明和补正的问题主要包括：算术性修正、工程量清单中计算错误、投标保函有效性等。

① 评标过程中可以要求投标人对投标文件中不明确的内容和与招标文件的偏差进行澄清。

② 投标人须以书面形式提供澄清内容，并将其作为投标文件的组成部分。

③ 投标截止后，评标过程中不接受投标人主动提出的澄清要求。

④ 在澄清过程中，评标人不应向投标人提出不符合招标文件的要求。

⑤ 澄清不得改变投标文件的实质性内容。

（5）评标表格

① 符合性审查表。

符合性审查主要从投标文件完整性、投标文件密封情况、投标报价、投标文件签章情况、授权代理书、投标担保、投标文件格式、填报了单价和总价的工程清单、分包协议和分包比例等方面进行审查。经审查，投标人未按招标文件规定格式填写，出现两种单价的报价的，未通过符合性审查，其他所有开标时的有效投标文件均要通过符合性审查。符合性审查表见表5-1。

表5-1 符合性审查表

登记编号	068	069	070	088	119	213
投标人名称	投标人1	投标人2	投标人3	投标人4	投标人5	投标人6
参加开标仪式	√	√	√	√	√	√
投标文件密封	√	√	√	√	√	√
投标文件盖章、签字	√	√	√	√	√	√
授权代理人授权书	√	√	√	√	√	√
投标保函或保证金	√	√	√	√	√	√
投标文件按格式内容填写	√	√	√	√	√	√
字迹清晰可辨	√	√	√	√	√	√
按工程量清单填报单价和总价	√	√	×	√	√	√
有分包计划的，提交了分包协议和分包比例	√	√	√	√	√	√
审查结论	通过	通过	不通过	通过	通过	通过

注：满足审查项目要求的，打“√”，否则打“×”。审查结论分“通过”和“不通过”。

② 资格复查表。

资格复查主要是检查投标人的资格在资格预审之后有无发生实质性退化，从资质、在建合同项目履约情况、法人名称和法人地位的改变、投标履约能力等方面进行复查。经复查，所有通过符合性审查的投标文件均通过资格复查。资格复查表见表5-2。

表 5-2　资格复查表

登 记 编 号	068	069	070	088	119	213
投标人名称	投标人 1	投标人 2	投标人 3	投标人 4	投标人 5	投标人 6
投标人资质未发生实质性变化	√	√	√	√	√	√
在资格预审通过后，所施工的项目中未出现严重违约、被驱逐或因投标人的任何原因使合同解除	√	√	√	√	√	√
与通过资格预审的投标申请人在名称和法人地位上未发生实质性改变，或能提供此类改变的合法性证明文件	√	√	√	√	√	√
资格预审后，在建工程和新签施工合同加上本次所投的合同段的总体工作量未超出其履约能力	√	√	√	√	√	√
审查结论	通过	通过	通过	通过	通过	通过

注：满足审查项目要求的，打“√”，否则打“×”，并简要说明。审查结论分为“通过”和“不通过”。

③ 投标报价算术性修正。

按招标文件规定，对通过符合性审查和资格复查的投标人进行投标报价算术性修正，算术性修正按下列原则进行。

当以数字表示的金额与以文字表示的金额有差异时，以文字表示的金额为准。

当单价与数量相乘不等于合计价时，以单价计算为准。

如果单价有明显的小数点位置差错，应以标出的合计价为准，同时对单价予以修正。

当各细目的合计价累计不等于总计价时，应以各细目合计价累计数为准，修正总价。

3. 标底与评标价的评审

招标人在投标截止时确定标底，并在开标后确定复合标底。

复合标底的计算公式为：

复合标底 =（业主的标底值 + 投标人评标价的平均值）/2

评标价是按照招标文件的规定，对投标价进行修正后计算出的标价。在评标过程中，应用评标价与复合标底进行比较。

投标人提出的优惠条件或技术性选择方案，均不得折算成金额计入评标价。

凡评标价高于复合标底 8%或低于复合标底 16%的投标人，不再进入下一阶段的详评。

评分标准：

以低于复合标底 8%的评标价为最高得分，即 60 分。各项情况的得分详见表 5-3，介于相邻两个评分划分百分点之间的，按线性内插法确定分数，分数精确到 0.01 分。

表 5-3　评标价计分办法

评分划分	评标价低于复合标底（%）															
	16	15	14	13	12	11	10	9	8	7	6	5	4	3	2	1
得分	48	50	52	54	56	57	58	59	60	58	56	54	52	50	48	46
评分划分	评标价高于复合标底（%）															
	0	1	2	3	4	5	6	7	8							
得分	44	40	36	32	28	24	20	16	12							

4. 商务与技术的评审

商务和技术评审是依据招标文件的规定，从商务条款、财务能力、技术能力、管理水平、投标报价及业绩等方面，对通过符合性审查的投标文件进行评审。

1）通过商务评审的主要条件

① 投标人未提出与招标文件中的合同条款相悖的要求，如：重新划分风险，增加业主责任范围，减少投标义务，提出不同的质量验收、计量办法、纠纷解决、事故处理办法或对合同条款有重要保留等。

② 投标人的资格条件仍能满足资格预审文件的要求。

③ 投标人应具有类似工程业绩及良好的信誉。

2）通过技术评审的主要条件

① 施工计划总体合理，保证合同工期的措施切实可行。

② 机械设备齐全，配置合理，数量充足。

③ 组织机构和专业技术力量能满足施工需要。

④ 施工组织设计和施工方案合理可行。

⑤ 工程质量保证措施可靠。

3）计分标准

（1）施工能力。

施工能力总分值 11 分，以拟投入本工程的施工设备及财务能力因素定分，其中施工设备占 7 分，财务能力占 4 分。

① 施工设备按下面的规定进行评分。

a. 土方机械：4 分。

机械数量满足要求，评 1 分，否则评 0～0.5 分；

机械配套组合合理，评 1 分，否则评 0～0.5 分；

有备用机械，评 1 分，否则评 0～0.5 分；

新机械占 30%以上，评 1 分，否则评 0～0.5 分。

b. 桥梁机械：3 分。

机械数量满足要求，评 1 分，否则评 0～0.5 分；

机械配套组合合理，评 1 分，否则评 0～0.5 分；

有备用机械，评 0.5 分，否则评 0～0.2 分；

新机械占 30%以上，评 0.5 分，否则评 0～0.2 分。

② 财务能力按下面的规定进行评分。

a. 近三年年均营业额。

7000 万元以上，评 2 分；

5000 万～7000 万元之间，评 1 分；

5000 万元以下，评 0～0.5 分。

b. 2023 年流动比率。

1.5 以上，评 2 分；

1～1.5 之间，评 1 分；

1 以下，评 0～0.5 分。

（2）施工组织管理。

施工组织管理总分值 12 分，其中施工组织设计 4 分，关键工程施工技术方案 3 分，工期保证措施 1 分，管理机构设置 1 分，主要管理人员素质 3 分。

（3）质量保证体系。

质量保证体系总分值 10 分，其中质量管理体系 6 分，质量检测设备 4 分。

① 质量管理体系。

a. 质量管理职责明确，评 1 ~ 2 分，否则评 0 ~ 1 分；

b. 质量控制手段完备，评 1 ~ 2 分，否则评 0 ~ 1 分；

c. 质量控制重点、难点分析合理，评 1 ~ 2 分，否则评 0 ~ 1 分。

② 质量检测设备。

a. 有路基压实检测设备，评 1 分，否则评 0 ~ 0.5 分；

b. 有弯沉检测设备，评 1 分，否则评 0 ~ 0.5 分；

c. 有水泥混凝土抗压强度检测设备，评 1 分，否则评 0 ~ 0.5 分；

d. 有水准仪、全站仪，评 1 分，否则评 0 ~ 0.5 分。

（4）业绩与信誉。

业绩与信誉总分值 7 分，其中业绩 5 分，信誉 2 分。

① 业绩。

在过去 5 年中成功完成高速公路 10 公里或一级公路 15 公里以上施工的单位，评 3 分，否则评 0 ~ 1.5 分；在过去 5 年中成功完成了单跨不小于 90 米且总长在 1000 米以上的桥梁施工的单位，评 2 分，否则评 0 ~ 1 分。

② 信誉。

所施工工程获得过国家级奖的单位，每 1 项得 1 分；获省、部级奖的单位，每 1 项得 0.5 分；其他奖每 1 项得 0.2 分，但累计不超过 2 分。

近 5 年出现过一次省、部级以上通报批评的单位，每一次扣 0.8 分；所承担的工程出现过重大质量事故或安全事故的单位；每一次扣 0.4 分，但累计不超过 2 分。

5. 评标结果

评标委员会根据评标细则的有关规定，对通过符合性审查、资格复查、商务和技术评审的投标文件进行了综合评价和打分。评标价评分表和评分汇总表见表 5-4 和表 5-5。

表 5-4　评标价评分表

投标人名称	原投标价	最终修正后的评标价	经算术修正后的评标价	平均评标价（元）B	标底（元）A	复合标底 C=（A+B）/2	评标价与复合标底相比（%）	评标价得分
投标人 1	84515162	72982610	72982610	81348714	93231239	87289977	−16.39	0
投标人 2	89215626	79016679	79016679				−9.48	58.52
投标人 3	97663010	97663010	未通过符合性审查					0
投标人 4	88470063	79579763	79579763				−8.83	59.17
投标人 5	93025197	86355536	86355536				−1.07	46.14
投标人 6	99567419	88808981	88808981				1.74	37.04

表 5-5　评分汇总表

投标人名称	评标分（60 分）	施工能力（11 分）	施工组织管理（12 分）	质量保证体系（10 分）	业绩与信誉（7 分）	合计	排序
投标人 2	58.52	7.39	10.43	8.54	6.13	91.01	2
投标人 4	59.17	9.9	11.21	9.39	6.86	96.53	1

续表

投标人名称	评标分（60 分）	施工能力（11 分）	施工组织管理（12 分）	质量保证体系（10 分）	业绩与信誉（7 分）	合计	排序
投标人 5	46.14	8.04	10.57	7.49	6.07	78.31	3
投标人 6	37.04	4.97	8.37	7.86	5.59	63.83	4

根据评标细则规定，本工程推荐 1～2 个中标候选单位，并给出推荐意见。

招标人根据推荐结果定标。评标结果经评标委员会审定并报招标委员会通过后，由业主编制评审报告，按照项目管理权限，报上级交通主管部门审核，并按招标文件规定的时限，向中标人发出中标通知书，同时通知所有投标单位，并退还未中标人的投标保函或投标保证金。

5.3 商谈与决标

5.3.1 商谈

大多数情况下，招标人根据全面评议的结果，选出 2～3 家中标候选人，然后再分别进行商谈。商谈的过程是业主方进行最后一轮评标的过程，也是投标人为最终夺取投标项目而采取各种对策的竞争过程。在这个过程中，投标人的主要目标是击败竞争对手，吸引招标人，争取最后中标。

在公开开标的情况下，由于投标人已了解可能影响其夺标的主要对手和主要障碍，其与招标人商谈的内容通常是在不改变其投标实质（如报价、工期、支付条款）的条件下，对招标人作出种种许诺、附加优惠条件以及对施工方案的修改等。在商谈期间，投标人应特别注意洞察招标人的反应，在不影响最根本利益的前提下，投其所好。例如投标人常常提出施工设备在竣工后赠送给招标人，许诺向当地承包公司分包工程，使用当地劳动力，与当地有关部门进行技术合作，为其免费培训操作技术人员等建议，这些建议对招标人有很大的吸引力。

对于招标人，由于需要最终选定中标人，在报价条件和技术建议反映不出较大差别时，只有靠进一步澄清的方法分别同各中标候选人进行商谈，通过研究各中标候选人提出的辅助建议，结合原投标报价，排出投标人的先后顺序并最终决标。

5.3.2 决标

决标亦被称为定标，即招标人最后决定将合同授予某一个投标人。

《招标投标法》规定，中标人的投标应当符合且能够最大限度满足招标文件中规定的各项综合评价标准或是能够满足招标文件的实质性要求，并且经评审的投标价格最低的投标人（但是投标价格低于成本的除外）才能中标。

在确定中标人之前，招标人不得与投标人就投标价格、投标方案等实质性内容进行谈判。

评标委员会完成评标后，应当向招标人提供书面评标报告，阐明评标委员会对各投标文件的评审和比较意见，并按照招标文件中规定的评标方法，推荐不超过 3 名有排序的合格的中标候选人。招标人根据评标委员会提供的书面评标报告和推荐的中标候选人确定中标人，也可以授权评标委员会直接确定中标人。

使用国有资金投资或者国家融资的项目，招标人应当确定排名第一的中标候选人为中标人。排名第一的中标候选人放弃中标、因不可抗力提出不能履行合同，或者招标文件规定应当提交履约保证金而在规定的期限内未能提交的，招标人可以确定排名第二的中标候选人为中标人。排名第二的中标候选人因前款规定的同样原因不能签订合同的，招标人可以确定排名第三的中标候选人为中标人。

5.3.3 签订合同

评标委员会作出授标决定后，招标人应当向中标人发出中标通知书，并同时将中标结果通知所有未中标的投标人。招标人不得向中标人提出压低报价、增加工作量、缩短工期或者其他违背中标人意愿的要求，不得以此作为发出中标通知书和签订合同的条件。中标通知书应经招标投标管理机构核准和公示，无问题后方可发出。中标通知书对招标人和中标人具有法律效力。中标通知书发出后，招标人改变中标结果的，或者中标人放弃中标项目的，应承担法律责任。

根据《招标投标法》的有关规定，招标人和中标人应当自中标通知书发出之日起 30 日内，按照招标文件和中标人的投标文件订立书面合同。招标人和中标人不得再行订立背离合同实质性内容的其他协议。通常招标人要事先与中标人进行合同谈判。合同谈判以招标文件为基础，各方提出的修改补充意见在经对方同意后，均应作为合同协议书的补遗并成为正式的合同文件。

招标文件要求中标人提交履约保证金或其他形式的履约担保的，中标人应当提交；拒绝提交的，视为放弃中标项目。招标人要求中标人提供履约保证金或履约担保的，招标人应当同时向中标人提供工程款支付担保。招标人不得擅自提高履约保证金，不得强制要求中标人垫付中标项目建设资金。

双方在合同协议书上签字，同时承包人应提交履约保证，才算正式决定了中标人，至此，招标工作方告一段落。招标人与中标人签订合同后五个工作日内，应当向未中标的投标人退还投标保证金。

5.3.4 废标

在招标文件中一般均规定招标人有权宣布本次招标为废标。当出现以下三种情况时，招标方才考虑废标。

（1）所有的投标文件均不符合招标文件的要求。

（2）所有的投标报价与概算相比，均高出招标人可接受的范围。

（3）所有的投标人均不合格。

如果招标失败，招标人应认真审查招标文件及标底，作出合理修改，重新招标。

5.4 电子开标、评标和中标

根据《电子招标投标办法》中的相关规定，电子开标、评标和中标的要求如下。

5.4.1 电子开标

（1）电子开标应当按照招标文件确定的时间，在电子招标投标交易平台上公开进行，所有投标人均应当准时在线参加开标。

（2）开标时，电子招标投标交易平台自动提取所有投标文件，提示招标人和投标人按招标文件规定方式按时在线解密。解密全部完成后，应当向所有投标人公布投标人名称、投标价格和招标文件规定的其他内容。

（3）因投标人原因造成投标文件未解密的，视为撤销其投标文件；因投标人之外的原因造成投标文件未解密的，视为撤回其投标文件，投标人有权要求责任方赔偿因此遭受的直接损失。部分投标文件未解密的，其他投标文件的开标可以继续进行。

招标人可以在招标文件中明确投标文件解密失败的补救方案，投标文件应按照招标文件的要求作出响应。

（4）电子招标投标交易平台应当生成开标记录并向社会公众公布，但依法应当保密的除外。

5.4.2 电子评标和中标

（1）电子评标应当在有效监控和保密的环境下在线进行。

对于根据国家规定应当进入依法设立的招标投标交易场所的招标项目，评标委员会成员应当在依法设立的招标投标交易场所登录招标项目所使用的电子招标投标交易平台进行评标。

评标中需要投标人对投标文件澄清或者说明的，招标人和投标人应当通过电子招标投标交易平台交换数据电文。

（2）评标委员会完成评标后，应当通过电子招标投标交易平台向招标人提交数据电文形式的评标报告。

（3）依法必须进行招标的项目中标候选人和中标结果应当在电子招标投标交易平台进行公示和公布。

（4）招标人确定中标人后，应当通过电子招标投标交易平台以数据电文形式向中标人发出中标通知书，并向未中标人发出中标结果通知书。

招标人应当通过电子招标投标交易平台，以数据电文形式与中标人签订合同。

（5）鼓励招标人、中标人等相关主体及时通过电子招标投标交易平台递交和公布中标合同履行情况的信息。

（6）投标人或者其他利害关系人依法对资格预审文件、招标文件、开标和评标结果提出异议，以及招标人答复，均应当通过电子招标投标交易平台进行。

（7）招标投标活动中的下列数据电文应当按照《中华人民共和国电子签名法》和招标文件的要求进行电子签名并进行电子存档：

① 资格预审公告、招标公告或者投标邀请书；

② 资格预审文件、招标文件及其澄清、补充和修改；

③ 资格预审申请文件、投标文件及其澄清、说明；

④ 资格审查报告、评标报告；

⑤ 资格预审结果通知书和中标通知书；

⑥ 合同；

⑦ 国家规定的其他文件。

案例 5.3

某综合楼建筑安装工程施工招标定量评标法

1. 评标总则

（1）评标工作由建设单位组建的评标委员会承担。评标委员会由建设单位的代表和受聘的经济、技术专家组成，评标委员会成员总人数应为 5 人，其中受聘的经济、技术专家不少于 2/3，且应符合《招标投标法》的规定。

（2）评标原则：本工程评标委员会应依法按下述原则进行评标：公开、公平、公正和诚实信用的原则；科学、合理评标原则；反不正当竞争的原则；贯彻建设单位对本工程施工承包招标的各项要求和原则。

（3）中标人确定方法：评标委员会根据本办法及本工程招标文件要求对投标文件进行定量评分，并从中评选出合格的综合得分最高的投标人，如无特殊原因，则将其作为本工程施工招标的中标人；当中标人自动放弃中标时，招标人应按排名先后顺序确定综合得分第二名的投标人为本工程中标人；以此类推，当排名为第三名的投标人也放弃中标机会时，招标人将重新组织招标。

（4）建设工程招标投标管理办公室对本工程的招标、投标工作实施全过程监督。

2. 评标程序与方法

1）评标内容

（1）技术标的评标内容包括：施工组织设计、企业信誉和综合实力、对招标文件响应程度的评分。

（2）经济标的评标内容是对投标报价的评分（评标委员会应对其投标报价构成的合理性、有无不平衡报价、缺项漏项等进行分析，以判断投标人的投标报价是否合适）。

2）评标规定及程序

（1）投标人投标属下列情况之一的，视为无效。

① 凡投标文件的内容实质性不符合招标文件的要求，评标委员会按规定予以拒绝的。

② 技术标的施工组织设计部分违背招标文件的规定，在正文中出现投标人名称和其他可识别投标人的字符及徽标的。

③ 投标人的投标行为违反《招标投标法》及本办法有关规定的。

（2）评标委员会对投标文件中的施工组织设计内容、投标预算书的内容以及其他有关内容有疑问的部分，可以向投标人质询并要求该投标人作出书面澄清，但投标人不得对投标文件作实质性修改。质询工作应当由全体评委参加。

（3）按本办法评标，评标委员会应首先对所有投标文件进行符合性与完整性评审，再按对招标文件响应程度、施工组织设计、企业信誉和综合实力进行评分，最后再对投标报价进行评分。

（4）当投标人按照招标文件规定的时间、地点等要求报送投标文件后，评标委员会按照本办法，对投标文件进行独立评标，并汇总计算出各有效得分的平均数，即为投标人的得分。

（5）评标委员会根据评标情况写出评标报告，报送招标人（即招标人法定代表人或委托代理人），招标人按照本办法确定中标人。若投标人对招标人评标结果有异议，应以书面形式提出，由招标人同建设工程招标投标管理办公室研究后，提出处理意见。

（6）如发生并列第一名的情况，建设单位可从并列第一名的投标人中选一名作为中标人。

3. 评分方法

1）定量评分方法

定量评分方法的评分标准总分值为100分。评分分值计算保留小数点后两位，小数点后第三位四舍五入。

2）技术标评分方法

（1）对招标文件响应程度的评定。

评定内容主要包括：是否承诺招标文件要求的质量标准、工期和投标文件的完整性等。其中招标文件要求的工期被合理地提前了和质量标准（质量等级）高于招标文件要求的情况属于响应招标文件要求。不承诺招标文件要求的投标文件为废标。

（2）对施工组织设计的评定。

评定内容详见表5-6。

表5-6 施工组织设计评分表（100分）

序号	项　　目	标准分	评 分 标 准	分值	备　　注
1	施工方案	40	针对性强，施工难点把握准确	30～40	施工组织设计评分： 1．良好：得分在80分以上（含80分） 2．合格：得分在60分以上（含60分）、80分以下 3．不合格：得分在60分以下
			可行	20～29	
			不合理	0	
2	质量保证体系及措施	10	保证体系完整，措施有力	8～10	
			保证体系较完整，措施一般	5～7	
			保证体系及措施欠完整	0～4	
3	文明施工、环保、安全措施	10	完善、可靠	6～10	
			欠完善	0～5	
4	劳动力计划及主要设备、材料、构件用量计划	5	合理	3～5	
			欠合理	0～2	
5	分包计划和对分包队伍的管理措施	10	计划合理有保证、措施合理	6～10	
			计划欠周全、措施欠合理	0～5	
6	施工进度计划、保护措施	10	合理	6～10	
			欠合理	0～5	
7	总包、监理与设计人员的配合	10	合理	6～10	
			欠合理	0～5	
8	施工现场总平面图	5	合理	3～5	
			欠合理	0～2	

（3）企业信誉、综合实力的评定。

在进行本部分评分时，如投标人以集团（总）公司的名义投标，必须明确承担本招标工程施工任务的具体下属公司。企业信誉、综合实力评分表见表5-7。

表5-7 企业信誉、综合实力评分表（100分）

序号	项　　目	标准分	评 分 标 准	分值	备　　注
1	ISO 9000质量体系认证	40分	通过认证	40分	
			无	0分	
2	近5年企业在同类工程中的施工经验	60分	0个	0分	不超过60分
			1个	10分	
			在1个的基础上每多1个	10分	

3）经济标评分方法

（1）投标报价有效性的确定：凡通过招标文件符合性审查的投标文件，其报价均视为有效；无效的投标报价将予以剔除，不再参加评审。

（2）评标委员会将经评审的投标报价由低到高排序，并按投标报价评分表（表5-8）计算各投标人的投标报价得分。

表 5-8　投标报价评分表

投标报价范围	大于+5%（不含+5%）	+5%～+4%（含+5%）	+4%～+3%（含+4%）	+3%～+2%（含+3%）	+2%～+1%（含+2%）	+1%～0%（含+1%）	0%～-1%（含0%及-1%）
得分	50	60	70	75	80	85	100
投标报价范围	-1%～-2%（含-2%）	-2%～-3%（含-3%）	-3%～-4%（含-4%）	-4%～-5%（含-5%）	-5%～-6%（含-6%）	-6%～-7%（含-7%）	小于-7%（不含-7%）
得分	90	85	80	75	70	65	50

（3）有效投标报价的确定：凡投标方报价不超过招标方标底价3%，均为有效投标报价；凡投标方报价超过招标方标底价3%，视为无效投标报价（废标），不再参与下一步的评标。

（4）投标报价标底的确定：由招标方提供的标底。

确定基准价：基准价为剔除所有有效投标报价中最高和最低的两家报价后的算术平均值。

投标报价的范围 =（投标报价—基准价）/基准价×100%

本章小结

本章首先介绍了开标概述、开标的程序以及开标注意事项。其次论述了评标的原则以及评标组织设立的条件，详细阐述了评标的方法、评标工作程序与内容。最后讨论了商谈、决标、合同的签订及废标的情况，介绍了电子开标、评标和中标的相关要求。

一、单项选择题

1．在公开招标的评标程序中，初评应当完成的工作是（　　）。

A．对投标文件进行实质性评价

B．用综合评估法对投标文件进行科学量化比较

C．用经评审的最低投标价法对投标文件进行科学量化比较

D．审查投标文件是否为响应性投标

2．当出现招标文件中的某项规定与工程交底会后招标人发给每位投标人的会议记录不一致时，应以（　　）为准。

A．招标文件中的规定　　B．现场考察时招标人的口头解释

C．招标人在会议上的口头解答　　D．发给每个投标人的交底会会议记录

3．评标过程中的邀请投标人澄清问题会，主要澄清的问题是（　　）。

A．变更投标工期　　B．变更投标报价

C．投标文件中含有的技术细节　　D．招标通知书的主要内容

4．工程标底是工程项目的（　　）。

A．招标合同价格　　B．招标预期价格

C．施工结算价格　　D．工程概算总价格

5．招标人在评标委员会中人员不得超过三分之一，其他人员应来自（　　）。

A．参与竞争的投标人　　B．招标人的董事会

C．上级行政主管部门　　D．省、市政府部门提供的专家名册

6．招标人没有明确地将定标的权利授予评标委员会时，应由（　　）确定中标人。

A．招标人　　B．评标委员会　　C．招标代理机构　　D．建设行政主管部门

7．应以（　　）为最优投标文件。

A．投标价最低　　B．评审标价最低

C．评审标价最高　　D．评标得分最低

8．评标价是指（　　）。

A．标底价格　　B．中标的合同价格

C．投标文件中标明的报价

D．以价格为单位对各投标文件优劣进行比较的量化值

9．招标人在中标通知书中写明的中标合同价应是（　　）。

A．初步设计编制的概算价　　B．施工图设计编制的预算价

C．投标文件中标明的报价　　D．评标委员会算出的评标价

10．建设工程施工招标的中标单位由（　　）确定。

A．招标人　　B．监理单位

C．主管单位　　D．招标办

11．在施工招标投标的评标过程中，（　　）是以分数最低的投标文件为最优。

A．专家评议法　　B．综合评估法

C．评标价法　　D．A+B 评标法

12．按照《工程建设施工招标投标管理办法》的规定，中标通知发出（　　）内，中标单位应与建设单位签订工程承包合同。

A．7 天　　B．10 天　　C．20 天　　D．30 天

13．开标会一般由（　　）主持。

A．招标人或招标代理机构　　B．评标委员会

C．投标人　　D．中标人

14．下列有关开标的叙述，不正确的是（　　）。

A．开标会应邀请所有投标人的法定代表人或其委托代理人参加，并通知有关监督机构代表到场监督

B．投标人应按照招标文件约定参加开标，招标文件无约定时，投标人可自行决定是否参加开标

C．若投标人不参加开标，视为其默认开标结果，事后可对开标结果提出异议

D．开标会的参加人、开标时间、开标地点等要求都必须事先在招标文件里表述清楚、准确，并在开标前做好周密的组织

15. 工程施工招标采用（　　）时，还应对施工组织设计和项目管理机构的合格响应性进行初步评审。

A. 综合评估法　　B. 栅栏评标法
C. 性价比法　　D. 经评审的最低投标价法

16. 评标委员会由招标人的代表和有关技术、经济等方面的专家组成，成员人数为（　　）人以上单数，其中技术和经济等方面的专家不得少于成员总数的2/3。

A. 9　　B. 7　　C. 5　　D. 3

17. 在确定中标人的原则中，采用（　　）时，应能够满足招标文件的实质性要求，并且经评审的投标价格最低。

A. 综合评估法　　B. 经评审的最低投标价法
C. 栅栏评标法　　D. 最低评标价法

18. 下列文件中，（　　）是指招标人在确定中标人后向中标人发出的书面文件。

A. 中标通知书　　B. 合同协议
C. 开标资料　　D. 评标报告

二、多项选择题

1. 在招标程序中，中标通知书发出后，招投标双方应按照（　　）订立书面合同。

A. 招标文件
B. 双方在中标通知书发出后对招标文件所作实质性修改
C. 投标文件
D. 双方在中标通知书发出后对投标文件所作实质性修改
E. 招标人要求投标人垫资的要求

2. 根据《工程建设施工招标投标管理办法》，自开标（或开始议标）至定标的期限，小型工程不超过（　　）天，大中型工程不超过（　　）天，特殊情况可适当延长。

A. 10　　B. 20　　C. 30　　D. 40　　E. 60

3. 开标时可能当场宣布投标单位的投标为废标的情况包括（　　）。

A. 未密封递送的投标文件
B. 投标工期长于招标文件中要求工期的投标文件
C. 未按规定格式填写的投标文件
D. 没有投标授权人签字的投标文件
E. 未参加开标会议的单位的投标文件

4. 招标人准备的开标资料包括（　　）等。

A. 投标一览表　　B. 开标记录一览表
C. 标底文件　　D. 投标文件接收登记表
E. 签收凭证

5. 招标人应按照招标文件规定的程序开标，一般开标程序是（　　）。

A. 宣布开标纪律
B. 确认投标人代表身份
C. 公布在投标截止时间前接收到的投标文件的情况

D．检查投标文件的密封情况

E．接收投标文件

6．在评标程序中，经评标委员会评审认定后作废标处理的情况包括（　　）。

A．已按照招标文件要求提交投标保证金的

B．联合体投标未附联合体各方共同投标协议书的

C．投标人不符合国家或招标文件规定的资格条件的

D．投标人名称或组织结构与资格预审时不一致且未提供有效证明

E．无正当理由不按照要求对投标文件进行澄清、说明和补正

7．下列对确定中标人原则的叙述，正确的有（　　）。

A．采用综合评估法，应能够最大限度满足招标文件中规定的各项综合评价标准

B．采用经评审的最低投标价法，应能够满足招标文件规定的实质性要求，并经评审的投标价格最低

C．招标人不可以授权评标委员会直接确定中标人

D．使用国有资金投资或国家融资的项目以及其他依法必须招标的施工项目，招标人应当确定排名第一的中标候选人为中标人

E．招标人可以授权评标委员会直接确定中标人

8．下列对中标通知书的描述，正确的有（　　）。

A．确定中标人后，招标人应当向中标人发出中标通知书，并同时将中标结果通知所有未中标的投标人

B．中标通知书的发出时间不得超过投标有效期的时效范围

C．中标通知书需要载明签订合同的时间和地点

D．如果招标人授权评标委员会直接确定中标人，应在评标报告形成后确定中标人

E．中标通知书可以载明提交履约担保等投标人需注意或完善的事项

9．在工程施工合同协议中，合同协议书与（　　）文件一起构成合同文件。

A．中标通知书　　　　　B．投标函及投标函附录

C．设计图纸　　　　　　D．已标价的工程量清单

E．招标公告及投标邀请书

三、简答题

1．什么是开标？试论述开标的程序。

2．什么是评标？评标的原则有哪些？

3．作为一名评标专家应满足什么条件？

4．评标的方法有哪几种？各有什么特点？

5．什么是投标文件的符合性审查？

6．技术评审和商务评审的内容是什么？两者有何关系？

四、案例分析

某大型工程，由于技术难度大，对施工单位的施工设备和同类工程施工经验要求高，而且对工期的要求也比较紧迫。业主在对有关单位和在建工程进行考察的基础上，仅邀请了 3 家国有一级施工企业参加投标，并预先与咨询单位和这 3 家施工单位共同研究确定了施工方

案。业主要求投标单位将技术标和商务标分别装订报送。经招标领导小组研究确定的评标规定如下。

（1）技术标共 30 分，其中施工方案 10 分（因已经确定施工方案，各投标单位均得 10 分）、施工总工期 10 分、工程质量 10 分。满足业主施工总工期要求（36 个月）者得 4 分，每提前 1 个月加 1 分，不满足者不得分；自报工程质量合格者得 4 分，自报工程质量优良者得 6 分（若实际工程质量未达到优良将扣罚合同价的 2%），近三年内获鲁班工程奖每项加 2 分，获省优工程奖每项加 1 分。

（2）商务标共 70 分。报价不超过标底（35500 万元）的±5%者为有效标，超过者为废标。报价为标底的 98%者得满分（70 分），在此基础上，报价比标底每下降 1%，扣 1 分，每上升 1%，扣 2 分（计分按四舍五入取整）。

各投标单位的有关情况见表 5-9。

表 5-9　投标单位一览表

投标单位	报价（万元）	施工总工期（月）	自报工程质量	鲁班工程奖（项）	省优工程奖（项）
A	35642	33	优良	1	1
B	34364	31	优良	0	2
C	33867	32	合格	0	1

问题：请根据综合评估法，按照综合得分最高者中标的原则确定中标单位。

【在线答题】

第6章 国际工程招标与投标

思维导图

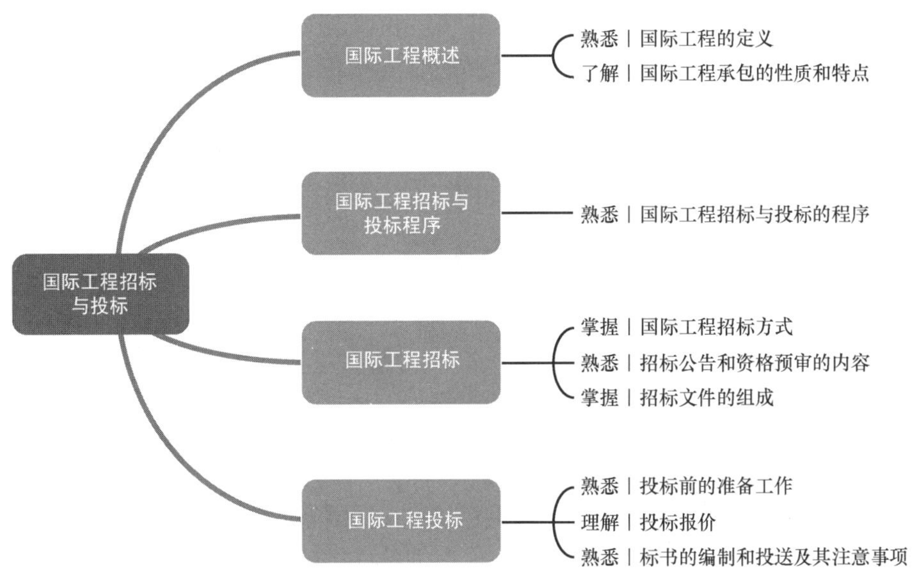

6.1 国际工程概述

6.1.1 国际工程的定义

国际工程是指一个工程项目从咨询、融资、采购、承包到管理以及培训等各个阶段的参与者来自不止一个国家，并且按照国际上通用的工程项目管理模式进行管理的工程。国际工程包含国内和国外两个市场，既包括我国公司去海外参与投资和实施的各项工程，又包括国际组织和国外的公司到我国来投资和实施的工程。

国际工程承包是一项综合性商务和技术经济交往活动，是以工程建设为对象的具有跨国经济技术特征的商务活动。这项活动通过国际的招标、投标、议标或其他协商活动，由具有法人地位的承包人与业主按一定的价格和其他条件签订承包合同，规定各自的权利和义务。承包人按合同规定的要求提供技术、资本、劳务、管理、设备材料等，组织项目的实施，并从事其他相关的经济、技术活动。在承包人按质、按量、按期完成工程项目后，若业主验收合格，则承包人根据合同规定的价格和支付方式收取报酬，实现国际经济合作。

国际工程承包具有跨越国境的行为，即一项工程的筹资、咨询、设计、招标、投标、发包、缔约、实施、物资采购、监理及竣工后的运营、维修都全部或部分地在国际范围进行。

6.1.2 国际工程承包的性质和特点

1. 跨国界经营，综合性强

国际工程承包活动遍及全球各国，这项商业活动参与公司多、涉及面广、竞争激烈。

（1）业务范围广。国际工程承包具有全球性特征，其工程性质多样，既有公共工程，又有私人工程；既有军用工程，又有民用工程。

（2）资金筹措渠道多。很多国际工程承包项目往往由国际银行、国际财团、国际性金融机构、地区性金融机构与工程所在国政府合作提供项目开发资金或为承包人提供贷款，支持其承揽并实施项目。

（3）咨询设计先进。项目主办单位为保证建设项目的质量、可靠性，通常聘请掌握世界同类项目最先进技术的咨询公司进行规划设计，以保证项目的先进性和合理性。

（4）竞争异常激烈。国际工程承包项目在工程发包时，会考虑到使竞争机制充分发挥作用。承包人选择的原则是综合选优，优胜劣汰，尽可能利用国际工程承包人的技术和人才优势保证工程建设的顺利进行。

（5）有充分的选择余地。国际工程承包项目的物资采购具有国际化特征，业主或承包人可在全球范围内寻求物美价廉的材料设备，以保证工程的高质量和低成本。

（6）劳动力资源充足，可供优选。由于可以在项目所在国、承包人所在国及第三国挑选劳务人员，可以挑选综合素质高的劳务人员，所以可以提高建设工程的质量。

（7）适用法律公平合理。国际工程承包项目的合同条款大多数以国际法规、惯例为基础，项目实施过程中出现的问题一般都能得到比较合理的解决。

（8）综合性强。国际工程承包涉及的内容多、覆盖面广且复杂，既涉及项目所在国众多的关系人和参与人，又涉及地理气候、社会政治、经济文化、社会习俗，还涉及工程、技术、经济、金融、保险、贸易、管理、法律等诸多领域，这就要求承包人有多方面的综合能力或聘请相关专家，才能适应国际工程承包的需求。

2. 风险大，可变因素多

国际工程承包历来被公认为是一项风险事业，国际工程承包与国内工程承包相比，风险要大得多，除了一般工程中存在的风险如恶劣的气候条件和地质条件等自然风险外，还有因承包人业务不精、缺乏经营意识、竞争水平不高、急于求成、报价时漏项、缔约时没有认真研究合同条款，匆忙投出对自己明显不利的标，从而造成人为风险。更重要的是由于国际工程承包涉及工程所在国的政治和经济形势，国际关系，通货膨胀，汇率浮动及支付能力，该国有关进口、出口、资金和劳务的政策和法律规定，外汇管制办法等，使承包人常常处于纷繁复杂和变化多端的环境中。

在国际工程承包活动中，由于处于典型的买方市场条件下，承包人往往不能与业主处于平等地位，苛刻的合同条件和严格的第三方担保制度使承包人几乎面临所有风险。

3. 建设周期长，环境错综复杂

通常情况下，小型国际工程从投标、缔约、履约至合同终止，再加上 1 年的维修期，最少也要两年左右的建设周期；中型国际工程的建设周期为 3～5 年；而大型国际工程的建设周期则长达 6～8 年；特大型国际工程的建设周期在 10 年以上。

由于是国际工程承包，合同实施要涉及多个关系人，因此常常是众多来自不同国家的施工企业各自分包一项或若干项工程。总承包人不仅要处理好与业主、监理工程师之间的关系，还要花费很多精力去协调各方关系人之间错综复杂的关系。总承包人既要同自己选定的分包商妥善协调，更要同业主指定的分包商谨慎相处。

4. 营业额高，盈亏幅度大

国际工程承包项目的合同金额少则数十万美元，大型、特大型国际工程承包项目的款额可高达几亿甚至十几亿、几十亿美元。投标报价时承包人稍有疏忽遗漏，或因未仔细审核合同条款而匆忙签约，或因履约时经营管理水平低、不能充分行使合法权利，均可导致巨额损失。承包人的任何举动都会产生巨额的经济后果。一项大型国际工程项目可以因承包人经营不善而使其倾家荡产；但若经营有方，竞争有力，也能使其获取丰厚的利润。

如同任何事情都具有两重性一样，国际工程承包事业也具有双重特征。一方面，它是一项风险事业；另一方面，风险中又蕴藏着巨额利润。风险和利润总是并存的，常常是风险越大，越有赢取高额利润的机会。关键是承包人能否有效地预测风险，在充分调查研究的基础上，分析形势，采取足够的预防和弥补措施，发挥自身的优势。尤其是在当前竞争日趋激烈、形势错综复杂的情况下，更需要承包人努力提高竞争能力和经营管理水平，在逆境中求生存，在困难中图发展，争取尽可能好的经济效益。

6.2 国际工程招标与投标程序

国际工程招标是以业主为主体进行的活动，投标则是以承包人为主体进行的活动，由于两者是招标投标总活动中两个不可分开的活动，因此将两者的程序合在一起，如图 6.1 所示。

国际上已基本形成了相对固定的招标投标程序，从图 6.1 可以看出，国际工程招标投标程序与国内工程招投标程序的差别不大。但由于国际工程涉及较多的主体，其工作内容会在招标投标各个阶段有所不同。

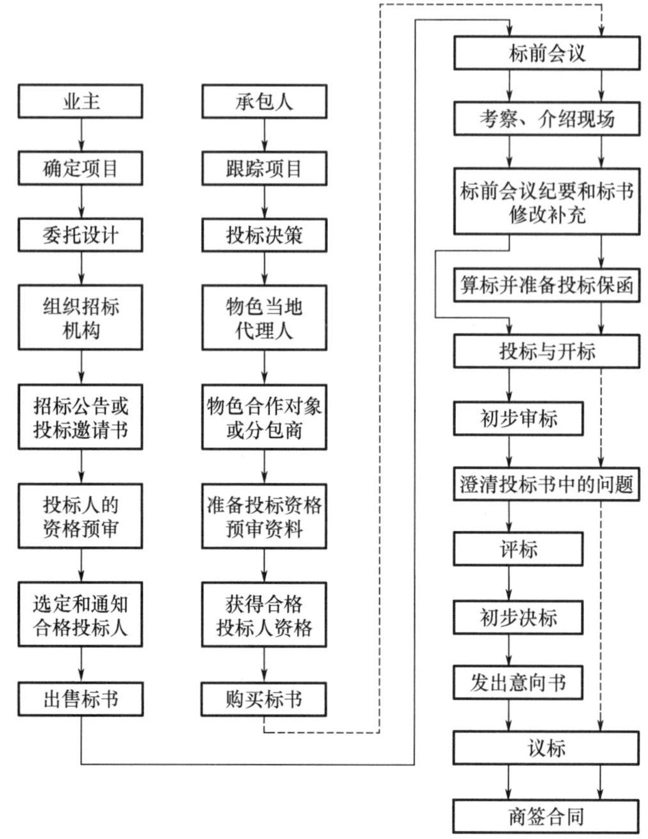

图 6.1　国际工程招标投标程序

6.3　国际工程招标

6.3.1　国际工程招标方式

国际工程招标方式归纳起来有四种类型：国际竞争性招标，有限国际招标，两阶段招标，议标。

1．国际竞争性招标

国际竞争性招标（International Competitive Bidding，ICB）是指招标单位通过国际性刊物公开发布招标公告，邀请所有符合要求的承包人（没有国籍限制）参加投标，从中确定最低评标价的投标人为中标人，并与之签订合同的一种招标方式。

国际竞争性招标是目前世界上最普遍采用的一种招标方式。实践证明，采用这种招标方式，业主可以在国际市场上找到最有利于自己的承包人，无论是在价格和质量方面，还是在工期及施工技术方面都可以满足业主的要求。一般各国的政府采购项目和世界银行、亚洲开发银行的贷款项目绝大部分均要求采用国际竞争性招标。

这种招标方式的不足之处是从准备招标文件、投标、评标到授予合同均要花费很长的时间，程序较烦琐。

2. 有限国际招标

1）有限国际招标方式

有限国际招标（Limited International Bidding，LIB）是一种有限竞争招标。较之国际竞争性招标，它有局限性，即不是任何对发包项目有兴趣的承包人都有资格投标。有限国际招标包括以下两种方式。

（1）一般限制性招标。

这种招标虽然也是在世界范围内进行，但对投标人有一定限制。其具体做法与国际竞争性招标颇为相似，只是在评标时更强调投标人的资信。采用一般限制性招标方式也必须在国内外主要报刊上刊登公告，只是必须注明是有限招标和对投标人的限制范围。

（2）特邀招标。

特邀招标即特别邀请招标。采用这种方式，一般不公开刊登公告，而是根据招标人自己积累的经验和资料或咨询公司提供的承包人名单，由招标人对某些特定的承包人发出邀请。经过对应邀人的资格预审后，再通知其提出报价，递交投标文件。

这种招标方式的优点是经过选择的承包人在经验、技术和信誉方面都比较可靠，基本上能保证招标的质量和进度。但这种方式也有缺点，即由于发包人所了解的承包人数目有限，在邀请时可能漏掉一些在技术上和报价上有竞争力的承包人。

2）有限国际招标适用情况

（1）工程量不大，投标人数目有限或有其他不宜进行国际竞争性招标的正当理由，如对工程有特殊要求等。

（2）某些大型、复杂且专业性很强的工程项目，如石油化工项目，可能投标者很少，准备招标的成本很高。为了既能节省时间，又能节省费用，还能取得较好的报价，招标可以限制在少数几家合格企业的范围内。

（3）由于工程性质特殊，要求有相关经验的技术队伍、熟练的技工以及专用技术设备，只有少数承包人能够胜任该项工程。

（4）工期紧迫或有保密要求的工程项目。

（5）工程规模太大，中小型公司不能胜任，只好邀请若干家大公司投标。

3. 两阶段招标

这种方式也可称为两阶段竞争性招标。第一阶段按公开招标方式进行招标，经过开标评价之后，再邀请其中报价较低的或最有承包资格的3～4家承包人进行第二次报价。

在第一阶段报价、开标、评价之后，如最低报价超过标底20%，且经过减价之后仍然不能低于标底价时，可邀请其中数家承包人商谈，再进行第二阶段报价。

两阶段招标往往适用于以下情况。

（1）招标工程内容尚处于发展过程中，须在第一阶段招标中博采众长，进行评价，选出最新、最优方案，然后在第二阶段中邀请中选方案的投标人进行详细的报价。

（2）对某些大型、复杂的项目，在招标人发包之前，此项目的建造方式尚未被最后确定，这时招标人可在第一阶段招标中向投标人提出要求，投标人就其最擅长的建造方式进行报价，或按其建造方案报价。经过评价，招标人选出其中提供最佳建造方式或方案的投标人进行第二阶段的详细报价。

4. 议标

议标也称谈判招标或指定招标，是指业主直接选定一家或几家承包人进行协商谈判，确定承包条件及标价的方式。就其本意而言，议标是一种非竞争性招标，招标人只在某些工程项目的造价过低，不值得组织招标；或由于其专业被某一家或几家承包人垄断；或因工期紧迫不宜采用竞争性招标；或招标内容是关于专业咨询、设计和指导性服务、专用设备的安装维修以及标准化；或属于政府协议工程等情况下，才采用议标方式。

这种方式节约时间，可以较快地达成协议，开展工作，但无法获得有竞争力的报价。

6.3.2 招标公告和资格预审

1. 招标公告

凡是公开向国际招标的项目，均应在官方的报纸上、有权威的报纸或刊物上刊登招标公告，有些招标公告还可寄送给有关国家驻工程所在国的大使馆。若发包的工程是由联合国的金融机构（如世界银行）资助的，招标公告除在工程所在国的报纸上刊登外，还必须登载在《联合国开发论坛》商业版、世界银行的《国际商务机会周报》等刊物上。

招标公告的目的是广泛招揽国际上有名望、信誉好且竞争力强的承包人前来投标，以加强投标的竞争性，从而使招标人有充分的挑选余地。招标公告的内容与国内招标公告的内容基本相同。

2. 资格预审

大型工程项目进行国际竞争性招标时，可能会吸引许多国际工程承包人，往往会有数十名甚至上百名承包人报名要求参加投标。一般来说，一项工程的投标人在 10 家以内比较适宜，最多不要超过 20 家。因此，对采用国际公开竞争性招标的大中型工程而言，一般都要对投标人进行资格预审。

资格预审的主要目的如下。

（1）了解潜在投标人的财务状况、技术能力及以往从事类似工程的施工经验，从而选择在财务、技术、施工经验等方面表现优秀的潜在投标人参加投标。

（2）淘汰不合格的潜在投标人。

（3）减少评审阶段的工作时间，减少评审费用。

（4）为不合格的潜在投标人节约购买招标文件、现场考察及投标等费用。

（5）降低将合同授予不合格投标人的风险，为业主选择一个较理想的承包人打下良好的基础。

（6）促使综合实力差但专项能力强的公司结成联合体。

作为招标机构，首先要准备资格预审文件。资格预审文件至少应包括以下内容。

（1）工程项目总体描述。使潜在投标人能够理解本工程项目的基本情况，作出是否参加投标的决策。工程项目总体描述包括以下内容。

① 工程内容介绍：详细说明工程的性质、数量、质量要求、开工时间、监督要求、竣工时间。

② 资金来源：是政府投资、私人投资，还是利用国际金融机构贷款；资金落实程度。

③ 工程项目的当地自然条件：包括当地气候、降雨量（年平均降雨量以及最大降雨量和最小降雨量发生的月份）、气温、风力、冰冻期、水文地质方面的情况。

④ 工程合同的类型：是单价合同、总价合同，还是交钥匙合同；是否允许分包工程。

（2）简要合同规定。包括对潜在投标人提出哪些具体要求和限制条件，对关税、当地材料和劳务的要求，对外汇支付的限制等。

（3）资格预审文件说明。

① 准备申请资格预审的潜在投标人（包括联合体）必须回答资格预审文件所附的全部问题，并按资格预审文件提供的格式填写。

② 业主应对资格预审评审标准进行说明，针对潜在投标人提供的资格预审申请文件，依据以下几个方面来判断潜在投标人的资格能力：财务状况；过去施工经验与履约情况；人员情况；施工设备；诉讼史等。

（4）资格预审表格。要求潜在投标人填写的各种表格，包括：资格预审申请表；公司一般情况表；年营业额数据表；目前在建合同/工程一览表；财务状况表；联合体情况表；类似工程合同经验；类似现场条件合同经验；拟派往本工程的人员表；拟派往本工程的关键人员简历；拟用于本工程的施工方法和机械设备；现场组织计划；拟定分包人等。

（5）证明资料。在资格预审中可以要求承包人提供必要的证明材料，例如：公司的注册证书或营业执照、在当地的分公司或办事机构的注册证书、银行出具的资金和信誉证明函件、类似工程的业主过去签发的工程验收合格证书等。

6.3.3 招标文件的组成

在正式招标之前，招标人必须认真准备好招标文件。多数国际工程项目的招标文件是由咨询公司编制的，特别是招标文件中的技术部分，包括工程图纸和技术说明等。至于商务部分，可以由业主、招标机构和咨询公司共同商讨拟定。招标文件至少应包括以下内容。

（1）投标人须知。

（2）合同的通用条款。

（3）合同的专用条款。

（4）工程图纸。

（5）技术说明书。

（6）各种表格，如工程量及价格表等。

（7）合同协议书格式。

（8）投标文件格式。

（9）投标保函格式。

（10）履约保函格式。

案例 6.1

云南鲁布革水电站引水系统工程国际招标

1. 项目背景情况

鲁布革水电站位于云南罗平和贵州兴义交界的黄泥河下游，水电部早在 1977 年就着手进行鲁布革水电站的建设，水电十四局开始修路，进行施工准备。但由于资金缺乏，准备工程进展缓慢，前后拖延 7 年之久。20 世纪 80 年代初，水电部决定利用世界银行贷款，使工程出现转机。

整个工程由三部分组成，包括：首部枢纽工程；地下厂房工程；引水系统工程。贷款总额 1.454 亿美元，其中引水系统土建工程为 3540 万美元。按照世界银行关于贷款使用的规定，引水系统工程必须采用国际竞争性招标的方式选定承包人。此外由世界银行推荐澳大利亚 SMEC 咨询公司和挪威 AGN 咨询公司作为咨询单位。

2. 鲁布革水电站引水系统工程的招标过程

中国水电部委托中国技术进出口公司组织本工程面向国际进行公开竞争性招标。水电部组建了鲁布革工程管理局承担项目业主代表和工程师（监理）的建设管理职能。从 1982 年 7 月编制招标文件开始，至工程开标，历时 17 个月，其招标程序及合同履行情况如表 6-1 所示。

表 6-1　云南鲁布革水电站引水系统工程国际公开招标程序

时　间	工 作 内 容	说　明
1982 年 9 月	刊登招标通告	
1982 年 9—12 月	第一阶段资格预审	从 13 个国家 32 家公司中选定 20 家合格公司，其中包括我国公司 3 家
1983 年 2—7 月	第二阶段资格预审	与世界银行磋商第一阶段预审的结果，中外公司为组成联合投标公司进行谈判
1983 年 6 月 15 日	发售招标文件	15 家外商及 3 家国内公司购买了招标文件，8 家投了标
1983 年 11 月 8 日	当众开标	共 8 家公司投标，其中 1 家为废标
1983 年 11 月—1984 年 4 月	评标	确定日本大成公司、日本前田公司和意大利英波吉洛公司 3 家为评标对象，最后确定日本大成公司中标，与之签订合同，合同价 8463 万元，比标底 14958 万元低 43%，合同工期 1597 天
1984 年 11 月	引水系统工程正式开工	
1988 年 8 月 13 日	正式竣工	工程师签署了工程竣工移交证书，工程初步结算价 9100 万元，仅为标底的 60.8%，比合同价增加 7.53%，实际工期 1475 天

（1）招标前的准备工作。

这一阶段的工作包括确定招标的需求和条件，以及选择合适的咨询单位。世界银行推荐了澳大利亚 SMEC 公司和挪威 AGN 公司作为咨询单位，这有助于确保招标过程的专业性和公正性。

（2）编制招标文件。

从 1982 年 7 月至 10 月，根据鲁布革水电站引水系统工程初步计划并参照国际施工水平，招标人在施工进度及计划和工程概算的基础上编制出招标文件。鲁布革水电站引水系统工程的标底为 14958 万元。上述工作均由昆明水电勘测设计院和澳大利亚 SMEC 咨询公司共同完成的。水电部有关总局、水电总局等对招标文件与标底进行了审查。

（3）公开招标。

首先在国际上有影响的报纸上刊登招标公告，对有投标意向的承包人发出招标邀请，并发售资格预审文件。共有来自 13 个国家的 32 家承包人提交资格预审材料。

（4）资格预审。

从 1982 年 9 月至 1983 年 6 月，对提交资格预审材料的承包人进行资格预审。资格预审的主要内容是审查承包人的法人地位、财务状况、施工经验、施工方案、施工管理和质量控制方面的措施，审查承包人的人员资历和装备状况，调查承包人的商业信誉。经过评审，确定了其中 20 家承包人具备投标资格。经与世界银行磋商后，通知了各合格承包人，并通知他们招标人将在 6 月 15 日发售招标文件，每套招标文件价格为人民币 1000 元。结果有 15 家中外承包人购买了招标文件。

7 月中下旬，由云南省电力局咨询工程师组织一次正式情况介绍会，并将参与人员分成三批送到鲁布革水电站引水系统工程进行工地考察。承包人在编标与考察工地的过程中，提出了不少问题，简单的问题均以口头形式作了答复，涉及对招标文件的解释以及修订，前后三次用书面补充通知的形式将解释和修订发给所有购买招标文件并参加工地考察和情况介绍的承包人。这三次补充通知均作为招标文件的组成部分。本次招标规定在投标截止前 28 天之内不再发送补充通知。

我国的三家公司分别与外商联合参加工程的招标。由于世界银行坚持中国公司不与外商联营则不能投标，我国某一公司被迫退出投标。

（5）开标。

1983 年 11 月 8 日在中国技术进出口公司当众开标。根据当日的官方汇率，将外币换算成人民币。各承包人标价如表 6-2 所示。

表 6-2 鲁布革水电站引水系统工程国际公开招标评标折算报价

公　　司	折算报价（万元）	公　　司	折算报价（万元）
日本大成公司	8460	中国闽昆与挪威 FHS 联合公司	12210
日本前田公司	8800	南斯拉夫能源公司	13220
英波吉洛公司（意美联合）	9280	法国 SBTP 联合公司	17940
中国贵华与西德霍尔兹曼联合公司	12000	西德霍克蒂夫公司	内容系技术转让，不符合投标要求，视作废标

根据招标文件的规定，对和中国联营的承包人标价给予 7.5%的优惠，但仍未能改变原标价的排列顺序。

（6）评标与定标。

根据世界银行贷款项目《土建工程国际竞争性招投标文件范本》的规定，开标时对各投标人的投标文件进行开封和宣读。评标分两个阶段进行。

第一阶段：初评。

对七家公司的投标文件进行完善性审查，即审查法律手续是否齐全，各种保证书是否符合要求，对标价进行核实，以确认标价无误；同时对施工方法、进度安排、人员、施工设备、财务状况等进行综合对比。经全面审查，七家承包人都是资本雄厚、国际信誉好的企业，均可完成工程任务。

从标价看，前三家承包人的标价比较接近，而后四家承包人的标价相对较高，不具备竞争力。

第二阶段：终评。

终评的目标是从前三家承包人，即日本大成公司、日本前田公司和意大利英波吉洛公司中确定一家中标。但由于这三家承包人实力相当、标价接近，所以终评工作就较为复杂，难度较大。

为了进一步澄清三家承包人在各自投标文件中存在的问题，业主方分别向三家承包人电传询问，此后又分别与三家承包人举行了为期三天的投标澄清会议。在澄清会议期间，三家公司都认为自己有可能中标，因此竞争十分激烈。他们在工期不变、标价不变的前提下，都按照业主方的意愿，修改施工方案和施工布置；此外，还主动提出不少优惠条件，以达到夺标的目的。

① 标价的比较分析，即总价、单价及计日工人工单价的比较。从承包人实际支出考虑，把标价中的工商税扣除作为分离依据，并考虑各家现金流不同、上涨率和利息等因素。比较后相差虽然变小，但原标序仍未变。

② 有关优惠条件的比较分析，即对施工设备赠与、软贷款、钢管分包、技术协作和转让、标后联营等问题逐项作具体分析。对此既要考虑国家的实际利益，又要符合国际招标中的惯例和世界银行所规定的有关规则。经反复分析，认为英波吉洛公司的标后贷款在评标中不予考虑，日本大成公司和英波吉洛公司提出的与昆水公司标后联营也不予考虑。而对日本大成公司和日本前田公司的设备赠与、技术协作、免费培训及钢管分包则应当在评标中作为考虑因素。

③ 有关财务实力的比较分析，即对三家公司的财务状况和财务指标（外币支付利息）进行比较。三家公司人中日本大成公司的资金最雄厚。但不论哪一家公司都有足够资金承担本项工程。

④ 有关施工能力和经历的比较分析，三家承包人都是国际上较有信誉的大型承包公司，都有足够的能力、设备和经验来完成工程。如从水工隧洞的施工经验来比较，20 世纪 60 年代以来，英波吉洛公司共完成内径 6 米以上的水工隧洞 34 条，全长 4 万余米；日本前田公司完成 17 条，全长 1.8 万余米，日本大成公司完成 6 条，全长 0.6 万余米。从投入本工程的施工设备来看，日本前田公司最强，其在满足施工强度、应对意外情况的能力方面处于优势。

⑤ 有关施工进度和方法的比较分析。日本两家公司施工方法类似，对引水隧道都采用全断面圆形开挖和全断面初砌的方式，而英波吉洛公司的开挖按传统的方法分两阶段施工。在施工工期方面，三家承包人均可按期完成工程项目。但日本前田公司主要施工设备数量多、质量好，所以对工期的保证程度与应变能力最高。而英波吉洛公司由于施工程序多，强度大，工期较为紧张，应变能力差。日本大成公司在施工工期方面排名居中。

通过对有关问题的澄清和综合分析，评标委员会认为英波吉洛公司标价高，所提的附加优惠条件不符合招标条件，已失去竞争优势，所以首先予以淘汰。对两家日本公司，评审意见不一。经过有关方面反复研究讨论，招标人为了尽快完成招标，以利于现场施工的正常进行，最后选定最低标价的日本大成公司为中标承包人。

以上评价工作始终是有组织地进行。以经贸部与水电部组成的协调小组为决策单位，下设以水电总局为主的评价小组为具体工作机关，鲁布革工程管理局、昆明水电勘察设计院、水电总局有关处以及澳大利亚 SMEC 咨询公司都参加了这次评标工作。

1984 年 4 月 13 日评标结束，业主于 4 月 17 日正式通知世界银行。同时鲁布革工程管理局、水电第十四工程局分别与日本大成公司举行谈判，草签了设备赠与和技术合作的有关协议以及劳务、当地材料、钢管分包、生活服务等有关备忘录。世界银行于 6 月 9 日回电表示对评标结果无异议。业主于 1984 年 6 月 16 日向日本大成公司发出中标通知书。至此评标工作结束。

1984 年 7 月 14 日，业主和日本大成公司签订了鲁布革水电站引水系统工程的承包合同。1984 年 7 月 31 日，由鲁布革工程管理局向日本大成公司正式发布了开工命令。

日本大成公司采用总承包制，管理及技术人员仅 30 人左右，雇用我国某公司为分包单位，采用科学的项目管理方法。合同工期为 1597 天，竣工工期为 1475 天，提前 122 天。工程质量综合评价为优良。包括除汇率风险以外的设计变更、物价涨落、索赔及附加工程量等增加费用在内的工程初步结算为 9100 万元，仅为标底的 60.8%，比合同价增加了 7.53%。

鲁布革水电站引水系统工程进行国际招标和实行国际合同管理的举动，在当时具有很大的超前性。其管理经验不但得到了世界银行的充分肯定，也为我国国际工程招投标提供了一个很好的管理和施工模式，在当时的工程界引起了很大的反响。

鲁布革水电站引水系统工程最核心的经验是把竞争机制引入工程建设领域，实行工程招标投标。工程施工采用全过程总承包的方式和科学的项目管理。鲁布革水电站引水系统工程严格实行合同管理和工程监理制，进行了费用调整、工程变更及索赔，谋求综合经济效益。

6.4 国际工程投标

6.4.1 投标前的准备工作

1. 投标前期对项目的跟踪和选择

项目的跟踪和选择是国际工程承包人对工程项目信息进行连续不断地收集、分析、判断，并根据项目的具体情况和公司的营销策略随时进行调整，直至确定投标项目的过程。国际工程承包人进行项目的跟踪和选择的前提是拥有广泛的信息资料。

1）广泛收集工程项目信息

收集项目信息的渠道有以下几种。

（1）国际性金融机构的出版物。所有利用世界银行、亚洲开发银行等国际性金融机构贷款的项目，都要在世界银行和亚洲开发银行指定的刊物上发布项目的招标信息。

（2）一些公开发行的国际性刊物上也会刊登一些招标邀请公告。

（3）公司在工程所在国的公共关系。

（4）驻外使馆、有关驻外机构、外经贸部或公司驻外机构。

（5）国际互联网。

2）精心选择和跟踪项目

国际工程承包人需要从获得的工程项目信息中，选择符合本企业经营策略、经营能力和专业特长的项目进行跟踪，或初步决定是否准备投标。选择跟踪项目或初步确定投标项目是一项重要的经营决策过程。通常，承包人所选择的项目要符合企业的发展目标和经营宗旨，符合企业自身的条件，工程要可靠，承包人还要考虑竞争是否激烈。作为一般性原则，集中优势力量承包一个大项目比利用同样资源分散承包几个小项目有利。

从项目跟踪到最后确定投标与否，承包人还要对项目作进一步的调查研究，包括对工程所在国的基本情况的调查，以及对工程项目本身情况的调查。

2. 投标环境调查

投标环境是指招标工程所在国的政治、经济、社会、法律、自然条件等对投标和中标后履行合同有影响的各种宏观因素。主要通过调查以下情况来了解投标环境。

（1）政治情况：工程所在国的社会制度和政治制度；政局是否稳定，有无引起政变、暴动或内战的因素；与邻国的关系如何，与我国的双边关系如何等。

（2）经济情况：工程所在国的经济发展情况和自然资源状况；外汇储备和国际支付能力；港口、铁路、公路以及航空交通与电信联络情况等。

（3）法律方面：工程所在国的宪法；与承包活动有关的经济法、建筑法、合同法以及经济纠纷的仲裁程序等；民法和民事诉讼法；移民法和外国人管理的法律法规等。

（4）社会情况：当地的风俗习惯；居民的宗教信仰；治安状况等。

（5）自然条件：工程所在国的地理位置和地形、地貌；气象情况；地震、洪水、台风及其他自然灾害情况等。

（6）市场情况：建筑材料、施工机械设备、燃料、动力、水等的供应情况；劳务市场状况；外汇汇率；工程所在国本国承包人企业和注册的外国承包人企业的经营情况等。

有关工程所在国情况的调查，可通过多种途径获得，包括查阅官方出版的统计资料、学术机构发表的研究报告以及当地的主要报纸等。有些资料可请我国驻外机构帮助收集，也可派专人进行实地考察，并通过代理人了解各种情况。

案例 6.2

承包人对投标环境中的政治情况调查的案例

某国承包人在两伊战争爆发前曾在伊拉克获得一项工程，由于其预见两伊之间关系可能恶化，事先在保险公司投保了战争险。两伊战争爆发后该承包人不得不撤出该国，但其从保险公司得到了相应的赔偿，避免了巨额的损失。

某公司在尼泊尔的南部边界地区承建了一项大型水利工程，由于1989年尼印关系的恶化，印度封锁了尼印边界，使尼泊尔经济受到极大损失，油料供应一度中断，该工程受到了极大影响。

案例 6.3

承包人对投标环境中的市场情况调查的案例

我国某大型承包人在马尔代夫分包某工程，考察现场时忽略了对最普通但用量也最大的砂料的市场调查，合同签订后才发现当地没有合格的砂料，当地都是使用斯里兰卡运来的砂料，价格远超预算，这一失误成为最后导致该项目严重亏损的重要原因之一。

3. 工程项目情况调查

招标工程项目本身的情况是决定投标报价的微观因素，投标人在投标之前必须尽可能详尽地了解。工程项目情况调查的内容主要包括以下几方面。

（1）工程的性质、规模、发包范围。

（2）工程的技术规模和对材料性能及工人技术水平的要求。

（3）对总工期和分批竣工交付使用的要求。

（4）工程所在地的气象和水文资料。

（5）施工场地的地形、土质、地下水位、交通运输、给排水、供电、通信条件等情况。

（6）工程项目的资金来源和业主的资信情况。

（7）对购买器材和雇用工人有无限制条件（如是否规定必须采购当地某种建筑材料或雇用当地工人等）。

（8）对外国承包人和本国承包人有无差别对待。

（9）工程价款的支付方式，外汇所占比例。

（10）业主、监理工程师的资历和工作作风等。

这些情况主要通过投标人研究招标文件、勘察现场、参加招标交底会和提请业主答疑来了解，有时也须取得代理人的协助。

4. 物色代理人

国际工程承包活动中通行代理制度，即外国承包人进入工程所在国，须通过合法的代理人开展业务。代理人实际上是为外国承包人提供综合服务的咨询机构，有的是独立的咨询工程师，有的是合伙企业或公司，其服务内容主要有以下几点。

（1）协助外国承包人参加本地招标项目的资格预审、取得招标文件。

（2）协助办理外国人出入境签证、居留证、工作证以及汽车驾驶执照等。

（3）为外国公司介绍本地合作对象、办理注册手续。

（4）提供当地有关法律和规章制度方面的咨询。

（5）提供当地市场信息和有关商业活动的知识。

（6）协助办理建筑器材和施工机械设备等的进出口手续，如申请许可证，申报关税等。

（7）促进与当地官方及工商界、金融界的友好关系。

代理人的活动往往对一个工程项目投标的成功与否起着相当重要的作用。因此，承包人应对物色代理人这项工作应给予足够的重视。一个好的代理人应具备以下几个条件。

（1）有丰富的业务知识和工作经验。

（2）资信可靠，能忠实地为委托人服务，尽力维护委托人的合法利益。

（3）交游广，活动能力强，信息灵通，甚至有强大的政治、经济界的后台。

投标人找到合适的代理人之后，应及时签订代理合同，并颁发委托书。代理费用一般为工程标价的2%～3%，视工程项目大小和代理业务繁简而定。通常工程项目较小或代理业务繁杂的代理费率较高；反之则较低。在特殊情况下，代理费率也有低至1%或高达5%的。代理费的支付以工程中标为前提条件，不中标者不付给代理人代理费。代理费应分期支付或在合同期满后一次性支付。不论中标与否，合同期满或由于不可抗力而导致合同中止，投标人都应付给代理人一笔特别的酬金。只有在代理人失职或无正当理由而不履行合同的条件下，投标人才可以不付酬金。

5. 寻求合作对象

按世界银行的规定，凡由世界银行贷款的项目，通常要实行国际招标，但世界银行历来鼓励借款国的承包人积极参与这类项目的投标：评标时借款国（人均收入低于一定水平的发展中国家）公司的报价可优惠7.5%，即借款国公司能以比最低报价高7.5%的报价中标。一方面，如果外国公司与当地公司联合投标，可享受7.5%的优惠，这无疑大大加强了这种联合报价的竞争力；另一方面，目前世界上多数国家都奉行不同程度的保护主义，其主要做法就是要求外国公司与本国公司合作，甚至将其作为授予合同的前提。因此，国际工程承包人为了夺标，不得不选择与当地公司合作。在上述两种情况下，承包人必须认真挑选合作对象，否则会陷入难以自拔的境地。

选择当地合作对象时，必须对其进行深入细致的调查研究，着重了解当地公司的资信情况，经济状况，人力、财力及物力条件，以往工程的经历、现在的能力和未来的发展趋势，尤其要了解其履约信誉及其在该国的社会地位，分析其在关键时刻能起到什么样的作用。

6. 办理注册手续

外国承包人进入招标工程所在国开展业务活动时，必须按该国的规定办理注册手续，取得合法地位。有的国家要求外国承包人在投标之前注册，才准许其进行各项业务活动；有的国家则允许外国承包人先进行投标，待中标后再办理注册手续。

公司的注册通常通过当地律师协助办理，承包人必须提交规定的文件。各国对这些文件的规定大同小异，主要包括以下各项。

（1）企业章程，包括企业性质（个体、合伙或公司）、宗旨、资本、业务范围等。

（2）外国承包人所属国家颁发的营业证书。

（3）承包人在世界各地的分支机构清单。

（4）企业主要成员（公司董事会）名单。

（5）申请注册的分支机构名称和地址。

（6）企业负责人（总经理或董事长）签署的分支机构负责人的授权证书。

（7）招标工程项目业主与申请注册企业签订的承包合同、协议或有关证明文件。

7. 参加资格预审

对于多数大型工程，由于参与投标的承包人较多，且工程内容复杂，其技术难度较大。招标人为确保能挑选到理想的承包人，在正式招标之前，都会先进行资格预审，以便淘汰一些在技术和能力上都不合格的投标人。

凡通过资格预审选定投标候选人的项目都要求有兴趣投标的承包人先购买资格预审文件，并按照资格预审文件的要求如实填写信息。预审内容中有关财务状况、施工经验、以往工程业绩、关键人员的资格及能力等是例行的审查内容，而施工设备则应根据招标项目工程施工有关部分予以填写。此外，对调查表中所列的一些其他审查项目，特别是投标人拟派的施工人员以及为实施工程而拟设立的组织机构等有关情况，投标人应慎重对待。除了须填写的有关材料外，资格预审申请人还要提交一系列材料，如投标人概况、公司章程、营业证书、资信证明等。

投标人必须在规定期限内完成上述工作，并在规定的截止日期之前送往或寄往指定地点。

6.4.2 投标报价

报价是整个投标工作的核心，它不仅是能否中标的关键，而且对中标后能否赢利和赢利多少，也在很大程度上起着决定性的作用。在国际工程投标中，报价工作比国内工程投标复杂得多，通常既能中标又能赢利的合理报价应满足的条件是：工程项目各项费用计算比较准确，高低适中；报价与标底接近，报价与承包人自身的技术水平、设备条件、管理水平相适应；报价符合该承包市场价格水平现状，即能随行就市。

1. 报价的准备工作

1）深入研究招标文件

投标人在计算投标价前，首先要清楚招标文件的要求、承包人的责任和报价范围，以避免在报价中有任何遗漏；同时要熟悉各项技术要求，以便确定经济适用而又可能缩短工期的施工方案；还要了解工程中所需使用的特殊材料和设备，以便在计算报价前了解或调查价格。

对招标文件中含混不清的地方，投标人及时提请业主或咨询工程师给予澄清。

总之，投标人在报价前，必须对招标文件进行认真的分析研究，必须吃透招标文件，弄清各项条款的内容及其内涵。投标人对招标文件的研究重点是投标人须知、合同条款、技术规范、图纸及工程量表。另外投标人还要弄清工程的发包方式，报价的计算基础，工程规模和工期要求，合同当事人各方的义务、责任和所享有的合法权利等。

案例 6.4

承包人研究招标文件的案例

承包人在研究招标文件时应当及时发现那些非常规的限制性条款，并在投标文件编制的过程中研究相应对策，提出“反措施”。某项目的招标文件中规定不支付预付款，既然如此，承包人在编制报价时就只能按没有预付款计算标价，项目实施过程投入的周转资金的利息全部计入工程成本。投标时可以在投标说明中向业主声明：如果业主提供多少预付款，标价就可以降低多少。业主在评标过程中选择是否接受提供预付款的建议，如果业主有意接受，则可能会和该报价的承包人就价格和条件进行谈判。

2）核算工程量

工程量核算的依据是技术规范、图纸和工程量清单。校核之前投标人首先要明确工程量的计算方法，通常，工程量清单中都会说明计算方法。其次，投标人要对照图纸与技术规范核算工程量表中有无漏项，特别是要从数量上核算。招标文件中通常都附有工程量表，投标人应根据图纸仔细核算工程量。当发现工程量相差较大时，投标人不能随便改动工程量，而应致函或直接找业主澄清。

通常，国际招标工程用以计算工程量的图纸往往达不到施工图的深度，将来按施工图施工，实际工程量、用料标准及做法可能会与作为报价依据的工程量清单有所出入。若承包人在实践中遇到此种情况时，应随时核对作记录，根据合同中的相应条款提出索赔要求，以免遭受损失。

3）编制施工方案与进度计划

施工方案不仅关系到工期，而且与工程的成本和报价也密切相关。一个优良的施工方案，既要采用先进的施工方法，安排合理的工期，又要充分有效地利用机械设备，均衡地安排劳动力和器材进场，以尽可能减少临时设施和资金占用。施工方案一般包括以下内容。

（1）施工总体部署和场地总平面布置。

（2）施工总进度和（单位）工程进度。

（3）主要施工方法。

（4）主要施工机械设备数量及其配置，劳动力数量、来源及其配置。

（5）主要材料需用量、来源及分批进场的时间安排。

（6）自采砂石和自制构配件的生产工艺及机械设备。

（7）大宗材料和大型设备的运输方式。

（8）现场水、电的需用量、来源及供水、供电设施。

（9）临时设施数量和标准。

关于施工进度计划的表示方式，有的招标文件规定必须用网络图。如无此规定，投标人也可用传统的横道图表示施工进度计划。

2. 投标报价的组成

1）人工费

考虑国内派出工人、所在国招募工人的工资单价、工效、其他有关因素、人数，确定工日工资基价后，计算人工费。

2）材料费

如果同一种材料具有不同的供应来源，则应按各自所占比重计算加权平均价格，并以此作为预算价格。

3）施工机具使用费

施工机具使用费由基本折旧费、场外运输费、安装拆卸费、燃料动力费、机上人工费、维修保养费以及保险费等组成。

以上三项费用，可以构成国际工程投标报价中的基础单价（或称工料单价）。

4）待摊费

待摊费用项目一般不在工程量清单上出现，而是作为报价项目的价格组成因素隐含在每项综合单价之内。它通常包括现场管理费和其他待摊费用。

（1）现场管理费包括工作人员费、办公费、差旅交通费、文体宣教费、固定资产使用费、国外生活设施使用费、工具用具使用费、劳动保护费、检验试验费、其他费用。

（2）其他待摊费用包括临时设施工程费、保险费、税金、保函手续费、经营业务费、工程辅助费、贷款利息、总部管理费、利润、风险费。

5）开办费

开办费究竟是单列还是列入待摊费用中，应根据招标文件的规定决定。开办费一般指工程正式开始之前的各项现场准备工作所需的费用，包括现场勘察费、现场清理费、进场临时道路费、业主代表和现场工程师设施费、现场试验设施费、施工用水电费、脚手架及小型工具费、承包人临时设施费、现场保卫设施和安装费、职工交通费、其他杂项。

6）分包工程费

根据分包商的分包工程报价，考虑总包管理费和利润后报价。

7）暂定金额

每个承包人在投标报价时均应将暂定金额计入工程总报价，但承包人无权做主使用此金额，这些项目的费用将按照业主工程师的指示与决定被全部或部分使用。

在投标报价中，投标人要按照招标文件中工程量清单的格式填写报价，即按分项工程中每一个子项的内容填写单价和总价。业主是按此单价乘以承包人完成的实际工程量进行支付，而不管其中有多少用于人工费，多少用于材料和工程设备费，多少用于施工机械费、间接费和利润。

3. 确定投标价格

前面计算出的工程单价是包含人、材、机单价以及除工程量表单列项目以外的管理费、利润、风险费等工程分项单价，工程单价乘以工程量，再加上工程量表中单列的子项包干项目费用，即为工程初步总造价。由于这个工程初步总造价可能与根据经验预测的中标价格有出入，组成总价的各部分费用间的比例也有可能不尽合理，投标人还必须对其进行必要的调整。

调整投标总价应当建立在对工程盈亏预测的基础上。投标人在考虑报价的高低和盈亏时，应仔细研究利润这个关键因素，应当坚持“既能中标，又有利可图”的原则。

对报价决策的正确判断，需要准确及时的信息以及资料、经验的积累，还有决策人的机智和魄力。有时可能要在原报价上打一定折扣，有时也可增加一定的系数，总的要求是不一定投最低标，而以争取排在前三名最为有利。因为在一般情况下，国际上的决策条件和国内基本相同，即在报价相近（不一定是最低）时，往往是施工方案、质量、工期、技术经济实力、管理经验和企业信誉等因素综合起决定作用。

6.4.3 投标文件的编制和投送

1. 投标文件的编制

投标人在作出报价决策后，即应编制投标文件，也就是投标人须知中规定的投标人必须提交的全部文件。这些文件主要分为四部分。

第一部分是投标函及附件。投标函是由投标的承包人负责人签署的正式的报价函。中标后，投标函及其附件即成为合同文件的重要组成部分。

第二部分是工程量清单和单价表，其按规定格式填写，核对无误即可。

第三部分是与报价有关的技术文件，包括图纸、技术说明、施工方案、主要施工机械设备清单、某些重要或特殊材料的说明书和小样等。

第四部分是投标保证。如果招标人同时进行资格审查，则投标人应报送的有关资料也属于这一部分。

2. 投标文件的投送

投标人在全部投标文件编好之后，经校核无误，由负责人签署，按投标人须知的规定分装，然后密封，派专人在投标截止日期之前送到招标单位指定地点，并取得收据。如必须邮寄，则投标人应充分考虑邮件在途时间，务必使投标文件在投标截止日期之前到达招标单位，避免因迟到而使投标文件作废。

在编制投标文件的同时，投标人应注意将有关报价的全部计算、分析资料汇编归档，妥善保存。

标书一旦寄出或送交，便不得撤回。但投标人在开标之前可以修改其中事项，如有错误遗漏或含混不清的地方，可将补充说明以信函的形式发给招标人。

3. 编制及投送投标文件的注意事项

编制及投送投标文件时应注意下列事项。

（1）要防止标书因工作漏洞无效，如未密封、未加盖单位和负责人的印章，寄达日期已超过规定的截止时间，字迹涂改或辨认不清等。还应防止未附上投标保函或保函的保证时间与规定不符等问题。

（2）投标人不得改变投标文件的格式，如原有格式不能表达投标意图时，可另附补充说明。

（3）对招标文件中所列工程量，投标人经过核对确有错误时，不得随意修改，也不能按自己核对的工程量计算标价，应将核实情况另附说明或补充和更正在投标文件中另附的专用纸上。

（4）计算数字要正确无误，无论单价、合计、分部合计、总标价及其大写数字，投标人均应仔细核对。

总之，投标人要避免由于工作上的疏漏或技术上的缺陷而导致投标文件无效。

案例 6.5

某东南亚国家供水项目投标案例

1995 年，某东南亚国家申请到 1 亿美元的世界银行贷款，用于解决城市供水问题，并将其分配在四个国内城市供水项目上，某城市供水厂为其中之一。按世界银行惯例，该供水项目要进行国际竞争性招标。整个招投标过程是漫长的，1996 年年底各投标人向政府递交资格预审文件，1997 年 9 月通过资格预审的承包人取得投标资格，1998 年 1 月开始正式投标。世界银行规定，4 个供水项目，一家公司可投两个标，但只能中 1 个。我国某央企集团公司也参与了投标，该中方公司采取投二保一策略，选择了其中两个项目。在激烈的竞争中，中方公司始终采取一种积极的自荐态度，我国驻该国使馆在竞标中也专门发函推荐，给予重要支持。1998 年 10 月中方公司经过不懈努力最终在该项目上一举中标。中标后，中方公司经过 3 个月的艰苦谈判，于 1999 年 1 月，与对方签署合同，工期为 42 个月。

【解析】

该供水厂项目是我国近些年来对外承包工程业务的一个成功典型。该厂经有关部门的验收，项目合格率达到 100%，饮用水质量达到国际卫生组织规定的标准。通过对本案例中方承包人在项目各阶段各项工作的了解，总结其成功经验主要有以下几方面。

（1）熟练运用 FIDIC 条款，熟悉施工合同条件。

世界银行贷款项目都是按照 FIDIC 合同条件执行的，每一步骤均要严格按照 FIDIC 合同条件来运作。在投标和谈判过程中，中方承包人熟练使用 FIDIC 条款作为工具，为自身争取合理的权利，减少不必要的损失。

（2）处理好与当地招标代理公司的关系。

几乎所有的世界银行贷款项目在招标过程中都会委托当地的招标代理公司对工程的整个招标、评标、谈判过程进行管理，因此承包人一定要注意处理好与这些招标代理公司的关系。

（3）细心研究合同专用条款。

中方承包人细心研究合同专用条款，认真做好谈判工作，针对其中不合理或不利于本方的条款制定相应的修改方案和谈判方法，以便在合同谈判过程中为自己争取比较有利的合同条件。

（4）熟悉并掌握相关技术规范。

（5）做好世界银行贷款项目的投标报价工作等。

案例 6.6

三峡水利枢纽工程国际招投标案例

三峡水利枢纽工程部分资金利用世界银行贷款。从 1988 年起，世界银行先后 15 次组团对三峡水利枢纽工程进行考察和评估。1993 年 5 月，该水利枢纽工程顺利通过世界银行的正式评估。1994 年 6 月，世界银行正式决定为该工程提供10亿美元的贷款，一期贷款5.7亿美元，二期贷款4.3亿美元，其中1.1亿美元软贷款用于移民安置。

该水利枢纽工程按照世界银行《采购指导手册》的要求，面向世界银行所有成员国进行国际竞争性招标。主体工程的土建工程国际合同分为3个标：一标是大坝工程标（Ⅰ标）；二标是泄洪排沙系统标（Ⅱ标）；三标是引水发电系统标（Ⅲ标）。该水利枢纽主体工程的3个土建工程的招标严格按照世界银行的要求以及国际咨询工程师联合会（FIDIC）推荐的招标程序进行。

1. 资格预审

资格预审是国际招标过程中的一个重要程序。

首先，1992年2月，业主通过世界银行刊物《开发论坛》刊登了发售该水利枢纽主体工程3个土建工程国际标的资格预审文件的消息。资格预审邀请函于1992年7月22日同时刊登在《人民日报》和《中国日报》上。

资格预审邀请函的主要内容有以下几方面。

（1）业主将利用世界银行贷款合法支付土建工程施工合同项目。

（2）介绍土建工程的分标情况及每标的工程范围、主要指标和工程量，并说明承包人可以投任何一标或所有标。

（3）业主委托某国际招标公司在北京代售资格预审文件，发售日期自1992年7月27日起，承包人递交资格预审申请书的截止日期为1992年10月24日。

土建工程资格预审文件是根据FIDIC标准程序并结合工程的具体特点和要求编制而成的。

业主发出资格预审邀请函后，总共有来自13个国家的45家土建工程承包人购买了资格预审文件。在截止递交资格预审申请书日期前35天，承包人如对资格预审文件中的内容有疑问，可以向业主提出书面询问，业主在截止日前21天作出答复，并通知所有承包人。到截止日期10月24日时，共有来自9个国家的37家公司递交了资格预审申请书。其中单独报送资格预审文件的有两家承包人，其他的35家公司组成了9个联合体。这些承包人或联合体分别申请投独立标或投联合标的资格预审。

接下来，进行资格评审。业主成立了资格预评审工作组和资格预评审委员会。

资格评审分两个阶段进行，第一阶段由资格预评审工作组组成三个小组：第一小组审查资格预审申请者法人地位合法性、手续完整性及签字合法性，表格填写是否完整，商业信誉及过去的施工业绩等；第二小组根据承包人提供的近两年的财务报告审查其财务状况，核查用于本工程的流动资产总额是否符合要求，以及其资金来源、银行信用证、信用额度和使用期限等；第三小组为技术组，对照资格预审要求和承包人填写表格，评价承包人的施工经验、人员能力和经验、组织管理经验以及施工设备的状况等。最后，汇总法律、财务和技术资格分析报告，由资格预评审委员会评审决定。评审时按预审文件对其资格作出分析。

评审标准分以下两类。

（1）必须达到的标准，若达不到，申请会被拒绝（即及格或不及格标准）。

（2）计分标准，用以确定申请人资格达到工程项目要求的何种程度。同时，评审标准还可进一步分为以下几个部分。

① 技术标准（公司经验、管理人员及施工设备）。

② 财务标准（反映申请人的财力）。

③ 与联合体有关的标准。

评分标准是用来评价申请人资格而不是用来排定名次的，实际上对申请人也只作了预审合格和预审不合格之分而未排定名次。

根据评审结果，九家联合体和一家单独投标的承包人资格预审合格。1993年1月5日业主向世界银行提交了资格预审评审报告。世界银行于1993年1月28、29日在华盛顿总部召开会议，批准了评审报告。

2. 招标与投标

（1）编制招标文件。

该水利枢纽工程招标文件由黄委设计院和加拿大国际工程管理公司（CIPM）从1991年6月开始编制。土建一标、二标、三标的招标文件基本结构和组成是一样的。主要包括四卷共十章。

第一卷：投标邀请书、投标人须知和合同条款

第一章：投标人须知

第二章：合同条款

第Ⅰ部分：一般条款

第Ⅱ部分：特殊应用条款

第三章：合同特别条件

第二卷：技术规范

第四章：技术规范

第三卷：投标文件格式和合同格式

第五章：投标文件格式、投标担保书格式及授权书格式

第六章：工程量清单

第七章：补充资料细目表

第八章：合同协议书格式、履约担保书格式与预付款银行保函格式

第四卷：图纸和资料

第九章：招标图纸

第十章：参考资料

招标文件是严格按照世界银行招标采购指南的要求和格式编制的，经水利部审查后于1993年1月提交世界银行，并于1993年2月4日获世界银行批准。

1993年3月8日，业主向预审合格的各承包人发出招标邀请函并开始发售招标文件，所有通过资格预审的承包人均购买了招标文件。投标截止日定在1993年7月13日。

（2）现场考察与标前会议。

现场考察是土建工程项目招标和投标过程中的一个重要环节。通过考察，投标人可以在报价前认真、全面、仔细地调查、了解项目所在地及其周围的政治、经济、地理、水文、地质和法律等方面的情况。这些内容不可能全部包括在招标文件之内。条款的规定、投标人提出的投标报价一般被认为是投标人在审核招标文件后并对现场进行了全面而深入了解的基础上编制的。一旦投标，投标人就无权因不了解现场情况而提出修改标价或补偿。

标前会议是在开标日期以前就投标人对招标文件所提问题或业主就招标文件中的某些不当地方作修改而举行的会议。

土建工程国际标的各投标人的代表于1993年5月7日至12日参加了招标单位组织的现场考察、标前会议和答疑。根据惯例，由业主准备标前会议和答疑的会议纪要，并分发给各投标人。

（3）招标文件的修改。

在土建工程国际招标过程中，业主对各投标人提出的疑问作了必要澄清，并将三次澄清通过信函分送给各投标人。此外，招标单位还通过四份补遗通知发出了补充合同条款及其他修改内容。这些补遗通知都构成了合同的一部分。根据多数投标人要求，有一份补遗通知将投标截止日期推迟到1993年8月31日。

（4）投标和开标。

根据世界银行招标采购指南，准备投标日期和送交投标文件日期之间需留出适当的时间间隔，以便使预期的投标人有足够的时间进行调查研究和准备投标文件。这个时间一般从邀请投标之日或发出招标文件之

日算起，根据项目的具体情况、合同的规模和复杂性进行确定，大型项目一般不应少于90天。鉴于该水利枢纽工程的规模和复杂性，从1993年3月8日开始发售招标文件，至原来预定的在7月31日开标，投标准备历时149天。后来由于投标人普遍要求推迟，所以业主决定将开标日期推至1993年8月31日。

所有通过资格预审的投标人都投了标。按照国际竞争性招标程序的要求，应以公开的方式进行开标。业主于1993年8月31日下午2点（北京时间）在北京总部举行了开标仪式，开标时各投标人代表均在场。

在投标截止日期后收到的投标文件，业主一概不予考虑。同时，一般情况下不应要求或允许任何标人在第一个投标文件开启后再进行任何变更。除非出于评标的需要，业主可以要求任何投标人对其投标文件进行澄清，但在开标后，不能要求或允许任何投标人修改其投标文件的实质性内容或价格。

3. 评标

根据世界银行的招标采购指南，评标的目的是业主能在评标价的基础上对各投标文件进行比较，以确定业主对每份投标所需的费用。选择中标人的原则是将合同授予评标价最低的投标人，但不一定是报价最低的投标人。三峡水利枢纽土建工程国际招标的评标工作从1993年9月开始，至1994年1月上旬结束，历时4个多月。评标主要分为初评和终评两个阶段。

评标工作组根据评标工作的需要，具体又被分成了综合、商务和技术三个小组。

1）初步评审

初步评审即全面审阅各投标人的投标文件，并提出重点评审对象，确定短名单。主要内容有以下几方面。

（1）投标文件的符合性审查。

① 投标人是否按照招标文件的要求递交投标文件。

② 对招标文件有无重大或实质性修改。

③ 有无投标保证金，是否按规定格式填写。

④ 投标文件是否完全签署，有无授权书。

⑤ 有无营业执照。

⑥ 如果是联合体，是否有符合招标文件要求的联合体协议。

⑦ 是否根据招标文件第六章和第七章的要求，填写工程量清单和补充资料细目表等。

（2）投标文件标价的算术性校验和核对。评标工作组将对其标价进行细致的算术性校核，当数字金额与大写金额有差异时，以大写金额为准，除非评标组认为单价的小数点明显错位，在这种情况下则应以标价的总额为准。按以上程序进行调整和修改并经投标人确认的投标价格，才对投标有约束力。如果投标人不接受经正确修改的投标价格，其投标文件将不予接受并没收其投标保证金。

在以上两项工作的基础上，将符合要求的投标文件按标价由低到高进行排序，从而挑选出在标底以下或接近标底的、排在最前面的数家有竞争性的投标人进入终评。

经评标委员会评议后，确定了各标的投标人短名单。Ⅰ标和Ⅱ标分别有五家投标人进入短名单，Ⅲ标进入短名单的只有三家投标人。

2）最终评审

最终评审包括问题澄清、详细评审。评标委员会在对中标人的初步建议和意见的基础之上，完成评标报告并报送世界银行审批。

4. 合同谈判和授标

根据评审报告，业主于1994年2月发出了中标意向书通知，从1994年2月12日至1994年6月28日进行了合同谈判。

土建工程国际标的合同谈判分两步进行。第一步是预谈判，即业主就终评阶段的澄清会议所未能解决的一些遗留问题，再次以较为正式的方式与拟定的中标人进行澄清和协商，为正式合同谈判扫清障碍；第二步即正式合同谈判和签订合同协议书。在土建工程国际标的合同谈判中，双方除了形成合同协议书外，还签署了合同协议备忘录及一系列附件。

业主分别于1994年4月30日和1994年6月8日就Ⅰ标、Ⅱ标及Ⅲ标正式签订了合同。

本章小结

本章首先介绍了国际工程承包的性质和特点，介绍了国际工程招标投标的程序。阐述了国际工程招标方式，招标公告的内容，资格预审的目的，资格预审文件和招标文件的内容。比较详细地介绍了承包人在投标前需要做的准备工作，包括对项目的跟踪和选择、对投标环境和投标项目的调查、在当地物色代理人、寻求合作对象、办理注册手续以及参加资格预审等。在正式报价前，需要认真研究招标文件，核算工程量，编制施工方案和进度计划，在对工程的盈亏预测的基础上调整投标总价。最后，介绍投标文件的编制与投送。

习　题

一、单项选择题

1．国际工程中最为推行的招标方式是（　　）。

A．国际竞争性招标　　B．有限国际招标

C．直接购买　　D．国内竞争性招标

2．以下不属于招标人的招标环节的是（　　）。

A．发布招标公告　　B．投标资格预审

C．选择和跟踪项目　　D．开标、评标、决标

3．投标环境调查不包括（　　）。

A．政治情况　　B．经济情况

C．社会情况　　D．人口情况

4．下列不属于招标文件的组成内容的是（　　）。

A．投标人须知　　B．法定代表人身份证明

C．合同专用条款　　D．合同协议书

5．资格预审的目的不包括（　　）。

A．了解潜在投标人的财务状况　　B．淘汰不合格的潜在投标人

C．减少评审阶段的工作时间　　D．减少竞争性

二、多项选择题

1．国际工程承包市场的特点包括（　　）。

A．环境错综复杂　　B．跨国界经营　　C．营业额高

D．可变因素多　　E．风险低

2．国际工程招标方式主要有（　　）。

A．国际竞争性招标　　B．有限国际招标　　C．公开招标

D．两阶段招标　　E．议标

3．国际工程承包作为跨越国境的行为，是指涉及一项工程的筹资、（　　）、缔约、实施、物资采购、监理及竣工后的运营、维修都全部或部分在国际范围进行。

A．设计　　B．咨询　　C．投标　　D．技术　　E．招标

4．资格预审评审标准包括以下（　　）方面。

A．联营体　　B．财务状况　　C．施工经验　　D．人员情况

E．过去履约情况

5．按照国际工程的报价方式，每一个工程项目的单价通常包括（　　）。

A．人工费　　B．管理费　　C．材料费　　D．成本　　E．利润

三、简答题

1．什么是国际工程？国际工程承包有哪些性质和特点？

2．国际工程招标的方式有哪些？各自有什么特点和适用范围？

3．国际工程招标和投标的基本程序是什么？

4．国际工程招标和投标的特点是什么？

5．招标公告和资格预审的目的是什么？

6．对于一个国际工程项目，承包人在投标前需要做哪些准备工作？

7．投标前要认真研究所有的招标文件，这是不容置疑的。为了防止严重失误而导致重大风险，你认为投标人应当特别注意和认真研究哪些影响重大的重点内容？

四、案例分析

案例1

2019年，中国××国际招标公司（以下简称A公司）接受××科技发展公司的委托，对××科技发展项目下的30余个子项目进行招标采购。

2021年，A公司在业主再三催促下，把评标报告以A公司名义直接送到世界银行，世界银行随即进行了批复。在此期间，国外××公司对评标结果不服，向国内主管部门——国家机电产品进出口办公室（以下简称国审办）投诉，国审办受理了该投诉。国审办请A公司立即把评标结果上报国审办，A公司这时才发现评标报告未报国内有关部门审查，已直接送至世界银行，违反了国内有关规定。A公司马上把评标报告补报给国审办，但未申明该报告已经报往世界银行。经过国审办委托的专家的重新评审，国审办认为业主必须重新评标，并建议业主修改定标决定。业主在重新召开评标委员会会议后，决定按国审办的意见修改评标报告，A公司重新拟文向世界银行解释修改中标单位的决定和理由，世界银行项目官员不愿接受更改申请，并对此事件展开了调查，历时3个月，最终认定其先前的结论正确，不愿修改其先前的批复。业主因无法得到国审办和世界银行意见一致的批复，不得不取消该项目的贷款计划。

问题：试分析业主招标失败的原因。

案例2

××省建设机械制造厂参加亚洲开发银行贷款××省高等级公路养护设备摊铺机的投标，在该次国际招标中，招标文件规定投标的语言为英语，具体内容是："投标文件和投标人与业主之间有关投标文件的来往函电和文件均使用英文。由投标人提供的证明文件和印刷

品可为其他语言，但其中有关段落应附有准确的英译文。在此，为了解释投标文件，应以英译文为准。”

××省建设机械制造厂提供的投标文件使用三种语言，即报价表使用英文，商务资料表使用中文，技术资料表使用德文（该厂摊铺机生产技术从德国引进），且使用中文和德文的投标文件部分无英译文。评标结果为该司未通过商务审查。

问题：试分析该投标文件未通过商务审查的原因。

【在线答题】

第7章 建设工程其他招投标

思维导图

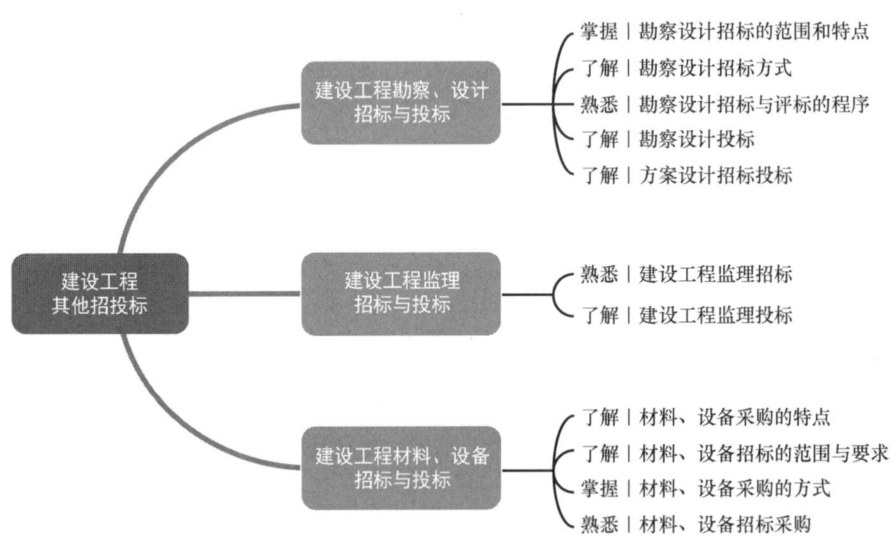

7.1 建设工程勘察、设计招标与投标

建设工程项目的立项报告获批准后，进入实施阶段的第一项工作就是勘察、设计招标。我国的设计方案招标工作起步较晚，自 2000 年 1 月 1 日国家实施《招标投标法》以来，国家发改委、住建部等部门相继出台了不少法规，对勘察、设计的招标工作也作了明确规定。2000 年 9 月国务院第 31 次常务会议通过《建设工程勘察设计管理条例》。2003 年 6 月，八部委联合发布《工程建设项目勘察设计招标投标办法》，自 2003 年 8 月 1 日起施行。2008 年 3 月，住建部公布《建筑工程方案设计招标投标管理办法》。2015 年 6 月 12 日根据《国务院关于修改〈建设工程勘察设计管理条例〉的决定》，公布了《建设工程勘察设计管理条例》修订稿。2017 年住建部公布《建筑工程设计招标投标管理办法》，自 2017 年 5 月 1 日起施行。

以招标方式委托勘察、设计任务，是为了使设计技术和成果作为有价值的技术商品进入市场，打破地区、部门的界限开展设计竞争，达到降低工程造价、缩短建设周期和提高投资效益的目的。

7.1.1 勘察设计招标的范围

为了保证设计指导思想能顺利贯彻于设计的各阶段，一般是同时对初步设计（技术设计）和施工图设计进行招标，不单独进行初步设计招标或施工图设计招标，而是由中标的设计单位承担初步设计和施工图设计任务。

但随着各种总承包模式的不断发展，如设计施工承包（DB）、设计采购施工（EPC）等，越来越多的大型工程项目采用初步设计和施工图设计单独进行招标的形式。初步设计完成后再进行施工图设计的招标，承担施工图设计的单位可以是设计单位，然后采用传统模式进行施工；也可以是总承包单位，即设计施工一体化模式。

勘察任务可以由业主单独发包给具有相应资质的勘察单位实施，也可以将其包括在设计招标任务中。业主可以将勘察任务和设计任务交给具有勘察能力的设计单位承担，也可以让设计单位总承包，由设计总承包单位再去选择承担勘察任务的分包单位。这种做法比业主分别招标委托勘察和设计任务的方式更为有利。一方面，与两个独立合同分别承包的方式相比，总承包方式在合同履行过程中较易管理，业主和监理工程师可以摆脱两个合同实施过程可能遇到的协调义务；另一方面，勘察工作可以直接根据设计的要求进行，满足设计对勘察资料精度、内容和进度的需要，必要时还可以进行补充勘察工作。

7.1.2 勘察设计招标的特点

勘察设计招标不同于施工招标和材料设备的采购供应招标，前者是承包人通过自己的智力劳动，将业主对项目的设想转变为可实施的蓝图；后者则是承包人按设计要求，去完成规定的物质生产劳动。勘察设计招标时，业主在招标文件中只是简单介绍建设项目的指标要求、投资限额和实施条件等，规定投标人分别报出建设项目的构思方案和实施计划，然后由业主通过开标、评标程序对各方案进行比选，再确定中标人。鉴于勘察设计任务本身的特点，勘

察设计招标主要采用设计方案竞赛的方式选择承包单位。勘察设计招标与施工及材料、设备供应招标的区别主要表现在以下几方面。

（1）勘察设计招标方式具有多样性。勘察设计招标既可采用公开招标、邀请招标，还可采用设计方案竞赛等其他方式确定中标单位。

（2）勘察设计招标文件中仅提出设计依据、建设项目应达到的技术指标、项目限定的工程范围、项目所在地的基本资料、要求完成的时间等内容，而无具体的工作量要求。

（3）投标人的投标报价不是按规定的工程量填报单价后算出总价，而是首先提出设计初步方案，论述该方案的优点和实施计划，在此基础上再进一步提出报价。

（4）开标时，不是由业主的招标机构公布各投标文件的报价高低排定标价次序，而是由各投标人分别介绍自己初步设计方案的构思和意图，而且不排标价次序。

（5）评标决标时，业主不过分追求完成设计任务的报价额高低，更多关注所提供方案的技术先进性、所达到的技术指标、方案的合理性及对建设项目投资效益的影响。因此，勘察设计招标评标的标准要体现勘察成果的完备性、准确性、正确性，设计成果的评标标准要注重工程设计方案的先进性、合理性、设计质量、设计进度的控制措施以及工程项目投资效益等。

7.1.3 勘察设计招标方式

1. 勘察设计任务的委托方式

建筑工程勘察设计任务可通过招标委托或直接委托的方式委托。

1）招标委托

《必须招标的工程项目规定》（国家发展和改革委员会〔2018〕第16号令）第五条对必须进行招标的勘察、设计服务采购标准作了规定，详见本书第2.3.2节。

2）直接委托

对于规模较小、功能简单的项目，或者是可以不进行招标的项目，可以采用直接委托的方式进行勘察设计任务的委托。业主选取一至数家具有相应资质和技术能力的勘察设计单位，进行考察和比较，最终选定一家，委托其完成勘察设计任务，双方进行合同谈判并签订勘察设计合同。

根据《工程建设项目勘察设计招标投标办法》，按照国家规定需要政府审批的项目，有下列情形之一的，经批准，项目的勘察设计可以不进行招标：

① 涉及国家安全、国家秘密的；

② 抢险救灾的；

③ 主要工艺、技术采用特定专利或者专有技术的；

④ 技术复杂或专业性强，能够满足条件的勘察设计单位少于三家，不能形成有效竞争的；

⑤ 已建成项目需要改、扩建或者技术改造，由其他单位进行设计影响项目功能配套性的。

根据《建筑工程设计招标投标管理办法》（住建部2017年第33号令），建筑工程设计招标范围和规模标准按照国家有关规定执行，有下列情形之一的，可以不进行招标：

① 采用不可替代的专利或者专有技术的；

② 对建筑艺术造型有特殊要求，并经有关主管部门批准的；

③ 建设单位依法能够自行设计的；

④ 建筑工程项目的改建、扩建或者技术改造，需要由原设计单位设计，否则将影响功能配套要求的；

⑤ 国家规定的其他特殊情形。

2. 勘察设计招标的委托方式

工程勘察设计招标的委托方式可分为公开招标、邀请招标、一次性招标、分阶段招标、设计方案竞赛招标等，其中公开招标和邀请招标的开展类似于施工招标，具体内容参见2.3.1节，下面介绍三种比较特殊的勘察设计招标委托方式。

1）一次性招标

该方式指业主对初步设计阶段、技术设计阶段（如需要）、施工图设计阶段实行一次性招标，确定勘察设计单位。这种招标方式可有效利用设计单位对勘察设计工作的统筹安排，节省设计工期，同时也有利于降低勘察设计成本，使业主能得到较分阶段招标更优惠的合同价。该招标方式对勘察设计单位的综合素质要求高。

2）分阶段招标

这种方式指业主对上述的三个阶段分别进行招标。分阶段招标可使各阶段的勘察设计任务更加明确，可提高勘察设计的针对性，也有利于提高勘察设计的质量。

3）设计方案竞赛招标

对于具有城市景观的特大桥、互通立交、城市规划、大型民用建筑等，业主习惯上常采取设计方案竞赛方式招标。

设计方案竞赛招标是建设单位为获得某项规划或设计方案的使用权或所有权而组织竞赛，对参赛者提交的方案进行比较，并与优胜者签订合同的一种特殊的招标形式。设计方案竞赛招标通常的做法是：建设单位（或委托咨询机构代办）发布竞赛通告，对竞赛感兴趣的单位都可以参加竞赛，也可以由建设单位邀请若干家设计单位参加竞赛。设计方案竞赛通告或邀请函应写明竞赛的具体要求和评选条件，提供方案设计所需的技术、经济资料。参赛单位（投标人）在规定期限内向设计方案竞赛招标主办单位提交竞赛设计方案。主办单位聘请专家组成评审委员会，根据事先确定的评选标准，对各设计方案进行评价。

7.1.4 勘察设计招标与评标的程序

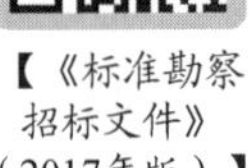

【《标准勘察招标文件》（2017年版）】

【《标准设计招标文件》（2017年版）】

1. 投标申请单位资格审查

资格审查的内容主要包括以下几方面。

1）资质审查

资质审查主要审查投标申请单位的勘察和设计资质等级是否与拟建项目的等级要求相一致，不允许无资质单位或低资质单位越级承接工程设计任务。审查的内容包括资质证书种类、资质证书级别及资质证书规定允许承接设计工作的范围3个方面。

（1）资质证书种类。工程勘察、设计资质分为工程勘察资质和工程设计资质两类。其中，工程勘察资质又分为工程勘察综合资质、工程勘察专业资质和工程勘察劳务资质3类；工程设计资质又分为工程设计综合资质、工程设计行业资质和工程设计专项资质3类。如果勘察任务合并在设计招标中，投标申请单位除拥有工程设计资质外，还需有工程勘察资质，二者缺一不可。允许仅有工程设计资质的单位以分包的方式在总承包后将勘察任务分包给其他单位实施，但在资格审查时，其应提交分包勘察工作单位的工程勘察资质证书。

（2）资质证书级别。工程勘察综合资质只设甲级；工程勘察专业资质根据工程性质和技术特点设立类别和级别；工程勘察劳务资质不分级别。取得工程勘察综合资质的企业，承接的工程勘察业务范围不受限制；取得工程勘察专业资质的企业，可以承接同级别相应专业的工程勘察业务；取得工程勘察劳务资质的企业，可以承接岩土工程治理、工程钻探、凿井工程勘察劳务工作。

工程设计综合资质只设甲级；工程设计行业资质和工程设计专项资质根据工程性质和技术特点设立类别和级别。取得工程设计综合资质的企业，其承接工程设计业务范围不受限制；取得工程设计行业资质的企业，可以承接同级别相应行业的工程设计业务；取得工程设计专项资质的企业，可以承接同级别相应的专项工程设计业务。

取得工程设计行业资质的企业，可以承接本行业范围内同级别的相应专项工程设计业务，不需再单独领取工程设计专项资质。

（3）资质证书规定允许承接设计工作的范围。尽管投标申请单位的资质等级与建设项目的工程等级相适应，但由于很多工程具有较强的专业性，故还需审查委托设计工程项目的性质是否在投标申请单位的资质类别范围内。

投标申请单位所持资质证书在以上3个方面有一项不合格时，都应被淘汰。

2）能力审查

能力审查包括设计人员的技术力量和主要技术设备两方面。在设计人员的技术力量方面，重点考虑主要设计负责人的资质能力和各专业设计人员的专业覆盖面、人员数量、中高级人员所占比例等是否能满足完成工程设计任务的需要。在主要技术设备方面，主要审查测量、制图、钻探设备的器材种类、数量、目前的使用情况等，审查其能否适应开展勘察设计工作的需要。

3）经验审查

审查该设计单位最近几年所完成的工程设计项目，包括工程名称、规模、标准、结构形式、质量评定等级、设计周期等内容。侧重考虑已完成的工程设计与招标项目在规模、性质、结构形式等方面是否相适应，即有无此类工程的设计经验。

招标人对其他需要关注的问题，也可要求投标申请单位报送有关资料，作为资格审查的内容。资格审查合格的投标申请单位可以参加设计投标竞争；对不合格者，招标人也应及时向其发出书面通知。

案例 7.1

××市科技园区概念性规划设计资格预审评审办法

1. 资格预审申请文件由招标人组建的资格评审委员会负责评审。资格评审委员会成员人数为五人以上的单数。

2. 评审程序。

本次资格预审采用有限数量制。资格评审委员会对资格预审申请人的资格评审将按符合性审查、必要性评审和评分三个阶段依次进行，对通过符合性检查、必要性评审的资格预审申请文件依照附件二的评分标准进行量化打分，按得分由高到低的顺序确定通过资格预审的申请人。本次限定通过资格预审的申请人不超过4名。

3. 资格预审申请人必须通过符合性检查，才能进行必要性评审。通过符合性检查的主要条件如下，如资格预审申请人有任一条与之不符，视为资格预审不合格。

3.1 资格预审申请文件按时送达、密封合规、格式有效、内容齐全，并符合资格预审文件的要求。

3.2 资格预审申请文件上法定代表人或其授权代理人的签字、盖章齐全。

3.3 由授权代理人签字的资格预审申请文件，附有法定代表人的授权委托书。

3.4 以联合体形式投标的资格预审申请人，提交了联合体各方共同签署的投标协议。

4. 依照附件一的必要性条件的要求，招标人对通过符合性检查的资格预审申请人进行必要性评审。

5. 评分。

5.1 通过必要性评审的申请人数量不少于3个且没有超过4个时，申请人均通过资格预审，不再进行评分。

5.2 通过必要性评审的申请人数量超过4个时，评审委员会依据附件二的评分标准进行评分，按得分由高到低的顺序进行排序，得分最高的前4个申请人通过资格预审。若评分结果出现两个或两个以上申请人得分相同的情况，由资格评审委员会成员投票决定排名次序。

6. 在资格评审过程中，招标人有权要求资格预审申请人对其递交的资格预审申请文件中不明确的和重要的内容进行必要的澄清和核实。如内容失实，可能导致其资格预审不合格。

7. 评审结果。

7.1 提交评审报告。

资格评审委员会按照规定的程序对资格预审申请文件完成审查后，确定通过资格预审的申请人名单，并向招标人提交书面审查报告。

7.2 重新进行资格预审或招标。

通过必要性评审的申请人数量不足3个时，招标人将重新组织资格预审。

8. 招标人将于××年××月××日前告知申请人资格预审结果，并向通过资格预审的申请人发出通过资格预审通知书。申请人收到该通知书后，应于24小时内复函确认，并在三个工作日内持通过资格预审通知书、单位介绍信和经办人身份证明到指定地点购买招标文件。

9. 未取得通过资格预审通知书的申请人，无权参加本项目投标。

附件一 必要性条件

必要性条件

序号	评 审 内 容	评 审 标 准	备注
1	营业执照	具备有效证书	
2	资质等级证书	具备城市规划编制甲级资质，港澳台及国外规划设计单位应具备当地政府认可的城市规划设计注册执业资格或资质	

附件二 评分标准

评分标准

序号	评 分 内 容	评 分 标 准	备注
1	概念性规划设计经验	最近三年每做过一个相关项目得8分，最高16分	
2	科技园区规划设计经验	最近三年每做过一个相关项目得8分，最高16分	

续表

序号	评 分 内 容	评 分 标 准	备注
3	××市类似规划设计经验	最近三年每做过一个相关项目得 8 分，最高 16 分	
4	控规编制或服务配合经验	曾参与过控规编制或服务配合，最近三年每做过一个项目得 8 分，最高 16 分	
5	项目团队人员配置情况	项目负责人是否国际知名或具有国际化视野 项目团队成员搭配是否合理、项目经验是否丰富 由资格审查委员会酌情打分，最高 25 分	
6	在中国大陆地区设有办事机构	在中国大陆地区设有办事机构者得 6 分	
7	综合印象	由资格审查委员会根据综合情况打分，满分 5 分	

2. 准备招标文件

招标文件是指导设计单位进行正确投标的依据，也是对投标人提出要求的文件。招标文件一经发出后，招标人不得擅自修改。如果确需修改时，招标人应以补充文件的形式将修改内容通知每个投标人，补充文件与招标文件具有同等的法律效力。若因修改招标文件导致投标人造成经济损失时，招标人还应承担赔偿责任。

2017 年，我国颁布了《中华人民共和国标准勘察招标文件》（2017 年版）和《中华人民共和国标准设计招标文件》（2017 年版），各省市也出台了细化的招标文件范本，勘察（设计）招标文件可以依据范本进行编写。

勘察（设计）招标文件主要包含以下内容：

1）招标公告（适用于公开招标）或投标邀请书（适用于邀请招标）

2）投标人须知

为了使投标人能够正确地进行投标，投标人须知应包括以下几个方面的内容：

（1）招标项目名称、项目建设地点、项目建设规模；

（2）项目投资估算、资金来源及比例、资金落实情况；

（3）招标范围；

（4）勘察（设计）服务期限、质量标准；

（5）投标人资质条件、能力、信誉；

（6）招标文件答疑、踏勘现场的时间和地点；

（7）投标文件编制要求及评标原则；

（8）投标文件送达的截止时间；

（9）报价方式、最高投标限价、投标报价的其他要求；

（10）未中标方案的补偿办法等。

3）评标办法

（1）综合评估法。

设计评标通常采用综合评估法。综合评估法使用百分制进行量化评分，具体的评分标准可以参考各地《建设工程勘察设计招标文件》中的综合评估法评分标准部分。招标人可根据项目的规模、特点以及复杂程度等因素，对评分标准、分值和权重等进行适当调整。

评标委员会成员按照招标文件所规定的评标办法和标准，独立、客观、公正地进行量化打分，并按得分由高到低的顺序推荐中标候选人。

下面，以《苏州市建设工程勘察设计招标文件》中房屋建筑工程方案设计的综合评估法评分标准为例，来说明综合评估法的具体应用。

案例 7.2

工程设计招标综合评估法评分标准（房屋建筑工程方案设计）

选取自《苏州市建设工程勘察设计招标文件》第三章评标办法

（1）商务分评分标准（20 分）（表 7-11）。

表 7-1　商务分评分标准

评分项目	分值（分）	评分标准	得分（分）
企业信用	6	根据投标人上年度苏州市工程勘察设计企业信用考评得分进行比例折算，信用得分=企业信用考评得分×6%。考评得分为 100 分的，信用分得满分 6 分，未参加考评的按 C 类基准分（70 分）处理	
投标价格	7	投标报价浮动率为基准价的-20%～+20%，超出范围得 0 分；浮动率为-10%得满分 7 分，浮动率为+20%得 0 分，浮动率为-20%得 0 分，浮动率在-20%～-10%之间、-10%～+20%之间均按插入法计算	
项目组成员	6	1. 项目负责人具有一级注册建筑师的得 1 分，具有高级职称的得 1 分 2. 项目负责人获评市级及以上设计人才的得 1 分 3. 建、结、水、电、暖专业负责人具有国家注册资格或高级工程师职称的，有一个得 0.2 分，最高得 1 分 4. 项目负责人近五年主持过一项类似工程项目业绩的得基本分 0.5 分，主持过二项及以上的，加 0.5 分，最高得 1 分 5. 项目负责人近五年主持过的类似工程项目获得过市级优秀工程设计奖项的得 0.5 分，获得省级及以上优秀工程设计奖项的得 1 分，最高得 1 分。（同一项目按最高奖项等级计分，不重复计分）	
服务承诺	1	投标人提供《勘察设计项目组人员到位承诺书》（范本格式）的得 1 分	

（2）技术分评分标准（80 分）（表 7-2）。

表 7-2　建筑工程概念性方案设计投标技术文件得分表

序号	评分项目	分值（分）	评分标准	分项分值	得分（分）
1	规划设计指标符合度	10	符合容积率、绿地率等规划要求，满分。每违反一条扣 2 分，扣完为止	6	
			符合招标文件提出的其他指标要求，每违反一条扣 1 分，扣完为止	4	
2	建筑构思与创意	30	构思严谨、创意新颖	12	
			建筑空间处理合理	6	
			建筑与周边及城市设计协调，功能布局合理	6	
			建筑对低碳、环保、绿色建筑有设想	6	
3	总体布局	20	布局合理，合理利用土地	10	
			与周边环境协调景观美化程度	5	
			满足交通流线、人车组织体系及出入口要求	5	

续表

序号	评分项目	分值（分）	评分标准	分项分值	得分（分）
4	平面布局及功能配置	10	符合拟定使用要求（参照设计方案需求书）	5	
			功能分区明确	3	
			满足日照间距要求	2	
5	技术可行性和合理性	10	结构、机电设计与建筑是否符合性强	3	
			消防、人防、环境、节能是否符合国家及地方规范要求	3	
			总造价是否满足招标文件要求	4	
得分合计					
评委			日期		

（3）总得分。

商务分和技术分之和为投标人的总得分。

（2）定性评审法。

定性评审法是指评标委员会仅对投标文件是否满足招标文件实质性要求提出意见，指出各投标文件中的优点、缺陷、签订合同前应当注意和澄清的事项等，择优推荐招标文件规定数量的定标候选人名单。

定标委员会应当遵循充分竞争和合理低价的原则，在评标委员会推荐的定标候选人中择优确定中标候选人。

下面，以某绿化和景观提升工程方案设计及初步设计工程设计招标文件中的评标办法为例，来说明定性评审法的具体应用。

案例 7.3

某绿化和景观提升工程方案设计及初步设计招标定性评审法

本项目为××市主城区××路沿线绿化和景观提升工程，招标范围包括绿化、景观、照明等专业内容的设计工作。

本项目采用评定分离法进行评标。

1. 评标

在本项目的详细评审过程中，采用定性评审法对投标文件进行评审。

（1）评审采用合格制。不合格的投标文件不再进入下一步评审。

（2）只有当投标文件出现违反国家强制性条文标准的情况时，其评审结论会被判为不合格。否则，评审结论应为合格。

（3）被评为合格的评审报告应指出该投标文件优点、存在的缺陷、签订合同前应注意和澄清的事项等情况。

（4）所有评审合格的单位进入下一环节的评审。

该项目的设计方案技术标定性评审表如表 7-3 所示。

表 7-3　设计方案技术标定性评审表

招标工程名称:　　　　　　　　　　　　投标人:

序号	评审项目	评审内容	优点	存在的缺陷或签订合同前应注意和澄清事项
1	规划设计指标符合度	符合各相关规程、规范要求，充分满足要求		
2	总体布局及方案可行性	在城市设计的指导下，确定项目整体功能定位，合理进行空间布局，确保整体景观风格与区域特色、城市功能、空间结构相协调，提出景观设计总体构思、功能布局，明确景观分区及主要节点，运用“公园城市”发展理念		
		对整体现状做翔实调研，有详细的现状分析		
		从城市发展的角度，设计分段合理，每个段落需有详细的周边现状分析图、设计平面图、剖面图、鸟瞰图、效果图等各类能体现设计的图纸		
		结合现状，见缝插绿，造景添彩，积极打造“街心公园”“口袋公园”		
		绿化与古城保护相融合，既继承传统又发展创新		
		公园建设做到“开敞而不空旷，幽深而不封闭”		
3	创意设计	结构和机电设计应与建筑高度符合，且系统先进		
		水、电、暖等设备用房布局合理		
		结构布置合理，造价经济		
4	景观建筑、小品	分布合理，体现功能		
		主题突出，内容丰富，通过创新的方式展现地方文化，有平、立、剖面图及效果图		
5	植物设计	通过高、中、低植物的层次、季相、色相变化打造不同主题段落的城市景观大道，展示城市生态园林景色，突出城市特色风貌		
6	亮化设计	全线进行夜景规划设计，在重点区域展现特色		
7	相关要求	节能设计、环境保护设计均符合国家及地方规范要求		
8	造价控制策略分析	对整个项目进行造价控制策略分析		
9	技术经济指标	经济合理，总投资估算满足招标文件要求		

综合评价等级:　　□合格　　　□不合格

评标专家:　　　　　　　　　　　　　　　　　　年　月　日

注:

① 本表适用于专家独立评审;

② 需指出各评审项的优点、存在的缺陷或签订合同前应注意和澄清事项;

③ 综合评价等级仅分为合格和不合格两个等级。不合格仅限于符合招标文件废标、无效标情形，以及投标文件违反国家强制性条文标准的情形。

经过详细评审后，评标委员会按照招标文件规定的方法，汇总评审专家评审意见并向招标人择优推荐规定数量的定标候选人。

本项目评标委员会推荐的定标候选人用表如表 7-4 所示。

表 7-4 推荐的定标候选人用表

招标工程名称: 评标时间: 年 月 日

<table>
<tr><td colspan="2">推荐方法</td><td colspan="3">定性评审法</td></tr>
<tr><td colspan="5">推荐的定标候选人</td></tr>
<tr><td>序号</td><td>投标人名称</td><td>优点</td><td colspan="2">存在的缺陷或签订合同前应注意和澄清事项</td></tr>
<tr><td></td><td></td><td></td><td colspan="2"></td></tr>
<tr><td></td><td></td><td></td><td colspan="2"></td></tr>
<tr><td></td><td></td><td></td><td colspan="2"></td></tr>
<tr><td></td><td></td><td></td><td colspan="2"></td></tr>
<tr><td></td><td></td><td></td><td colspan="2"></td></tr>
<tr><td colspan="5">评标委员会签名:</td></tr>
<tr><td colspan="5">评标专家保留意见:</td></tr>
<tr><td colspan="2">专家姓名:</td><td colspan="2">评标专家对汇总意见持保留意见时，应注明涉及的投标人、具体的优点、存在的缺陷或签订合同前应注意和澄清事项。</td><td>专家签名:</td></tr>
</table>

2. 定标

定标委员会成员各自就定标候选人的设计方案、企业实力、设计项目组配备、拟派团队履约能力等发表意见，最终由定标委员会组长确定中标候选人及其排序。

4）合同条款及格式

编写专业合同条款时，招标人对《中华人民共和国标准勘察招标文件》(2017 年版）和《中华人民共和国标准设计招标文件》(2017 年版）的通用合同条款进行补充和细化。

5）发包人要求

在招标过程中，最重要的文件是对项目的勘察（设计）提出的明确要求，一般被称为勘察（设计）要求文件或勘察（设计）大纲。勘察（设计）要求文件通常由招标人或咨询机构根据行业标准勘察（设计）招标文件（如有）、招标项目具体特点和实际需要，从技术、经济等方面考虑后具体细写，并作为勘察（设计）招标的指导性文件。

勘察（设计）要求文件主要介绍了项目定位、立项、规划等情况，以引导投标设计方案，起到优选设计方案及确定中标单位的作用。标前设计任务体现的是投标期间由投标单位完成建筑方案的要求及说明，内容包括但不限于：项目概况、设计依据、规划要求、建设内容、方案深度要求、设计进度预排、投标人员资格要求等。其中，方案深度要求是重点，一般应提示方案设计综合说明、造价估算、方案图纸、效果展示、特殊事项（如消防超规、抗震超限、幕墙超常规分析）等内容。一般结合评标办法还有设计进度预排与保证措施、设计管理及质量保证措施等内容。总之，投标设计方案是竞标核心，是业主选择中标单位的关键依据。

在编写发包人要求时，对于中标后服务范围及要求的编写，主要是表述设计人中标后在履约过程中应该完成的事项：从方案深化开始，以及之后要做的设计事项，提交设计成果，配合更多建设咨询（如评估、政府审批事项），在施工时提供现场服务等。

案例 7.4

某项目设计招标文件发包人要求部分的编写

第五章 设计任务书和技术文件编制深度

（一）设计任务书

一、总况

1.1 项目名称

略

1.2 项目性质

略

二、项目背景

略

三、设计条件概述

3.1 设计范围

设计的具体内容文字描述略

基本设计范围面积约 44.60 万平方米，最大设计范围不超过提供的 CAD 范围。项目总投资约 1 亿元。具体面积以实际实施面积为准，具体投资金额以区政府批复为准。设计范围详见附件（CAD 范围图）。

3.2 设计依据和参考

四、设计要求及内容

略

五、投标文件设计成果要求

5.1 设计说明

略

5.2 设计方案图纸要求

略

5.3 成果提交形式

1）图纸

图纸成果需提供含文字说明和图纸内容的设计文本，统一规格为 A3 大小（297mm×420mm）。

2）电子文件

设计成果应提供相应的电子版文件。

1. 文字说明使用 word 或 pdf 格式。
2. 图纸文件使用 pdf 或 jpg 格式。

以 U 盘的形式提供电子版文件，共 1 份。

六、中标后服务范围及要求（以中标后签订的设计合同为准）

1. 方案阶段设计（包括方案优化，协助甲方报相关部门审批）
2. 扩初阶段设计（包括编制设计概算及总说明，协助甲方报相关部门审批）

（二）设计文件编制深度

略

6）勘察（设计）有关资料

勘察（设计）所需的有关资料可以由业主提供，一般包括以下内容：宗地图；红线图；规划设计意见书；控规、城市设计与本项目相关的主要内容；该项目周边情况；现状情况；图片资料；可研或项目建议书批复等。

7）投标文件格式

投标文件格式包括商务标和技术标的具体格式文件及相应的要求。

3. 组织现场考察、召开标前会议

在投标人对招标文件进行研究后，业主组织投标人对现场进行考察。现场考察使投标人了解工程现场情况，如城市道路、桥梁、大型立交等项目设计，一般都要求拟建项目与地区文化、环境、景观相协调，现场考察对投标人拟定勘察（设计）方案具有重要意义。投标人应按规定派代表出席标前会议，招标人将对投标人的疑问进行解答，并以书面解答及补遗书澄清的方式回答投标人提出的问题。

4. 开标、评标、定标

1）开标

开标应当在招标文件确定的提交投标文件截止日期的同一时间公开进行，开标地点应当为招标文件预先确定的地点。招标人邀请所有投标人参加，并在签到簿上签名。开标由招标人主持，由监督机关和投标人代表共同监督。若进行公证，应当有公证员出席。投标文件按规定为双信封文件，如投标人未提供双信封文件或提供的双信封文件未按规定密封包装，经监督机构代表或公证人员现场核实确认后，招标人可当场宣布该投标文件为废标。开标时，由投标人或者其推选的代表检查投标文件的密封情况，也可以由招标人委托的公证机构检查并公证；经确认无误后，招标人当众拆封投标文件的第一个信封，宣读招标项目名称、投标人名称、投标保证金的递交情况、投标报价、设计服务期限及其他内容，并记录在案。投标文件中的第二个信封不予拆封，并需得到妥善保存。应当记录开标过程，并存盘备查。开标时，属于下列情况之一的，应当作为废标处理。

（1）投标文件未按要求密封。

（2）投标文件未加盖投标人公章、未经法定代表人或者其授权代理人签字。

（3）投标文件字迹潦草、模糊、无法辨认。

（4）投标人对同一招标项目递交两份或者多份内容不同的投标文件，且未书面声明哪一个有效。

（5）投标文件不符合招标文件实质性要求。

2）评标

评标由评标委员会负责。评标委员会由招标人代表和有关专家组成。评标委员会人数一般为 5 人以上单数，其中技术方面的专家不得少于成员总数的三分之二。

设计评标一般采用综合评估法。评标委员会对满足招标文件实质性要求的投标文件，按照招标文件评标办法进行打分，并按得分由高到低顺序推荐中标候选人；或根据招标人授权直接确定中标人，但投标报价低于其成本的投标人除外。综合评分相等时，评标委员会应按照评标办法前附表规定的优先次序推荐中标候选人或确定中标人。

招标人根据评标委员会的书面评标报告和推荐的中标候选方案，结合投标人的技术力量和业绩确定中标方案。招标人也可以委托评标委员会直接确定中标方案。

评标时虽然需要评审的内容很多，但应侧重于以下几个方面。

（1）设计方案的优劣。

主要评审以下内容：①设计的指导思想是否正确；②设计方案的先进性，是否反映了国内外同类建设项目的先进水平；③总体布置的合理性，场地的利用系数是否合理；④设备选型的适用性；⑤主要建筑物、构筑物的结构是否合理，造型是否美观大方，布局是否与周围环境协调；⑥“三废”治理方案是否有效；⑦其他有关问题。

（2）投入产出的多少和经济效益的好坏。

主要涉及以下几个方面：①建设标准是否合理；②投资估算是否可能超过投资限额；③实施该方案能够获得的经济效益；④实施该方案所需要的外汇额估算等。

（3）设计进度的快慢。

主要评审投标文件中的实施方案计划是否能满足招标人的要求。尤其是某些大型复杂建设项目，业主为了缩短项目的建设周期，往往在初步设计完成后就进行施工招标，在施工阶段陆续提供施工图。此时，应重点考察设计进度能否满足业主实施建设项目总体进度计划的要求。

（4）设计单位的资历和社会信誉。

没有设置资格预审的邀请招标，在评标时应当对设计单位的资历和社会信誉进行评审，作为对各投标申请单位的比较内容之一。

3）定标

定标是招标人或经招标人授权的评标委员会依法确定中标人的过程。招标人可以根据项目概况和自身实际需要，选择设计方案、企业实力、设计项目组配备、拟派团队履约能力等因素作为定标的依据。

根据《招标投标法》的规定，招标人应当在中标方案确定之日起 15 日内，向中标人发出中标通知，并将中标结果通知所有未中标人。对达到招标文件规定要求的未中标方案，采用公开招标时，招标人应当在招标公告中明确是否给予未中标单位经济补偿及补偿金额；采用邀请招标时，招标人应当给予未中标单位经济补偿，补偿金额应当在招标邀请书中明确。

招标人应当在中标通知书发出之日起 30 日内与中标人签订工程设计合同。确需另择设计单位承担施工图设计时，招标人应当在招标公告或招标邀请书中明确。

招标人、中标人使用未中标方案时，应当征得提交方案的投标人同意并支付使用费。

招标人认为评标委员会推荐的所有候选方案均不能最大限度满足招标文件规定要求时，应当依法重新招标。

7.1.5 勘察设计投标

1. 勘察设计投标程序

勘察设计投标一般遵循以下程序：填写资格预审调查表，购买招标文件（资格预审合格后），组织投标班子，研究招标文件，参加标前会议与现场考察，编制勘察设计投标技术文件，估算勘察、设计费用，编制报价书，办理投标保函（如果招标文件有要求的话），递交投标文件。

2. 勘察设计投标文件内容

勘察设计投标文件由商务文件、技术文件和报价清单三部分组成。

商务文件大部分要按照招标文件中业主提供的格式填写。勘察设计大纲需投标人根据项目的特点编写，勘察设计大纲包括以下内容：项目概况，勘察设计工作内容、方针及计划工作量，勘察设计进度，勘察设计项目组织机构和主要人员安排，勘察设计质量保证体系，后续服务工作安排等。

技术文件主要包含投标人对招标项目的理解，对招标项目所在地区建设条件的认识，总体设计思路，方案设计综合说明书，方案设计内容及图纸，对招标项目勘察设计的特点及关键性技术问题的对策措施，预计的项目建设工期，主要的施工技术要求，工程投资估算和经济分析，设计工作进度等内容。

报价清单包括勘察设计报价与计算书。

3. 勘察设计投标报价

勘察设计投标报价需要投标人在明确工程勘察与设计的工作内容和工作性质的基础上，通过复核（或确定）工程勘察与设计工作量、确定工程勘察与设计的计费方法，计算工程勘察设计费，最后进行投标报价决策。

投标人根据招标文件工作量清单进行投标报价计算时，其报价由两部分组成：勘察工作量报价和设计工作量报价。报价可参照《工程勘察设计收费标准》（2002年修订本）进行。

7.1.6 方案设计招标投标

目前，为了优化建设工程设计方案，提高投资效益和设计水平；为了与国际惯例接轨，借鉴国外的做法，大中型建设工程项目的设计由初步设计和施工图设计改为三个阶段，即方案设计阶段、初步设计阶段和施工图设计阶段。

【国家大剧院设计竞赛发标会】

根据设计条件及设计深度，建筑工程方案设计招标类型分为建筑工程概念性方案设计招标和建筑工程实施性方案设计招标两种类型。

1. 方案设计的招标方式

根据《建筑工程方案设计招标投标管理办法》，建筑工程方案设计招标方式分为公开招标和邀请招标。

全部使用国有资金投资或者国有资金投资占控股或者主导地位的建筑工程项目，以及国务院发展和改革部门确定的国家重点项目和省、自治区、直辖市人民政府确定的地方重点项目，除符合本办法第四条及第十条规定条件并依法获得批准外，应当公开招标。

依法必须进行公开招标的建筑工程项目，在下列情形下可以进行邀请招标：

（1）项目的技术性、专业性强，或者环境资源条件特殊，符合条件的潜在投标人数量有限的；

（2）如采用公开招标，所需费用占建筑工程项目总投资额比例过大的；

（3）受自然因素限制，如采用公开招标，影响建筑工程项目实施时机的；

（4）法律、法规规定不宜公开招标的。

招标人采用邀请招标的方式，应保证有三个以上具备承担招标项目设计能力，并具有相应资质的机构参加投标。

2. 方案设计的招标投标管理流程

国务院建设主管部门负责全国建筑工程方案设计招标投标活动统一监督管理。县级以上人民政府建设主管部门依法对本行政区域内建筑工程方案设计招标投标活动实施监督管理。

建筑工程方案设计招标投标管理流程如图 7.1 所示。

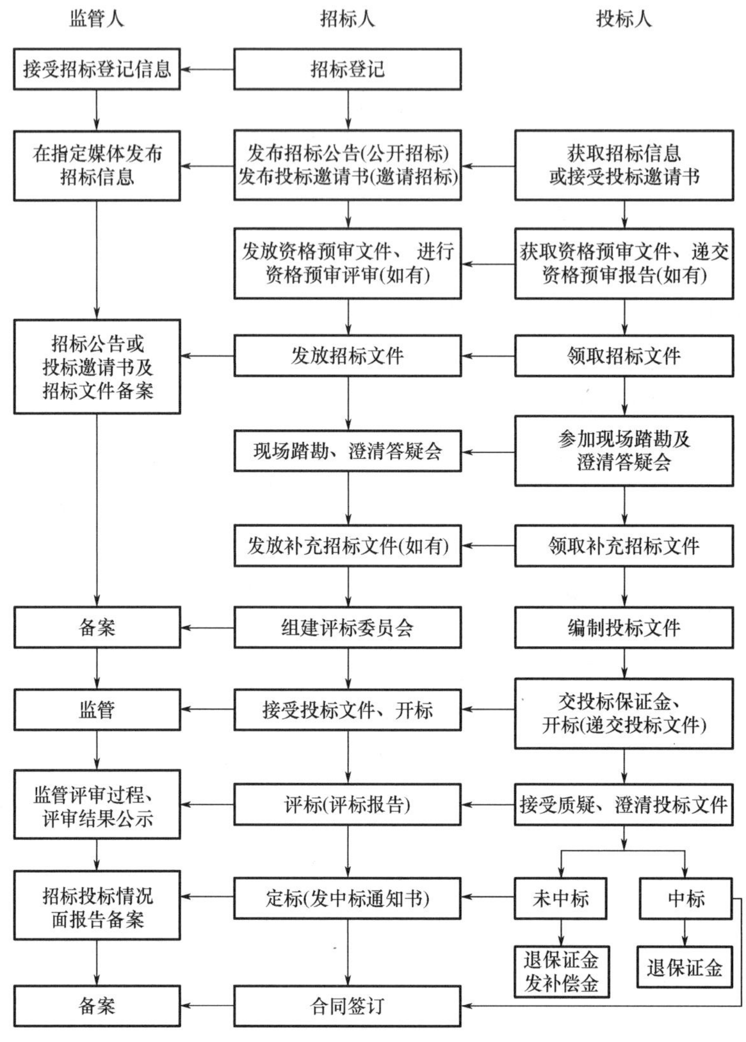

图 7.1 建筑工程方案设计招标投标管理流程

采用建筑工程实施性方案设计招标的，招标人应按照国家规定的方案设计阶段付费标准支付中标人相应费用。采用建筑工程概念性方案设计招标的，招标人应按照国家规定的方案设计阶段付费标准的 80%支付中标人相应费用。

对于达到设计招标文件要求但未中标的设计方案，招标人应给予不同程度的补偿。

（1）采用公开招标时，招标人应在招标文件中明确其补偿标准。若投标人数量过多，招标人可在招标文件中明确对一定数量的投标人进行补偿。

（2）采用邀请招标时，招标人应给予每个未中标的投标人经济补偿，并在投标邀请书中明确补偿标准。

招标人可根据情况设置不同档次的补偿标准，以便对评标委员会评选出的优秀设计方案给予适当鼓励。

另外，值得一提的是，设计方案竞赛是设计方案招标的一种活动组织方式。

案例 7.5

2008 年北京奥运会主体育场——中国国家体育场设计竞赛

2002 年 10 月 25 日，经北京市人民政府和第二十九届奥运会组委会授权，北京市规划委员会面向全球征集 2008 年奥运会主体育场——中国国家体育场的建筑概念设计方案。国家体育场是第一个进入建筑设计程序的北京奥运场馆设施。据北京市规划委介绍，国家体育场建筑概念设计竞赛分为两个阶段：第一阶段为资格预审；第二阶段为正式竞赛。截至 2002 年 11 月 20 日，竞赛办公室共收到 44 家著名设计单位提供的有效资格预审文件，经过严格的资格预审，最终确定了 14 家设计单位进入正式的方案竞赛阶段，它们分别来自中国、美国、法国、意大利、德国、澳大利亚、日本、加拿大、瑞士、墨西哥等国家和地区。

奥运会不仅吸引着世界上最伟大的运动员创造最好的成绩，而且吸引着世界上最伟大的建筑师创造最伟大的作品，包括世界建筑设计最高奖——“普利茨克奖”得主在内的全球许多最具实力的设计团队和最有才华的设计师都参与了这次竞赛。2003 年 3 月 18 日，最终参与竞赛的全球 13 家具有丰富经验的著名建筑设计公司及设计联合体，将它们对中国国家体育场的壮丽构想送抵北京。13 个设计方案中，包括境内方案 2 个、境外方案 8 个、中外合作方案 3 个。

在随后的方案评审中，由中国工程院院士关肇邺和荷兰建筑大师雷姆•库哈斯等 13 名权威人士组成的评审委员会对参赛作品进行了严格评审、反复比较、认真筛选，经过两轮无记名投票，选举出 3 个优秀方案，分别是由瑞士赫尔佐格和德梅隆设计公司与中国建筑设计研究院组成的联合体设计完成的“鸟巢”方案、由中国北京市建筑设计研究院独立设计的“浮空开启屋面”方案、由日本株式会社佐藤综合计画与中国清华大学建筑设计研究院合作设计的“天空体育场”方案。

在此基础上，评审委员会又以压倒性多数票推选“鸟巢”方案为重点推荐实施方案。在讨论“鸟巢”方案时，共有 8 票赞成、2 票反对、2 票弃权、1 票作废。在国际建筑竞赛中，一个方案能获得如此多的共识，应属少见。

为征求公众意见，竞赛组织单位又将全部 13 个设计方案在北京国际会议中心公开展出。展出历时 6 天，征得观众投票 6000 余张。其中被中外评委重点推荐的“鸟巢”方案获票 3506 张，“浮空开启屋面”获票 3472 张，“天空体育场”获票 3454 张，这 3 个设计方案排名前三。“鸟巢”名列第一，表现出观众与评委在很大程度上达成共识。

经决策部门认真研究，“鸟巢”最终被确定为 2008 年北京奥运会主体育场——中国国家体育场的最终实施方案。

7.2 建设工程监理招标与投标

7.2.1 建设工程监理招标

1. 建设工程监理招标的特点

监理单位作为独立的一方，受业主委托，对工程项目建设进行管理，在提高建设工

【《标准监理招标文件》（2017年版）】

程水平和投资效益方面发挥着重要的作用。因此作为项目业主，选择一个高水准的监理单位来管理项目的实施是一项至关重要的工作。监理招标是业主为了挑选最有能力的监理公司为其提供咨询和监理服务，而土建工程招标是为了选择最有实力的承包人来完成施工任务，并获得有竞争性的合同价格，由于二者选择的目的不同，因此有较大差异，监理招标主要有以下特点。

（1）招标的宗旨是对监理单位能力的选择。

监理服务是监理单位的高智能投入，服务工作完成的好坏不仅依赖于监理工作人员执行监理业务时是否遵循了规范化的管理程序和方法，更多地取决于参与监理工作人员的业务专长、经验、判断能力、创新力以及风险意识。因此业主招标选择监理单位时，鼓励的是能力竞争，而不是价格竞争。如果业主对监理单位的资质和能力不给予足够重视，只依据报价高低确定中标人，就忽视了高质量服务，报价最低的投标人不一定就是最能胜任工作者。

（2）报价在选择中居于次要地位。

对于工程项目的施工、物资供应招标，选择中标人的原则是在技术达到要求标准的前提下，主要考虑价格的竞争性。而监理招标将能力的选择放在第一位，因为当价格过低时监理单位很难把招标人的利益放在第一位，监理单位为了维护自己的经济利益采取减少监理人员数量或多派业务水平低、工资低的人员，其必然导致工程项目质量受到影响。另外，监理单位提供高质量的服务，往往能使招标人获得节约工程投资和提前投产的实际效益，因此招标人过多考虑报价因素得不偿失。但从另一个角度来看，服务质量与价格之间应有相应的平衡关系，所以招标人应在能力相当的投标人之间进行价格比较。

（3）邀请投标人数量较少。

选择监理单位一般采用邀请招标的方式，且邀请数量以3～5家为宜。如果邀请过多投标人参与竞争，则要增大评标工作量，过多邀请投标人与在众多投标人中“好中求好”的目的比较，其往往产生事倍功半的效果。

2. 建设工程监理采购的方式

监理服务采购方式有招标方式和非招标方式。招标方式又可分为公开招标和邀请招标；非招标方式又可分为协商谈判和直接委托。

1）招标方式

《必须招标的工程项目规定》（国家发展和改革委员会〔2018〕第16号令）第五条对必须进行招标的监理服务采购标准作了规定，详见本书第2.3.2节。

2）非招标方式

对监理招标投标范围以外的建设监理项目，建设单位可采用非招标的方式确定监理单位，但双方均应进入地方公共资源交易中心进行交易，并办理监理合同登记。

非招标方式的主要方式是协商谈判。

协商谈判是指招标单位选择具有与工程相应的资质等级、营业范围、监理能力的两家以上（含两家）监理单位，依据谈判文件对参加协商谈判的监理单位的投标文件进行协商谈判的方式。

采用协商谈判方式的建设工程项目主要有以下几项。

（1）工程有保密性要求。

（2）工程专业性、技术性高，有能力承担相应任务的单位只有少数几家。

（3）工程施工所需的技术、材料设备属专利性质，并且在专利保护期之内。

（4）主体工程完成后为配合发挥整体效能所追加的小型附属工程。

（5）单位工程停建、缓建后恢复建设且原有监理合同已经中止的工程。

（6）公开招标或者邀请招标失败，不宜再次公开招标或者邀请招标的工程。

（7）其他特殊性工程。

3. 建设工程监理招标的程序

建设工程监理招标一般按照以下程序进行。

1）制订监理招标计划

无论是具备自行监理招标条件的招标人还是受招标人委托的招标代理单位，一般情况下，都应事先制订一个监理招标计划，它对监理招标全过程工作起着指导性作用，也给招标文件提供可靠的编制依据。监理招标计划的主要内容应包括：工程项目监理招标范围的确定，招标方式和招标组织形式的确定，监理标段的划分，监理单位资质条件的确定，监理招标工作时间安排计划等。

（1）工程项目监理招标范围的确定。

① 根据工程开发的范围确定施工监理招标范围。如招标人可以按分期开发实施的土建安装工程施工、精装饰工程施工、绿化工程施工等开发范围来确定招标范围，但应防止承包中对工程的肢解，这是不被允许的。

② 根据招标次数确定监理招标范围。对于中、小型工程项目，有条件时招标人可以将全部监理工作委托给一个单位；对于一些大型工程项目、专业性强的工程项目，若必须采取多次招标，招标人应明确每一次监理招标的工程范围。

（2）招标方式和招标组织形式的确定。

招标人结合工程项目的类型、投资性质等来正确判定应该采用的招标方式，确定采用公开招标还是邀请招标。

招标组织形式有自行招标和委托代理机构招标两种。

（3）监理标段的划分。

一般中、小型工程项目不应被划分为几个标段，只需进行一次招标即可。对于一些大型工程项目或者必须分期实施的工程项目，可以划分为几个标段，并确定一次完成监理招标或是分期进行监理招标。

（4）监理单位资质条件的确定。

招标人根据招标的工程项目的性质、类型、专业化程度等特点，按照《工程监理企业资质管理规定》确定参加投标的监理单位应具备的资质条件。

（5）监理招标工作时间安排计划。

招标人根据确定的监理招标方式，结合工程项目勘察、设计招标工作的完成情况，在施工招标之前或之后按照规定的监理招标投标程序以及《招标投标法》规定的每个程序节点的最少时间，确定监理招标工作的总时间，进行时间的控制和调整。

2）编制招标文件

监理招标实际上是招标人是征询投标人实施监理工作的方案建议。监理招标文件由监理招标机构拟订，招标单位亦可委托招标代理单位拟订。

2017 年，我国颁布了《中华人民共和国标准监理招标文件》（2017 年版），此后各地在此文本基础上编制了地方的监理招标文件范本，比如苏州市 2020 年颁布了《苏州市监理电子招标文件示范文本》（2020 年版），监理招标文件可以依据范本进行编写。

下面就监理招标文件编写中的几个关键问题加以说明。

（1）确定监理招标的范围与内容。

业主在搜集了各类信息之后，研究确定本项目监理招标的规模、范围、内容和委托监理的任务，特别要注意项目投资决策和设计阶段的监理委托，因为该监理委托对项目投资效果起着举足轻重作用。在监理招标时，有的工程业主往往一时难以提供委托监理任务的全部数据，因此可以先估计数目，并加注“最终以实际完成的数据为准”的说明。但是，各建设阶段的主导的数据和任务范围仍应被提出；对目前尚不能提出的任务数据，业主应提出原则和时间表，使投标人可准确报价和考虑风险系数，不致使投标人有模棱两可的感觉。各阶段监理工作的内容是指监理实施过程中的“三控制、二管理、一协调”的具体工作内容，业主在监理招标文件中要写明白这些具体内容。特别是本工程特殊的监理要求，如独立、平行检测，预控，方案技术经济评价及额外的监理任务，都应由业主一一写入招标文件中。业主应达到事先提出而不致事后陆续增加监理工作的要求。

监理的范围与内容是日常监理工作中涉及的实质性问题，双方在事先要彻底了解，不能含糊其词。若在招标文件中不能表达清楚，或使投标人产生误解，必将在日后发生工作纠纷。

案例 7.6

某酒店监理质量目标和监理依据

监理质量目标：

必须达到省优，力争获得鲁班奖；

施工进度满足招标单位要求；

投资控制在招标单位要求的范围。

监理依据：

1. 委托人与土建安装及其他承包人签订的施工承包合同、招标文件及其答疑文件（包括该单位投标时的承诺）。

2. 委托人批准的监理大纲、监理细则等。监理细则必须包括的内容应符合委托人对工程目标的要求并随实际情况而调整，至少应包括以下两方面。

（1）对质量、造价、项目的预控、监控，随时纠偏，动态管理，弥补各项监理措施的不足及相应的人员配置，检查频次规定，表格设计及使用方法。在造价控制方面必须配备相应专业的造价工程师，使其对本工程造价进行严格的控制。

（2）按委托人内部项目管理及单位质量管理体系管理程序的各项规定，调整监理的行为、形成的措施等。

3. 完整的工程项目施工图、技术说明书和委托人批准的变更。

4. 国家现行的建筑安装工程质量标准和验收规范。

5. 政府有关政策、法令、监理法规和委托人上级部门的规章。

6. 施工单位的施工组织设计及各分部分项工程的施工方案。

（2）确定监理单位和人员的基本要求与组成。

对监理单位和人员的基本要求与组成，招标人在监理招标文件中需加以说明。

案例 7.7

某酒店监理招标文件中对监理单位的要求

投标单位应满足条件如下。

1. 投标单位必须具有独立法人资格，甲级资质。

2. 投标单位近五年内监理过两个以上酒店大楼项目，业绩优良。

3. 工程驻场总监理工程师应满足的条件：高级工程师，土建及相关专业，具备国家注册监理工程师执业资格五年以上，年龄55周岁以下（包括55岁），监理过至少一个酒店大楼项目，且有规模类似的幕墙工程监理经历，业绩优良，其中有1个获得过省级以上（含省级）奖项。工程驻场总监理工程师须承诺在本工程监理期间不得兼任其他工程项目。

4. 驻场监理机构人员的专业配套要求：除专业齐备（建筑、结构、电气、暖通、给排水、弱电、装修、幕墙等所有相关专业）外，土建、机电、弱电各专业至少有一人监理过酒店项目。配备的工程师应有丰富经验，且中、青年相搭配，各专业监理工程师的配备、数量必须满足开展监理工作的需要。同时各专业人员必须具备相应的执业资格（工程师）。

5. 必须提供以往类似工程幕墙（单元板）及酒店精装修专题报告。

6. 本工程应配足土建、安装、装修及其他工程的所有检测设备（仪器）。

案例 7.8

某高层住宅小区监理招标文件评标办法中对驻场监理机构的评分标准

表7-5为该项目监理招标文件评标办法中对驻场监理机构的评分标准。

表 7-5 驻场监理机构的评分标准示例

分值（分）	评分因素	分值（分）	分值（分）	评分标准
30	1. 总监理工程师	10		不具备国家监理工程师（经注册）资格的投标，视为废标
	业绩		4	监理项目获得国优：1个得2分，可累加；监理项目获得省优：1个得1分，可累加；本项累计总分不超过4分
	类似经验		4	担任过1项类似等级项目总监理工程师的，得2分，每超过一个加2分，本项累计总分不超过4分
	资质		2	高工得1分，其余不得分；除本专业以外有其他专业注册资格，每一专业加1分，累计不超过2分
			0	向业主承诺在本工地到位的时间为100%的，不扣分，未承诺者扣2分

续表

分值（分）	评分因素	分值（分）	分值（分）	评分标准
30	2. 专业人员的配备	20		
	人员数量满足程度		4	人员配备数量满足本项目的要求得4分，基本满足得2分，不满足不得分
	对口专业满足程度		4	满足本项目各专业要求得4分；基本满足得2分；其中一个专业不满足扣1分，最多扣3分
	职能分工架构		2	各职能分工合理可行得2分，不合理不得分
	类似经验		5	监理工程师具有类似工程经验，每个工程得1分，本项累计不超过5分
	各专业负责人资质		5	具备注册监理工程师资质的，得0.5分，每个专业加0.5分，总分不超过5分

（3）对监理投标文件提出的内容与要求。

工程监理投标文件分技术标书和商务标书两部分。以下分别阐明其主要内容。

① 对技术标书的要求包括：技术标书的综合说明；各阶段工程监理质量、投资、进度控制的方法与实施措施；根据本工程的特点而制定的检测、监测方法；合同管理、索赔管理的方法与措施；信息管理的方法与措施；安全文明施工的监理措施；独立、平行检测方法及取证措施；主要独立、平行检测项目清单；选用、配备的监测仪器及设备清单；实施小时旁站跟踪监理的重要部位；与业主、承包人、分包、政府部门、供应商、设计单位等的工作协调的方法；资料整理归档的管理方法。

② 对商务标书的要求包括：担任本工程监理组总监理工程师的学历、工作简历、特长，特别是参加过监理工程的经历；参加本工程监理的人员机构组成及监理组成员详细名单，特别注明职称、注册资质和监理经历；监理公司资质证明及以往参与相关工程监理的业绩、奖励、评价及其他说明；质量管理体系认证的状况及提交的相关认证书；监理报价书及编制说明（或监理成本估算）。

（4）投标文件编制要求、送交时间、招标投标日程表。

这部分内容包括：投标文件规格、投标文件送交份数、密封要求、投标文件送交时间；发放招标文件的时间、地点；投标保证金；踏勘施工现场时间、集合地点；投标单位以书面形式返回招标文件中需澄清的以及踏勘施工现场后情况不明处的问题的提交时间、地点；招标单位召开招标文件答疑会，对招标文件及投标单位书面返回问题进行口头解释与澄清的时间、地点；会后补发会议纪要，以书面文件为准。这些内容全部在投标人须知及前附表中说明。

（5）评标原则。

监理招标一般采用综合评估法。评标委员会对满足招标文件实质性要求的投标文件，按照招标文件规定的评分标准进行打分，并按得分由高到低的顺序推荐中标候选人，或根据招标人授权直接确定中标人，但投标报价低于其成本的除外。综合评分相等时，以投标报价低的投标单位优先；投标报价也相等的，以监理大纲得分高的投标单位优先；如果监理大纲得分也相等，按照评标办法前附表的规定确定中标候选人顺序。

评标办法遵照国家及各地区颁布的评标办法等有关评标原则，结合本工程监理招标实际条件确定，并在招标文件中公布，以便各方监督。

案例 7.9

苏州科技城某城市更新项目二期监理评标办法

表 7-6 节选自该工程监理招标文件评标办法。

表 7-6　监理评分标准示例

<table>
<tr><th>条款号</th><th colspan="2">评审因素</th><th colspan="2">评审标准</th></tr>
<tr><td>2.2.1</td><td colspan="2">分值构成
（总分 100 分）</td><td colspan="2">监理大纲：<u>20</u>分
总监：<u>16 分</u>
监理机构人员：<u>10</u> 分
企业评价：<u>20</u>分
类似工程业绩：<u>/</u>分
设备、检测仪器：<u>12</u>分
总监答辩：<u>/</u>分
投标人信用综合评价：<u>2</u>分
投标报价：<u>20</u>分
投标人行为及标后履约考评扣分：<u>0</u>分
投标文件的监理大纲得分应取所有评委评分中分别去掉一个最高和最低评分后的平均值为最终得分</td></tr>
<tr><td>2.2.2</td><td colspan="2">评标基准价计算方法</td><td colspan="2">□方法一
以有效投标文件的投标报价算术平均值为 A，评标基准价=A×K。
K 值在开标前由投标人推选的代表随机抽取确定，K 值的抽取范围为______________。
计算算术平均值 A 时，若有效投标文件≥7 家，应去掉其中的一个最低价。
评标委员会在评标报告上签字后，评标基准价不因招投标当事人质疑、投诉、复议以及其他任何情形而改变。
☑方法二
评标基准价=招标控制价×Q
Q 值=<u>80%</u>（Q≥80%）</td></tr>
<tr><th>条款号</th><th colspan="2">评审因素</th><th>评分标准</th><th>分值</th></tr>
<tr><td rowspan="7">2.2.3</td><td rowspan="7">监理大纲</td><td>工程质量控制</td><td>工程质量控制</td><td>3</td></tr>
<tr><td>工程进度控制</td><td>工程进度控制</td><td>3</td></tr>
<tr><td>工程投资控制</td><td>工程投资控制</td><td>3</td></tr>
<tr><td>安全文明施工控制</td><td>安全文明施工控制</td><td>3</td></tr>
<tr><td>合同管理、信息管理措施</td><td>合同管理、信息管理措施</td><td>2</td></tr>
<tr><td>工程组织协调措施</td><td>工程组织协调措施</td><td>3</td></tr>
<tr><td>工程施工重点、难点分析，处理方法及监理对策</td><td>工程施工重点、难点分析，处理方法及监理对策</td><td>3</td></tr>
</table>

续表

<table>
<tr><th colspan="2">条款号</th><th>评审因素</th><th>评分标准</th><th>分值</th></tr>
<tr><td rowspan="16">2.2.3</td><td rowspan="5">总监</td><td>专业</td><td>总监为国家注册监理工程师，注册专业为房屋建筑工程专业的，得 2 分；同时具有其他注册专业的，再得 2 分（提供监理工程师注册执业证书扫描件）</td><td>4</td></tr>
<tr><td>注册年限</td><td>总监取得国家注册监理工程师资格满 6 年的得 3 分，不满 6 年的得 1 分（以执业资格证书签发日期为准，提供证书扫描件）</td><td>3</td></tr>
<tr><td>学历</td><td>总监具有本科及以上学历的得 4 分，大专及以下学历的得 1 分（提供证书扫描件）</td><td>4</td></tr>
<tr><td>职称</td><td>总监具有高级及以上职称的得 3 分，中级职称的得 1 分（提供证书扫描件）</td><td>3</td></tr>
<tr><td>年龄</td><td>总监年龄在 30～50 周岁的得 2 分，其他年龄的得 1 分（以身份证扫描件为准）</td><td>2</td></tr>
<tr><td rowspan="3">监理机构人员（不含总监）</td><td>人数</td><td>监理组人员人数不少于 6 人，专业配套齐全（土建、机电）且均具有住建部或各级建设部门颁发的监理上岗证的得 4 分，不满足不得分（提供相应证书扫描件）</td><td>4</td></tr>
<tr><td>专业监理工程师</td><td>除总监外，监理组配备专业监理工程师 2 人，得 4 分，少 1 人扣 2 分（提供相应证书扫描件）</td><td>4</td></tr>
<tr><td>监理组成员</td><td>监理组人员的平均年龄在 30～55 周岁（含 30、55 周岁）的得 2 分，其余年龄得 1 分（提供身份证扫描件）</td><td>2</td></tr>
<tr><td rowspan="5">企业评价</td><td rowspan="4">奖项、荣誉</td><td>企业获得过政府部门或相关协会颁发的 AAAAA 级荣誉表彰的得 4 分，获得 AAAA 级及以下荣誉表彰的得 2 分（提供证书或文件扫描件）</td><td>4</td></tr>
<tr><td>2016 年以来，企业获得过市级及以上建设主管部门（或监理协会）颁发的“先进监理企业”称号 2 次（含 2 次）以上的得 4 分，1 次的得 2 分，没有的不得分（时间以获奖证书或获奖发文为准，发证、发文时间不一致的，以发文时间为准）</td><td>4</td></tr>
<tr><td>2016 年以来，企业在市级监理企业综合考评中获得过 A 类的，得 2 分；获得过 B 类的，得 1 分（提供获奖证书或文件的扫描件）</td><td>2</td></tr>
<tr><td>2016 年以来，企业承担的项目获得省级及以上“示范或标准化监理项目”表彰的得 3 分；市级“示范或标准化监理项目”表彰的得 1 分（限评两项，时间以获奖证书或获奖发文为准，发证、发文时间不一致的，以发文时间为准）</td><td>6</td></tr>
<tr><td>信誉</td><td>企业具有市级及以上政府部门认定的“重合同守信用或守合同重信用”证书的得 3 分，企业通过省级信用服务机构备案的加 1 分（提供证书或文件扫描件）</td><td>4</td></tr>
<tr><td rowspan="2">类似工程业绩</td><td>企业业绩</td><td>/</td><td></td></tr>
<tr><td>总监理工程师业绩</td><td>/</td><td></td></tr>
<tr><td colspan="2">设备、检测仪器</td><td>能满足工程检测需要并有委托检测协议的得 12 分（能满足工程检测：指投标单位的检测设备中要有全站仪、经纬仪、水准仪、测距仪、回弹仪、GPS、钢筋位置测定仪，缺一项扣 2 分，最多不超过 12 分）（提供有效期内的校准、检定证书扫描件和有效期内的委托检测协议扫 描件）</td><td>12</td></tr>
</table>

续表

条款号	评审因素	评分标准	分值
2.2.3	总监答辩	/	
	投标人信用综合评价	信用得分＝企业信用考评得分×2%。企业信用考评得分按照开标当日有效的、苏州市住建局公布的苏州市工程监理企业信用综合评价结果确定，得分保留 2 位小数	2
	投标报价	投标报价等于评标基准价的得满分；偏离评标基准价的，投标报价每高于评标基准价 1%扣 0.1 分，投标报价每低于评标基准价 1%扣 0.5 分，偏离不足 1%的，用插入法计算	20
	投标人行为及标后履约考评扣分	按评标时考评扣分时效内的扣分值执行	

3）发布监理招标公告或投标邀请书

采用公开招标方式进行监理招标的招标人需要发布监理招标公告，采用邀请招标方式进行监理招标的招标人需要向受邀单位发送投标邀请书。若监理招标中含有资格预审，则招标人同时发售投标资格预审文件，若无资格预审，则招标人直接发售招标文件。监理招标公告或投标邀请书应当载明下列内容。

（1）招标人的名称和地址。

（2）招标项目的名称、技术标准、规模、投资情况、工期、实施地点和时间。

（3）获取招标文件或者资格预审文件的办法、时间和地点。

（4）招标人对投标人或者潜在投标人的资质要求。

（5）招标人认为应当公告或者告知的其他事项。

案例 7.10

某体育中心工程监理招标公告

1. 招标条件

本招标项目——体育中心工程已由某省发展和改革委员会以《关于体育中心项目建议书的批复》文件批准建设，项目业主为某省政府工程建设事务管理局，建设资金来自政府投资，招标人为某省政府工程建设事务管理局。项目已具备监理招标条件，现进行公开招标，欢迎有兴趣的潜在投标申请人报名。

2. 项目概况与招标范围

2.1 建设地点（略）。

2.2 建设规模：19.76 万平方米。

2.3 总 投 资：16 亿元人民币。

2.4 招标范围：施工阶段监理。

2.5 计划工期：略。

3. 标段划分（略）

4. 投标申请人资格要求

4.1 属于中华人民共和国境内具有独立法人资格的单位。

4.2 具备中华人民共和国房屋建筑工程甲级或综合类监理资质。

4.3 具有大型公共建筑工程监理业绩。

4.4 拟任总监理工程师具备国家注册监理工程师执业资格（房屋建筑专业），房屋建筑类高级技术职称，具有大型公共建筑工程监理业绩。

4.5 本次招标不接受联合体投标申请。

5. 报名须知

5.1 请投标申请人于××年××月××日至××年××月××日，每日上午9时至12时，下午3时至6时（北京时间，下同），在某工程招标代理有限公司（地址略）持法人授权委托书、营业执照、资质证书副本、拟任总监理工程师执业资格证及注册证、职称证报名，以上均核验原件，并需提供加盖公章复印件两套。

5.2 招标文件购买时间：××年××月××日至××年××月××日。

5.3 招标文件每套售价为800元，售后不退。

6. 发布公告的媒介（略）

7. 联系方式（略）

4）监理单位的资格预审

目前，国内工程监理招标多采用邀请招标，监理单位资格预审的目的是对邀请的监理单位的资质、能力是否与拟实施项目特点相适应进行总体考察，而不是评定其实施该项目监理工作的建议是否可行。因此，资格预审的重点侧重于投标人的资质条件、监理经验、可用资源、社会信誉、监理能力等方面。

案例 7.11

某高层住宅小区监理招标资格预审办法（摘自该工程监理资格预审文件）

第一节 资格预审的合格条件

（1）具有独立订立合同的能力。

（2）企业未处于责令停业、投标资格被取消或者财产被接管、冻结和破产状态。

（3）企业没有因骗取中标或者严重违约以及发生重大工程质量、安全生产事故等问题，被有关部门暂停投标资格并正处于暂停期内。

（4）申请人资质类别和等级：房屋建筑工程乙级及以上。

（5）拟选派总监理工程师资质等级：具有全国注册监理工程师证书，为工民建专业。

（6）资格预审申请书中的重要内容不存在失实或者弄虚作假。

（7）总监理工程师无在建工程，或者虽有在建工程，但该工程合同约定范围内的全部施工任务已临近竣工阶段，且该工程承包人已经向原发包人提出竣工验收申请，原发包人同意其参加其他工程项目的投标竞争。

（8）投标申请人办理投标报名、资格审查事宜必须由企业法定代表人（或法定代表人委托代理人）办理，委托代理人必须为本企业在职职工。

（9）符合法律法规规定的其他条件。

如报名单位不符合上述九条中的任何一条，则招标人有权拒绝报名单位参与项目的投标。

对于上述条款中所需的有关证书、文件等资料和业绩证明材料，投标申请人必须同时提供复印件及原件核实，否则视为复印件无效，所有资料复印件必须加盖企业公章。

第二节 本项目拟采用的资格预审办法

本项目招标资格预审采用可选条件合格则全部入围的方式确定潜在投标人，同时参与投标的单位必须满足资格预审必要合格条件的要求。

第三节 本项目资格预审必要合格条件中的可选条件的评定

（1）企业业绩。

企业近三年内有类似工程业绩，类似业绩指小区建筑面积8万平方米及以上和地下车库5千平方米及以上的住宅小区。

以上业绩无数量要求。

（2）总监理工程师类似工程业绩。

总监理工程师近三年内承担过类似工程业绩，类似业绩指小区建筑面积8万平方米及以上和地下车库5千平方米及以上的住宅小区。

以上业绩无数量要求。

（3）企业近三年内经审计的财务报表（包括但不限于资产负债表、损益表、经营性现金流量表）。

5）组织投标人现场考察及对潜在投标人的考察

在发售招标文件之后，招标人要组织投标人察看现场并召开招标文件答疑会，答复招标文件及图纸的有关问题，使每个投标人都清楚他们应该做的事。

同时在这个阶段应该组织建设单位及有关部门对潜在投标人进行考察，考察内容包含投标人的办公地点、人员组成，正在监理的现场、内业资料及该项目业主的反映等，并做好现场记录，以备评标用。

7.2.2 建设工程监理投标

监理单位要做好投标工作，主要包括以下工作。

1. 广泛收集招标信息

监理单位应注意新闻媒介上刊登的招标信息，获得招标信息后应全面分析欲投标工程的投标环境、经济环境、自然环境，要根据所收集的资料，在尽可能了解竞争对手的基础上，进行投标成本分析，选择投标成功率较高的项目投标。

2. 组建投标小组

投标人根据欲投标工程的特点组建投标小组，该小组由若干人组成，有明确的分工，并有总负责人。

3. 仔细阅读招标文件

投标人必须仔细阅读招标文件中的每一项条款，尤其是投标人资格要求、投标人的合格条件、投标人应提供的资料、评标办法等，弄清楚招标人的意图、招标项目的主要特点以及响应招标文件的要求。投标人遇到疑难处，招标人应及时进行答疑，并且要以文字为据，避免犯错误。

4. 认真编制投标文件

投标文件的编写应严格按照招标文件的要求进行，凡招标文件要求提供的投标证明文件，投标人都必须提供；凡招标文件要求填制的投标文件，投标人都必须填制。投标人编写投标文件时必须认真编制好监理大纲，在监理大纲中既要有常规要求的通用内容，又要针对该工程建设监理项目的监理重点、难点提出本企业的看法，甚至可以提合理化建议，这方面最能体现投标人的水平和技巧，要充分表现出企业的实力和功底。

投标人投标报价时要根据建设工程的特点，分析监理成本，并按招标文件提供的报价范围，综合考虑选择中低价位，不需要竞投最低价（除非是最低评标价中标）。

7.3 建设工程材料、设备招标与投标

材料、设备采购是指业主或承包人通过招标等形式选择合格的供货商，购买工程项目建设所需的投入物，如机械、设备、仪器、仪表、办公设备和建筑材料等，并包括与之相关的服务，如运输、保险、安装、调试、培训和维修等。

7.3.1 材料、设备采购的特点

材料、设备采购与工程项目采购有相同之处，但也有其自身的特点，主要表现在以下几个方面。

1. 采购种类多，数量不等

工程项目建设所需的材料和设备种类繁多，而且每种货物的需求量不等，所以材料、设备采购计划的制订至关重要。没有周密的采购计划就有可能出现材料、设备供应不及时，使生产和进度出现被动的局面。

2. 采购时间不一，采购批次多

工程项目建设所需的材料和设备的采购都需要采购方根据工程进度计划适时编制货物采购计划，每种材料、设备的进场时间不同，需要分别制订相应的采购计划，控制采购过程，而且还需要根据资金情况、工程进度等确定每次的经济采购批量，分批采购。

3. 可预先了解采购对象的质量

与工程项目采购不同，材料、设备的采购方可以在确定采购前先对采购对象进行考察。做好事先的考察工作，可以让采购方对欲采购的货物质量有基本的了解。因此，采购合同签订前的考察工作对材料、设备采购而言尤其重要。

7.3.2 材料、设备招标的范围与要求

根据《必须招标的工程项目规定》（国家发展和改革委员会〔2018〕第 16 号令）第五条的规定，对于重要设备、材料等货物的采购，如果单项合同估算价在 200 万元人民币以上，则其设备、材料的采购必须纳入《招标投标法》的管理范畴，并按照严格的招投标流程进行。具体内容详见本书 2.3.2 节。

在《招标投标法》与《中华人民共和国招标投标法实施条例》中，对于符合招投标规模的勘察、设计、施工、监理以及重要设备、材料的采购，其招投标的流程、要求是一致的，主要涵盖招标方式、招标程序、投标程序、评标、资格审查等方面。

《工程建设项目货物招标投标办法》（2005 年七部委 27 号令，2013 年 23 号令修订）对货物招标投标活动作出了更细化的规定：

《工程建设项目货物招标投标办法》第五条规定：“工程建设项目货物招标投标活动，

依法由招标人负责。工程建设项目招标人对项目实行总承包招标时，未包括在总承包范围内的货物属于依法必须进行招标的项目范围且达到国家规定规模标准的，应当由工程建设项目招标人依法组织招标。工程建设项目实行总承包招标时，以暂估价形式包括在总承包范围内的货物属于依法必须进行招标的项目范围且达到国家规定规模标准的，应当依法组织招标。”

《工程建设项目货物招标投标办法》第三十一条规定：“对无法精确拟定其技术规格的货物，招标人可以采用两阶段招标程序。在第一阶段，招标人可以首先要求潜在投标人提交技术建议，详细阐明货物的技术规格、质量和其他特性。招标人可以与投标人就其建议的内容进行协商和讨论，达成一个统一的技术规格后编制招标文件。在第二阶段，招标人应当向第一阶段提交了技术建议的投标人提供包含统一技术规格的正式招标文件，投标人根据正式招标文件的要求提交包括价格在内的最后投标文件。”

《工程建设项目货物招标投标办法》第四十四条规定：“技术简单或技术规格、性能、制作工艺要求统一的货物，一般采用经评审的最低投标价法进行评标。技术复杂或技术规格、性能、制作工艺要求难以统一的货物，一般采用综合评估法进行评标。”

与一般施工或勘察、设计、监理招投标不同的是，材料、设备招标允许有代理商参与投标。

7.3.3 材料、设备的采购方式

1. 按货物采购的公开程度进行分类

材料、设备的采购方式按货物采购的公开程度可划分为招标采购、询价采购、直接订购等方式。

1）招标采购

这种选择供货商的方式大多适用于采购大型货物或永久设备、标的金额较大、市场竞争激烈的情况。招标方式可以是公开招标，也可以是邀请招标。采购招标在招标程序上与施工招标基本相同。

2）询价采购

这种方式是采用询价、报价、签订合同程序来进行采购，即采购方对3家以上的供货商就采购的标的物进行询价，对其报价经过比较后选择其中一家与其签订供货合同。这种方式既无须采用复杂的招标程序，又可以保证价格有一定的竞争性，一般适用于采购建筑材料或价值较小的标准规格产品。

规范的询价文件也需采购方参照招投标的流程，列出合同条款，以及货物的详细参数、数量，要求报价人提供报价担保（保证金或见索即付保函）。深圳市住建局在2015年制定并颁布规范性文件《深圳市建设工程材料设备询价采购办法》，在国内率先规范建设工程领域的询价与报价行为。

3）直接订购

采用直接订购方式，采购方不能进行产品的质量和价格比较，因此是一种非竞争性采购方式。一般适用于以下几种情况。

（1）为了使设备或零配件标准化，采购方向原经过招标或询价选择的供货商增加购货，以便适应现有设备。

（2）所需设备具有专卖性质，并只能从一家制造商获得。

（3）负责工艺设计的承包单位要求从指定供货商处采购关键性部件，并以此作为保证工程质量的条件。

（4）尽管询价通常是获得最合理价格的较好方法，但在特殊情况下，由于采购方需要某些特定货物早日交货，也可直接签订合同，避免由于时间延误而增加开支。

2. 按业主的参与程度进行分类

材料、设备的采购方式按业主的参与程度可划分为业主自行采购、委托采购代理机构采购和施工承包单位采购。

业主自行采购就是发包人直接招标采购供应的材料、设备，一般在施工合同中会明确列出采购项目，目前以设备类居多。

委托采购代理机构采购的方式在政府采购中得到了广泛应用，即业主委托采购代理机构进行招标代理，采购代理机构在业主授权的范围内依法开展采购活动。

施工承包单位采购包括在总承包范围内的货物（材料、设备），按照目前的法律法规要求，不需要进行招投标的流程，可以由承包人自行采购。目前承包人采取的模式一般是按照公司内部管理制度，组成一个工作小组进行询价、比价，然后谈判、签署采购合同，采用公开进行招投标模式（公开招标和邀请招标）的情况较为少见。

各种方式的优缺点和应用范围如表 7-7 所示。

表 7-7　货物的三种采购方式比较表

采购实施主体	优　点	缺　点	应用范围
业主自行采购	业主对自行采购的产品比较放心	加大了业主的工作量，业主方必须有较强的管理水平和与施工承包单位协调的能力，并应有很强的自律能力	应用于大宗设备和贵重材料
业主指定产品，委托专门的采购代理机构采购	易于使设备的采购更加专业化和规范化，提高采购供应的效率	增加了货物采购承包单位，协调工作量增加	应用于大型工程、特殊专业工程及外资项目上
施工承包单位采购	便于组织和协调，易于实现计划的调整和控制	对施工单位的管理和专业水平要求高	应用于小型或简单的工程上

3. 按采购手段进行分类

材料、设备的采购方式按采购手段的先进性可划分为传统采购方式和现代采购方式。

传统采购方式是指依靠人力完成整个采购过程的一种采购方式，如采购方通过报刊发布采购信息，采购方和供应商直接参与每个采购环节的具体活动等。该方式适用于网络化和电子化程度较低的国家和地区。

现代采购方式也称网上采购或电子采购，是指主要依靠现代科学技术的成果来完成采购过程的一种采购方式，如采购方通过互联网发布采购信息，供应商网上报名，网上浏览、下载招标文件，网上投标等。该方法适用于网络化和电子化程度比较发达的国家和地区。

7.3.4 材料、设备招标采购

材料、设备招标采购是建设工程施工中的重要工作之一。采购货物质量的好坏和价格的高低对项目的投资效益影响极大。

【《标准材料采购招标文件》（2017年版）】

从实践来看，招标采购也是国际上公认的最具有竞争的一种货物采购方式，招标采购能根据采购人的投资定位，把适合需求的各种品牌的产品集中在一起进行比对，增大选择范围，减少为选择产品而产生的人力、物力和财力的投入，降低产品的采购价格，提高产品的性价比。由于其具有经济有效、公平竞争等相对优势，而且能给采购方带来经济和高质量的货物，因此，招标采购是一种十分重要而且通用的货物采购方式，在世界各国得到普遍运用。

【《标准设备采购招标文件》（2017年版）】

招标采购又分为公开招标和邀请招标。

公开招标方式一般可以使采购方以有利的价格采购到需要的材料、设备，并且可以保证所有合格的投标人都有参加投标的机会，保证采购工作公开而客观地进行。材料、设备采购采用邀请招标一般是有条件的，主要有以下几种情况：

（1）技术复杂、有特殊要求或者受自然环境限制，只有少量潜在投标人可供采购方选择；

（2）采用公开招标方式的费用占项目合同金额的比例过大；

（3）涉及国家安全、国家秘密或者抢险救灾，宜招标但不宜公开招标。

1. 材料、设备招标采购分标的原则

工程项目所需的各种物资应按实际需求时间分成几个阶段进行招标。每次招标时，招标人可依据物资的性质只发1个合同包或分成几个合同包同时招标。分标的原则是：分标有利于吸引较多的投标人参加竞争，以达到降低货物价格，保证供货时间和质量的目的。分标主要考虑的因素包括以下几点。

1）招标项目的规模

根据工程项目所需设备之间的关系、预计金额的大小进行适当的分标和分包。如果标和包划分得过大，一般中小供货商无力供应，有实力参与竞争的承包人过少就会导致投标价格较高；反之，如果标和包分得过小，虽可以吸引较多的中小供货商，但很难吸引实力较强的供货商，尤其是外国供货商来参加投标；若包分得过细，则不可避免地会增大招标、评标的工作量。因此分标、分包要恰当，既要吸引更多的供货商参与投标竞争，又要便于招标方挑选，并有利于合同履行过程中的管理。

2）货物性质和质量要求

工程项目建设所需的物资、材料、设备，可被划分为通用产品和专用产品两大类。通用产品有较多的供货商参与竞争，而专用产品由于对货物的性能和质量有特殊要求，则应按行业来分标。对于成套设备，为了保证零备件的标准化和机组连接性能，最好只被划分为一个标，由某一供货商来承包。在既要保证质量又要降低造价的原则下，凡国内制造厂家可以达到技术要求的设备，招标人应单列一个标进行国内招标；对于国内制造有困难的设备，招标人则需进行国际招标。

3）工程进度与供货时间

供货商按时供应质量合格的货物是工程项目能够正常执行的物质保证。招标人如何恰当分标，应以供货进度计划满足施工进度计划要求为原则，综合考虑资金、制造周期、运输、仓储能力等条件进行分标。既不能延误施工，也不应过早到货。过早到货虽然对施工进度有保障，但它会影响资金的周转，以及额外支出货物的保管与保养费用。

4）供货地点

如果工程的施工地点比较分散，则所需货物的供货地点也势必分散，因此招标人应考虑外地供货商和当地供货商的供货能力、运输条件、仓储条件等进行分标，以利于保证供应和降低成本。

5）市场供应情况

大型工程项目建设需要大量建筑材料和较多的设备，如果一次采购可能会因需求过大而引起价格上涨，招标人应合理计划、分批采购。

6）资金来源

目前由于工程项目建设投资来源多元化，招标人应考虑资金的到位情况和周转计划，应合理分标、分项采购。

2. 材料、设备招标采购的程序

材料、设备招标采购的程序与项目招标采购类似，但在授予合同前增加了对材料、设备供应商的现场考察环节。材料、设备招标采购程序如图 7.2 所示。

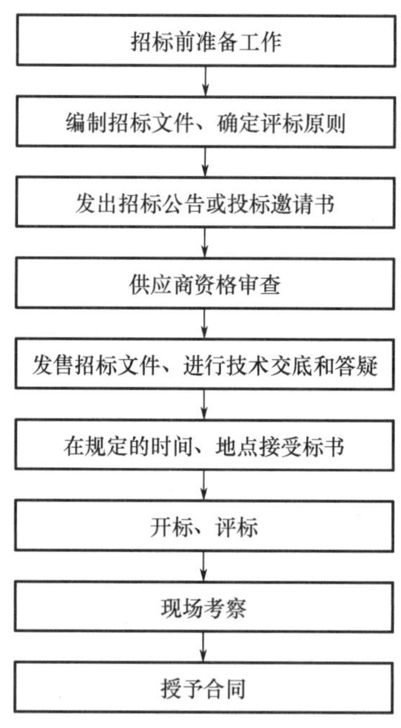

图 7.2 材料、设备招标采购程序

1）招标前准备工作

招标前准备工作主要是收集拟采购材料、设备的相关信息，这些信息包括：哪些厂家生产同类产品，货物的知识产权、技术装配、生产工艺、销售价格、付款方式，产品在哪些单位使用过，产品性能是否稳定，售后服务和配件供应是否到位，生产厂家的经营理念、生产规模、管理情况、信誉高低等。招标人充分利用现代网络和通信技术的优势，广泛了解相关信息，为招标采购工作打好基础。

2）编制招标文件、确定评标原则

招标文件为合同的构建提供了基本框架，也是评标的依据。一份高水平的招标文件是高效进行材料、设备招标采购的关键。

招标文件并没有一个严格统一的格式，招标人可以根据具体情况灵活地确定招标文件的结构。但是一般情况下，货物采购的招标文件主要由招标邀请书，投标人须知，主要合同条款，合同格式，招标材料、设备需求一览表，技术要求，图纸，投标报价表和附件等内容组成。

评标原则是招标文件编制中的重要内容，具体的评标方法在本节评标中详述。

3）发出招标公告或投标邀请书

招标信息发布的通常做法是招标人在指定的公开发行的报刊或媒体上刊登采购公告，或者将采购公告直接送达有关供应商。如果是小额货物采购，一般不必发布采购信息，招标人可直接与供应商联系，向供应商询价。如果是国际性招标采购，招标人则应该在国际性的刊物上刊登招标公告，或将招标公告送交有可能参加投标的国家在当地的大使馆或代表处。随着科技手段的不断更新，越来越多的政府都开始实行网上采购，并将采购信息发布在Internet上的采购信息网点。

邀请招标则是招标人向拟邀请的供应商发出投标邀请书。

4）供应商资格审查

材料、设备招标采购过程中的资格审查分为资格预审和资格后审。资格预审是指招标人出售招标文件或者发出投标邀请书前对潜在投标人进行的资格审查。资格预审一般适用于公开招标，以及需要公开选择潜在投标人的邀请招标。

对于单纯的材料、设备招标采购，较少采用资格预审的程序，大多是招标人在评标之后进行资格审查，通常称这种做法为资格后审，它只要求投标人在投标文件中出具投标人的资格和能力的证明文件。资格后审一般在评标过程中的初步评审开始时进行。在投标人作出报价之后，根据招标文件要求和投标人提交的投标文件对投标人的资格进行审查。

对投标人的资格审查包括对投标人资质的审查和对所提供材料、设备的合格性审查两个方面。

（1）对投标人资质的审查。

投标人填报的资格证明文件应能表明其有资格参加投标且一旦投标被接受后有履行合同的能力。如果投标人是生产厂家，则必须具有履行合同所需的财务、技术和生产能力。若投标人按合同提供的材料、设备不是自己制造或生产的，则应提供货物制造厂家或生产厂家正式授权同意提供的该材料、设备的证明资料。

（2）对所提供材料、设备的合格性审查。

投标人应提交根据招标要求提供的所有材料、设备及其辅助服务的合格性证明文件，这些文件可以是手册、图纸和资料说明等。

5）开标

按照招标文件规定的时间、地点公开开标。开标大会由采购人组织，邀请上级主管部门监督，公证机关进行现场公证。投标人派代表参加开标大会，并对开标结果进行签字确认。

6）评标

评标办法通常随采购货物性质的不同而变化，且在招标文件中要对其有明确规定。

在评标过程中，要加强评标工作的规范性，最大限度地减少主观臆断，在科学、规范的前提下，力争社会效益的最大化。国家关于招投标有专门的法律法规，如《招标投标法》、《工程建设项目货物招标投标办法》（九部委23号令，2013年3月修订）和《评标委员会和评标方法暂行规定》（七部委12号令）等，招标人在进行招标采购时，要严格按照上述法律法规的规定执行。

7）现场考察

在招标采购过程中，评标委员会只根据投标文件本身的内容对投标文件进行评审。也就是说，投标人提交的投标文件是否客观、真实、有效，直接影响着评标结果的公平、公正。大量的事实证明，确实有个别投标人在投标过程中采用夸大事实、弄虚作假的方法影响了评标委员会对投标文件的客观评价，给采购人造成了损失。因此，采购人应在招标前掌握大量市场信息的基础上，对评标结果通过现场考察的方式进行核实，确保选出名副其实的中标人。

现场考察的目的就是对投标人的投标文件内容进行详细核实，确保万无一失。采购人应成立由采购人代表、技术专家等人员组成的考察组，按评标委员会推荐的中标候选人顺序进行实地考察，考察内容包括资质证件、原材料采购程序、生产工艺、质量控制、售后服务情况等。如排序第一的中标候选人通过考察，则考察组不再对其他的中标候选人进行考察，否则，考察组要继续对排序第二的中标候选人进行考察，以此类推。考察结束后，考察组要书写考察情况报告，并由考察组成员签字确认。

8）授予合同

采购人根据评标和考察结果，确定排序最高且通过考察的中标候选人为中标人，并向其发放中标通知书，双方按照招标文件的规定及中标人投标文件的承诺签订供货合同。

3. 材料、设备采购招标文件的编制

1）材料、设备采购招标文件的组成

招标文件是一种具有法律效力的文件，是材料、设备采购人对所需采购货物的全部要求，也是投标和评标的主要依据，招标文件的内容应当做到完整、准确，所提供条件应当公平、合理，符合有关规定。

2017年，我国颁布了《中华人民共和国标准材料采购招标文件》（2017年版）和《中华人民共和国标准设备采购招标文件》（2017年版），分别适用于材料和设备采购。材料（设备）采购招标文件可以依据范本进行编写。

材料（设备）采购招标文件主要由下列部分组成。

（1）招标公告（或投标邀请书），包括招标单位名称，建设工程名称及简介，招标材料、设备简要内容（材料、设备主要参数、数量、要求交货期等），投标截止日期和地点，开标日期和地点。

（2）投标人须知，包括对招标文件的说明及对投标人和投标文件的基本要求等内容。

（3）评标办法，包括评标、定标的基本原则等内容。

（4）主要合同条款应当包括价格及付款方式、交货条件、质量验收标准以及违约罚款等内容，条款要详细、严谨，防止事后发生纠纷。

（5）供货要求，包括招标材料、设备清单、技术要求及图纸。

（6）投标文件格式。

（7）其他需要说明的事项。

2）编制材料、设备采购招标文件时应遵循的规定

（1）招标文件应清楚地说明对拟购买的货物及其技术规格、交货地点、交货时间、维修保修的要求，对技术服务和培训的要求，付款、运输、保险、仲裁的条件和条款，可能的验收方法与标准，还应明确规定在评标时要考虑的除价格以外的其他能够量化的因素，以及评价这些因素的方法。

（2）对原招标文件的任何补充、澄清、勘误或内容改变，招标人都必须在投标截止日期前书面告知所有招标文件购买者，并留足够的时间使其能够采取适当的行动。

（3）技术规格（规范）应明确定义。在技术规格（规范）方面，应允许接受在实质上特性相似、在性能与质量上至少与规定要求相等的货物。不能用某一制造厂家的技术规格（规范）作为招标文件的技术规格（规范）。如确需引用，应加上“实质上等同的产品均可”这样的词句。如果允许兼容性设备，技术规格（规范）中应清楚地说明与已有的设施或设备兼容的要求。在技术标准方面亦应说明在保证产品质量和运用等同或优于招标文件中规定的标准与规则的前提下，那些可替代的设备、材料或工艺也可以被接受。

（4）关于投标有效期和保证金。投标有效期应使项目执行单位有足够的时间来完成评标及授予合同的工作。提交投标保证金的最后期限应是投标截止时间，其有效期应持续到投标有效期或延长期结束后 30 天。

（5）货物和设备合同通常不需要价格调整条款。在物价剧烈变动时期，受价格剧烈波动影响的货物合同可以有价格调整条款。价格调整可以采用事先规定的公式进行计算，也可以以价格变动证据为依据调整。所采用的价格调整方法、计算公式和基础数据应在招标文件内明确规定。

（6）履约保证金的金额应在招标文件内加以规定，其有效期应至少持续到预计的交货或接受货物日期后 30 天。

（7）报价应以指定交货地点为基础，价格应包括成本、保险费和运费。如为进口货物和设备，还要考虑关税和进口税。

（8）招标文件中应有适当金额的违约赔偿条款，违约损失赔偿的比率和总金额应在招标文件中明确规定。

（9）招标文件中应明确规定属于不可抗力的事件。

（10）解释合同条款时使用中华人民共和国的法律，争端可以在中国法院或按照中国仲裁程序解决。

（11）在投标截止日期前，投标人可以对其已经投出的投标文件进行修改或撤回，但须以书面文件的形式确认其修改或撤回。若投标人在投标有效期内撤回其投标文件，则投标保证金将被没收。

4. 评标

材料、设备招标采购评标可采用综合评估法和经评审的最低投标价法。

（1）综合评估法。

评标委员会对满足招标文件实质性要求的投标文件，按照招标文件规定的评分标准进行打分，并按得分由高到低顺序推荐中标候选人，或根据招标人授权直接确定中标人，但投标

报价低于其成本的除外。综合评分相等时，以投标报价低的投标人优先；投标报价也相等的，以技术得分高的投标人优先；如果技术得分也相等，按照评标办法前附表的规定确定中标候选人顺序。

综合评估法分值的构成一般包括商务部分分值、技术部分分值和投标报价分值，如表 7-8 所示。

表 7-8　综合评估法分值构成

分值构成 （总分 100 分）	商务部分：______分 技术部分：______分 投标报价：______分 其他评分因素：______分（如有）
商务评分标准	对投标人履约能力的评价
	对招标文件商务条款的响应程度
	投标材料/设备的业绩
	……
技术评分标准	对投标材料/设备整体评价
	投标材料质量标准的响应程度/投标设备技术性能指标的响应程度
	对投标人相关服务能力的评价/对投标人技术服务和质保期服务能力的评价
	……
投标报价评分标准	偏差率
	……
其他因素评分标准	……

注：本表节选自《中华人民共和国标准材料采购招标文件》（2017 年版）和《中华人民共和国标准设备采购招标文件》（2017 年版）。

需要注意的是，设备采购评标不仅要看投标报价的高低，还要考虑招标人在货物运抵现场过程中可能要支付的其他费用，以及设备在评审预定的寿命期内可能投入的运营、管理费用。如果投标人的设备报价较低，但运营费用很高，则仍不符合以最合理价格采购的要求。

案例 7.12

某住宅小区电梯供货与安装招标评标办法（综合评估法）

一、评标机构

本工程依法组建评标委员会，评标委员会负责对投标文件进行评审。本工程将严格依据本评标办法进行评审，确定中标单位。

二、评标方式

本次投标文件由商务标与技术标两部分组成。其中商务标和技术标皆为明标。

三、评标原则

1. 依据《招标投标法》和有关规定，评标应遵循下述原则：

（1）公平、公正、科学、择优；

（2）质量好、信誉高、价格合理、工期适当、施工方案经济合理、技术可行。

2. 不正当竞争：投标人不许串通投标，不许排挤其他投标人，不得损害招标人或其他投标人的合法权益，如有违反者，按《招标投标法》的有关规定处理。

3. 对所有投标人投标文件的评定采用相同的程序和标准。

四、评标说明

1. 本工程评标所依据的投标报价等均以元为单位计算。百分率、得分值或扣分值保留小数点后两位，第三位四舍五入。最终视各评标专家评分后的算术平均值为各投标单位的最终得分。

2. 评标小组人员按评标评分细则各自独立打分，除定量分外，不可采用集体统一打分。打分原始记录要保存备查。

3. 商务标、技术标综合部分及技术标（施工组织设计）分开装订。

五、定标

1. 本工程采用综合评估评标办法。综合评估评标办法是指以投标价格、施工组织设计或者施工方案等多个因素为评价指标，并将各指标量化计分，按总分排列顺序，确定中标候选人的方法。

2. 首先进行技术标评比，技术标满分 30 分（具体分值划分按原规定），经评比得分超过 21 分（含 21 分）者技术标合格，进入商务标评比；得分不到 21 分者技术标不合格，判为无效标，不进入商务标的评比。

3. 技术标合格，商务标与技术标相加总分最高者中标。

六、具体评比办法

a）商务标：满分 70 分

报价最低者得满分 70 分，其余与报价最低者相比，每高 1%，扣 0.5 分，不足 1%的，按照插入法计算，扣完为止。

b）技术标：满分 30 分

1. 工期（满分 2 分）：投标人的自报总工期等于建设单位的要求工期者，得 2 分，其余不得分。招标人保留更改投标工期的权利。

2. 企业业绩（0 ~ 1 分）。

3. 售后服务（满分 6 分）。

3.1 维保费用（满分 2 分）：指免费全包维修保养期结束后半包保养维修期间的维保费用，半包保养维修期间（前 3 年）平均维保费用最低报价者得 1 分，每上浮 1%，扣除 0.1 分（插入法），扣完为止；半包保养维修期间（后 7 年）平均维保费用最低报价者得 1 分，每上浮 1%，扣除 0.1 分（插入法），扣完为止。

3.2 主要备品配件（满分 2 分）：各投标人应针对标的物中常用易损的主要备品配件开列清单，列出市场价格及其在市场价格基础上的上下浮率，并报出供应周期。

3.2.1 下浮率绝对值最大者得 1.5 分，其次者得 1 分，再次者得 0.5 分，其余不得分；若技术标专家认为所列清单不够详尽，倒扣 0.5 ~ 1 分；若未进行报价，倒扣 1.5 分。

3.2.2 对主要备品配件供应周期按时间长短打分（单位：小时），最短者得 0.5 分，其余不得分。技术标专家判定主要备品配件的供应周期明显不合理者，不得分。

3.3 维修服务（满分 2 分）。

3.3.1 在建设地所在市设分公司和售后维修中心者，得 1 分。

3.3.2 维修服务网点的响应时间长短：

在 2 小时以内，得 1 分；

在 4 小时以内，得 0.5 分；

在 6 小时以内，得 0.25 分；

在 6 小时以上，得 0 分。

3.3.3 上述售后服务均须提供书面承诺书。

4. 主机自控系统（主机控制微机板及其芯片或采用 PLC 系统控制）：原产地进口得 3.5 分，其他得 0～1 分。

5. 主机控制的其他机械部件及电气部件：原产地进口得 3.5 分，其他得 0～1 分。

6. 门机自控系统（门机控制微机板及其芯片为进口或采用 PLC 系统控制）：原产地进口得 2 分，其他得 0～1 分。

7. 对招标文件中规定的电梯技术要求的改进（0～2 分）：对任何改进均须填写技术改进的明细表，说明改进的内容、对设备性能的影响。并须于开标前得到业主同意，否则视为严重偏离。

8. 对招标文件中规定的电梯技术要求的其他偏离（-6～0 分）。

8.1 对任何偏离均须填写技术要求偏离表，说明偏离的内容、原因、对设备性能的影响。

8.2 完全满足招标文件的要求，不扣分，对其中某一功能的偏离，视重要程度进行相应扣分，直到-6 分为止，偏离项达 2 项及以上的按废标处理。

8.3 合资产品必须使用外方母公司的商标，否则视为严重偏离。

9. 施工组织设计（0～10 分）

考核内容	考 核 标 准	分值
施工组织设计（10 分）	施工方案方法明确合理	0～2 分
	进度计划合理、明确无误	0～2 分
	对于安装质量控制有完整的计划指导	0～2 分
	现场安装力量的计划安排合理有序	0～2 分
	服从施工总包管理并有明确的与施工总包配合的方案	0～1 分
	有完整的确保安全文明施工的安全作业指导文件，并有切实可行的安全文明施工方法和组织形式	0～1 分

（2）经评审的最低投标价法。

采购简单商品、半成品、原材料，以及其他性能质量相同或容易进行比较的货物时，价格可以作为评标时主要考虑的因素，并以此作为选择中标单位的尺度。

国内生产的货物的报价应为出厂价。出厂价包括为生产所提供的货物购买的原材料和零配件所支付的费用，以及各种税款，但不包括货物售出后所征收的销售税以及其他类似税款。如果所提供的货物是投标人早已从国外进口，目前已在国内的，则应报仓库交货价或展示价，该价格应包括进口货物时所交付的进口关税，但不包括销售税。

评标委员会对满足招标文件实质性要求的投标文件，根据招标文件规定的评标价格调整方法进行必要的价格调整，并按照经评审的投标价由低到高的顺序推荐中标候选人，或根据招标人授权直接确定中标人，但投标报价低于其成本的除外。经评审的投标价相等时，投标报价低的投标人优先；投标报价也相等的，按照评标办法前附表中的规定确定中标候选人顺序。

评标时，除投标价以外，还需考察的因素和折算的主要方法一般包括以下几个方面。

① 运输费用。这部分是招标人可能支付的额外费用，包括运费、保险费和其他费用，如运输超大件设备需要对道路加宽、桥梁加固支出的费用等。投标价换算为评标价格时，可按照运输部门（铁路、公路、水运）、保险公司以及其他有关部门公布的收费标准，计算货物运抵最终目的地将要发生的费用。

② 交货期。交货期以招标文件规定的具体交货时间为标准。当投标文件中提出的交货期早于规定时间时，一般不给予评标优惠，因为施工还不需要时，提前到货的不仅不会使项目法人获得提前收益，反而要增加仓储管理费和设备保养费。如果投标文件中的交货期迟于规定的交货日期，但推迟的时间尚在可以接受的范围之内，则交货日期每延迟一个月，按投标价的某一百分比（一般为2%）计算折算价，将其加到投标价中去。

③ 付款条件。投标人应按招标文件中规定的付款条件来报价，对不符合规定的投标，招标人可视为非响应性投标而予以拒绝。但在订购大型设备的招标中，如果投标人在投标致函内提出，当采用不同的付款条件（如增加预付款或前期阶段支付款）可降低报价的方案供招标人选择时，这一付款要求在评标时也应予以考虑。当支付要求的偏离条件在可接受范围内，投标人应将因偏离要求而给项目法人增加的费用（资金利息等），按招标文件中规定的贴现率换算成评标时的净现值，加到投标致函中提出的更改报价中后，将其作为评标价格。

④ 零配件和售后服务。零配件以设备运行两年内各类易损备件的获取途径和价格作为评标要素，售后服务内容一般包括安装监督、设备调试、提供备件、负责维修、人员培训等工作，如果这些费用已要求投标人包括在投标价之内，则评标时不再考虑这些因素；若要求投标人在投标价之外单报这些费用，则应将其加到报价上。如果招标文件中没有作出上述任何一种规定，评标时应按投标文件技术规范附件中由投标人填报的备件名称、数量计算可能需购置的总价格，以及由招标人自行安排的售后服务价格，然后将其加到投标价上去。

⑤ 设备性能、生产能力。投标设备应具有招标文件技术规范中规定的生产效率。如果所提供设备的性能、生产能力等技术指标没有达到技术规范要求的基准参数，则每项参数比基准参数降低1%时，应以投标设备实际生产效率单位成本为基础计算，在投标价上增加若干金额。

⑥ 技术服务和培训。投标人在投标文件中应报出设备安装、调试等方面的技术服务费用，以及有关培训费。如果这些费用未包括在总报价内，评标时应将其加到报价中作为评标价。

将以上各项评审价格加到投标价上后，累计金额即为该投标文件的经评审的投标价（评标价）。

本章小结

本章分三个部分，首先介绍了勘察设计招投标的特点，勘察设计招标和勘察设计竞赛的基本概念，勘察设计招标和评标的程序和方法，勘察设计投标的注意事项等。然后介绍了监理招标的特点、程序和方法，监理投标的注意事项。最后介绍了材料、设备采购的特点、方法，并重点介绍了材料、设备招标采购的程序和评标方法。

习　题

一、单项选择题

1．工程监理是监理单位代表（　　）实施监督的一种行为。

A．建设单位　　B．设计单位　　C．施工单位　　D．国家

2．在设备采购评标中，采购标准规格的产品，由于其性能质量相同，可把价格作为唯

一尺度，将合同授予（　　）的投标人。

A. 报价适中　　B. 报价合理　　C. 报价最低　　D. 报价最高

3. 在设备采购评标中，采用技术规格简单的初级商品，由于其性能质量相同，可把价格作为唯一尺度，将合同授予（　　）的投标人。

A. 报价适中　　B. 报价合理　　C. 报价最低　　D. 报价最高

4.《必须招标的工程项目规定》中规定：重要设备、材料等货物的采购，单项合同估算价在（　　）万元人民币以上的，必须进行招标。

A. 50　　B. 150　　C. 100　　D. 200

5. 监理招标的宗旨是指业主对监理单位（　　）的选择。

A.能力　　B.报价　　C. 信誉　　D. 经济实力

二、多项选择题

1. 对工程勘察设计的投标评审主要包括（　　）内容。

A. 工程技术方案　　B. 投入产出、经济效益

C. 工程勘察设计进度　　D. 设计单位资质

E. 投资回报

2. 对勘察设计单位的资质审查主要包括审查投标单位的（　　）。

A. 资质　　B. 业绩

C. 社会信誉　　D. 质量保证体系

E. 社会效益

3. 监理招标的方式包括（　　）。

A. 公开招标　　B. 邀请招标

C. 竞争性谈判　　D. 竞争性磋商

E. 直接委托

4. 勘察设计招标文件的主要内容包括（　　）。

A. 投标人须知　　B. 合同主要条件

C. 发包人主要要求　　D. 评标办法

E. 投标文件格式

5. 材料、设备的采购方式包括（　　）。

A. 招标采购　　B. 询价采购

C. 议价　　D. 直接订购

E. 竞争性谈判

三、简答题

1. 什么是设计方案竞赛？设计方案竞赛有什么特点？

2. 监理招标的方式有哪些？其各自有什么特点？

3. 勘察设计招标的程序是什么？

4. 试通过查阅资料，结合一个工程项目，说明勘察设计招标文件的基本内容和评标方法。

5. 对于一个工程项目的监理投标，监理单位在投标时需要做哪些工作？

6. 材料、设备采购的特点是什么？

7. 试说明材料、设备招标采购的程序。

8. 试通过查阅资料，结合具体工程项目，说明材料、设备招标采购的评标方法的应用。

四、案例分析

某城市地方政府在城市中心区投资兴建一座现代化公共建筑A，建筑面积56844m^2，占地面积4688m^2，建筑檐口高度68.86m，地下三层，地上二十层。本项目采用公开招标、资格后审的方式确定设计人，要求设计充分体现城市特点，与周边环境相匹配，建成后成包括城市的标志性建筑。招标内容包括方案设计、初步设计和施工图设计三部分，以及建设过程中配合招标人解决设计遗留问题等事项。某招标代理机构草拟了一份招标公告如下。

招标公告

招标编号：××××号

某城市的A工程项目，已由国家发改委批准建设。该项目为政府投资项目，已经具备了设计招标条件，现采用公开招标的方式确定该项目设计人，凡符合资格条件的潜在投标人均可以购买招标文件，在规定的投标截止时间内投标。

① 工程概况：详见招标文件。

② 招标范围：方案设计、初步设计、施工图设计以及工程建设过程中配合招标人解决现场设计遗留问题。

③ 资格审查采用资格后审方式，凡符合本工程房屋建筑设计甲级资格要求且资格审查合格的投标申请人才有可能被授予合同。

④ 对本招标项目感兴趣的潜在投标人，可以从××省××市××路××号政府机关服务中心购买招标文件。时间为2018年9月10日至2018年9月12日，每日8时30分至12时00分，13时30分至17时30分（公休日、节假日除外）。

⑤ 招标文件每套售价为200元人民币，售后不退。如需邮购，投标申请人可以书面形式通知招标人，并另加邮费每套40元人民币。招标人在收到邮购款后1日内，以快递方式向投标申请人寄送上述资料。

⑥ 投标截止时间为2018年9月20日9时30分。投标截止日前递交的，投标文件须送达招标人（地址、联系人见后）；开标当日递交的，投标文件须送达××省××市××路××号公共资源交易中心4楼。逾期送达的或未送达指定地点的投标文件将被拒绝。

⑦ 招标项目的开标会议将于上述投标截止时间的同一时间在××省××市××路××号公共资源交易中心4楼公开进行，邀请投标人派代表参加开标会议。

[招标代理机构名称、地址、联系人、电话、传真等（略）]

问题：请逐一指出该招标公告的不当之处。

【在线答题】

第8章 建设工程合同

思维导图

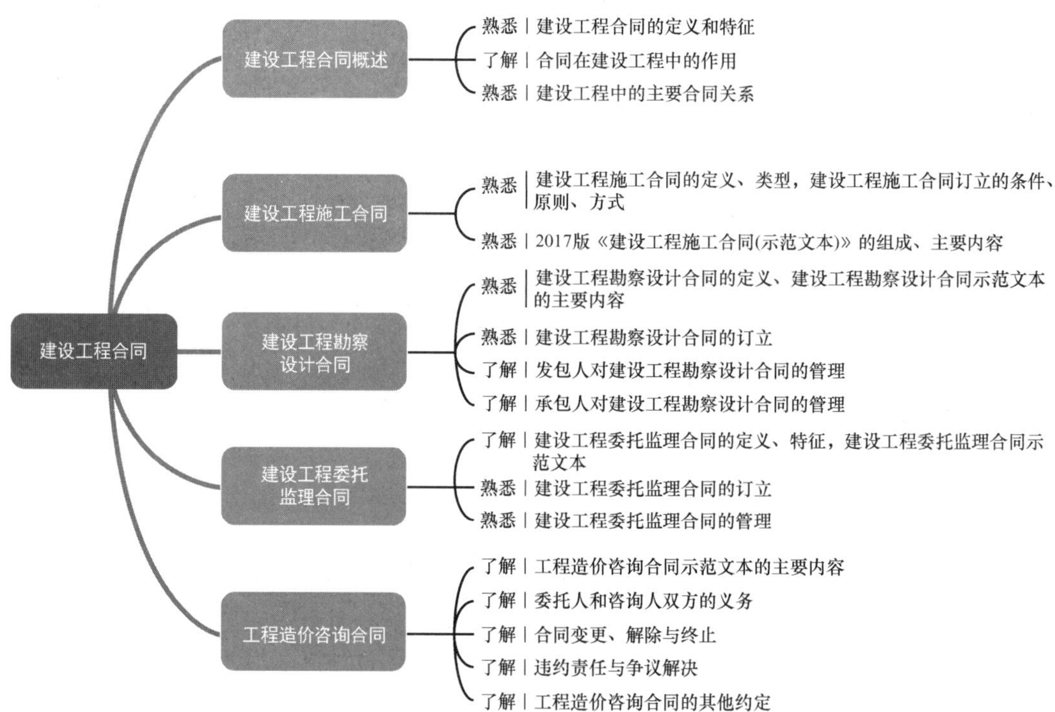

工程建设是由多个不同利益主体参与的活动，这些主体之间具有由合同构建起来的法律关系。建设工程合同种类繁多，其中建设工程施工合同是最有代表性、最普遍，也是最复杂的合同类型。除了施工合同之外，建设工程主要的合同还有勘察设计合同、委托监理合同、物资采购合同、加工合同、劳务合同等。

8.1 建设工程合同概述

8.1.1 建设工程合同的定义和特征

1. 建设工程合同的定义

《中华人民共和国民法典》合同编规定，建设工程合同是承包人进行工程建设、发包人支付价款的合同，即承包人按照发包人的要求完成工程建设，交付竣工工程，发包人向承包人支付报酬。工程建设的行为包括勘察、设计、施工等。

2. 建设工程合同的特征

（1）合同主体的严格性。

建设工程合同主体一般只能是法人。发包人一般只能是经过批准进行工程项目建设的法人，其必须有国家批准的建设项目，负责落实投资计划，并且应当具备相应的协调能力；承包人则必须具备法人资格，而且应当具备相应的从事勘察设计、施工、监理等的资质。无营业执照或无承包资质的单位不能作为建设工程合同的主体，资质等级低的单位不能越级承包建设工程。

（2）合同标的的特殊性。

建设工程合同的标的是各类建筑产品，其通常与大地相连，建筑形态多种多样，即便采用同一张图纸施工的建筑产品往往也是各不相同的（如价格、位置等的不同）。建筑产品的单件性及固定性等特性，决定了建设工程合同标的的特殊性。

（3）合同履行期限的长期性。

由于结构复杂、体积大、建筑材料类型多、工作量大、投资巨大，建设工程的生产周期与一般工业产品的生产周期相比较长，这就导致了建设工程合同履行期限较长。而且因为投资额大，建设工程合同的订立和履行一般都需要较长的准备期。同时，在合同履行过程中，还可能因为不可抗力、工程变更、材料供应不及时等原因而导致合同期限的延长。所有这些情况都决定了建设工程合同的履行期限具有长期性。

（4）投资和程序上的严格性。

由于工程建设对国家的经济发展、人民的工作和生活有着重大的影响，国家对工程建设在投资和程序上有严格的管理制度。订立建设工程合同也必须以国家批准的投资计划为前提。即使是国家投资以外的、以其他方式筹集的投资也要受到当年贷款规模和批准限额的限制，并经过严格的审批程序。建设工程合同的订立和履行还必须遵守国家关于基本建设程序的规定。

8.1.2 合同在建设工程中的作用

合同在现代建设工程中发挥着越来越重要的作用，其主要体现在以下几个方面。

1. 合同确定了工程实施和工程管理的主要目标，是合同双方在工程中进行各种经济活动的依据

合同在工程实施前签订，它确定了工程所要达到的目标以及和目标相关的所有主要的和细节的问题。合同确定的工程目标主要有以下三个方面。

（1）工期：包括工程的总工期，工程开始、工程结束的具体日期以及工程中的一些主要活动的持续时间。它们由合同协议书、总工期计划、双方一致同意的详细进度计划确定。

（2）工程质量、工程规模和范围：包括详细而具体的质量、技术和功能等方面的要求，例如建筑面积，建筑材料，设计、施工等质量标准和技术规范等。它们由合同条件、图纸、规范、工程量表等定义。

（3）价格：包括工程总价格，各分项工程的单价和总价等。它们由中标通知书、合同协议书或工程量报价单等确定，是承包人按合同要求完成工程所应得的报酬。

以上是工程实施和工程管理的目标和依据。

2. 合同规定了双方在工程实施过程中的经济责任、利益和权利

签订合同后双方处于一个统一体中，共同完成项目任务，双方的总目标是一致的。但从另一个角度看，合同双方的利益又是不一致的。

（1）承包人的目标是尽可能多地取得工程利润，增加收益，降低成本。

（2）发包人的目标是以尽可能少的费用完成尽可能多的、质量尽可能高的工程。

由于利益的不一致，工程实施过程中产生的利益冲突会造成双方在工程实施和工程管理中行为不一致、不协调和矛盾。合同双方常常从各自利益出发考虑和分析问题，采用一些策略、手段和措施达到自己的目的。但合同双方的权利和义务是互为条件的，这一切又必然影响和损害对方利益，妨碍工程顺利实施。

合同是调节双方关系的主要手段，双方可以利用合同保护自己的权益，限制和制约对方。

3. 合同是工程项目组织的纽带

合同将工程所涉及的生产、材料和设备供应、运输、各专业设计和施工的分工协作关系联系起来，协调并统一工程项目各参与者的行为。一个参与单位与工程项目的关系，以及它在工程项目中承担的角色，它的任务和责任，都是由与它相关的合同定义的。

4. 合同是工程实施过程中双方的最高行为准则

工程实施过程中的一切活动都是为了履行合同，双方都必须按合同办事，双方的行为主要靠合同来约束，所以，工程管理以合同为核心。

在工程实施过程中，由于合同一方违约，不能履行合同责任，不仅会造成自己的损失，而且会殃及合同伙伴和其他工程参与者，甚至会造成整个工程的中断。如果没有合同和合同的法律约束力，就不能保证工程的各参与者在工程的各个方面、工程实施的各个环节上都按时、按质、按量地完成自己的义务，就不会有正常的施工秩序，也不可能顺利实现工程总目标。

5. 合同是工程实施过程中双方解决争执的依据

由于双方经济利益的不一致，在工程实施过程中出现争执是难免的。合同和争执有不解之缘。合同争执是经济利益冲突的表现，它常常起因于双方对合同理解的不一致、合同实施环境的变化、有一方未履行或未正确地履行合同等。

合同对争执的解决有以下两个决定性作用。

（1）争执的判定以合同为法律依据，即以合同条文判定争执的性质，谁对争执负责，应负什么样的责任，等等。

（2）争执的解决方法和解决程序由合同规定。

案例 8.1

建设工程合同违规案例

某建设单位准备兴建沿街门面，与某建筑工程公司签订了建筑工程承包合同。之后，承包人将各种设备、材料运抵工地开始施工。工程实施过程中，得知该工程不符合城市建设规划，未领取施工规划许可证，必须立即停止施工。最后，城市规划管理部门对建设单位作出了行政处罚，处以罚款2万元，并勒令停止施工，拆除已修建部分。承包人因此而蒙受损失，向法院提起诉讼，要求发包人给予赔偿。

【解析】

本案双方当事人之间所订立的合同属于典型的建设工程合同，归属于施工合同的类别，所以评判双方当事人的权责应依有关建设工程合同的规定。

本案中引起当事人争议并导致损失产生的原因是工程开工前未办理施工规划许可证，从而导致工程为非法工程，当事人基于此而订立的合同无合法基础，为无效合同。依《中华人民共和国建筑法》规定，施工规划许可证应由建设单位，即发包人办理，所以，本案中的过错在于发包人，建设单位应当赔偿给承包人造成的前期投入及设备、材料运送费用等损失。

8.1.3 建设工程中的主要合同关系

工程建设是一个极为复杂的社会生产过程，它分别经历可行性研究、勘察设计、工程施工和运行等阶段；有土建、水电、机械设备、通信等专业设计和施工活动；需要各种材料、设备、资金和劳动力的供应。由于社会化大生产和专业化分工，一个工程可能有几个、十几个，甚至几十个、成百上千个参与单位，它们之间形成各式各样的经济关系。工程中维系这种关系的纽带就是合同。工程项目的建设过程实质上又是一系列经济合同的签订和履行过程。

在一个建设工程中，相关的合同可能有几份、几十份，甚至几百份、上千份，形成了一个复杂的合同网络。在这个网络中，发包人和承包人是两个最主要的节点。

1. 发包人的主要合同关系

发包人作为工程或服务的买方，是工程的所有者，它可以是政府部门、企事业单位、几个企业的组合、政府与企业的组合（例如合资项目、BOT项目等）、私人投资者等。

发包人根据其对工程的需求，确定工程项目的整体目标。这个目标是所有相关工程合同的核心。通常为实现工程总目标，发包人会将工程的勘察设计、施工、设备和材料供应等工作委托出去，从而形成了如下合同关系。

（1）咨询（监理）合同。指发包人与咨询（监理）公司签订的合同。咨询（监理）公司负责工程的可行性研究、设计监理、招标和施工阶段监理等某一项或几项工作。

（2）勘察设计合同。指发包人与勘察设计单位签订的合同。勘察设计单位负责工程的地质勘察和技术设计工作。

（3）供应（采购）合同。指当由发包人负责提供工程材料和设备时，发包人与有关材料和设备供应商签订的合同。

（4）工程施工合同。指发包人与工程承包人签订的合同。一个或几个承包人分别承包土建、机电安装、装饰等工程施工。

（5）贷款合同。指发包人与金融机构签订的合同，后者向发包人提供资金保证。按照资金来源的不同，可分为贷款合同、合资合同或BOT合同等。

按照工程承包方式和范围的不同，发包人可能将工程分专业、分阶段委托，将材料和设备供应分别委托，也可能将上述几个阶段合并委托，如把土建和安装委托给一个承包人，把整个设备供应委托给一个设备供应企业。发包人还可以将整个工程的设计、采购、施工甚至管理等工作委托给一个总承包人负责。

2. 承包人的主要合同关系

承包人是工程施工的具体实施者，是工程承包合同的执行者。承包人要履行承包合同的责任，包括由工程量表所确定的工程范围的施工、竣工和保修，他们为完成这些工程任务提供劳动力、施工设备、材料，有时也包括技术设计。对于承包人而言，他同样可以将许多专业工作委托出去，从而形成了如下合同关系。

（1）分包合同。对于一些大型工程项目，承包人通常要与其他承包人合作才能顺利完成总承包的合同责任。承包人可以将其承接到的工程中的某些分项工程或工作分包给其他承包人来完成，因而要与其签订分包合同。

承包人在承包合同下可能订立许多分包合同，而分包人仅完成总承包人分包给自己的工程任务，对总承包人负责，与发包人无合同关系。总承包人仍就整个工程责任对发包人负责，并负责工程的管理和所属各分包人工作之间的协调。

（2）供应合同。承包人通常通过与材料、设备供应商签订供应合同来为工程提供相关的材料和设备。

（3）运输合同。这是承包人为解决材料和设备的运输而与运输单位签订的合同。

（4）加工合同。指承包人将建筑构配件、特殊构件的加工任务委托给加工承揽单位而签订的合同。

（5）租赁合同。在建设工程中，承包人需要许多施工设备、运输设备、周转材料，当有些设备、周转材料在现场的使用率较低，或自己购置需要大量资金投入而自己又不具备这个经济实力时，承包人可以采用租赁方式，与租赁单位签订租赁合同。

（6）劳务供应合同。建筑产品往往需要花费大量的人力、物力和财力。承包人不可能全部采用固定工来完成该项工程，为了满足工程的临时需要，往往要与劳务供应商签订劳务供应合同，由劳务供应商向工程提供劳务。

（7）保险合同。承包人按施工合同要求对工程保险负责，与保险公司签订保险合同。

承包人的这些合同都与工程承包合同相关，都是为了履行承包合同而签订的。

3. 建设工程的合同体系

按照上述的分析和项目任务的结构分解，就可以得到不同层次、不同种类的合同，它们共同构成了如图 8.1 所示的建设工程合同体系。

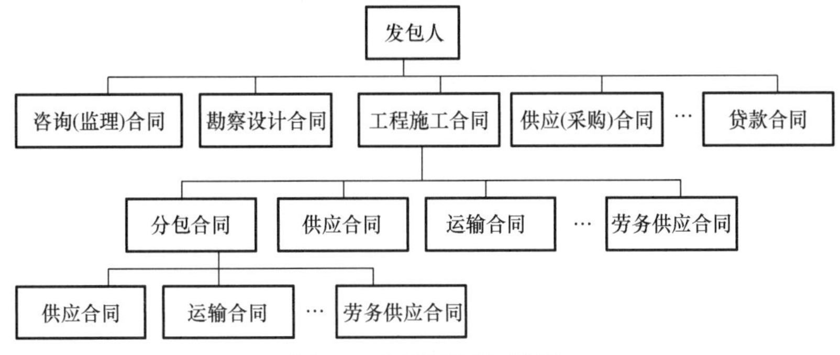

图 8.1 建设工程合同体系

在该合同体系中，这些合同都是为了完成发包人的工程项目目标而签订和实施的。这些合同之间存在着复杂的内部联系，构成了工程的合同网络。其中，建设工程施工合同在建设工程合同体系中处于主导地位，是整个建设工程项目合同管理的重点，无论是发包人、监理工程师或承包人都将它作为合同管理的主要对象。

8.2 建设工程施工合同

8.2.1 建设工程施工合同概述

1. 建设工程施工合同的定义

建设工程施工合同（简称施工合同）即建筑安装工程承包合同，是发包人与承包人之间为完成商定的建设工程项目，明确双方权利和义务的协议。依据建设工程施工合同，承包人应完成一定的建筑、安装工程任务，发包人应提供必要的施工条件并支付工程价款。

建设工程施工合同是建设工程合同的一种，它与其他建设工程合同一样，是一种劳务合同，在订立时也应遵循自愿、公平、诚实信用等原则。

建设工程施工合同是建设工程合同中最重要，也是最复杂的合同。在整个建设工程合同体系中，它起主干合同的作用，是工程建设质量控制、进度控制、投资控制的主要依据。通过合同关系，可以确定建设市场主体之间的相互权利义务关系，这对规范建筑市场有重要作用。

2. 建设工程施工合同的当事人

建设工程施工合同的当事人是发包人和承包人，双方是平等的民事主体。承、发包双方要签订施工合同，必须具备相应的资质条件和履行施工合同的能力。对合同范围内的工程实施建设时，发包人必须具备组织协调能力，承包人必须具备有关部门核定的资质等级并持有营业执照等证明文件。

（1）发包人。发包人是指在协议书中约定的具有工程发包主体资格和支付工程价款能力的当事人，以及取得该当事人资格的合法继承人。发包人可以是具备法人资格的国家机关、事业单位、国有企业、集体企业、私营企业、经济联合体和社会团体，也可以是依法登记的个人合伙、个体经营户或个人，即以一切协议、法院判决或其他合法手续取得发包人的资格，承认全部合同条件，并且愿意履行合同规定义务的合同当事人。与发包人合并的单位、兼并发包人的单位、购买发包人合同和接受发包人出让的单位和个人（发包人的合法继承人），均可成为发包人，履行合同规定的义务，享有合同规定的权利。发包人既可以是建设单位，也可以是取得建设项目总承包资格的项目总承包单位。

（2）承包人。承包人应是具备与工程相应资质和法人资格的，并被发包人接受的合同当事人及其合法继承人。

3. 建设工程施工合同的类型

1）按合同所包括的工程或工作范围分类

建设工程施工合同按合同所包括的工程或工作范围可分为以下几类。

（1）施工总承包，即承包人承担一个工程的全部施工任务，包括土建、水电安装、设备安装等。

（2）专业承包，即单位工程施工承包和特殊专业工程施工承包。单位工程施工承包是最常见的工程承包合同，包括土木工程施工合同、电气与机械工程承包合同等。在工程发包过程中，发包人可以将专业性很强的单位工程分别委托给不同的承包人，这些承包人之间为平行关系。例如管道工程、土方工程、桩基础工程等。但在我国不允许将一个工程肢解成分项工程分别承包。

（3）分包，即承包人将施工承包合同范围内的一些工程或工作委托给另外的承包人来完成，他们之间签订分包合同。分包合同是施工承包合同的分合同。

2）按计价方式分类

发包人与承包人所签订的合同，按计价方式不同，可分为总价合同、单价合同和成本加酬金合同三大类。建设工程勘察设计合同和设备加工采购合同一般为总价合同；建设工程委托监理合同大多为成本加酬金合同；而建设工程施工合同则根据招标准备情况和工程项目特点不同，可选择其适用的一种合同。

（1）总价合同。

总价合同有时也被称为约定总价合同，或称包干合同。招标人一般要求投标人按照招标文件要求报一个总价，在这个价格内完成合同规定的全部项目，即发包人支付给承包人的施工工程款项在承包合同中是一个规定的金额。

总价合同一般又分为固定总价合同、可调总价合同两种方式。

① 固定总价合同。

承包人的报价以发包人的详细设计图纸和计算为基础，并考虑到一些费用上涨的因素。若图纸及工程要求不变则总价固定，但当施工中图纸或工程质量要求有变更，或工期要求提前，则总价也应改变。

② 可调总价合同。

承包人在报价及签订合同时，按招标文件的要求及当时的物价计算总价。但在合同条款中双方商定：如果在执行合同过程中，由于通货膨胀引起工料成本增加，达到某一限度时，合同总价应相应调整。

可调总价合同列出的有关调价的特定条款，往往是在合同专用条款中列明，调价必须按照这些特定的调价条款进行。这种合同与固定总价合同的不同之处在于，它对合同实施过程中出现的风险进行了分摊，发包人承担了通货膨胀的风险，而承包人承担合同实施过程中的实物工程量、成本和工期因素等其他风险。

对于总价合同，在投标时，投标人必须报出各子项工程价格。在合同执行过程中，对很小的分部工程，承包人在完工后一次性支付；对较大的分部工程，承包人则按施工过程分阶段支付，或按完成的工程量百分比支付。

总价合同一般适用于两类工程。

一类是房屋建筑工程项目。在这类工程中，招标时要求招标人全面而详细地准备好设计图纸，一般要求准备施工详图，还应准备详细的规范和说明，以便投标人能详细地计算工程量；这类工程技术不太复杂，风险不太大，工期不太长，一般在一年左右；发包人同时要给予承包人各种方便。

这类工程对发包人来说，由于设计花费时间长，有时和施工期相同，因而开工期晚，开工后的变更容易导致索赔，而且在设计过程中发包人也难以吸收承包人的建议，但发包人控制投资和工期比较方便，总的风险较小。

对承包人来说，由于总价固定，如果在订立合同时不能争取到一些合理的承诺（如物价波动、地基条件恶劣时如何处理等），则风险比较大，投标时应考虑足够的风险费。但承包人对整个工程的组织管理有着很大的控制权，因而可以通过高效率地组织实施工程和节约成本来获取更多的利润。

另一类是设计-建造或 EPC 交钥匙项目。

这时发包人可以将设计与建造工作一并总包给一个承包人，此承包人承担着更大的责任与风险。

（2）单价合同。

单价合同是指承包人按工程量报价单内分项工作内容填报单价，以实际完成工程量乘以所报单价计算结算款的合同。承包人所报单价应为计算各种摊销费用以后的综合单价，而非直接费单价。合同履行过程中如无特殊情况，一般不得变更单价。单价合同的执行原则是：工程量清单中分项开列的工程量在合同实施过程中允许有上下浮动变化，但该项工作内容的单价不变，结算支付时以实际完成的工程量为依据。因此，按投标文件报价单中预计工程量乘以所报单价计算的合同价格，并不一定就是承包人保质保量按期完成合同中规定的任务后所获得的全部款项，可能比它多，也可能比它少。

通常，当发包人准备发包的工程项目的内容和设计指标一时不能确定，或工程量可能出入较大时，则采用单价合同形式为宜。单价合同大多用于工期长、技术复杂、实施过程中发生各种不可预见因素较多的大型工程项目，或者发包人为了缩短项目的建设周期，初步设计完成后就进行施工招标的工程。单价合同的工程量清单内所列的工程量为估计工程量，而非准确的工程量。

常用的单价合同有近似工程量单价合同、纯单价合同、单价与子项包干混合式合同三种类型。

① 近似工程量单价合同。

对于此类合同，业主在准备招标文件时，委托咨询单位按分部、分项工程的相关子项列出工程量表并填入估算的工程量。承包人投标时，在工程量表中填入各子项的单价，并计算出总价为投标报价之用。但在项目实施过程中，在每月结账时，以实际完成的工程量结算。最终在工程全部完成时以竣工图结算工程的价款。

有的合同中规定，当某一子项工程的实际工程量与招标文件中估算的工程量相差超过一定百分比时，双方可以讨论改变单价，但单价调整的方法和比例最好在订立合同时即写明，以免以后发生纠纷。

② 纯单价合同。

此类合同不考虑工程量的变化对工程价款的影响，承包人几乎承担了合同执行过程中的全部风险。

③ 单价与子项包干混合式合同。

此类合同以估计工程量单价合同为基础，但对其中某些不易计算工程量的分项工程（如施工中小型设备的购置与安装调试等），则采用子项包干办法；而对能用某种单位计算工程量的工程，均要求报单价，在结账时，则按实际完成工程量及工程量表中的单价结账。很多大中型土木工程都采用这种方式。

（3）成本加酬金合同。

成本加酬金合同是指发包人向承包人支付实际工程成本中的直接费（一般包括人工费、材料费及施工机具使用费），并按事先协议好的某一种方式支付管理费及利润的一种合同方式。

按照酬金计算方式的不同，成本加酬金合同又可分为成本加固定或比例酬金合同、目标成本加奖罚合同、成本加保证最大酬金合同、限额最大成本加酬金合同等。

① 成本加固定或比例酬金合同。

发包人对人工费、材料费、施工机具使用费等直接成本实报实销，对于管理费及利润则是在考虑工程规模、估计工期、技术要求、工作性质及复杂性、所涉及的风险等基础上，根据双方讨论确定一笔固定数目或一定比例的报酬金额。如果设计变更或增加新项目，当直接费用超过原定估算成本的10%左右时，固定报酬金额也要增加。

在工程总成本一开始估计不准、可能变化较大的情况下，可采用此合同形式，有时可分为几个阶段谈判支付固定报酬。这种方式虽然不能鼓励承包人尽量降低成本，但为了尽快得到酬金，承包人会尽量缩短工期。有时发包人也可在固定费用之外，考虑工程质量、工期以及节约成本等因素，给予承包人一定的奖励，以鼓励承包人积极工作。

这种合同形式通常多用于勘察设计和项目管理合同方面。

② 目标成本加奖罚合同。

奖金是根据报价书中成本概算指标制定的。合同中对这个概算指标规定了一个“底点”（Floor）（为工程成本概算的60%～75%）和一个“顶点”（Ceiling）（为工程成本概算的110%～135%）。承包人在概算指标的“顶点”之下完成工程则可得到奖金，超过“顶点”则要对超出部分支付罚款。如果成本控制在“底点”之下，则可加大酬金值或酬金比例。采用这种方式时通常规定，当实际成本超过“顶点”，对承包人罚款时，最大罚款限额不超过原先议定的最高酬金值。

当招标前，设计图纸、规范等准备不充分，不能据此确定合同价格，而仅能制定一个概算指标时，可采用这种方式。

③ 成本加保证最大酬金合同。

订立合同时，双方协商一个保证最大酬金，在施工过程中及完工后，发包人支付承包人在工程中花费的直接成本、管理费及利润，但最大限度不得超过成本加保证最大酬金。如在实施过程中，工程范围或设计有较大变更，双方可协商新的保证最大酬金。

这种合同适用于设计已达到一定深度，工作范围已明确的工程。

④ 限额最大成本加酬金合同。

这种合同是在工程成本总价合同基础上加上固定酬金费用的方式，即设计深度已达到可以报总价的深度，投标人报一个工程成本总价，再报一个固定酬金（包括各项管理费、风险费和利润）。合同规定，若实际成本超过合同中的工程成本总价，则由承包人承担所有额外的费用；若承包人在实际施工中节约了工程成本，节约部分由发包人和承包人分享，在订立合同时要确定节约部分的分成比例。

3）按合同标的分类

根据合同标的的性质，建设工程合同有以下几种类型。

（1）建筑安装工程施工承包合同。

（2）装饰工程施工承包合同。

（3）劳务合同和技术服务合同。

（4）材料或设备供应合同。

4. 建设工程施工合同的订立

1）订立施工合同的条件

（1）初步设计已经批准。

（2）工程项目已经列入年度建设计划。

（3）有能够满足施工需要的设计文件和有关技术资料。

（4）建设资金和主要建筑材料、设备来源已经落实。

（5）招投标工程中标通知书已经下达。

2）订立施工合同应当遵守的原则

（1）遵守国家法律、行政法规和国家计划原则。订立施工合同，必须遵守国家法律、行政法规，也应遵守国家的建设计划和其他计划（如贷款计划等）。建设工程施工对经济发展、社会生活有着多方面的影响，国家有许多强制性的管理规定，施工合同当事人必须遵守。

（2）平等、自愿、公平的原则。签订施工合同当事人双方都具有平等的法律地位，任何一方都不得强迫对方接受不平等的合同条件。当事人有权决定是否订立施工合同和施工合同的内容，合同内容应当是双方当事人真实意思的体现。合同内容应当是公平的，不能损害任何一方的利益，对于显失公平的施工合同，当事人一方有权申请人民法院或仲裁机构予以变更或撤销。

（3）诚实信用原则。诚实信用原则要求合同当事人在订立施工合同时要诚实，不得有欺诈行为，合同当事人应当如实将自身以及工程的实际情况介绍给对方。在履行合同期间，施工合同当事人要守信用，严格履行合同。

3）订立施工合同的方式

通常，施工合同的订立方式有两种：直接发包和招标发包。对于必须进行招标的建设工程项目，都应通过招标方式确定承包人。中标通知书发出后，中标人应当与建设单位及时签订合同。依据《招标投标法》的规定，中标通知书发出 30 天内，中标人应与建设单位依据招标文件、投标文件等签订工程承发包合同（施工合同）。签订合同的承包人必须是中标人，投标文件中确定的合同条款在签订时不得被更改，合同价应与中标价相一致。如果中标人拒绝与建设单位签订合同，则建设单位可没收其投标保证金，建设行政主管部门或其授权机构还可给予中标人一定的行政处罚。

案例 8.2

建设工程施工合同订立案例一

某承包人和某发包人签订了场地平整工程合同，规定工程按当地现行预算定额结算。在履行合同过程中，因发包人未解决好征地问题，承包人的 8 台推土机无法进入场地，窝工 90 天，从而导致承包人不能按期交工。经发包人和承包人口头交涉，发包人在征得承包人同意的基础上按承包人实际完成的工程量变更合同，并商定按另一标准结算。工程完工结算时双方因为窝工问题和结算定额发生争议。承包人起诉，要求发包人承担全部窝工责任并坚持按第一次合同规定的定额结算，而发包人在答辩中则要求承包人承担延期交工责任。法院经审理判决第 1 个合同有效，第 2 个口头交涉的合同无效，工程结算定额应当以双方第 1 次签订的合同为准。

【解析】

本案的关键在于如何确定工程结算定额的依据，即当事人所订立的两份合同哪个有效。依据规定，建设工程合同订立的有效要件之一是书面形式，而且合同的签订、变更或解除，都必须采取书面形式。本案中的第 1 个合同是有效的书面合同，而第 2 个合同是因口头交涉而产生的口头合同，并未经书面认定，属无效合同。所以，法院判决第 1 个合同为有效合同。

案例 8.3

建设工程施工合同订立案例二

甲印刷厂和乙造纸厂签订合建 7000 平方米房屋协议，约定由甲厂提供厂内土地，乙厂出资金，建成房屋各得一半。甲、乙厂于协议签订后与丙建筑工程公司签订了建设工程承包合同，合同中约定，甲厂向丙建筑公司提供“三材”指标和建房用地，乙厂拨款 100 万元作为建筑资金，丙建筑公司承建，工期为两年，包工包料。合同订立后，丙建筑公司按甲厂指定的地点进行施工，但因甲、乙厂均没有经有关部门批准建房，甲厂的上级主管部门责令甲厂内的合建房屋工程停工。丙建筑公司诉至法院，要求甲、乙厂赔偿其施工期间的损失。

受诉法院认为，两被告未经有关部门批准建房项目，而私自与原告订立建设工程承包合同，并付诸施工，违反了国家对基本建设项目的管理和签订建筑安装工程承包合同的有关规定，故原、被告签订的合同无效。

【解析】

本案中，被告未经批准建设房屋，不具有发包人的资格；建设工程项目也未经批准，不能订立建设工程合同。故原、被告签订的合同无效。

8.2.2 2017版《建设工程施工合同(示范文本)》简介

【《建设工程施工合同(示范文本)》(GF—2017—0201)】

为了指导建设工程施工合同当事人的签约行为，维护合同当事人的合法权益，依据《合同法》《建筑法》《招标投标法》以及相关法律法规，国家相关部门印发了《建设工程施工合同(示范文本)》，其经历了1999版、2013版、2017版三个版本。2017版《建设工程施工合同(示范文本)》自2017年10月1日执行(以下简称《示范文本》)。《示范文本》的条款内容不仅涉及各种情况下双方的合同责任和规范化的履行管理程序，而且涵盖了非正常情况的处理原则，如变更、索赔、不可抗力、合同的被迫终止、争议的解决等方面。

《示范文本》的作用有避免缺款少项、防止显失公平、有利于合同监督、有利于裁决纠纷等。

《示范文本》为非强制性使用文本。《示范文本》适用于房屋建筑工程、土木工程、线路管道和设备安装工程、装修工程等建设工程的施工承发包活动，合同当事人可结合建设工程具体情况，根据《示范文本》订立合同，并按照法律法规规定和合同约定承担相应的法律责任及合同权利义务。

8.2.3 2017版《建设工程施工合同(示范文本)》的组成

《示范文本》由合同协议书、通用合同条款、专用合同条款三部分组成，并附有11个附件。

(1)合同协议书。

合同协议书是施工合同的总纲性文件。虽然其文字量并不大，但它集中约定了合同当事人基本的合同权利义务，规定了组成合同的文件及合同当事人对履行合同义务的承诺，合同当事人要在这份文件上签字盖章，因此合同协议书具有很强的法律效力。

《示范文本》合同协议书共计13条，主要包括：工程概况、合同工期、质量标准、签约合同价和合同价格形式、项目经理、合同文件构成、承诺以及合同生效条件等重要内容。

(2)通用合同条款。

通用合同条款是合同当事人根据《建筑法》《合同法》等法律法规的规定，就工程建设的实施及相关事项，对合同当事人的权利义务作出的原则性约定。通用合同条款共计20条，是一般土木工程所共同具有的共性条款，具有规范性、可靠性、完备性和适用性的特点，该部分可适用于任何工程项目，并可作为招标文件的组成部分而被直接采用。

(3)专用合同条款。

专用合同条款是对通用合同条款原则性约定的细化、完善、补充、修改或另行约定的条款。合同当事人可以根据不同建设工程的特点及具体情况，通过双方的谈判、协商对相应的专用合同条款进行修改补充。专用合同条款的编号应与相应的通用合同条款的编号一致。合同当事人可以通过对专用合同条款的修改，满足具体建设工程的特殊要求。

专用合同条款是合同当事人对通用合同条款进行的补充和完善，因此，使用专用合同条款时应当尊重通用合同条款的原则要求和权利义务的基本安排。

（4）附件。

《示范文本》的附件是对施工合同当事人权利义务的进一步明确，并且使得施工合同当事人的有关工作一目了然，便于执行和管理。其包括11个附件：《承包人承揽工程项目一览表》《发包人供应材料设备一览表》《工程质量保修书》《主要建设工程文件目录》《承包人用于本工程施工的机械设备表》《承包人主要施工管理人员表》《分包人主要施工管理人员表》《履约担保格式》《预付款担保格式》《支付担保格式》《暂估价一览表》。

8.2.4 2017版《建设工程施工合同（示范文本）》主要内容

1. 合同文件及其优先解释顺序

组成合同的各项文件应互相解释，互为说明。除专用合同条款另有约定外，解释合同文件的优先顺序如下：

（1）合同协议书；

（2）中标通知书（如果有）；

（3）投标函及其附录（如果有）；

（4）专用合同条款及其附件；

（5）通用合同条款；

（6）技术标准和要求；

（7）图纸；

（8）已标价工程量清单或预算书；

（9）其他合同文件。

在合同订立及履行过程中形成的与合同有关的文件均构成合同文件的组成部分，并根据其性质确定优先解释顺序。

案例 8.4

合同文件优先解释案例

某建设工程的施工招标文件中，按照工期定额计算，工期为550天，中标人投标文件中写明的工期也是550天。但在施工合同协议书中，开工日期为1997年12月15日，竣工日期为1999年7月20日，日历天数为581天。请问：如果您是总监理工程师，监理的工期目标应该为多少天？为什么？

【解析】

监理工期目标应为581天。因为我国施工合同文件组成部分包括施工合同协议书和投标文件，不包括招标文件，但现在投标文件与施工合同协议书之间存在工期矛盾。根据合同文件解释的优先顺序，合同协议书比投标文件具有优先权，所以监理的工期目标应定为581天。

案例 8.5

对合同条款的理解不同而导致的损失

在我国的某水电工程中，承包人为国外某公司，我国某承包公司分包了隧道工程。分包合同规定：对于隧道挖掘工作，在设计挖方尺寸基础上，超挖不得超过 40cm，在 40cm 以内的超挖工作量由总包负责，超过 40cm 的超挖工作量由分包负责。由于地质条件复杂，工期要求紧，分包人在施工中出现许多局部超挖超过 40cm 的情况，总包拒付超挖超过 40cm 部分的工程款。分包就此向总包提出索赔，因为分包人一直认为合同所规定的“40cm 以内”，是指平均的概念，即只要总超挖工作量在 40cm 之内，则不是分包的责任，总包应付款。而且分包人强调，这是我国水电工程中的惯例解释。

【解析】

如果总包和分包都是中国的公司，这个惯例解释常常是可以被认可的。但在本合同中，没有“平均”两字，在解释中就不能加上这两字。如果局部超挖达到 50cm，则按本合同字面解释，40～50cm 范围的挖方工作量确实属于“超过 40cm”的超挖工作量，应由分包负责。既然字面解释已经准确，则不必再引用惯例解释。结果承包人因此损失了数百万元。

案例 8.6

施工合同履约案例

我国某工程采用固定总价合同，合同条件规定：承包人若发现施工图中的任何错误和异常应通知发包人代表。在技术规范中规定：从安全的要求出发，消防用水管道必须与电缆分开铺设。而在图纸上，消防用水管道和电缆被放到了一个管道沟中。承包人按图报价并施工，该项工程完成后，工程师拒绝验收，指令承包人按规范要求施工，重新铺设管道沟，并拒绝给承包人任何补偿，其理由如下。①将两种管道放一个沟中极不安全，违反工程规范。在工程中，一般规范（本工程的说明）是优先于图纸的。②即使施工图上注明两管放在一个管道沟中，出现设计错误，作为一个有经验的承包人也应该发现这个常识性的错误。而且合同中规定：承包人若发现施工图中任何错误和异常，应及时通知发包人代表。承包人没有遵守合同规定。

【解析】

工程师这种处理比较苛刻，而且存在推卸责任的行为，理由如下。①设计责任应由发包人承担，图纸错误应由发包人负责。②施工过程中，工程师一直在监理施工，他应当能够发现承包人施工中出现的问题，应及时发出指令纠正。同时，应该注意到承包人承担这个责任的合理性和可能性。在国外工程中也有不少这样处理的案例。所以对招标文件中发现的问题、错误、不一致，特别是施工图与规范之间的不一致，承包人在投标前应请发包人澄清，以获得正确的解释，否则承包人可能处于不利的地位。

2. 双方一般权利和义务

1）发包人义务

（1）许可或批准。

发包人应遵守法律，并办理法律规定由其办理的许可、批准或备案，包括但不限于建设用地规划许可证，建设工程规划许可证，建设工程施工许可证，施工所需临时用水、临时用电、中断道路交通、临时占用土地等许可和批准。发包人应协助承包人办理法律规定的有关施工证件和批件。因发包人原因未能及时办理完毕前述许可、批准或备案，由发包人承担由此增加的费用和（或）延误的工期，并支付承包人合理的利润。

（2）发包人代表。

发包人应明确其派驻施工现场的发包人代表的姓名、职务、联系方式及授权范围等事项。发包人代表在发包人的授权范围内，负责处理合同履行过程中与发包人有关的具体事宜。发包人代表在授权范围内的行为由发包人承担法律责任。发包人更换发包人代表的，应提前 7 天书面通知承包人。

发包人代表不能按照合同约定履行其职责及义务，并导致合同无法继续正常履行的，承包人可以要求发包人撤换发包人代表。

不属于法定必须监理的工程，监理人的职权可以由发包人代表或发包人指定的其他人员行使。

（3）发包人人员。

发包人应要求在施工现场的发包人人员遵守法律及有关安全、质量、环境保护、文明施工等规定，并保障承包人免于承受因发包人人员未遵守上述要求给承包人造成的损失和责任。

（4）施工现场、施工条件和基础资料的提供。

发包人应最迟于开工日期 7 天前向承包人移交施工现场。

发包人应负责提供施工所需要的条件，包括将施工用水、电力、通信线路等施工所必需的条件接至施工现场内；保证向承包人提供正常施工所需要的进入施工现场的交通条件；协调处理施工现场周围地下管线和邻近建筑物、构筑物、古树名木的保护工作，并承担相关费用；按照合同约定应提供的其他设施和条件。

发包人应当在移交施工现场前向承包人提供施工现场及工程施工所必需的毗邻区域内供水、排水、供电、供气、供热、通信、广播电视等地下管线资料，气象和水文观测资料，地质勘察资料，相邻建筑物、构筑物和地下工程等有关基础资料，并对所提供资料的真实性、准确性和完整性负责。

按照法律规定确需在开工后方能提供的基础资料，发包人应尽其努力及时地在相应工程施工前的合理期限内提供，合理期限应以不影响承包人的正常施工为限。

因发包人原因未能按合同约定及时向承包人提供施工现场、施工条件、基础资料的，由发包人承担由此增加的费用和（或）延误的工期。

（5）资金来源证明及支付担保。

发包人应在收到承包人要求提供资金来源证明的书面通知后 28 天内，向承包人提供能够按照合同约定支付合同价款的相应资金来源证明。

发包人要求承包人提供履约担保的，发包人应当向承包人提供支付担保。支付担保可以采用银行保函或担保公司担保等形式。

（6）发包人应按合同约定向承包人及时支付合同价款。

（7）发包人应按合同约定及时组织竣工验收。

（8）发包人应与承包人、由发包人直接发包的专业工程的承包人签订施工现场统一管理协议，明确各方的权利义务。施工现场统一管理协议作为专用合同条款的附件。

2）承包人义务

（1）办理法律规定应由承包人办理的许可和批准，并将办理结果书面报送发包人留存。

（2）按法律规定和合同约定完成工程，并在保修期内承担保修义务。

（3）按法律规定和合同约定采取施工安全和环境保护措施，办理工伤保险，确保工程及人员、材料、设备和设施的安全。

（4）按合同约定的工作内容和施工进度要求，编制施工组织设计和施工措施计划，并对所有施工作业和施工方法的完备性和安全可靠性负责。

（5）在进行合同约定的各项工作时，不得侵害发包人与他人使用公用道路、水源、市政管网等公共设施的权利，避免对邻近的公共设施产生干扰。承包人占用或使用他人的施工场地，影响他人作业或生活的，应承担相应责任。

（6）负责施工场地及其周边环境与生态的保护工作。

（7）采取施工安全措施，确保工程及其人员、材料、设备和设施的安全，防止因工程施工造成的人身伤害和财产损失。

（8）将发包人支付的各项价款专用于合同工程，且应及时支付其雇用人员工资，并及时向分包人支付合同价款。

（9）按照法律规定和合同约定编制竣工资料，完成竣工资料立卷及归档，并按约定的竣工资料的套数、内容、时间等要求移交发包人。

（10）应履行的其他义务。

案例 8.7

因承包人原因索赔失败的案例

在某工程中，承包人按发包人提供的地质勘察报告做了施工方案，并投标报价。开标后发包人向承包人发出了中标通知书。由于该承包人以前曾在本地区进行过相关工程的施工，按照以前的经验，他觉得发包人提供的地质勘察报告不准确，实际地质条件可能复杂得多。所以在中标后进行详细的施工组织设计时，他修改了挖掘方案，为此增加了不少设备和材料费用。结果现场开挖完全证实了承包人的判断，承包人向发包人提出了两种不同挖掘方案费用差别的索赔。但索赔被发包人否决，发包人的理由是：按合同规定，施工方案是承包人应负的责任，他应保证施工方案的可用性、安全性、稳定性和效率。承包人变换施工方案是从他自己的责任角度出发的，不能给予赔偿。

【解析】

实质上，承包人的这种预见性行为为发包人节约了大量的工期和费用。如果承包人不采取变更措施，等施工中出现与招标文件不一样的地质条件后再变换方案，发包人要承担工期延误及与它相关的费用赔偿、原方案的费用、新方案的费用、低效率损失等。

地质条件是一个有经验的承包人无法预见的。但由于承包人行为不当，使自己处于一个非常不利的地位。如果要取得本索赔的成功，承包人应在变更施工方案前到现场开挖一下，进行一个简单的勘察，拿出地质条件复杂的证据，向发包人提交报告，并建议将其作为不可预见的地质情况变更施工方案，则发包人必须慎重地考虑这个问题，并作出答复。无论发包人同意或不同意变更方案，对承包人的索赔都十分有利。

案例 8.8

施工合同索赔案例

在一房地产开发项目中，发包人提供了地质勘察报告，报告证明地下土质很好。承包人制作施工方案，将挖土方的余土作为通往住宅区道路基础的填方材料。由于基础开挖施工时正值雨季，开挖后土方潮湿且易碎，不符合道路填筑要求。承包人不得不将余土外运，另外取土作为道路填方材料。对此承包人提出索赔要求。工程师否定了该索赔要求，理由是：填方的取土作为承包人的施工方案，因受到气候条件的影响而改变，承包人不能提出索赔要求。

【解析】

在本案例中即使没有下雨，由于发包人提供的地质勘察报告有误，地下土质过差不能用于填方，承包人也不能因为另外取土而提出索赔要求，理由如下。①合同规定承包人对发包人提供的水文地质资料的理解负责，而地下土质可用于填方是承包人对地质报告的理解，应由他自己负责。②取土填方作为承包人的施工方案，也应由他负责。

3. 施工合同的质量控制条款

1）工程质量

（1）工程质量标准必须符合现行国家有关工程施工质量验收规范和标准的要求。因发包人原因造成工程质量未达到合同约定标准的，由发包人承担由此增加的费用和（或）延误的工期，并支付承包人合理的利润。因承包人原因造成工程质量未达到合同约定标准的，发包人有权要求承包人返工直至工程质量达到合同约定的标准为止，并由承包人承担由此增加的费用和（或）延误的工期。

（2）质量保证措施。

① 发包人的质量管理。

发包人应按照法律规定及合同约定完成与工程质量有关的各项工作。

② 承包人的质量管理。

承包人应按《示范文本》第 7.1 款〔施工组织设计〕约定向发包人和监理人提交工程质量保证体系及措施文件，建立完善的质量检查制度，并提交相应的工程质量文件。对于发包人和监理人违反法律规定和合同约定的错误指示，承包人有权拒绝实施。

承包人应对施工人员进行质量教育和技术培训，定期考核施工人员的劳动技能，严格执行施工规范和操作规程。

承包人应按照法律规定和发包人的要求，对材料、工程设备以及工程的所有部位及其施工工艺进行全过程的质量检查和检验，并作详细记录，编制工程质量报表，报送监理人审查。此外，承包人还应按照法律规定和发包人的要求，进行施工现场取样试验、工程复核测量和设备性能检测，提供试验样品、提交试验报告和测量成果，以及其他工作。

③ 监理人的质量检查和检验。

监理人按照法律规定和发包人授权对工程的所有部位及其施工工艺、材料和工程设备进行检查和检验。承包人应为监理人的检查和检验提供方便，包括监理人到施工现场，或制造、加工地点，或合同约定的其他地方进行查看和查阅施工原始记录。监理人为此进行的检查和检验，不免除或减轻承包人按照合同约定应当承担的责任。

监理人的检查和检验不应影响施工正常进行。监理人的检查和检验影响施工正常进行的，且经检查和检验不合格的，影响正常施工的费用由承包人承担，工期不予顺延；经检查和检验合格的，由此增加的费用和（或）延误的工期由发包人承担。

案例 8.9

建设工程施工合同中发包人违约案例

某建设单位欲建一办公楼，遂与某施工单位签订建设工程施工合同，合同规定工期为 288 天。

工程开工后，为迎接上级检查、早日投入使用，建设单位便派专人检查监督施工进度，检查人员曾多次要求施工单位加快进度，缩短工期，均被施工单位以质量无法保证为由拒绝。为使工程尽早完工，建设单位所派检查人员遂以施工单位名义要求材料供应商提前送货至施工现场。该行为造成材料堆积过多，管理困难，部分材料损坏。施工单位遂起诉建设单位，要求其承担损失赔偿责任。建设单位以检查作业进度、督促施工进度为由抗辩，法院判决建设单位抗辩不成立，应依法承担赔偿责任。

【解析】

本案涉及发包人如何行使检查监督权的问题。建设工程施工合同通用条款中一般都包含这样的规定：发包人在不妨碍承包人正常作业的情况下，可以随时对作业进度、质量进行检查。建设单位派专人检查工程施工进度的行为本身是行使检查权的表现。但是，检查人员的检查行为已超出了法律规定的对施工进度和质量进行检查的范围，且其以施工单位名义促使材料供应商提前供货，在客观上妨碍了施工单位的正常作业，因而构成权力滥用行为，建设单位理应承担损失赔偿责任。

（3）隐蔽工程检查。

① 承包人应当对工程隐蔽部位进行自检。工程隐蔽部位经承包人自检确认具备覆盖条件的，承包人应在共同检查前48小时书面通知监理人检查。监理人应按时到场并对隐蔽工程及其施工工艺、材料和工程设备进行检查。经监理人检查确认质量符合隐蔽要求，并在验收记录上签字后，承包人才能进行覆盖。经监理人检查质量不合格的，承包人应在监理人指示的时间内完成修复，并由监理人重新检查，由此增加的费用和（或）延误的工期由承包人承担。

除专用合同条款另有约定外，监理人不能按时进行检查的，应在检查前24小时向承包人提交书面延期要求，但延期不能超过48小时，由此导致工期延误的，工期应予以顺延。监理人未按时进行检查，也未提出延期要求的，视为隐蔽工程检查合格，承包人可自行完成覆盖工作，并作相应记录报送监理人，监理人应签字确认。

② 重新检查。

承包人覆盖工程隐蔽部位后，发包人或监理人对质量有疑问的，可要求承包人对已覆盖的部位进行钻孔探测或揭开重新检查，承包人应遵照执行，并在检查后重新覆盖恢复原状。经检查证明工程质量符合合同要求的，由发包人承担由此增加的费用和（或）延误的工期，并支付承包人合理的利润；经检查证明工程质量不符合合同要求的，由此增加的费用和（或）延误的工期由承包人承担。

③ 承包人私自覆盖。

承包人未通知监理人到场检查，私自将工程隐蔽部位覆盖的，监理人有权指示承包人钻孔探测或揭开检查，无论工程隐蔽部位质量是否合格，由此增加的费用和（或）延误的工期均由承包人承担。

案例 8.10

建设工程施工合同中隐蔽工程验收案例

某建筑公司负责修建某高校一幢学生宿舍楼，双方签订建设工程施工合同。由于宿舍楼设有地下室，属隐蔽工程，因而在建设工程施工合同中，双方约定了对隐蔽工程（地下室）的验收检查条款。条款规定地下室的验收检查工作由双方共同负责，检查费用由校方负担。地下室竣工后，建筑公司通知校方检查验收，校方则答复：因校内事务繁多，由建筑公司自己检查，出具检查记录即可。其后15日，校方又聘请专业人员对地下室质量进行检查，发现未达到合同规定标准，遂要求建筑公司负担此次检查费用，并返工重修地下室工程。建筑公司则认为，合同约定的检查费用由校方负担，本方不应负担此项费用，但对返工重修地下室的要求予以认可。校方多次要求建筑公司付款未果，诉至法院。

【解析】

本案争议的焦点在于隐蔽工程（地下室）隐蔽后，发包人事后检查的费用由哪方负担。按法律规定，承包人的隐蔽工程竣工后，应通知发包人检查，发包人未及时检查，承包人可以顺延工程日期，并有权要求其赔偿停工、窝工等损失。在本案中，对于校方不履行检查义务的行为，建筑公司有权停工待查，停工造成的损失应当由校方承担。但建筑公司未这样做，反而自行检查，并将检查记录交与校方后继续进行施工。对此，双方均有过错，至于校方的事后检查费用，则应视检查结果而定。如果检查结果是地下室质量未达到标准，因这一后果是承包人所致，则检查费用应由承包人承担；如果检查质量符合标准，重复检查的结果是校方未履行义务所致，则检查费用应由校方承担。

（4）不合格工程的处理。

因承包人原因造成工程不合格的，发包人有权随时要求承包人采取补救措施，直至达到合同要求的质量标准，由此增加的费用和（或）延误的工期由承包人承担。无法补救的，按照《示范文本》第13.2.4项〔拒绝接收全部或部分工程〕约定执行。

因发包人原因造成工程不合格的，由此增加的费用和（或）延误的工期由发包人承担，并支付承包人合理的利润。

（5）质量争议检测。

合同当事人对工程质量有争议的，由双方协商确定的工程质量检测机构鉴定，由此产生的费用及因此造成的损失，由责任方承担。合同当事人均有责任的，由双方根据其责任分别承担。合同当事人无法达成一致的，按照《示范文本》第4.4款〔商定或确定〕约定执行。

2）材料与设备

（1）发包人供应材料与工程设备。

发包人自行供应材料、工程设备的，应在签订合同时在专用合同条款的附件《发包人供应材料设备一览表》中明确材料、工程设备的品种、规格、型号、数量、单价、质量等级和送达地点。

承包人应提前30天通过监理人以书面形式通知发包人供应材料与工程设备进场。承包人按照《示范文本》第7.2.2项〔施工进度计划的修订〕约定修订施工进度计划时，须同时提交经修订后的发包人供应材料与工程设备的进场计划。

（2）承包人采购材料与工程设备。

承包人负责采购材料、工程设备的，应按照设计和有关标准要求采购，并提供产品合格证明及出厂证明，对材料、工程设备质量负责。合同约定由承包人采购的材料、工程设备，发包人不得指定生产厂家或供应商，发包人违反约定指定生产厂家或供应商的，承包人有权拒绝，并由发包人承担相应责任。

（3）材料与工程设备的接收与拒收。

① 发包人应按《发包人供应材料设备一览表》约定的内容提供材料和工程设备，并向承包人提供产品合格证明及出厂证明，对其质量负责。发包人应提前24小时以书面形式通知承包人、监理人材料和工程设备到货时间，承包人负责材料和工程设备的清点、

检验和接收。

发包人提供的材料和工程设备的规格、数量或质量不符合合同约定的，或因发包人原因导致交货日期延误或交货地点变更等情况的，按照《示范文本》第16.1款〔发包人违约〕约定办理。

② 承包人采购的材料和工程设备，应保证产品质量合格，承包人应在材料和工程设备到货前24小时通知监理人检验。承包人进行永久设备、材料的制造和生产的，应符合相关质量标准，并向监理人提交材料的样本以及有关资料，并应在使用该材料或工程设备之前获得监理人同意。

承包人采购的材料和工程设备不符合设计或有关标准要求时，承包人应在监理人要求的合理期限内将不符合设计或有关标准要求的材料、工程设备运出施工现场，并重新采购符合要求的材料、工程设备，由此增加的费用和（或）延误的工期，由承包人承担。

（4）材料与工程设备的保管与使用。

① 发包人供应材料与工程设备的保管与使用。

发包人供应的材料和工程设备，承包人清点后由承包人妥善保管，保管费用由发包人承担，但已标价工程量清单或预算书已经列支或专用合同条款另有约定除外。因承包人原因发生丢失毁损的，由承包人负责赔偿；监理人未通知承包人清点的，承包人不负责材料和工程设备的保管，由此导致丢失毁损的，由发包人负责。

发包人供应的材料和工程设备使用前，由承包人负责检验，检验费用由发包人承担，不合格的不得使用。

② 承包人采购材料与工程设备的保管与使用。

承包人采购的材料和工程设备由承包人妥善保管，保管费用由承包人承担。法律规定材料和工程设备使用前必须进行检验或试验的，承包人应按监理人的要求进行检验或试验，检验或试验费用由承包人承担，不合格的不得使用。

发包人或监理人发现承包人使用不符合设计或有关标准要求的材料和工程设备时，有权要求承包人进行修复、拆除或重新采购，由此增加的费用和（或）延误的工期，由承包人承担。

（5）禁止使用不合格的材料和工程设备。

① 监理人有权拒绝承包人提供的不合格材料或工程设备，并要求承包人立即进行更换。监理人应在更换后再次进行检查和检验，由此增加的费用和（或）延误的工期由承包人承担。

② 监理人发现承包人使用了不合格的材料和工程设备，承包人应按照监理人的指示立即改正，并禁止在工程中继续使用不合格的材料和工程设备。

③ 发包人提供的材料或工程设备不符合合同要求的，承包人有权拒绝，并可要求发包人更换，由此增加的费用和（或）延误的工期由发包人承担，并支付承包人合理的利润。

（6）样品。

① 样品的报送与封存。

需要承包人报送样品的材料或工程设备，样品的种类、名称、规格、数量等要求均应在专用合同条款中约定。样品的报送程序如下。

a．承包人应在计划采购前28天向监理人报送样品。承包人报送的样品均应来自供应材料的实际生产地，且提供的样品的规格、数量足以表明材料或工程设备的质量、型号、颜色、表面处理、质地、误差和其他要求的特征。

b．承包人每次报送样品时应随附申报单，申报单应载明报送样品的相关数据和资料，并标明每件样品对应的图纸号，预留监理人批复意见栏。监理人应在收到承包人报送的样品后 7 天内向承包人回复经发包人签认的样品审批意见。

c．经发包人和监理人审批确认的样品应按约定的方法封样，封存的样品作为检验工程相关部分的标准之一。承包人在施工过程中不得使用与样品不符的材料或工程设备。

d．发包人和监理人对样品的审批确认仅为确认相关材料或工程设备的特征或用途，不得被理解为对合同的修改或改变，也并不减轻或免除承包人任何的责任和义务。如果封存的样品修改或改变了合同约定，合同当事人应当以书面协议予以确认。

② 样品的保管。

经批准的样品应由监理人负责封存于现场，承包人应在现场为保存样品提供适当和固定的场所并保持适当和良好的存储环境条件。

（7）材料与工程设备的替代。

① 出现下列情况需要使用替代材料和工程设备的，承包人应按照《示范文本》第 8.7.2 项约定的程序执行：

a．基准日期后生效的法律规定禁止使用的；

b．发包人要求使用替代品的；

c．因其他原因必须使用替代品的。

②承包人应在使用替代材料和工程设备 28 天前书面通知监理人，并附下列文件：

a．被替代的材料和工程设备的名称、数量、规格、型号、品牌、性能、价格及其他相关资料；

b．替代品的名称、数量、规格、型号、品牌、性能、价格及其他相关资料；

c．替代品与被替代产品之间的差异以及使用替代品可能对工程产生的影响；

d．替代品与被替代产品的价格差异；

e．使用替代品的理由和原因说明；

f．监理人要求的其他文件。

监理人应在收到通知后 14 天内向承包人发出经发包人签认的书面指示；监理人逾期发出书面指示的，视为发包人和监理人同意使用替代品。

③ 发包人认可使用替代材料和工程设备的，替代材料和工程设备的价格，按照已标价工程量清单或预算书相同项目的价格认定；无相同项目的，参考相似项目价格认定；既无相同项目也无相似项目的，按照合理的成本与利润构成的原则，由合同当事人按照《示范文本》第 4.4 款〔商定或确定〕确定价格。

（8）施工设备和临时设施。

① 承包人提供的施工设备和临时设施。

承包人应按合同进度计划的要求，及时配置施工设备和修建临时设施。进入施工场地的承包人设备须经监理人核查后才能投入使用。承包人更换合同约定的承包人设备的，应报监理人批准。除专用合同条款另有约定外，承包人应自行承担修建临时设施的费用，需要临时占地的，应由发包人办理申请手续并承担相应费用。

② 发包人提供的施工设备和临时设施在专用合同条款中约定。

③ 承包人使用的施工设备不能满足合同进度计划和（或）质量要求时，监理人有权要求承包人增加或更换施工设备，承包人应及时增加或更换，由此增加的费用和（或）延误的工期由承包人承担。

（9）材料与设备专用要求。

承包人运入施工现场的材料、工程设备、施工设备以及在施工场地建设的临时设施，包括备品备件、安装工具与资料，必须专用于工程。未经发包人批准，承包人不得运出施工现场或挪作他用；经发包人批准，承包人可以根据施工进度计划撤走闲置的施工设备和其他物品。

3）试验与检验

（1）试验设备与试验人员。

① 承包人根据合同约定或监理人指示进行的现场材料试验，应由承包人提供试验场所、试验人员、试验设备以及其他必要的试验条件。监理人在必要时可以使用承包人提供的试验场所、试验设备以及其他试验条件，进行以工程质量检查为目的的材料复核试验，承包人应予以协助。

② 承包人应按专用合同条款的约定提供试验设备、取样装置、试验场所和试验条件，并向监理人提交相应进场计划表。承包人配置的试验设备要符合相应试验规程的要求并经过具有资质的检测单位检测，且在正式使用该试验设备前，需要经过监理人与承包人共同校定。

③ 承包人应向监理人提交试验人员的名单及其岗位、资格等证明资料，试验人员必须能够熟练进行相应的检测试验，承包人对试验人员的试验程序和试验结果的正确性负责。

（2）取样。

试验属于自检性质的，承包人可以单独取样。试验属于监理人抽检性质的，可由监理人取样，也可由承包人的试验人员在监理人的监督下取样。

（3）材料、工程设备和工程的试验和检验。

① 承包人应按合同约定进行材料、工程设备和工程的试验和检验，并为监理人对上述材料、工程设备和工程的质量检查提供必要的试验资料和原始记录。按合同约定应由监理人与承包人共同进行试验和检验的，由承包人负责提供必要的试验资料和原始记录。

② 试验属于自检性质的，承包人可以单独进行试验。试验属于监理人抽检性质的，监理人可以单独进行试验，也可由承包人与监理人共同进行。承包人对由监理人单独进行的试验结果有异议的，可以申请重新共同进行试验。约定共同进行试验的，监理人未按照约定参加试验的，承包人可自行试验，并将试验结果报送监理人，监理人应承认该试验结果。

③ 监理人对承包人的试验和检验结果有异议的，或为查清承包人试验和检验成果的可靠性要求承包人重新试验和检验的，可由监理人与承包人共同进行。重新试验和检验的结果证明该项材料、工程设备或工程的质量不符合合同要求的，由此增加的费用和（或）延误的工期由承包人承担；重新试验和检验的结果证明该项材料、工程设备和工程符合合同要求的，由此增加的费用和（或）延误的工期由发包人承担。

（4）现场工艺试验。

承包人应按合同约定或监理人指示进行现场工艺试验。对大型的现场工艺试验，监理人认为必要时，承包人应根据监理人提出的工艺试验要求，编制工艺试验措施计划，报送监理人审查。

4）验收和工程试车

（1）分部分项工程验收。

除专用合同条款另有约定外，分部分项工程经承包人自检合格并具备验收条件的，承包人应提前 48 小时通知监理人进行验收。监理人不能按时进行验收的，应在验收前 24 小时向承包人提交书面延期要求，但延期不能超过 48 小时。监理人未按时进行验收，也未提出延期要求的，承包人有权自行验收，监理人应认可验收结果。分部分项工程未经验收的，不得进入下一道工序施工。

分部分项工程的验收资料应当作为竣工资料的组成部分。

（2）竣工验收。

工程具备以下条件的，承包人可以申请竣工验收：

① 除发包人同意的甩项工作和缺陷修补工作外，合同范围内的全部工程以及有关工作，包括合同要求的试验、试运行以及检验均已完成，并符合合同要求；

② 已按合同约定编制了甩项工作和缺陷修补工作清单以及相应的施工计划；

③ 已按合同约定的内容和份数备齐竣工资料。

工程未经验收或验收不合格，发包人擅自使用的，应在转移占有工程后 7 天内向承包人颁发工程接收证书；发包人无正当理由逾期不颁发工程接收证书的，自转移占有后第 15 天起视为已颁发工程接收证书。

除专用合同条款另有约定外，发包人不按照本项约定组织竣工验收、颁发工程接收证书的，每逾期一天，应以签约合同价为基数，按照中国人民银行发布的同期同类贷款基准利率支付违约金。

案例 8.11

建设工程施工合同竣工验收案例

2002 年 2 月 24 日，甲建筑公司与乙厂就乙厂技术改造工程签订建设工程施工合同。合同约定：甲建筑公司承担乙厂某技术改造工程项目，承包方式按预算定额包工包料，竣工后办理工程结算。合同签订后，甲建筑公司按合同约定完成该工程项目，并于 2002 年 11 月 14 日竣工。在实施过程中，乙厂于 2002 年 9 月被丙公司兼并，由丙公司承担乙厂的全部债权债务，承接乙厂的各项工程合同、借款合同及各种协议。甲建筑公司在工程竣工后多次催促丙公司对工程进行验收并支付所欠工程款。丙公司对此一直置之不理，既不验收已竣工工程，也不付工程款。甲公司无奈将丙公司诉至法院。

【解析】

建设工程施工合同中规定：建设工程竣工后，发包人应当根据施工图纸及说明书、国家颁发的施工验收规范和质量检验标准进行验收。验收合格的，发包人应当按照约定支付价款，并接收该建设工程。建设工程竣工经验收合格后，方可交付使用；未经验收或者验收不合格的，不得交付使用。此案签订建设工程施工合同的是甲建筑公司与乙厂，但乙厂在被丙公司兼并后，丙公司承担了乙厂的全部债权债务并承接了乙厂的各项工程合同，当然应当履行甲建筑公司与乙厂签订的建设工程施工合同，对已完工的工程项目进行验收，验收合格无质量争议的，应当按照合同规定向甲建筑公司支付工程款，接收该工程项目，办理交接手续。

（3）工程试车。

工程需要试车的，试车内容应与承包人承包范围相一致，试车费用由承包人承担。

① 试车中的责任。

因设计原因导致试车达不到验收要求，发包人应要求设计人修改设计，承包人按修改后的设计重新安装。发包人承担修改设计、拆除及重新安装的全部费用，工期相应顺延。因承包人原因导致试车达不到验收要求，承包人按监理人要求重新安装和试车，并承担重新安装和试车的费用，工期不予顺延。

因工程设备制造原因导致试车达不到验收要求的，由采购该工程设备的合同当事人负责重新购置或修理，承包人负责拆除和重新安装，由此增加的修理、重新购置、拆除及重新安装的费用及延误的工期由采购该工程设备的合同当事人承担。

② 投料试车。

如需进行投料试车的，发包人应在工程竣工验收后组织投料试车。发包人要求在工程竣工验收前进行或需要承包人配合时，应征得承包人同意，并在专用合同条款中约定有关事项。

投料试车合格的，费用由发包人承担；因承包人原因造成投料试车不合格的，承包人应按照发包人要求进行整改，由此产生的整改费用由承包人承担；非因承包人原因导致投料试车不合格的，如发包人要求承包人进行整改的，由此产生的费用由发包人承担。

（4）提前交付单位工程的验收。

① 发包人需要在工程竣工前使用单位工程的，或承包人提出提前交付已经竣工的单位工程且经发包人同意的，可进行单位工程验收。验收的程序按照《示范文本》第13.2款〔竣工验收〕的约定进行。验收合格后，由监理人向承包人出具经发包人签认的单位工程接收证书。已签发单位工程接收证书的单位工程由发包人负责照管。单位工程的验收成果和结论作为整体工程竣工验收申请报告的附件。

② 发包人要求在工程竣工前交付单位工程，由此导致承包人费用增加和（或）工期延误的，由发包人承担由此增加的费用和（或）延误的工期，并支付承包人合理的利润。

（5）施工期运行。

施工期运行是指合同工程尚未全部竣工，其中某项或某几项单位工程或工程设备安装已竣工，需要投入施工期运行的，经发包人验收合格，证明能确保安全后，才能在施工期投入运行。

在施工期运行中发现工程或工程设备损坏或存在缺陷的，由承包人进行修复。

（6）竣工退场。

① 竣工退场。

颁发工程接收证书后，承包人应按以下要求对施工现场进行清理：

a. 施工现场内残留的垃圾已全部清除出场；

b. 临时工程已拆除，场地已进行清理、平整或复原；

c. 按合同约定应撤离的人员、承包人施工设备和剩余的材料，包括废弃的施工设备和材料，已按计划撤离施工现场；

d. 施工现场周边及其附近道路、河道的施工堆积物，已全部清理；

e. 施工现场其他场地清理工作已全部完成。

施工现场的竣工退场费用由承包人承担。承包人应在约定的期限内完成竣工退场，逾期未完成的，发包人有权出售或另行处理承包人遗留的物品，由此支出的费用由承包人承担，发包人出售承包人遗留物品所得款项在扣除必要费用后应返还承包人。

② 地表还原。

承包人应按发包人要求恢复临时占地及清理场地，承包人未按发包人的要求恢复临时占地，或者场地清理未达到合同约定要求的，发包人有权委托其他人恢复或清理，所发生的费用由承包人承担。

5）缺陷责任与保修

（1）在工程移交发包人后，因承包人原因产生的质量缺陷，承包人应承担质量缺陷责任和保修义务。缺陷责任期届满，承包人仍应按合同约定的工程各部位保修年限承担保修义务。

（2）缺陷责任期从工程通过竣工验收之日起计算，合同当事人应在专用合同条款约定缺陷责任期的具体期限，但该期限最长不超过 24 个月。

（3）单位工程先于全部工程进行验收，经验收合格并交付使用的，该单位工程缺陷责任期自单位工程验收合格之日起计算。因承包人原因导致工程无法按合同约定期限进行竣工验收的，缺陷责任期从实际通过竣工验收之日起计算。因发包人原因导致工程无法按合同约定期限进行竣工验收的，在承包人提交竣工验收报告 90 天后，工程自动进入缺陷责任期；发包人未经竣工验收擅自使用工程的，缺陷责任期自工程转移占有之日起计算。

（4）缺陷责任期内，由承包人原因造成的缺陷，承包人应负责维修，并承担鉴定及维修费用。如承包人不维修也不承担费用，发包人可按合同约定从保证金或银行保函中扣除，费用超出保证金额的，发包人可按合同约定向承包人进行索赔。承包人维修并承担相应费用后，不免除对工程的损失赔偿责任。发包人有权要求承包人延长缺陷责任期，并应在原缺陷责任期届满前发出延长通知。但缺陷责任期（含延长部分）最长不能超过 24 个月。

（5）由他人原因造成的缺陷，发包人负责组织维修，承包人不承担费用，且发包人不得从保证金中扣除费用。

（6）任何一项缺陷或损坏修复后，经检查证明其影响了工程或工程设备的使用性能，承包人应重新进行合同约定的试验和试运行，试验和试运行的全部费用应由责任方承担。

（7）承包人应于缺陷责任期届满后 7 天内向发包人发出缺陷责任期届满通知，发包人应在收到缺陷责任期届满通知后 14 天内核实承包人是否履行缺陷修复义务，承包人未能履行缺陷修复义务的，发包人有权扣除相应金额的维修费用。发包人应在收到缺陷责任期届满通知后 14 天内，向承包人颁发缺陷责任期终止证书。

（8）发包人未经竣工验收擅自使用工程的，保修期自转移占有之日起计算。

案例 8.12

工程质量缺陷案例

A 建设单位与 B 建筑公司签订一施工合同，修建某住宅工程。工程完工后，经验收质量合格。工程使用 3 年后楼房屋顶漏水，A 建设单位要求 B 建筑公司负责无偿修理，并赔偿损失，B 建筑公司则以施工合同中并未规定质量保证期限，且工程已经验收合格为由，拒绝 A 建设单位的无偿修理要求。A 建设单位将 B 建筑公司起诉至法院。法院判决施工合同有效，认为施工合同中虽然并没有约定工程质量保证期限，但依据《建设工程质量管理办法》的规定，屋面防水工程保修期限为 5 年。因此，工程使用 3 年出现的质量问题，应由施工单位承担无偿修理并赔偿损失的责任。

【解析】

本案具有争议的施工合同虽欠缺质量保证期限条款，但并不影响双方当事人对施工合同主要义务的履行，故该合同有效。由于合同中没有质量保证期限的约定，故应当依照法律、法规的规定或者其他规章确定工程质量保证期限。法院依照《建设工程质量管理办法》的有关规定对欠缺条款进行补充，无疑是正确的。依据该办法规定，出现的质量问题属保修期内，故认定B建筑公司应承担无偿修理和赔偿损失责任。

4. 施工合同的进度控制条款

（1）施工组织设计提交和修改。

除专用合同条款另有约定外，承包人应在合同签订后 14 天内，但至迟不得晚于《示范文本》第 7.3.2 项〔开工通知〕载明的开工日期前 7 天，向监理人提交详细的施工组织设计，并由监理人报送发包人。除专用合同条款另有约定外，发包人和监理人应在监理人收到施工组织设计后 7 天内确认或提出修改意见。对发包人和监理人提出的合理意见和要求，承包人应自费修改完善。根据工程实际情况需要修改施工组织设计的，承包人应向发包人和监理人提交修改后的施工组织设计。

（2）施工进度计划。

① 承包人应按照《示范文本》第 7.1 款〔施工组织设计〕提交详细的施工进度计划，施工进度计划的编制应当符合国家法律规定和一般工程实施惯例，施工进度计划经发包人批准后实施。施工进度计划是控制工程进度的依据，发包人和监理人有权按照施工进度计划检查工程进度情况。

② 施工进度计划不符合合同要求或与工程的实际进度不一致的，承包人应向监理人提交修订的施工进度计划，并附具有关措施和相关资料，由监理人报送发包人。除专用合同条款另有约定外，发包人和监理人应在收到修订的施工进度计划后 7 天内完成审核和批准或提出修改意见。

（3）开工。

① 承包人应按约定的期限，向监理人提交工程开工报审表，经监理人报发包人批准后执行。开工报审表应详细说明按施工进度计划正常施工所需的施工道路、临时设施、材料、工程设备、施工设备、施工人员等落实情况以及工程的进度安排。合同当事人应按约定完成开工准备工作。

② 开工通知。

发包人应按照法律规定获得工程施工所需的许可。经发包人同意后，监理人发出的开工通知应符合法律规定。监理人应在计划开工日期 7 天前向承包人发出开工通知，工期自开工通知中载明的开工日期起算。

因发包人原因造成监理人未能在计划开工日期之日起 90 天内发出开工通知的，承包人有权提出价格调整要求，或者解除合同。发包人应当承担由此增加的费用和（或）延误的工期，并向承包人支付合理利润。

（4）工期延误。

① 因发包人原因导致工期延误。

在合同履行过程中，因下列情况导致工期延误和（或）费用增加的，由发包人承担由此延误的工期和（或）增加的费用，且发包人应支付承包人合理的利润：

a．发包人未能按合同约定提供图纸或所提供图纸不符合合同约定的；

b．发包人未能按合同约定提供施工现场、施工条件、基础资料、许可、批准等开工条件的；

c．发包人提供的测量基准点、基准线和水准点及其书面资料存在错误或疏漏的；

d．发包人未能在计划开工日期之日起 7 天内同意下达开工通知的；

e．发包人未能按合同约定日期支付工程预付款、进度款或竣工结算款的；

f．监理人未按合同约定发出指示、批准等文件的；

g．专用合同条款中约定的其他情形。

因发包人原因未按计划开工日期开工的，发包人应按实际开工日期顺延竣工日期确保实际工期不低于合同约定的工期总日历天数。

② 因承包人原因导致工期延误。

因承包人原因造成工期延误的，可以在专用合同条款中约定逾期竣工违约金的计算方法和逾期竣工违约金的上限。承包人支付逾期竣工违约金后，不免除承包人继续完成工程及修补缺陷的义务。

（5）不利物质条件和异常恶劣的气候条件。

① 不利物质条件是指有经验的承包人在施工现场遇到的不可预见的自然物质条件、非自然的物质障碍和污染物，包括地表以下物质条件和水文条件以及专用合同条款约定的其他情形，但不包括气候条件。

承包人遇到不利物质条件时，应采取克服不利物质条件的合理措施继续施工，并及时通知发包人和监理人。通知应载明不利物质条件的内容以及承包人认为不可预见的理由。监理人经发包人同意后应当及时发出指示，指示构成变更的，按《示范文本》第 10 条〔变更〕约定执行。承包人因采取合理措施而增加的费用和（或）延误的工期由发包人承担。

② 异常恶劣的气候条件是指在施工过程中遇到的，有经验的承包人在签订合同时不可预见的，对合同履行造成实质性影响的，但尚未构成不可抗力事件的恶劣气候条件。合同当事人可以在专用合同条款中约定异常恶劣的气候条件的具体情形。

承包人应采取克服异常恶劣的气候条件的合理措施继续施工，并及时通知发包人和监理人。监理人经发包人同意后应当及时发出指示，指示构成变更的，按《示范文本》第 10 条〔变更〕约定办理。承包人因采取合理措施而增加的费用和（或）延误的工期由发包人承担。

（6）暂停施工。

① 发包人原因引起的暂停施工。

因发包人原因引起暂停施工的，监理人经发包人同意后，应及时下达暂停施工指示。情况紧急且监理人未及时下达暂停施工指示的，承包人可先暂停施工，并及时通知监理人。监理人应在接到通知后 24 小时内发出指示，逾期未发出指示，视为同意承包人暂停施工。

因发包人原因引起的暂停施工，发包人应承担由此增加的费用和（或）延误的工期，并支付承包人合理的利润。

② 承包人原因引起的暂停施工。

因承包人原因引起的暂停施工，承包人应承担由此增加的费用和（或）延误的工期。

③ 指示暂停施工。

监理人认为有必要时，并经发包人批准后，可向承包人作出暂停施工的指示，承包人应按监理人指示暂停施工。

④ 紧急情况下的暂停施工。

因紧急情况需暂停施工，且监理人未及时下达暂停施工指示的，承包人可先暂停施工，并及时通知监理人。监理人应在接到通知后 24 小时内发出指示，逾期未发出指示，视为同意承包人暂停施工。监理人不同意承包人暂停施工的，应说明理由，承包人对监理人的答复有异议，按照《示范文本》第 20 条〔争议解决〕约定处理。

⑤ 暂停施工后的复工。

暂停施工后，发包人和承包人应采取有效措施积极消除暂停施工的影响。在工程复工前，监理人会同发包人和承包人确定因暂停施工造成的损失，并确定工程复工条件。当工程具备复工条件时，监理人应经发包人批准后向承包人发出复工通知，承包人应按照复工通知要求复工。

承包人无故拖延和拒绝复工的，承包人承担由此增加的费用和（或）延误的工期；因发包人原因无法按时复工的，由发包人承担由此延误的工期和（或）增加的费用，且发包人应支付承包人合理的利润。

⑥ 暂停施工期间的工程照管。

暂停施工期间，承包人应负责妥善照管工程并提供安全保障，由此增加的费用由责任方承担。

⑦ 暂停施工的措施。

暂停施工期间，发包人和承包人均应采取必要的措施确保工程质量及安全，防止因暂停施工扩大损失。

5. 施工合同的造价控制条款

1）价格调整

（1）市场价格波动引起的调整。

除专用合同条款另有约定外，市场价格波动超过合同当事人约定的范围，合同价格应当调整。合同当事人可以在专用合同条款中约定选择以下一种方式对合同价格进行调整。

第 1 种方式：采用价格指数进行价格调整。

因人工、材料和设备等价格波动影响合同价格时，根据专用合同条款中约定的数据，按照以下公式计算差额并调整合同价格：

$$\Delta P = P_0\left[A + \left(B_1\times\frac{F_{t1}}{F_{01}} + B_2\times\frac{F_{t2}}{F_{02}} + B_3\times\frac{F_{t3}}{F_{03}} + \cdots + B_n\times\frac{F_{tn}}{F_{0n}}\right) - 1\right]$$

式中 ΔP——需调整的价格差额；

P_0——约定的付款证书中承包人应得到的已完成工程量的金额。此项金额应不包括价格调整、不计质量保证金的扣留和支付、预付款的支付和扣回。约定的变更及其他金额已按现行价格计价的，也不计在内；

A——定值权重（即不调部分的权重）；

$B_1;B_2;B_3,\cdots,B_n$——各可调因子的变值权重（即可调部分的权重），为各可调因子在签约合同价中所占的比例；

$F_{t1};F_{t2};F_{t3},\cdots,F_{tn}$——各可调因子的现行价格指数，指约定的付款证书相关周期最后一天的前 42 天的各可调因子的价格指数；

$F_{01};F_{02};F_{03},\cdots,F_{0n}$ ——各可调因子的基本价格指数，指基准日期的各可调因子的价格指数。

以上价格调整公式中的各可调因子、定值和变值权重，以及基本价格指数及其来源在投标函附录价格指数和权重表中约定，非招标订立的合同，由合同当事人在专用合同条款中约定。价格指数应首先采用工程造价管理机构发布的价格指数，无前述价格指数时，可采用工程造价管理机构发布的价格代替。

① 暂时确定调整差额。

在计算调整差额时无现行价格指数的，合同当事人同意暂用前次价格指数计算。实际价格指数有调整的，合同当事人进行相应调整。

② 权重的调整。

因变更导致合同约定的权重不合理时，按照《示范文本》第 4.4 款〔商定或确定〕执行。

③ 因承包人原因工期延误后的价格调整。

因承包人原因未按期竣工的，对合同约定的竣工日期后继续施工的工程，在使用价格调整公式时，应采用计划竣工日期与实际竣工日期的两个价格指数中较低的一个作为现行价格指数。

第 2 种方式：采用造价信息进行价格调整。

合同履行期间，因人工、材料、工程设备和机械台班价格波动影响合同价格时，人工、机械使用费按照国家或省、自治区、直辖市建设行政管理部门、行业建设管理部门或其授权的工程造价管理机构发布的人工、机械使用费系数进行调整；需要进行价格调整的材料，其单价和采购数量应由发包人审批，发包人确认需调整的材料单价及数量，作为调整合同价格的依据。

① 人工单价发生变化且符合省级或行业建设主管部门发布的人工费调整规定，合同当事人应按省级或行业建设主管部门或其授权的工程造价管理机构发布的人工费等文件调整合同价格，但承包人对人工费或人工单价的报价高于发布价格的除外。

② 材料、工程设备价格变化的价款调整按照发包人提供的基准价格，按以下风险范围规定执行。

a．承包人在已标价工程量清单或预算书中载明材料单价低于基准价格的：除专用合同条款另有约定外，合同履行期间材料单价涨幅以基准价格为基础超过 5%时，或材料单价跌幅以在已标价工程量清单或预算书中载明材料单价为基础超过 5%时，其超过部分据实调整。

b．承包人在已标价工程量清单或预算书中载明材料单价高于基准价格的：除专用合同条款另有约定外，合同履行期间材料单价跌幅以基准价格为基础超过 5%时，材料单价涨幅以在已标价工程量清单或预算书中载明材料单价为基础超过 5%时，其超过部分据实调整。

c．承包人在已标价工程量清单或预算书中载明材料单价等于基准价格的：除专用合同条款另有约定外，合同履行期间材料单价涨跌幅以基准价格为基础超过±5%时，其超过部分据实调整。

d．承包人应在采购材料前将采购数量和新的材料单价报发包人核对，发包人确认用于工程时，发包人应确认采购材料的数量和单价。发包人在收到承包人报送的确认资料后 5 天内不予答复的视为认可，作为调整合同价格的依据。未经发包人事先核对，承包人自行采购材料的，发包人有权不予调整合同价格。发包人同意的，可以调整合同价格。

前述基准价格是指由发包人在招标文件或专用合同条款中给定的材料、工程设备的价格，该价格原则上应当按照省级或行业建设主管部门或其授权的工程造价管理机构发布的信息价编制。

③ 施工机械台班单价或施工机械使用费发生变化超过省级或行业建设主管部门或其授权的工程造价管理机构规定的范围时，按规定调整合同价格。

第3种方式：专用合同条款约定的其他方式。

（2）法律变化引起的调整。

基准日期后，法律变化导致承包人在合同履行过程中所需要的费用发生除《示范文本》第11.1款〔市场价格波动引起的调整〕约定以外的增加时，由发包人承担由此增加的费用；减少时，应从合同价格中予以扣减。基准日期后，因法律变化造成工期延误时，工期应予以顺延。

因法律变化引起的合同价格和工期调整，合同当事人无法达成一致的，由总监理工程师按《示范文本》第4.4款〔商定或确定〕的约定处理。

因承包人原因造成工期延误，在工期延误期间出现法律变化的，由此增加的费用和（或）延误的工期由承包人承担。

2）合同价格、计量与支付

（1）合同价格形式。

① 单价合同。

② 总价合同。

③ 其他价格形式。合同当事人可在专用合同条款中约定其他合同价格形式。

（2）预付款。

① 预付款的支付。

预付款的支付按照专用合同条款约定执行，但至迟应在开工通知载明的开工日期7天前支付。预付款应当用于材料、工程设备、施工设备的采购及修建临时工程、组织施工队伍进场等。

除专用合同条款另有约定外，预付款在进度付款中同比例扣回。在颁发工程接收证书前，提前解除合同的，尚未扣完的预付款应与合同价款一并结算。

发包人逾期支付预付款超过7天的，承包人有权向发包人发出要求预付的催告通知，发包人收到通知后7天内仍未支付的，承包人有权暂停施工，并按《示范文本》第16.1.1项〔发包人违约的情形〕执行。

② 预付款担保。

发包人要求承包人提供预付款担保的，承包人应在发包人支付预付款7天前提供预付款担保，专用合同条款另有约定除外。预付款担保可采用银行保函、担保公司担保等形式，具体由合同当事人在专用合同条款中约定。在预付款完全扣回之前，承包人应保证预付款担保持续有效。

发包人在工程款中逐期扣回预付款后，预付款担保额度应相应减少，但剩余的预付款担保金额不得低于未被扣回的预付款金额。

（3）计量。

① 工程量计量按照合同约定的工程量计算规则、图纸及变更指示等进行计量。工程量

计算规则应以相关的国家标准、行业标准等为依据，由合同当事人在专用合同条款中约定。除专用合同条款另有约定外，工程量的计量按月进行。

② 合同的计量。

承包人应于每月25日向监理人报送上月20日至当月19日已完成的工程量报告，并附具进度付款申请单、已完成工程量报表和有关资料。

监理人应在收到承包人提交的工程量报告后7天内完成对承包人提交的工程量报表的审核并报送发包人，以确定当月实际完成的工程量。监理人对工程量有异议的，有权要求承包人进行共同复核或抽样复测。承包人应协助监理人进行复核或抽样复测，并按监理人要求提供补充计量资料。承包人未按监理人要求参加复核或抽样复测的，监理人复核或修正的工程量视为承包人实际完成的工程量。

监理人未在收到承包人提交的工程量报表后的7天内完成审核的，承包人报送的工程量报告中的工程量视为承包人实际完成的工程量，据此计算工程价款。

（4）工程进度款支付。

① 除专用合同条款另有约定外，付款周期应按照《示范文本》第12.3.2项〔计量周期〕的约定与计量周期保持一致，进度付款申请单应包括：截至本次付款周期已完成工作对应的金额；根据《示范文本》第10条〔变更〕应增加和扣减的变更金额；根据《示范文本》第12.2款〔预付款〕约定应支付的预付款和扣减的返还预付款；根据《示范文本》第15.3款〔质量保证金〕约定应扣减的质量保证金；根据《示范文本》第19条〔索赔〕应增加和扣减的索赔金额；对已签发的进度款支付证书中出现错误的修正，应在本次进度付款中支付或扣除的金额；根据合同约定应增加和扣减的其他金额。

② 进度款审核和支付。

a．除专用合同条款另有约定外，监理人应在收到承包人进度付款申请单以及相关资料后7天内完成审查并报送发包人，发包人应在收到后7天内完成审批并签发进度款支付证书。发包人逾期未完成审批且未提出异议的，视为已签发进度款支付证书。

发包人和监理人对承包人的进度付款申请单有异议的，有权要求承包人修正和提供补充资料，承包人应提交修正后的进度付款申请单。监理人应在收到承包人修正后的进度付款申请单及相关资料后7天内完成审查并报送发包人，发包人应在收到监理人报送的进度付款申请单及相关资料后7天内，向承包人签发无异议部分的临时进度款支付证书。存在争议的部分，按照《示范文本》第20条〔争议解决〕的约定处理。

b．除专用合同条款另有约定外，发包人应在进度款支付证书或临时进度款支付证书签发后14天内完成支付，发包人逾期支付进度款的，应按照中国人民银行发布的同期同类贷款基准利率支付违约金。

c．发包人签发进度款支付证书或临时进度款支付证书，不表明发包人已同意、批准或接受了承包人完成的相应部分的工作。

（5）支付账户。

发包人应将合同价款支付至合同协议书中约定的承包人账户。

3）竣工结算

（1）竣工结算申请。

除专用合同条款另有约定外，承包人应在工程竣工验收合格后28天内向发包人和监理人提交竣工结算申请单，并提交完整的结算资料，有关竣工结算申请单的资料清单和份数等要求由合同当事人在专用合同条款中约定。

除专用合同条款另有约定外，竣工结算申请单应包括：

① 竣工结算合同价格；

② 发包人已支付承包人的款项；

③ 应扣留的质量保证金，已缴纳履约保证金的或提供其他工程质量担保方式的除外；

④ 发包人应支付承包人的合同价款。

（2）竣工结算审核。

① 除专用合同条款另有约定外，监理人应在收到竣工结算申请单后 14 天内完成核查并报送发包人。发包人应在收到监理人提交的经审核的竣工结算申请单后 14 天内完成审批，并由监理人向承包人签发经发包人签认的竣工付款证书。监理人或发包人对竣工结算申请单有异议的，有权要求承包人进行修正和提供补充资料，承包人应提交修正后的竣工结算申请单。

发包人在收到承包人提交竣工结算申请书后 28 天内未完成审批且未提出异议的，视为发包人认可承包人提交的竣工结算申请单，并自发包人收到承包人提交的竣工结算申请单后第 29 天起视为已签发竣工付款证书。

② 除专用合同条款另有约定外，发包人应在签发竣工付款证书后的 14 天内，完成对承包人的竣工付款。发包人逾期支付的，按照中国人民银行发布的同期同类贷款基准利率支付违约金；逾期支付超过 56 天的，按照中国人民银行发布的同期同类贷款基准利率的两倍支付违约金。

③ 承包人对发包人签认的竣工付款证书有异议的，对于有异议部分应在收到发包人签认的竣工付款证书后 7 天内提出异议，并由合同当事人按照专用合同条款约定的方式和程序进行复核，或按照《示范文本》第 20 条〔争议解决〕约定处理。对于无异议部分，发包人应签发临时竣工付款证书，并按上述②的付款方式完成付款。承包人逾期未提出异议的，视为认可发包人的审批结果。

（3）甩项竣工协议。

发包人要求甩项竣工的，合同当事人应签订甩项竣工协议。在甩项竣工协议中应明确，合同当事人按照《示范文本》第 14.1 款〔竣工结算申请〕及第 14.2 款〔竣工结算审核〕的约定，对已完合格工程进行结算，并支付相应合同价款。

（4）最终结清。

① 最终结清申请单。

除专用合同条款另有约定外，承包人应在缺陷责任期终止证书颁发后 7 天内，按专用合同条款约定的份数向发包人提交最终结清申请单，并提供相关证明材料。发包人对最终结清申请单内容有异议的，有权要求承包人进行修正和提供补充资料，承包人应向发包人提交修正后的最终结清申请单。

② 最终结清证书和支付。

除专用合同条款另有约定外，发包人应在收到承包人提交的最终结清申请单后 14 天内完成审批并向承包人颁发最终结清证书，发包人应在颁发最终结清证书后 7 天内完成支付。发包人逾期支付的，按照中国人民银行发布的同期同类贷款基准利率支付违约金；逾期支付超过 56 天的，按照中国人民银行发布的同期同类贷款基准利率的两倍支付违约金。

承包人对发包人颁发的最终结清证书有异议的，按《示范文本》第 20 条〔争议解决〕的约定办理。

4）质量保证金

经合同当事人协商一致扣留质量保证金的，应在专用合同条款中予以明确。

在工程项目竣工前，承包人已经提供履约担保的，发包人不得同时预留工程质量保证金。

① 承包人提供质量保证金的方式：

a．质量保证金保函；

b．相应比例的工程款；

c．双方约定的其他方式。

除专用合同条款另有约定外，质量保证金原则上采用上述第一种方式。

② 质量保证金的扣留。

质量保证金的扣留有以下三种方式：

a．在支付工程进度款时逐次扣留，在此情形下，质量保证金的计算基数不包括预付款的支付、扣回以及价格调整的金额；

b．工程竣工结算时一次性扣留质量保证金；

c．双方约定的其他扣留方式。

除专用合同条款另有约定外，质量保证金的扣留原则上采用上述第一种方式。

发包人累计扣留的质量保证金不得超过工程价款结算总额的 3%，如承包人在发包人签发竣工付款证书后 28 天内提交质量保证金保函，发包人应同时退还扣留的作为质量保证金的工程价款；保函金额不得超过工程价款结算总额的 3%。

发包人在退还质量保证金的同时按照中国人民银行发布的同期同类贷款基准利率支付利息。

③ 质量保证金的退还。

缺陷责任期内，承包人认真履行合同约定的责任，到期后，承包人可向发包人申请返还保证金。

发包人在接到承包人返还保证金申请后，应于 14 天内会同承包人按照合同约定的内容进行核实。如无异议，发包人应当按照约定将保证金返还给承包人。对返还期限没有约定或者约定不明确的，发包人应当在核实后 14 天内将保证金返还承包人，逾期未返还的，依法承担违约责任。发包人在接到承包人返还保证金申请后 14 天内不予答复，经催告后 14 天内仍不予答复，视同认可承包人的返还保证金申请。发包人和承包人对保证金预留、返还以及工程维修质量、费用有争议的，按合同约定的争议和纠纷解决程序处理。

6. 施工合同的安全文明施工与环境保护条款

1）安全文明施工

（1）安全生产要求。

合同履行期间，合同当事人均应当遵守国家和工程所在地有关安全生产的要求，合同当事人有特别要求的，应在专用合同条款中明确施工项目安全生产标准化达标目标及相应事项。承包人有权拒绝发包人及监理人强令承包人违章作业、冒险施工的任何指示。在施工过程中，如遇到突发的地质变动、事先未知的地下施工障碍等影响施工安全的紧急情况，承包人应及时报告监理人和发包人，发包人应当及时下令停工并报政府有关行政管理部门采取应急措施。

（2）安全生产保证措施。

承包人应当按照有关规定编制安全技术措施或者专项施工方案，建立安全生产责任制度、治安保卫制度及安全生产教育培训制度，并按安全生产法律规定及合同约定履行安全职责，如实编制工程安全生产的有关记录，接受发包人、监理人及政府安全监督部门的检查与监督。

（3）特别安全生产事项。

承包人应按照法律规定进行施工，开工前做好安全技术交底工作，施工过程中做好各项安全防护措施。承包人为实施合同而雇用的特殊工种的人员应受过专门的培训并已取得政府有关管理机构颁发的上岗证书。

承包人在动力设备、输电线路、地下管道、密封防震车间、易燃易爆地段以及临街交通要道附近施工时，施工开始前应向发包人和监理人提出安全防护措施，经发包人认可后实施。

实施爆破作业，在放射、毒害性环境中施工（含储存、运输、使用）及使用毒害性、腐蚀性物品施工时，承包人应在施工前 7 天以书面通知发包人和监理人，并报送相应的安全防护措施，经发包人认可后实施。

需单独编制危险性较大分部分项专项工程施工方案的，及要求进行专家论证的超过一定规模的危险性较大的分部分项工程，承包人应及时编制和组织论证。

（4）治安保卫。

除专用合同条款另有约定外，发包人应与当地公安部门协商，在现场建立治安管理机构或联防组织，统一管理施工场地的治安保卫事项，履行合同工程的治安保卫职责。

除专用合同条款另有约定外，发包人和承包人应在工程开工后 7 天内共同编制施工场地治安管理计划，并制定应对突发治安事件的紧急预案。在工程施工过程中，发生暴乱、爆炸等恐怖事件，以及群殴、械斗等群体性突发治安事件的，发包人和承包人应立即向当地政府报告。发包人和承包人应积极协助当地有关部门采取措施平息事态，防止事态扩大，尽量避免人员伤亡和财产损失。

（5）文明施工。

承包人在工程施工期间，应当采取措施保持施工现场平整，物料堆放整齐。工程所在地有关政府行政管理部门有特殊要求的，按照其要求执行。合同当事人对文明施工有其他要求的，可以在专用合同条款中明确。

在工程移交之前，承包人应当从施工现场清除承包人的全部工程设备、多余材料、垃圾和各种临时工程，并保持施工现场清洁整齐。经发包人书面同意，承包人可在发包人指定的地点保留承包人履行保修期内的各项义务所需要的材料、施工设备和临时工程。

（6）紧急情况处理。

在工程实施期间或缺陷责任期内发生危及工程安全的事件，监理人通知承包人进行抢救，承包人声明无能力或不愿立即执行的，发包人有权雇用其他人员进行抢救。此类抢救按合同约定属于承包人义务的，由此增加的费用和（或）延误的工期由承包人承担。

（7）安全生产责任。

① 发包人的安全责任。

发包人应负责赔偿以下各种情况造成的损失：

a．工程或工程的任何部分对土地的占用所造成的第三者财产损失；

b．由于发包人原因在施工场地及其毗邻地带造成的第三者人身伤亡和财产损失；

c．由于发包人原因对承包人、监理人造成的人员人身伤亡和财产损失；

d．由于发包人原因造成的发包人自身人员的人身伤害以及财产损失。

② 承包人的安全责任。

由于承包人原因在施工场地内及其毗邻地带造成的发包人、监理人以及第三者人员伤亡和财产损失，由承包人负责赔偿。

2）职业健康

（1）劳动保护。

承包人应按照法律规定安排现场施工人员的劳动和休息时间，保障劳动者的休息时间，并支付合理的报酬和费用。承包人应依法为其履行合同所雇用的人员办理必要的证件、许可、保险和注册等，承包人应督促其分包人为分包人所雇用的人员办理必要的证件、许可、保险和注册等。

承包人应按照法律规定保障现场施工人员的劳动安全，并提供劳动保护，并应按国家有关劳动保护的规定，采取有效的防止粉尘、降低噪声、控制有害气体和保障高温、高寒、高空作业安全等劳动保护措施。承包人雇用人员在施工中受到伤害的，承包人应立即采取有效措施进行抢救和治疗。

承包人应按法律规定安排工作时间，保证其雇用人员享有休息和休假的权利。因工程施工的特殊需要占用休假日或延长工作时间的，应不超过法律规定的限度，并按法律规定给予补休或付酬。

（2）生活条件。

承包人应为其履行合同所雇用的人员提供必要的膳宿条件和生活环境；承包人应采取有效措施预防传染病，保证施工人员的健康，并定期对施工现场、施工人员生活基地和工程进行防疫和卫生的专业检查和处理，在远离城镇的施工场地，还应配备必要的伤病防治和急救的医务人员与医疗设施。

3）环境保护

承包人应在施工组织设计中列明环境保护的具体措施。在合同履行期间，承包人应采取合理措施保护施工现场环境。对施工作业过程中可能引起的大气、水、噪声以及固体废物污染采取具体可行的防范措施。

承包人应当承担因其原因引起的环境污染侵权损害赔偿责任，因上述环境污染引起纠纷而导致暂停施工的，由此增加的费用和（或）延误的工期由承包人承担。

7. 施工合同的变更管理条款

1）变更的范围

除专用合同条款另有约定外，合同履行过程中发生以下情形的，应按照本条约定进行变更：

（1）增加或减少合同中任何工作，或追加额外的工作；

（2）取消合同中任何工作，但转由他人实施的工作除外；

（3）改变合同中任何工作的质量标准或其他特性；

（4）改变工程的基线、标高、位置和尺寸；

（5）改变工程的时间安排或实施顺序。

2）变更权

发包人和监理人均可以提出变更。变更指示均通过监理人发出，监理人发出变更指示前应征得发包人同意。承包人收到经发包人签认的变更指示后，方可实施变更。未经许可，承包人不得擅自对工程的任何部分进行变更。

涉及设计变更的，应由设计人提供变更后的图纸和说明。如变更超过原设计标准或批准的建设规模时，发包人应及时办理规划、设计变更等审批手续。

3）变更程序

（1）发包人提出变更。

发包人提出变更的，应通过监理人向承包人发出变更指示，变更指示应说明计划变更的工程范围和变更的内容。

（2）监理人提出变更建议。

监理人提出变更建议的，需要向发包人以书面形式提出变更计划，说明计划变更工程范围和变更的内容、理由，以及实施该变更对合同价格和工期的影响。发包人同意变更的，由监理人向承包人发出变更指示。发包人不同意变更的，监理人无权擅自发出变更指示。

（3）变更执行。

承包人收到监理人下达的变更指示后，认为不能执行的，应立即提出不能执行该变更指示的理由。承包人认为可以执行变更的，应当书面说明实施该变更指示对合同价格和工期的影响，且合同当事人应当按照《示范文本》第10.4款〔变更估价〕约定确定变更估价。

4）变更估价

（1）变更估价原则。

除专用合同条款另有约定外，变更估价按照本款约定处理：

① 已标价工程量清单或预算书有相同项目的，按照相同项目单价认定；

② 已标价工程量清单或预算书中无相同项目，但有类似项目的，参照类似项目的单价认定；

③ 变更导致实际完成的变更工程量与已标价工程量清单或预算书中列明的该项目工程量的变化幅度超过15%的，或已标价工程量清单或预算书中无相同项目及类似项目单价的，按照合理的成本与利润构成的原则，由合同当事人按照《示范文本》第4.4款〔商定或确定〕确定变更工作的单价。

案例 8.13

工程变更案例

某工程合同总价格1000万元，由于工程变更，最终合同价达到1500万元，则变更增加了500万元，超过了15%。请问是否应调整综合单价？

【解析】

这里增加的500万元是按照原合同单价计算的。调整仅针对超过15%的部分，即：1500－1000（1＋15%）＝350（万元），仅调整管理费中的固定费用。

一般由于工作量的增加，固定费用分摊会减少；反之由于工作量的减少，固定费用的分摊会增加。所以当有效合同额增加时，应扣除部分管理费。

（2）变更估价程序。

承包人应在收到变更指示后 14 天内，向监理人提交变更估价申请。监理人应在收到承包人提交的变更估价申请后 7 天内审查完毕并报送发包人，监理人对变更估价申请有异议，通知承包人修改后重新提交。发包人应在承包人提交变更估价申请后 14 天内审批完毕。发包人逾期未完成审批或未提出异议的，视为认可承包人提交的变更估价申请。

因变更引起的价格调整应计入最近一期的进度款中支付。

5）变更引起的工期调整

因变更引起工期变化的，合同当事人均可要求调整合同工期，由合同当事人按照《示范文本》第 4.4 款〔商定或确定〕并参考工程所在地的工期定额标准确定增减工期天数。

6）暂估价

暂估价专业分包工程、服务、材料和工程设备的明细由合同当事人在专用合同条款中约定。

7）暂列金额

暂列金额应按照发包人的要求使用，发包人的要求应通过监理人发出。合同当事人可以在专用合同条款中协商确定有关事项。

8）计日工

需要采用计日工方式的，经发包人同意后，由监理人通知承包人以计日工计价方式实施相应的工作，其价款按列入已标价工程量清单或预算书中的计日工计价项目及其单价进行计算；已标价工程量清单或预算书中无相应的计日工单价的，按照合理的成本与利润构成的原则，由合同当事人按照《示范文本》第 4.4 款〔商定或确定〕确定计日工的单价。

8. 施工合同的其他约定

1）违约

（1）发包人违约。

① 发包人违约的情形：

a. 因发包人原因未能在计划开工日期前 7 天内下达开工通知的；

b. 因发包人原因未能按合同约定支付合同价款的；

c. 发包人违反《示范文本》第 10.1 款〔变更的范围〕第（2）项约定，自行实施被取消的工作或转由他人实施的；

d. 发包人提供的材料、工程设备的规格、数量或质量不符合合同约定，或因发包人原因导致交货日期延误或交货地点变更等情况的；

e. 因发包人违反合同约定造成暂停施工的；

f. 发包人无正当理由没有在约定期限内发出复工指示，导致承包人无法复工的；

g. 发包人明确表示或者以其行为表明不履行合同主要义务的；

h. 发包人未能按照合同约定履行其他义务的。

发包人发生除上述几项违约情形中第 g 项以外的违约情况时，承包人可向发包人发出通知，要求发包人采取有效措施纠正违约行为。发包人收到承包人通知后 28 天内仍不纠正违约行为的，承包人有权暂停相应部位工程施工，并通知监理人。

② 发包人违约的责任。

发包人应承担因其违约给承包人增加的费用和（或）延误的工期，并支付承包人合理的利润。此外，合同当事人可在专用合同条款中另行约定发包人违约责任的承担方式和计算方法。

③ 因发包人违约解除合同。

除专用合同条款另有约定外，承包人按《示范文本》第 16.1.1 项〔发包人违约的情形〕约定暂停施工满 28 天后，发包人仍不纠正其违约行为并致使合同目的不能实现的，以及发包人明确表示或者以其行为表明不履行合同主要义务的，承包人有权解除合同，发包人应承担由此增加的费用，并支付承包人合理的利润。

承包人应妥善做好已完工程和与工程有关的已购材料、工程设备的保护和移交工作，并将施工设备和人员撤出施工现场，发包人应为承包人撤出提供必要条件。

（2）承包人违约。

① 承包人违约的情形：

a．承包人违反合同约定进行转包或违法分包的；

b．承包人违反合同约定采购和使用不合格的材料和工程设备的；

c．因承包人原因导致工程质量不符合合同要求的；

d．承包人违反《示范文本》第 8.9 款〔材料与设备专用要求〕的约定，未经批准，私自将已按照合同约定进入施工现场的材料或设备撤离施工现场的；

e．承包人未能按施工进度计划及时完成合同约定的工作，造成工期延误的；

f．承包人在缺陷责任期及保修期内，未能在合理期限对工程缺陷进行修复，或拒绝按发包人要求进行修复的；

g．承包人明确表示或者以其行为表明不履行合同主要义务的；

h．承包人未能按照合同约定履行其他义务的。

除非承包人明确表示或者以其行为表明不履行合同主要义务，否则监理人可向承包人发出整改通知，要求其在指定的期限内改正。

② 承包人违约的责任。

承包人应承担因其违约行为而增加的费用和（或）延误的工期。此外，合同当事人可在专用合同条款中另行约定承包人违约责任的承担方式和计算方法。

③ 因承包人违约解除合同。

除专用合同条款另有约定外，承包人明确表示或者以其行为表明不履行合同主要义务的，或监理人发出整改通知后，承包人在指定的合理期限内仍不纠正违约行为并致使合同目的不能实现的，发包人有权解除合同。合同解除后，因继续完成工程的需要，发包人有权使用承包人在施工现场的材料、设备、临时工程、承包人文件和由承包人或以其名义编制的其他文件，合同当事人应在专用合同条款中约定相应费用的承担方式。发包人继续使用的行为不免除或减轻承包人应承担的违约责任。

④ 采购合同权益转让。

因承包人违约解除合同的，发包人有权要求承包人将其为实施合同而签订的材料和设备的采购合同的权益转让给发包人，承包人应在收到解除合同通知后 14 天内，协助发包人与采购合同的供应商达成相关的转让协议。

（3）第三人造成的违约。

在履行合同过程中，一方当事人因第三人的原因造成违约的，应当向对方当事人承担违约责任。一方当事人和第三人之间的纠纷，依照法律规定或者按照约定解决。

2）不可抗力

（1）不可抗力的确认。

不可抗力是指合同当事人在签订合同时不可预见，在合同履行过程中不可避免且不能克服的自然灾害和社会性突发事件，如地震、海啸、瘟疫、骚乱、戒严、暴动、战争和专用合同条款中约定的其他情形。

不可抗力发生后，发包人和承包人应收集证明不可抗力发生及不可抗力造成损失的证据，并及时认真统计所造成的损失。合同当事人对是否属于不可抗力或其损失的意见不一致的，由监理人按《示范文本》第4.4款〔商定或确定〕的约定处理。发生争议时，按《示范文本》第20条〔争议解决〕的约定处理。

（2）不可抗力的通知。

合同一方当事人遇到不可抗力事件，使其履行合同义务受到阻碍时，应立即通知合同另一方当事人和监理人，书面说明不可抗力和受阻碍的详细情况，并提供必要的证明。

不可抗力持续发生的，合同一方当事人应及时向合同另一方当事人和监理人提交中间报告，说明不可抗力和履行合同受阻的情况，并于不可抗力事件结束后28天内提交最终报告及有关资料。

（3）不可抗力后果的承担。

不可抗力导致的人员伤亡、财产损失、费用增加和（或）工期延误等后果，由合同当事人按以下原则承担：

① 永久工程、已运至施工现场的材料和工程设备的损坏，以及因工程损坏造成的第三人人员伤亡和财产损失由发包人承担；

② 承包人施工设备的损坏由承包人承担；

③ 发包人和承包人承担各自人员伤亡和财产的损失；

④ 因不可抗力影响承包人履行合同约定的义务，已经引起或将引起工期延误的，应当顺延工期，由此导致承包人停工的费用损失由发包人和承包人合理分担，停工期间必须支付的工人工资由发包人承担；

⑤ 因不可抗力引起或将引起工期延误，发包人要求赶工的，由此增加的赶工费用由发包人承担；

⑥ 承包人在停工期间按照发包人要求照管、清理和修复工程的费用由发包人承担。

不可抗力发生后，合同当事人均应采取措施尽量避免和减少损失的扩大，任何一方当事人没有采取有效措施导致损失扩大的，应对扩大的损失承担责任。

因合同一方迟延履行合同义务，在迟延履行期间遭遇不可抗力的，不免除其违约责任。

（4）因不可抗力解除合同。

因不可抗力导致合同无法履行连续超过84天或累计超过140天的，发包人和承包人均有权解除合同。

3）争议解决

（1）和解。

合同当事人可以就争议自行和解，自行和解达成协议的经双方签字并盖章后作为合同补充文件，双方均应遵照执行。

（2）调解。

合同当事人可以就争议请求建设行政主管部门、行业协会或其他第三方进行调解，调解达成协议的，经双方签字并盖章后作为合同补充文件，双方均应遵照执行。

（3）争议评审。

合同当事人在专用合同条款中约定采取争议评审方式解决争议以及评审规则，并按下列约定执行。

① 争议评审小组的确定。

合同当事人可以共同选择一名或三名争议评审员，组成争议评审小组。除专用合同条款另有约定外，合同当事人应当自合同签订后28天内，或者争议发生后14天内，选定争议评审员。

选择一名争议评审员的，由合同当事人共同确定；选择三名争议评审员的，各自选定一名，第三名成员为首席争议评审员，由合同当事人共同确定或由合同当事人委托已选定的争议评审员共同确定，或由专用合同条款约定的评审机构指定第三名首席争议评审员。

除专用合同条款另有约定外，评审员报酬由发包人和承包人各承担一半。

② 争议评审小组的决定。

合同当事人可在任何时间将与合同有关的任何争议共同提请争议评审小组进行评审。争议评审小组应秉持客观、公正原则，充分听取合同当事人的意见，依据相关法律、规范、标准、案例经验及商业惯例等，自收到争议评审申请报告后 14 天内作出书面决定，并说明理由。合同当事人可以在专用合同条款中对本项事项另行约定。

③ 争议评审小组决定的效力。

争议评审小组作出的书面决定经合同当事人签字确认后，对双方具有约束力，双方应遵照执行。

任何一方当事人不接受争议评审小组决定或不履行争议评审小组决定的，双方可选择采用其他争议解决方式。

（4）仲裁或诉讼。

因合同及合同有关事项产生的争议，合同当事人可以在专用合同条款中约定以下一种方式解决争议：

① 向约定的仲裁委员会申请仲裁；

② 向有管辖权的人民法院起诉。

案例 8.14

某综合建筑楼工程施工合同案例

A 公司为修建一座综合楼，经过一系列的招标、投标，最后选定 B 公司作为承包人，并于 2020 年 8 月 10 签订了一份合同。合同约定：B 公司于 10 月 10 日开始施工，施工前一个月内，A 公司提供技术资料和设计图纸，并且在正式开工前一个月解决工程的用电、用水等前期问题；工程造价 800 万元，A 公司先行支付 200 万元的前期资金，余款在工程验收合格后由 A 公司一次性付清；B 公司在 2021 年 12 月 20 前交楼；工程保修期为 3 年。

合同签订后，A 公司按约定将有关设计图纸、技术资料交给了 B 公司，工地用水问题也得到了解决，但直至 11 月 20 日，A 公司仍未能解决工地用电问题，导致 B 公司被迫停工，给 B 公司造成了近 5 万元的损失。2021 年 12 月，工程的主要建筑基本完工。由于开工前延误工期，为了尽早交楼，B 公司经 A 公司同意，将工程的室内装修工程转包给 C 公司，C 公司又将该工程中门窗安装工程分包给了 D 公司。A 公司在工程验收时发现，该室内装修工程质量和门窗安装质量均没有达到合同约定的标准，因此 A 公司要求扣除 B 公司工程款 50 万元，双方遂发生纠纷，A 公司以 B 公司违约向人民法院提起诉讼。

【解析】

（1）根据《中华人民共和国民法典》合同编第八百零三条规定：“发包人未按照约定的时间和要求提供原材料、设备、场地、资金、技术资料的，承包人可以顺延工程日期，并有权请求赔偿停工、窝工等损失。”本案中，A 公司本应按照合同的约定，在 2020 年 10 月 10 日前一个月解决好前期准备工作，但作为发包人的 A 公司没有按照合同的约定提供用电条件，致使 B 公司停工，并因此造成 B 公司损失近 5 万元，对该损失，A 公司应当承担赔偿责任。

（2）根据《中华人民共和国民法典》合同编第七百九十一条规定：“总承包人或者勘察、设计、施工承包人经发包人同意，可以将自己承包的部分工作交由第三人完成。第三人就其完成的工作成果与总承包人或者勘察、设计、施工承包人向发包人承担连带责任。承包人不得将其承包的全部建设工程转包给第三人或者将其承包的全部建设工程支解以后以分包的名义分别转包给第三人。”本案中，B 公司将部分工程分包给 C 公司，该分包行为经过了发包人 A 公司的同意，为有效行为。就其转包的工程，C 公司应当与总承包人 B 公司一起向发包人 A 公司承担连带责任。

（3）根据《中华人民共和国民法典》合同编第七百九十一条规定：“禁止承包人将工程分包给不具备相应资质条件的单位。禁止分包单位将其承包的工程再分包。建设工程主体结构的施工必须由承包人自行完成。”本案中，C 公司再分包时，没有经过 A 公司的同意，该分包行为无效。

（4）根据《中华人民共和国民法典》合同编第八百零一条规定：“因施工人的原因致使建设工程质量不符合约定的，发包人有权请求施工人在合理期限内无偿修理或者返工、改建。经过修理或者返工、改建后，造成逾期交付的，施工人应当承担违约责任。”B 公司和 C 公司交付的工程质量不合格，A 公司有权要求其采取上述措施予以修复，因修复造成工程逾期的，B 公司应当承担违约责任。

8.3　建设工程勘察设计合同

8.3.1　概述

建设工程勘察设计合同简称勘察设计合同，是指建设单位或项目管理部门和勘察、设计单位为完成商定的勘察、设计任务，明确相互权利、义务关系的协议。建设单位或项目管理部门是发包人，勘察、设计单位是承包人。根据勘察、设计合同，承包人完成发包人委托的勘察、设计任务，发包人接受符合约定要求的勘察、设计成果，并支付报酬。

1. 建设工程勘察合同示范文本简介

为规范工程勘察市场秩序，维护工程勘察合同当事人的合法权益，住房和城乡建设部、国家工商行政管理总局制定了《建设工程勘察合同（示范文本）》（GF—2016—0203）（以下简称《示范文本》），自 2016 年 12 月 1 日起执行。

（1）《示范文本》的性质和适用范围。

《示范文本》为非强制性使用文本，合同当事人可结合工程具体情况，根据《示范文本》

订立合同，并按照法律法规和合同约定履行相应的权利义务，承担相应的法律责任。

《示范文本》适用于岩土工程勘察、岩土工程设计、岩土工程物探/测试/检测/监测、水文地质勘察及工程测量等工程勘察活动。

（2）《示范文本》的组成。

《示范文本》由合同协议书、通用合同条款和专用合同条款三部分组成。

① 合同协议书。

合同协议书集中约定了合同当事人基本的合同权利义务，共计 12 条，主要包括工程概况、勘察范围和阶段、技术要求及工作量、合同工期、质量标准、合同价款、合同文件构成、承诺、词语定义、签订时间、签订地点、合同生效和合同份数等内容。

② 通用合同条款。

通用合同条款是合同当事人根据《合同法》《建筑法》《招标投标法》等相关法律法规的规定，就工程勘察的实施及相关事项对合同当事人的权利义务作出的原则性约定。

通用合同条款具体包括一般约定、发包人、勘察人、工期、成果资料、后期服务、合同价款与支付、变更与调整、知识产权、不可抗力、合同生效与终止、合同解除、责任与保险、违约、索赔、争议解决及补充条款等共 17 条。上述条款安排既考虑了现行法律法规对工程建设的有关要求，也考虑了工程勘察管理的特殊需要。

③ 专用合同条款。

专用合同条款是对通用合同条款原则性约定的细化、完善、补充、修改或另行约定的条款。合同当事人可以根据不同建设工程的特点及具体情况，通过双方的谈判、协商对相应的专用合同条款进行修改补充。

2. 建设工程设计合同示范文本简介

为规范工程设计市场秩序，维护工程设计合同当事人的合法权益，住房城乡建设部、工商总局制定了《建设工程设计合同示范文本（房屋建筑工程）》（GF—2015—0209）、《建设工程设计合同示范文本（专业建设工程）》（GF—2015—0210），自 2015 年 7 月 1 日起执行。

（1）建设工程设计合同示范文本的分类。

①《建设工程设计合同示范文本（房屋建筑工程）》（GF—2015—0209）适用于建设用地规划许可证范围内的建筑物构筑物设计、室外工程设计、民用建筑修建的地下工程设计及住宅小区、工厂厂前区、工厂生活区、小区规划设计及单体设计等，以及所包含的相关专业的设计内容（总平面布置、竖向设计、各类管网管线设计、景观设计、室内外环境设计及建筑装饰、道路、消防、智能、安保、通信、防雷、人防、供配电、照明、废水治理、空调设施、抗震加固等）等工程设计活动。

②《建设工程设计合同示范文本（专业建设工程）》适用于房屋建筑工程以外各行业建设工程项目的主体工程和配套工程（含厂/矿区内的自备电站、道路、专用铁路、通信、各种管网管线和配套的建筑物等全部配套工程）以及与主体工程、配套工程相关的工艺、土木、建筑、环境保护、水土保持、消防、安全、卫生、节能、防雷、抗震、照明工程等工程设计活动。

房屋建筑工程以外的各行业建设工程统称为专业建设工程，具体包括煤炭、化工石化医药、石油天然气（海洋石油）、电力、冶金、军工、机械、商物粮、核工业、电子通信广电、轻纺、建材、铁道、公路、水运、民航、市政、农林、水利、海洋等工程。

（2）建设工程设计合同示范文本的组成。

建设工程设计合同示范文本由合同协议书、通用合同条款和专用合同条款三部分组成。本节以《建设工程设计合同示范文本（房屋建筑工程）》为例加以介绍。

① 合同协议书。

合同协议书集中约定了合同当事人基本的合同权利义务，主要包括工程概况；工程设计范围、阶段与服务内容；工程设计周期；合同价格形式与签约合同价；发包人代表与设计人项目负责人；合同文件构成；承诺；词语含义；签订地点；补充协议；合同生效和合同份数等内容。

② 通用合同条款。

通用合同条款是合同当事人根据《建筑法》《合同法》等法律法规的规定，就工程设计的实施及相关事项，对合同当事人的权利义务作出的原则性约定。

通用合同条款既考虑了现行法律法规对工程建设的有关要求，也考虑了工程设计管理的特殊需要。

③ 专用合同条款。

专用合同条款是对通用合同条款原则性约定的细化、完善、补充、修改或另行约定的条款。合同当事人可以根据不同建设工程的特点及具体情况，通过双方的谈判、协商对相应的专用合同条款进行修改补充。

8.3.2 建设工程勘察设计合同的订立

建设单位可通过招标或设计方案竞赛的方式确定勘察设计单位，要遵循工程的基本建设程序，并与勘察设计单位签订建设工程勘察设计合同。

（1）承包人审查工程项目的批准文件。

承包人在接受勘察或设计任务前，必须对发包人所委托的工程项目批准文件进行全面审查。这些文件是工程项目实施的前提条件。

拟委托勘察设计的工程项目必须具有上级机关批准的设计任务书和建设规划管理部门批准的用地范围许可文件。签订勘察合同，由建设单位、勘察设计单位或有关单位提出委托，经双方协商同意后签订。设计合同的签订，除双方协商确定外，还必须具有上级机关批准的设计任务书。勘察设计合同应当采用书面形式，并参照国家推荐使用的示范文本。勘察设计合同应参照文本的条款，明确约定双方的权利义务。对文本条款以外的其他事项，当事人认为需要约定的，也应采用书面形式。对可能发生的问题，当事人要约定解决办法和处理原则。双方协商同意的合同修改文件、补充协议均为合同文件的组成部分。

（2）发包人提出勘察、设计的要求。

发包人提出勘察、设计的要求，主要包括勘察、设计的期限、进度、质量等方面的要求。勘察工作有效期限以发包人下达的开工通知书或合同规定的时间为准，如遇特殊情况（设计变更、工作量变化、不可抗力影响以及勘察人造成的停、窝工等），工期相应顺延。

（3）承包人确定收费标准和进度。

承包人根据发包人的勘察、设计要求和资料，研究并确定收费标准和金额，提出付费办法和进度。

（4）合同双方当事人就合同的各项条款协商并取得一致意见。

8.3.3 发包人对建设工程勘察设计合同的管理

1. 发包人对勘察设计合同的管理

勘察设计合同明确规定发包人应按期为承包人提供各种依据、资料和文件，并对其质量和准确性负责。现实中，发包人应注意不要因自身处于相对有利的合同地位而忽视应承担的义务。

如果发包人因故要求修改设计，则通常设计文件的提交时间应由双方另行商定，发包人还应按承包人实际返工修改的工作量增付设计费。

当承包人不能按期、保质、保量完成勘察设计任务时，发包人有权向其提出索赔。

随着工程咨询业的发展，工程咨询服务的专业化水平越来越高。发包人也可以委托具有相应资质等级的建设监理单位对勘察设计合同进行专业化的监督和管理。

2. 发包人对勘察设计合同管理的重要依据

（1）建设项目设计阶段委托监理合同。

（2）经批准的可行性研究报告及设计任务书。

（3）建设工程勘察设计合同。

（4）经批准的选址报告及规划部门批文。

（5）工程地质、水文地质资料及地形图。

（6）其他资料。

8.3.4 承包人对建设工程勘察设计合同的管理

1. 建立专门的合同管理机构

建设工程勘察、设计单位应当设立专门的合同管理机构，对合同实施的各个步骤进行监督、控制，不断完善建设工程勘察设计合同自身管理机构。

2. 承包人对合同的管理

（1）合同订立时的管理。

承包人设立专门的合同管理机构对建设工程勘察设计合同的订立全面负责，实施监督、控制。特别是在合同订立前，承包人要深入了解发包人的资信、经营作风及订立合同应当具备的相应条件。规范合同中双方当事人权利、义务的条款要全面、明确。

（2）合同履行时的管理。

合同开始履行，即表示合同双方当事人开始享有与承担权利和义务。为保证勘察设计合同能够被正确、全面地履行，专门的合同管理机构需要经常检查合同履行情况，发现问题及时协商解决，避免不必要的损失。

（3）建立健全合同管理档案。

对于合同订立的基础资料以及合同履行中形成的所有资料，承包人要安排专人负责，随时注意收集和保存，及时归档。健全的合同管理档案是解决合同争议和索赔的重要依据。

案例 8.15

建设工程设计合同案例

甲建设单位与乙设计单位签订一份建设工程设计合同，甲委托乙完成工程设计，约定设计期限为支付定金后 30 天，设计费按国家有关标准计算。另约定，如甲要求乙增加工作内容，其费用增加 10%。合同中没有对基础资料的提供进行约定。履行合同后，由于没有相关的设计基础资料，乙自行收集了相关资料，于第 60 天交付设计文件。乙认为收集基础资料增加了工作内容，要求甲按增加后的数额支付设计费。甲认为合同中没有约定自己提供资料，不同意乙的要求，并要求乙承担逾期交付设计图纸的违约责任。乙起诉至法院，法院认为：合同中未对基础资料的提供和期限予以约定，乙方逾期交付设计图纸，属乙方过错，构成违约；另按国家规定，勘察、设计单位不能任意提高勘察、设计费，有关增加设计费的条款认定为无效。因此，甲按国家规定标准计算并付给乙设计费；乙按合同约定向甲支付逾期违约金。

【解析】

本案的设计合同缺乏一个主要条款，即基础资料的提供。按照有关规定，设计合同中应明确约定由委托方提供基础资料，并对提供时间、进度和可靠性负责。本案因缺少该约定，虽工作量增加，设计时间延长，乙却无法向甲追偿由此造成的损失，其责任应自行承担。增加设计费的要求因违背国家有关规定而不能成立，故法院判决乙按规定收取费用并承担违约责任。

案例 8.16

建设工程勘察设计合同案例

某工厂要建造住宅楼三栋，总面积为 14868.04 平方米；建造锅炉房一座，面积为 355 平方米。工程采用大包干形式，实行施工图预算加系数方式，结算以建行审定为准。

该工厂负责提供施工图纸，它与某勘察设计事务所签订了一份设计合同，由勘察设计事务所负责住宅楼和锅炉房的施工图纸的设计工作。合同规定该工厂应向勘察设计事务所提供基础资料，但该工厂在向勘察设计事务所提供有关资料时未说明住宅楼要增加特殊的防震设施。勘察设计事务所遂按照该工厂提供的基础资料和设计要求，在合同规定的期限内提交了工程设计施工图，该工厂对施工图进行检查后将其交付某建筑公司，由该建筑公司负责按施工图作业。

三栋住宅楼和锅炉房均按期交工，经该工厂、勘察设计事务所双方及市质量监督站检验合格后，该工厂接收住宅楼和锅炉房，并按照合同约定向建筑公司支付了工程款，勘察设计事务所的勘察设计费也已按合同的约定结算。

半年后，该工厂所处地区发生轻微地震，震感明显，导致建筑物发生摇晃。地震过后，该工厂发现其住宅楼和锅炉房均出现不同程度的损坏，住宅楼内暖气管与七楼圈梁互相挤压变形，出现严重的漏气现象；锅炉房内管道发生弯曲，锅炉主体倾斜。

该工厂认为上述损坏是建筑公司施工质量不合格所致，遂要求建筑公司无偿进行修理、返工或重建，并承担违约责任。建筑公司则认为该工程已经该工厂、建筑公司双方及市质量监督站检测合格，通过验收。该工厂正式签字接收，现在出现的问题与建筑公司的施工质量无关，建筑公司没有义务对此承担违约责任。

该工厂遂向人民法院起诉建筑公司。经受诉人民法院审理查明，这次工程事故的起因是勘察设计事务所提供的施工图中没有特殊的防震设施。设计图将暖气管穿过圈梁，影响了结构安全和抗震要求。该工厂遂请求法院追加勘察设计事务所为第三人，指出由于勘察设计事务所提供的施工图质量不合格，造成施工中的缺陷，要求勘察设计事务所对此次工程事故承担主要责任，对其提供的施工图进行修改设计或返工，增加防震设施。

勘察设计事务所则称自己完全按照该工厂提供的基础资料设计施工图，该工厂当时并未提出在建筑物内增加特殊的防震设施。若该工厂要求对施工图进行修改、返工或增加防震设施，则应增加设计费用。

【解析】

本案涉及勘察设计合同发包人的违约责任。在工程勘察设计合同中，发包人应当按照合同约定向勘察人、设计人提供开展勘察、设计工作所需要的基础资料、技术要求，并对所提供的时间、进度和资料的可靠性负责。

发包人向勘察人、设计人提供有关的技术资料的，发包人应当对该技术资料的质量和准确性负责。若发包人变更勘察、设计项目的规模或条件，需要重新进行勘察、设计，应当及时通知勘察人、设计人，勘察人、设计人在接到通知后，应当返工或者修改设计，并有权顺延工期。发包人应当按照勘察人、设计人实际消耗的工作量相应增加应支付的勘察费、设计费。

勘察人、设计人在工作中发现发包人提供的技术资料不准确的，勘察人、设计人应当通知发包人修改技术资料，在合理期限内提供准确的技术资料。如果该技术资料有严重错误致使勘察、设计工作无法正常进行的，在发包人重新提供技术资料前，勘察人、设计人有权停工、顺延工期，停工的损失应当由发包人承担。发包人重新提供的技术资料有重大修改，需要勘察人、设计人返工、修改设计的，勘察人、设计人应当按照新的技术资料进行勘察、设计工作；发包人应当按照勘察人、设计人实际消耗的工作量相应增加应支付的勘察费、设计费。

发包人未能按照合同约定提供勘察、设计工作所需工作条件的，勘察人、设计人应当通知发包人在合理期限内提供，如果发包人未提供必要的工作条件致使勘察、设计工作无法正常进行的，勘察人、设计人有权停工、顺延工期，并要求发包人承担勘察人、设计人停工期间的损失。

本案例中，勘察设计事务所根据该工厂提供的基础资料设计施工图，并按合同约定的时间将其交付给该工厂，经该工厂检查后被接收。因此，勘察设计事务所是按期完成了工作并交付了设计成果。对于因地震而造成的工程质量事故，并非勘察设计事务所设计成果的失误所致。因为该工厂并未对勘察设计事务所提出增加防震设施的特殊设计要求，而勘察设计事务所的设计施工图在正常情况下是完全合格的，它不能对其本身并不包括的内容所造成的损害承担违约责任。因而勘察设计事务所对此并不承担勘察设计成果失误的责任。

根据《中华人民共和国民法典》合同编相关规定：“因发包人变更计划，提供的资料不准确，或者未按照期限提供必需的勘察、设计工作条件而造成勘察、设计的返工、停工或者修改设计，发包人应当按照勘察人、设计人实际消耗的工作量增付费用。”若该工厂提出由勘察设计事务所对施工图进行修改设计或返工，增加防震设施，则属原勘察设计合同之外的内容，该工厂应按照勘察设计事务所实际消耗的工作量增付费用。

8.4 建设工程委托监理合同

8.4.1 概述

1. 建设工程委托监理合同的定义

建设工程委托监理合同简称监理合同，它是委托合同的一种，是指工程建设单位聘请监理单位对工程建设实施监督管理，明确双方权利、义务的协议。建设单位称为委托人，监理单位称为受托人。

2. 建设工程委托监理合同的特征

（1）监理合同的当事人双方应当是具有民事权利和民事行为能力，取得法人资格的企事业单位、其他社会组织，个人在法律允许范围内也可以成为合同当事人。委托人必须是具有国家批准的工程项目建设文件，落实投资计划的企事业单位、其他社会组织和个人。受托人必须是依法成立的具有法人资格的监理单位，监理单位所承担的工程监理业务应与其资质等级相适应。

（2）监理合同的标的物是服务。工程建设实施阶段所签订的其他合同，如勘察设计合同、施工承包合同、物资采购合同、加工承揽合同的标的物是产生新的物质或信息成果。而监理合同的标的物是服务，即监理工程师凭借自己的知识、经验、技能等受建设单位委托为其所签订的其他合同的履行实施监督和管理。因此，《中华人民共和国民法典》将监理合同划入委托合同的范畴。《中华人民共和国民法典》规定，建设工程实行监理的，发包人应当与监理人采用书面形式订立委托监理合同。发包人与监理人的权利、义务以及法律责任，应当依照委托合同以及其他有关法律、行政法规的规定。

3. 建设工程委托监理合同示范文本

为规范建设工程监理活动，维护建设工程监理合同当事人的合法权益，住房和城乡建设部、国家工商行政管理总局制定了《建设工程监理合同（示范文本）》（GF—2012—0202）（以下简称《示范文本》），其主要由协议书、通用条件和专用条件三部分组成。

（1）协议书。

协议书是一个是纲领性文件。其不仅明确了委托人和监理人，而且明确了双方约定的委托工程监理与相关服务的工程概况，总监理工程师，签约酬金，相关服务期限，双方对履行合同的承诺及合同订立的时间、地点、份数等。

（2）通用条件。

通用条件涵盖了合同中所用词语定义与解释，监理人的义务，委托人的义务，签约双方的违约责任，酬金支付，合同生效、变更、暂停、解除与终止，争议解决以及其他一些需要明确的内容。它是监理合同的通用文本，适用于各类建设工程监理委托，是所有签约工程都应遵守的基本条件。

（3）专用条件。

专用条件是对通用条件原则性约定的细化、完善、补充、修改或另行约定的条件。签订具体工程项目的委托监理合同时，就地域特点、专业特点和委托监理项目的特点，对通用条件中的某些条款进行补充、修改。

8.4.2 建设工程委托监理合同的订立

对于招标工程，发包人应将合同的主要条款在招标文件内载明，作为要约邀请。监理单位在获得发包人的招标或与发包人草签协议后，应立即对招标文件中的合同文本进行分析、审查，为合同的谈判和签订提供决策依据。

1. 合同谈判

无论发包人是直接委托还是通过招标选定监理单位，发包人和监理人都要对监理合同的主要条款和双方应负责任进行谈判，如发包人对工程的工期、质量的具体要求等。双方在使用《建设工程监理合同（示范文本）》时，要依据合同条件结合协议条款逐条加以谈判，对合同条件的哪些条款要进行修改、哪些条款不采用、补充哪些条款等都要提出具体的要求或建议。

谈判的顺序通常是先谈工作计划、人员配备、发包人的投入等问题，这些问题谈完后再进行价格谈判。

在谈判时，双方应本着诚实信用、公平等原则，内容要具体，责任要明确，对谈判内容双方应达成一致意见，要有准确的文字记录。

2. 合同签订

经过谈判，双方就监理合同的各项条款达成一致，即可正式签订合同文件。

3. 监理与相关服务收费

建设工程监理与相关服务收费包括建设工程施工阶段的工程监理（及施工监理）服务收费和勘察、设计、保修等阶段的相关服务收费。根据《建设工程监理与相关服务收费管理规定》（发改价格〔2007〕670号），建设工程监理与相关服务收费根据建设项目性质不同情况，分别实行政府指导价或市场调节价。依法必须实行监理的建设工程施工阶段的监理收费实行政府指导价；其他建设工程施工阶段的监理收费和其他阶段的监理与相关服务收费实行市场调节价。

实行政府指导价的建设工程施工阶段监理收费，其基准价根据《建设工程监理与相关服务收费标准》计算，浮动幅度为上下20%。发包人和监理人应当根据建设工程的实际情况在规定的浮动幅度内协商确定收费额。实行市场调节价的建设工程监理与相关服务收费，由发包人和监理人协商确定收费额。

8.4.3 建设工程委托监理合同的管理

建设工程委托监理合同的订立只是监理工作的开端，合同双方，特别是受托人一方必须实施有效管理，监理合同才能得以顺利履行。在监理合同履行过程中应注意以下方面。

1. 委托人的义务

（1）告知。委托人应在委托人与承包人签订的合同中明确监理人、总监理工程师和授予项目监理机构的权限。如有变更，应及时通知承包人。

（2）提供资料。委托人应按照《示范文本》附录B约定，无偿向监理人提供工程有关的资料。在本合同履行过程中，委托人应及时向监理人提供最新的与工程有关的资料。

（3）提供工作条件。委托人应为监理人完成监理与相关服务提供必要的条件。包括：

① 按照《示范文本》附录B约定，委托人派遣相应的人员，提供房屋、设备，供监理人无偿使用；

② 委托人应负责协调工程建设中所有外部关系，为监理人履行本合同提供必要的外部条件。

（4）委托人代表。委托人应授权一名熟悉工程情况的代表，负责与监理人联系。委托人应在双方签订本合同后 7 天内，将委托人代表的姓名和职责书面告知监理人。当委托人更换委托人代表时，应提前 7 天通知监理人。

（5）委托人意见或要求。在本合同约定的监理与相关服务工作范围内，委托人对承包人的任何意见或要求应通知监理人，由监理人向承包人发出相应指令。

（6）答复。委托人应在专用条件约定的时间内，对监理人以书面形式提交并要求作出决定的事宜，给予书面答复。逾期未答复的，视为委托人认可。

（7）支付。委托人应按本合同约定，向监理人支付酬金。

2. 监理人的义务

1）监理的范围和工作内容

监理范围在《示范文本》专用条件中约定。

监理工作内容包括：

（1）收到工程设计文件后编制监理规划，并在第一次工地会议 7 天前报委托人。根据有关规定和监理工作需要，编制监理实施细则；

（2）熟悉工程设计文件，并参加由委托人主持的图纸会审和设计交底会议；

（3）参加由委托人主持的第一次工地会议；主持监理例会并根据工程需要主持或参加专题会议；

（4）审查施工承包人提交的施工组织设计，重点审查其中的质量安全技术措施、专项施工方案与工程建设强制性标准的符合性；

（5）检查施工承包人工程质量、安全生产管理制度及组织机构和人员资格；

（6）检查施工承包人专职安全生产管理人员的配备情况；

（7）审查施工承包人提交的施工进度计划，核查承包人对施工进度计划的调整；

（8）检查施工承包人的试验室；

（9）审核施工分包人资质条件；

（10）查验施工承包人的施工测量放线成果；

（11）审查工程开工条件，对条件具备的签发开工令；

（12）审查施工承包人报送的工程材料、构配件、设备质量证明文件的有效性和符合性，并按规定对用于工程的材料采取平行检验或见证取样方式进行抽检；

（13）审核施工承包人提交的工程款支付申请，签发或出具工程款支付证书，并报委托人审核、批准；

（14）在巡视、旁站和检验过程中，发现工程质量、施工安全存在事故隐患的，要求施工承包人整改并报委托人；

（15）经委托人同意，签发工程暂停令和复工令；

（16）审查施工承包人提交的采用新材料、新工艺、新技术、新设备的论证材料及相关验收标准；

（17）验收隐蔽工程、分部分项工程；

（18）审查施工承包人提交的工程变更申请，协调处理施工进度调整、费用索赔、合同争议等事项；

（19）审查施工承包人提交的竣工验收申请，编写工程质量评估报告；

（20）参加工程竣工验收，签署竣工验收意见；

（21）审查施工承包人提交的竣工结算申请并报委托人；

（22）编制、整理工程监理归档文件并报委托人。

2）监理与相关服务依据

监理依据包括：①适用的法律、行政法规及部门规章；②与工程有关的标准；③工程设计及有关文件；④本合同及委托人与第三方签订的与实施工程有关的其他合同。双方根据工程的行业和地域特点，在专用条件中具体约定监理依据。

3）项目监理机构和人员

（1）监理人应组建满足工作需要的项目监理机构，配备必要的检测设备。项目监理机构的主要人员应具有相应的资格条件。

（2）本合同履行过程中，总监理工程师及重要岗位监理人员应保持相对稳定，以保证监理工作正常进行。

（3）监理人可根据工程进展和工作需要调整项目监理机构人员。监理人更换总监理工程师时，应提前7天向委托人发出书面报告，经委托人同意后方可更换；监理人更换项目监理机构其他监理人员时，应以相当资格与能力的人员替换，并通知委托人。

（4）监理人应及时更换有下列情形之一的监理人员：

① 存在严重过失行为的；

② 存在违法行为不能履行职责的；

③ 涉嫌犯罪的；

④ 不能胜任岗位职责的；

⑤ 严重违反职业道德的；

⑥ 专用条件约定的其他情形。

（5）委托人可要求监理人更换不能胜任本职工作的项目监理机构人员。

4）履行职责

监理人应遵循职业道德准则和行为规范，严格按照法律法规、工程建设有关标准及本合同履行职责。

（1）在监理与相关服务范围内，委托人和承包人提出的意见和要求，监理人应及时提出处置意见。当委托人与承包人之间发生合同争议时，监理人应协助委托人、承包人协商解决。

（2）当委托人与承包人之间的合同争议提交仲裁机构仲裁或人民法院审理时，监理人应提供必要的证明资料。

（3）监理人应在专用条件约定的授权范围内，处理委托人与承包人所签订合同的变更事宜。如果变更超过授权范围，应以书面形式报委托人批准。

在紧急情况下，为了保护财产和人身安全，监理人所发出的指令未能事先报委托人批准时，应在发出指令后的24小时内以书面形式报委托人。

（4）除专用条件另有约定外，监理人发现承包人的人员不能胜任本职工作的，有权要求承包人予以调换。

5）提交报告

监理人应按专用条件约定的种类、时间和份数向委托人提交监理与相关服务的报告。

6）文件资料

在合同履行期内，监理人应在现场保留工作所用的图纸、报告及记录监理工作的相关文件。工程竣工后，应当按照档案管理规定将监理有关文件归档。

7）使用委托人的财产

监理人无偿使用由委托人派遣的人员和提供的房屋、资料、设备。除专用条件另有约定外，委托人提供的房屋、设备属于委托人的财产，监理人应妥善使用和保管，在本合同终止时将这些房屋、设备的清单提交委托人，并按专用条件约定的时间和方式移交。

3. 违约责任

1）监理人的违约责任

监理人未履行本合同义务的，应承担相应的责任。

（1）因监理人违反本合同约定给委托人造成损失的，监理人应当赔偿委托人损失。赔偿金额的确定方法在专用条件中约定。监理人承担部分赔偿责任的，其承担赔偿金额由双方协商确定。

（2）监理人向委托人的索赔不成立时，监理人应赔偿委托人由此发生的费用。

2）委托人的违约责任

委托人未履行本合同义务的，应承担相应的责任。

（1）委托人违反本合同约定造成监理人损失的，委托人应予以赔偿。

（2）委托人向监理人的索赔不成立时，应赔偿监理人由此引起的费用。

（3）委托人未能按期支付酬金超过28天，应按专用条件约定支付逾期付款利息。

3）除外责任

因非监理人的原因，且监理人无过错，发生工程质量事故、安全事故、工期延误等造成的损失，监理人不承担赔偿责任。

因不可抗力导致本合同全部或部分不能履行时，双方各自承担其因此而造成的损失、损害。

4. 支付

1）支付货币

除专用条件另有约定外，酬金均以人民币支付。涉及外币支付的，所采用的货币种类、比例和汇率在专用条件中约定。

2）支付申请

监理人应在本合同约定的每次应付款时间的7天前，向委托人提交支付申请书。支付申请书应当说明当期应付款总额，并列出当期应支付的款项及其金额。

3）支付酬金

支付的酬金包括正常工作酬金、附加工作酬金、合理化建议奖励金额及费用。

4）有争议部分的付款

委托人对监理人提交的支付申请书有异议时，应当在收到监理人提交的支付申请书后7天内，以书面形式向监理人发出异议通知。无异议部分的款项应按期支付，有异议部分的款项按约定办理。

5. 合同生效、变更、暂停、解除与终止

1）生效

除法律另有规定或者专用条件另有约定外，委托人和监理人的法定代表人或其授权代理人在协议书上签字并盖单位章后本合同生效。

2）变更

(1) 任何一方提出变更请求时，双方经协商一致后可进行变更。

(2) 除不可抗力外，因非监理人原因导致监理人履行合同期限延长、内容增加时，监理人应当将此情况与可能产生的影响及时通知委托人。增加的监理工作时间、工作内容应视为附加工作。附加工作酬金的确定方法在专用条件中约定。

(3) 合同生效后，如果实际情况发生变化使得监理人不能完成全部或部分工作时，监理人应立即通知委托人。除不可抗力外，其善后工作以及恢复服务的准备工作应为附加工作，附加工作酬金的确定方法在专用条件中约定。监理人用于恢复服务的准备时间不应超过28天。

(4) 合同签订后，遇有与工程相关的法律法规、标准颁布或修订的，双方应遵照执行。由此引起监理与相关服务的范围、时间、酬金变化的，双方应通过协商进行相应调整。

(5) 因非监理人原因造成工程概算投资额或建筑安装工程费增加时，正常工作酬金应作相应调整。调整方法在专用条件中约定。

(6) 因工程规模、监理范围的变化导致监理人的正常工作量减少时，正常工作酬金应作相应调整。调整方法在专用条件中约定。

3）暂停与解除

除双方协商一致可以解除本合同外，当一方无正当理由未履行本合同约定的义务时，另一方可以根据本合同约定暂停履行本合同直至解除本合同。

(1) 在本合同有效期内，由于双方无法预见和控制的原因导致本合同全部或部分无法继续履行或继续履行已无意义，经双方协商一致，可以解除本合同或监理人的部分义务。在解除之前，监理人应作出合理安排，使开支减至最小。

因解除本合同或解除监理人的部分义务导致监理人遭受的损失，除依法可以免除责任的情况外，应由委托人予以补偿，补偿金额由双方协商确定。

解除本合同的协议必须采取书面形式，协议未达成之前，本合同仍然有效。

(2) 在本合同有效期内，因非监理人的原因导致工程施工全部或部分暂停，委托人可通知监理人要求暂停全部或部分工作。监理人应立即安排停止工作，并将开支减至最小。除不可抗力外，由此导致监理人遭受的损失应由委托人予以补偿。

暂停部分监理与相关服务时间超过182天，监理人可发出解除本合同约定的该部分义务的通知；暂停全部工作时间超过182天，监理人可发出解除本合同的通知，本合同自通知到达委托人时解除。委托人应将监理与相关服务的酬金支付至本合同解除日，且应承担《示范文本》第4.2款约定的责任。

(3) 当监理人无正当理由未履行本合同约定的义务时，委托人应通知监理人限期改正。若委托人在监理人接到通知后的7天内未收到监理人书面形式的合理解释，则可在7天内发出解除本合同的通知，自通知到达监理人时本合同解除。委托人应将监理与相关服务的酬金支付至限期改正通知到达监理人之日，但监理人应承担《示范文本》第 4.1 款约定的责任。

（4）监理人在专用条件约定的支付之日起 28 天后仍未收到委托人按本合同约定应付的款项，可向委托人发出催付通知。委托人接到通知 14 天后仍未支付或未提出监理人可以接受的延期支付安排，监理人可向委托人发出暂停工作的通知并可自行暂停全部或部分工作。暂停工作后 14 天内监理人仍未获得委托人应付酬金或委托人的合理答复，监理人可向委托人发出解除本合同的通知，自通知到达委托人时本合同解除，委托人应承担《示范文本》第 4.2.3 款约定的责任。

（5）因不可抗力致使本合同部分或全部不能履行时，一方应立即通知另一方，可暂停或解除本合同。

（6）本合同解除后，本合同约定的有关结算、清理、争议解决方式的条件仍然有效。

4）终止

以下条件全部满足时，本合同即告终止：

（1）监理人完成本合同约定的全部工作；

（2）委托人与监理人结清并支付全部酬金。

案例 8.17

委托监理合同案例一

某建设单位与工程监理公司签订办公楼委托监理合同。双方在监理职责条款中约定：“监理公司负责工程设计阶段和施工阶段的监理业务……建设单位应于监理业务结束之日起 5 日内支付剩余 20%的监理费用。”工程竣工 1 周后，监理公司要求建设单位支付剩余 20%的监理费用，建设单位以双方有口头约定，监理公司的监理职责应履行至工程保修期满为由，拒绝支付，监理公司索款未果，诉至法院。法院判决双方口头商定的监理职责延至保修期满的内容不构成委托监理合同的内容，建设单位到期未支付剩余监理费用，构成违约，应承担违约责任。故判决建设单位应支付监理公司剩余 20%的监理费用及延期付款利息。

【解析】

本案建设单位的办公楼工程属于需要实行监理的建设工程，建设单位理应与监理人签订委托监理合同。本案争议焦点在于确定监理公司的监理义务范围。依书面合同约定，监理范围包括工程设计阶段和施工阶段，而未包括工程的保修阶段，双方只是口头约定监理范围还应包括保修阶段。依据规定，委托监理合同应以书面形式订立，口头形式约定的监理合同不成立。因此，该委托监理合同中关于监理义务的约定，只能包括工程设计和施工两个阶段，不应包括保修阶段，也就是说，监理公司已完全履行了合同义务，建设单位逾期支付监理费用，属违约行为，故判决其承担违约责任，支付监理费及利息。

案例 8.18

委托监理合同案例二

某项目工程建设单位与甲监理公司签订了施工阶段的监理合同，该合同明确规定：监理单位应对工程质量、工程投资、工程进度进行控制。建设单位在室内精装修招标前，与乙审计事务所签订了审查工程预结（决）算的审计服务合同，与丙装修中标单位签订的室内精装修合同中写明监理单位为甲监理公司。但建设单位在另一条款中又规定：室内精装修工程预付款、工程款及工程结算必须经乙审计事务所审查签字同意后方可付款。在室内精装修施工中，建设单位要求甲监理公司对乙审计事务所的审计工作予以配合，监理单位提出了不同看法。

【解析】

根据《建筑法》、国务院《建设工程质量管理条例》等有关监理工作的规定：监理单位是我国工程项目三方（建设单位、承建单位、监理单位）管理体制中的一方，监理单位具有独立、公正性，并按照守法、诚信、公正、科学的准则开展监理工作。监理工作最核心的工作内容就是进行“三控”，即工程质量控制、工程投资控制、工程进度控制。《工程建设监理规定》第二十五条规定：总监理工程师在授权范围内发布有关指令，签认所监理的工程项目有关款项的支付凭证。国务院《建设工程管理条例》第三十七条规定：未经总监理工程师签字，建设单位不拨付工程款，不进行竣工验收。根据以上规定，本案例室内精装修合同中必须由乙审计事务所签字方可付款的规定是不妥当的，是与监理法规关于总监理工程师签字方可付款的规定相抵触的。

案例 8.19

委托监理合同案例三

某工程项目建设单位与一家监理公司签订了施工阶段的监理合同。在监理工作中，建设单位向监理公司提出如下意见和要求。

1. 每天对监理人员上下班进行考勤，按缺勤时间扣发监理费，缺勤1天扣发2天监理费；若监理人员因故不能到现场，必须向建设单位驻工地代表请假。

2. 要求监理工程师对设计图纸进行审查，并在图纸上签名，加盖监理机构公章，否则施工单位不得进行施工。

总监理工程师根据监理合同及有关规定，对建设单位的上述意见，明确表示不予接受。建设单位驻工地代表则解释说：“监理人员是我们花钱雇来的，应该服从我们的安排。”双方为此发生争议。

【解析】

1. 监理公司与建设单位签订的是施工阶段的监理合同，显然审查设计图纸并进行签章不是监理合同的服务范围，总监理工程师不接受建设单位的要求是正确的。

2. 建设单位要求对监理人员上下班进行考勤，并提出请假的要求是不妥的。根据有关规定：监理单位是具有法人资格的单位，是独立、公正的一方，不是建设单位的下属单位。建设单位与监理单位是委托与被委托的合同关系，是平等主体的关系。建设单位对监理单位的监督、管理和要求，应严格执行双方签订的监理合同；监理公司同样应按监理合同的要求做好监理工作。

3. 建设单位通过监理合同完全可以对监理单位进行制约。监理单位是独立的一方，建设单位应相信其会加强自身建设，加强对劳动纪律的管理。监理人员应该自觉地遵守劳动纪律、坚守岗位、遵守监理人员职业道德、履行合同义务、做好本职工作。由此可见，建设单位对监理人员考勤的要求和做法是完全没有必要的。

案例 8.20

某酒店监理合同专用条款对监理范围和监理工作内容的说明

第一条　监理范围

1. 按建设部要求，做好本工程的“三控、三管、一协调”。即投资控制、质量控制、进度控制，合同、安全与信息管理，工程全面组织协调。

2. 根据双方协定对工程过程进行管理及全过程监理，直至工程（包括后配套工程、景观绿化工程）竣工、交付使用、保修期内协调。

3. 本工程监理工作内容包括土建、安装、市政配套、绿化景观工程以及保修阶段的监理协调工作。

第二条　监理工作内容

1. 施工招标阶段

（1）审阅招标施工图，提出审图意见。参加各项工程招投标答疑会。

（2）协助评审工程施工投标文件，提出评估意见。向委托人提出中标建议，并协助委托人编制招标文件。

（3）协助起草工程承包合同，完善承包合同条款（属于合同管理范畴的工作）。

（4）协助委托人与中标单位签订工程施工合同。

2. 施工阶段

（1）协助委托人与承建单位编写开工申请报告。在签发开工令以前须核准、签证施工场地的土方平衡测量、计算值，并将其提供给业主审核。察看工程项目建设现场，向承建单位办理移交手续。根据委托人要求提交场地土方平衡报告。必须核准放样点、线，总监签字后申报规划建设局验线。规划建设局验线无误方可进入下道工序。对承包单位定位放线工作进行复核及对申请验线报告进行检测后签署意见，负责协调桩基施工单位向轴线桩土建单位的移交工作，并确保移交顺利。

（2）审查施工单位各项施工准备工作，协助委托人下达开工令。审查施工单位各项施工准备工作（包括对投入的机械设备，测量、计量仪器具等的检查、校验），审查施工项目部的管理人员、技术人员、特种工作施工人员所必须持有的职业、执业证书。督促施工单位建立健全各项管理制度和质量、安全、文明施工保证体系并监督其予以有效实施。安全生产措施应符合《中华人民共和国建筑法》的相应规定要求。人员配备、到岗情况与投标文件有出入时，有权拒签开工令。

（3）提出书面报告和建议作为调整、修改完善的意见，督促其实施。有针对性地审查施工单位提交的施工组织设计、施工技术方案和施工进度计划，按照保质量、保工期和降低成本的原则，提出审查意见。结合本工程实际、特点对施工技术方案、措施（包括特别方案、特别措施）提出明确的审核意见，对施工进度计划作出评估。提出建议作为调整、修改完善的意见，并督促其实施。必要时，监理人的专家组出面研讨解决方案问题和重大技术问题，向委托人提供优化建议。

（4）代表委托人组织有关单位对施工图进行设计交底及图纸会审，审查设计变更，并负责作好会议纪要。代表建设单位下达开工通知书，协调施工单位与设计单位之间的工作联系，配合委托人处理好有关工程方面的技术问题。当产生疑问时，若委托方有关责任人不在，则主动积极与设计单位联系或提出处理意见，做到不影响工期。

（5）在审定施工组织设计后十五天内，完成结合工程特点有针对性的监理细则的编写，并遵照执行。监理细则中必须合理设置控制点并相应作出质量事前控制的管理办法和规定，确保其在工程进行过程中得以实施。

（6）严格控制施工进度，分阶段针对施工进度计划的实施情况，及时提出调整意见，及时纠偏。若出现工期延误的情况，督促施工单位拿出有效措施，提出意见建议，进行动态控制，及时调整工程进度，确保工程按照施工组织设计工期在工程施工承包合同所规定期限内有序进行。按计划进度及实际情况不断纠偏、适时调控，对工期做到动态控制、有效控制。

（7）审查工程使用的原材料、半成品、成品和设备的质量及其供货单位的资质，必要时按程序对材质进行抽查和复验，或按规定送验，按规定做好台账，并将符合要求的检验资料收集齐全后妥善保存。

（8）监督施工单位严格按施工图并遵照现行规范、规程、标准要求施工，在实施中按规定做好各工序检测工作，严格控制工程质量。确保本工程质量达到“省优”的质量目标，力争“鲁班”奖。加强预控，狠抓落实，督促施工单位认真做好各种工程通病的预防措施，保证无渗漏工程，并对工程进行跟踪。

（9）巡视监督、检查检验工程施工质量。负责检查工程施工过程中的质量，定期、不定期例行有关检查、抽查，对隐蔽工程进行验收、复验、签证，及时作好质量保证资料检查记录，认真编制工程质量评估报告。若发生工程质量事故，参与工程质量事故的分析及处理，并作出分析及处理报告。认真细致写好监理工作日记。

（10）协助编制用款计划，复核已完工工程量，签署工程进度款付款凭证，协助做好投资控制工作。代表委托人复核已完工工作量，并对施工单位月报进行审核，在工程承包合同约定的工程价格范围内按施工合同规定的预决算定额审核、签认应付工程款并建议委托人支付。对修改、变更工程量进行成本分析、核定，按时（在一周内督促施工单位提交有关资料后）提供修改、变更的工程量的估算造价，保证工程成本的动态管理（事后对完成的工程量进行核实）。与委托人协商确定后签认增减部分造价（整个程序在两周内完成）。对进度脱期、质量不合格、与变更不符或有分歧意见的工程，可建议委托人暂停支付。严格控制施工单位失实报价、漫天要价的行为，一旦发现则进行认真的估算、测算，如核实后确定施工单位存在上述行为，根据情节轻重并征得委托人意见后可予以拒签。协助委托人审核竣工结算。

（11）加强合同管理，随时提醒有关各方遵守合同，积极避免索赔情况的产生。督促执行承包合同，协调建设单位与施工单位之间的争议、矛盾。协助委托人审核各承建单位有无调包、转包、分包行为，审查各承建单位管理人员及专业施工人员的资质证书及上岗证，确保其合格、有效。在指定分包的情况下，协调各分包单位、分包单位与各承建单位之间的关系，以保证各项合同的正常履行。

（12）督促施工单位做到安全生产、文明施工，配合创建安全无事故工地。代表委托人做好防止现场及红线外由于本工程施工导致的安全、噪声、灰尘等污染及可能损坏市政设施等的管理工作。努力制止破坏周边环境、污染路面等不文明施工行为。每个月提供经签证后的施工单位的安全生产检查报告。

（13）本工程涉及各种专业的施工，现场监理人员务必协调好不同施工单位之间的关系，保证总工期不拖延。协助委托人组织每周现场工程例会，及时整理、编写例会纪要。每月出监理月报，报抄委托人，便于委托人掌握施工现场动态。

（14）本工程质量目标为主体达到“省优”。如不能完成质量目标，建设单位将按照合同要求施工单位承担违约责任。同时，建设单位将按照对施工单位奖罚的比例要求监理承担连带责任。

（15）如监理单位故意损害建设单位利益，建设单位有权为维护自己的合法利益对其进行处理，直至单方终止合同并追究监理单位法律责任。

（16）督促并审核施工单位按园区有关规定整理好合同文件、施工技术资料、施工过程文件等，负责督促施工单位在工程竣工后两个月内将工程资料收集齐全并妥善归档（交建设单位档案馆）。督促施工单位配合整理好城建档案资料。资料主要内容含：设计变更和修改单、现场签证单、工程联系单、材料质保书、产品合格证书、材料试验报告、技术复核单、隐蔽工程验收单、砼水泥砂浆试验报告、电阻测试单、单机联动调试报告、各阶段工程进展照片等。

（17）组织施工单位对工程进行阶段验收，做好渗水、闭水试验及竣工初验工作，并督促施工单位整改，核验，再整改。重点抓尾项、合同界面、设备试运转等工作。对工程施工质量提出评估意见，协助建设单位组织竣工验收。按竣工备案制规定做好竣工验收工作。

（18）配合建设单位完成好 ISO 9002 质量体系管理。监理在项目实施过程中进行分工，派专人收集、管理各种监理文书资料，按项目所在省建委有关规定执行文件管理，备委托人查阅。监理必须在现场实行值班制度（包括节假日）。

（19）负责审查施工单位的竣工资料（包括竣工图纸），并对竣工图纸负责（要求监理方在竣工图纸上签章）。

（20）协助委托人组织并参与联动调试和项目启用前的各项准备工作（包括配合施工单位出具建设部规定的质量保证书和使用说明书等有关资料并签署审核意见，提出防止精装修损坏、因管理不善可能引起损坏等的建议、忠告）。在建设部规定的保修期间如发现有工程质量问题，应参与调查研究，分析确定发生工程质量问题的原因，共同研究处理措施，并督促施工单位和有关单位实施处理。

原则上以事前控制为主，同时做好事中控制和事后控制，并做好合同、信息的管理工作。

（21）监理人必须负责监督土建承包人将余土运至委托人指定地点，并监督各承包人不得将本工程的余土偷运出本工地。

3. 保修阶段

（1）督促完善并签署工程保修协议。

（2）协助建设单位督促施工单位按国家有关规定和工程保修协议开展维修工作，保证维修工作顺利进行。

（3）保修期间如出现工程质量问题，接通知后参与调查分析，确定发生工程质量问题的原因及责任，共同研究修补措施，并负责落实修补工作。

4. 其他

（1）本工程总监是监理人按委托人要求挑选的施工管理及协调能力强、有类似工程建设工作经验的技术领导人。实施中如委托人发现其未能达到招标文件要求、投标文件所承诺时，有权在中途对其进行处理，监理人在保证不影响工程的情况下予以积极配合。

（2）按照施工单位施工组织设计对工程的工期进行控制，包括：定期向建设单位通报各阶段工期完成情况、工期拖延时间和原因、缩短工期的措施等。监理人对工程的合同规定、质量要求和完工时限负有责任，在委托人无责任的情况下，完工超过规定的时限，扣监理人人民币5000元/天的工期违约金；工程安全、质量如有差错，扣监理人该部分工程直接损失费的 30%；若安全、质量等达不到规定的目标，扣监理人不高于总监理费的违约金。

（3）监理人针对在本工程进行过程中出现的非施工单位原因造成的工程延期的情况，应迅速形成文件提交委托人，分析原因，并对工期损失作出评估。

（4）监理人必须认真研究本工程土建安装总合同，在工程进行过程中，总合同单位可能提出变更或增加委托人投资的方案，应具体分析该方案是否已经包含在招标过程或合同的各个文件之中，被认定为委托人无须增加投资、总合同单位必须做到的工作，监理人必须代表委托人坚持原则，既确保工程质量受控，又不增加投资。

（5）按监理大纲、细则对工程质量进行控制。协助建设单位的投资管理部对工程造价进行控制，包括：进度款的审批、设计变更引起造价增减的测算、现场签证费用计算，结算的初步审核等。

（6）监理人应充分考虑本项目的工期要求、施工困难等方面的情况，如由此而增加监理人员的工作时间，其报酬不再增加。

（7）监理人应保证年平均在现场监理人数不少于18人，建设单位对现场人数进行统计，如不能满足要求，将按实际缺少人数扣减相应的监理费用。

8.5 工程造价咨询合同

8.5.1 工程造价咨询合同示范文本

为了指导建设工程造价咨询合同当事人的签约行为，维护合同当事人的合法权益，住房和城乡建设部、国家工商行政管理总局制定了《建设工程造价咨询合同（示范文本）》（GF—2015—0212）（以下简称《示范文本》），由协议书、通用条件和专用条件三部分组成。

《示范文本》供合同双方当事人参照使用，可适用于各类建设工程全过程造价咨询服务以及阶段性造价咨询服务的合同订立。合同当事人可结合建设工程具体情况，按照法律法规规定，根据《示范文本》的内容，约定双方具体的权利义务。

1. 协议书

协议书集中约定了合同当事人基本的合同权利义务，不仅明确了委托人和咨询人，而且明确了双方约定的委托造价咨询与其他服务。协议书包括工程概况、服务范围及工作内容、服务期限、质量标准、酬金或计取方式、合同文件的构成、词语定义、合同订立、合同生效、合同份数。

协议书明确了工程造价咨询合同的组成文件：

（1）中标通知书或委托书（如果有）；

（2）投标函及投标函附录或造价咨询服务建议书（如果有）；

（3）专用条件及附录；

（4）通用条件；

（5）其他合同文件。

上述各项合同文件包括合同当事人就该项合同文件所作出的补充和修改，属于同一类内容的文件，应以最新签署的为准。

在合同订立及履行过程中形成的与合同有关的文件（包括补充协议）均构成合同文件的组成部分。

2. 通用条件

通用条件是合同当事人根据《合同法》《建筑法》等法律法规的规定，就工程造价咨询的实施及相关事项，对合同当事人的权利义务作出的原则性约定。

通用条件既考虑了现行法律法规对工程发承包计价的有关要求，也考虑了工程造价咨询管理的特殊需要。

通用条件包括词语定义、语言、解释顺序与适用法律，委托人的义务，咨询人的义务，违约责任，支付，合同变更、解除与终止，争议解决等方面的约定。

3. 专用条件

专用条件是对通用条件原则性约定的细化、完善、补充、修改或另行约定的条件。合同当事人可以根据不同建设工程的特点及发承包计价的具体情况，通过双方的谈判、协商对相应的专用条件进行修改补充。

8.5.2 委托人和咨询人双方的义务

1. 委托人的义务

1）提供资料

委托人应当在合同约定的时间内，按照《示范文本》附录 C 的约定无偿向咨询人提供与本合同咨询业务有关的资料。在本合同履行过程中，委托人应及时向咨询人提供最新的与本合同咨询业务有关的资料。委托人应对所提供资料的真实性、准确性、合法性与完整性负责。

2）提供工作条件

委托人应为咨询人完成造价咨询提供必要的条件。

（1）委托人需要咨询人派驻项目现场咨询人员的，除专用条件另有约定外，项目咨询人员有权无偿使用《示范文本》附录D中由委托人提供的房屋及设备。

（2）委托人应负责与本工程造价咨询业务有关的所有外部关系的协调，为咨询人履行本合同提供必要的外部条件。

3）合理工作时限

委托人应当为咨询人完成其咨询工作，设定合理的工作时限。

4）委托人代表

委托人应授权一名代表负责本合同的履行。委托人应在双方签订本合同 7 日内，将委托人代表的姓名和权限范围书面告知咨询人。委托人更换委托人代表时，应提前7日书面通知咨询人。

5）答复

委托人应当在专用条件约定的时间内就咨询人以书面形式提交并要求作出答复的事宜给予书面答复。逾期未答复的，由此造成的工作延误和损失由委托人承担。

6）支付

委托人应当按照合同的约定，向咨询人支付酬金。

2. 咨询人的义务

1）项目咨询团队及人员

（1）项目咨询团队的主要人员应具有专用条件约定的资格条件，团队人员的数量应符合专用条件的约定。

（2）项目负责人。咨询人应以书面形式授权一名项目负责人负责履行本合同、主持项目咨询团队工作。采用招标程序签署本合同的，项目负责人应当与投标文件载明的一致。

（3）在本合同履行过程中，咨询人员应保持相对稳定，以保证咨询工作正常进行。咨询人可根据工程进展和工作需要等情形调整项目咨询团队人员。咨询人更换项目负责人时，应提前7日向委托人发出书面报告，经委托人同意后方可更换。除专用条件另有约定外，咨询人更换项目咨询团队其他咨询人员，应提前 3 日向委托人发出书面报告，经委托人同意后以相当资格与能力的人员替换。

（4）咨询人员有下列情形之一，委托人要求咨询人更换的，咨询人应当更换：

① 存在严重过失行为的；

② 存在违法行为不能履行职责的；

③ 涉嫌犯罪的；

④ 不能胜任岗位职责的；

⑤ 严重违反职业道德的；

⑥ 专用条件约定的其他情形。

2）咨询人的工作要求

（1）咨询人应当按照专用条件约定的时间等要求向委托人提供与工程造价咨询业务有关的资料，包括工程造价咨询企业的资质证书及承担本合同业务的团队人员名单及执业（从业）

资格证书、咨询工作大纲等，并按合同约定的服务范围和工作内容实施咨询业务。

（2）咨询人应当在专用条件约定的时间内，按照专用条件约定的份数、组成向委托人提交咨询成果文件。咨询人提供造价咨询服务以及出具工程造价咨询成果文件应符合现行国家或行业有关规定、标准、规范的要求。委托人要求的工程造价咨询成果文件质量标准高于现行国家或行业标准的，应在专用条件中约定具体的质量标准，并相应增加服务酬金。

（3）咨询人提交的工程造价咨询成果文件，除加盖咨询人单位公章、工程造价咨询企业执业印章外，还必须按要求加盖参加咨询工作人员的执业（从业）资格印章。

（4）咨询人应在专用条件约定的时间内，对委托人以书面形式提出的建议或者异议给予书面答复。

（5）咨询人从事工程造价咨询活动，应当遵循独立、客观、公正、诚实信用的原则，不得损害社会公共利益和他人的合法权益。

（6）咨询人承诺按照法律规定及合同约定，完成合同范围内的建设工程造价咨询服务，不转包承接的造价咨询服务业务。

3）咨询人的工作依据

（1）咨询人应在专用条件内与委托人协商明确履行本合同约定的咨询服务需要适用的技术标准、规范、定额等工作依据，但不得违反国家及工程所在地的强制性标准、规范。

（2）咨询人应自行配备本条所述的技术标准、规范、定额等相关资料。必须由委托人提供的资料，咨询人应在《示范文本》附录C中载明。需要委托人协助才能获得的资料，委托人应予以协助。

4）使用委托人房屋及设备的返还

项目咨询人员使用委托人提供的房屋及设备的，咨询人应妥善使用和保管，在本合同终止时将上述房屋及设备按专用条件约定的时间和方式返还委托人。

8.5.3 合同变更、解除与终止

1. 合同变更

（1）任何一方以书面形式提出变更请求时，双方经协商一致后可进行变更。

（2）除不可抗力外，因非咨询人原因导致咨询人履行合同期限延长、内容增加时，咨询人应当将此情况与可能产生的影响及时通知委托人。增加的工作时间或工作内容应视为附加工作。附加工作酬金的确定方法由双方根据委托的服务范围及工作内容在专用条件中约定。

（3）合同履行过程中，遇有与工程相关的法律法规、强制性标准颁布或修订的，双方应遵照执行。非强制性标准、规范、定额等发生变化的，双方协商确定执行依据。由此引起造价咨询的服务范围及内容、服务期限、酬金变化的，双方应通过协商确定。

（4）因工程规模、服务范围及工作内容的变化等导致咨询人的工作量增减时，服务酬金应作相应调整，调整方法由双方在专用条件中约定。

2. 合同解除

（1）委托人与咨询人协商一致，可以解除合同。

（2）有下列情形之一的，合同当事人一方或双方可以解除合同：

① 咨询人将本合同约定的工程造价咨询服务工作全部或部分转包给他人，委托人可以解除合同；

② 咨询人提供的造价咨询服务不符合合同约定的要求，经委托人催告仍不能达到合同约定要求的，委托人可以解除合同；

③ 委托人未按合同约定支付服务酬金，经咨询人催告后，在28天内仍未支付的，咨询人可以解除合同；

④ 因不可抗力致使合同无法履行；

⑤ 因一方违约致使合同无法实际履行或实际履行已无必要。

除上述情形外，双方可以根据委托的服务范围及工作内容，在专用条件中约定解除合同的其他条件。

（3）任何一方提出解除合同的，应提前30天书面通知对方。

（4）合同解除后，委托人应按照合同约定向咨询人支付已完成部分的咨询服务酬金。因不可抗力导致的合同解除，其损失的分担按照合理分担的原则由合同当事人在专用条件中自行约定。除不可抗力外因非咨询人原因导致的合同解除，其损失由委托人承担。因咨询人自身原因导致的合同解除，按照违约责任处理。

（5）本合同解除后，本合同约定的有关结算、争议解决方式的条款仍然有效。

3. 合同终止

除合同解除外，以下条件全部满足时，本合同终止：

（1）咨询人完成本合同约定的全部工作；

（2）委托人与咨询人结清并支付酬金；

（3）咨询人将委托人提供的资料交还。

8.5.4 违约责任与争议解决

1. 违约责任

1）委托人的违约责任

（1）委托人不履行本合同义务或者履行义务不符合本合同约定的，应承担违约责任。双方可在专用条件中约定违约金的计算及支付方法。

（2）委托人违反本合同约定造成咨询人损失的，委托人应予以赔偿。双方可在专用条件中约定赔偿金额的确定及支付方法。

（3）委托人未能按期支付酬金超过14天，应按下列方法计算并支付逾期付款利息。

逾期付款利息=当期应付款总额×中国人民银行发布的同期贷款基准利率×逾期支付天数（自逾期之日起计算）。

双方也可在专用条件中另行约定逾期付款利息的计算及支付方法。

2）咨询人的违约责任

（1）咨询人不履行本合同义务或者履行义务不符合本合同约定的，应承担违约责任。双方可在专用条件中约定违约金的计算及支付方法。

（2）因咨询人违反本合同约定给委托人造成损失的，咨询人应当赔偿委托人损失。双方可在专用条件中约定赔偿金额的确定及支付方法。

2. 争议解决

（1）协商。

双方应本着诚实信用的原则协商解决本合同履行过程中发生的争议。

（2）调解。

如果双方不能在 14 日内或双方商定的其他时间内解决本合同争议，可以将其提交给专用条件约定的或事后达成协议的调解人进行调解。

（3）仲裁或诉讼。

双方均有权不经调解直接向专用条件约定的仲裁机构申请仲裁或向有管辖权的人民法院提起诉讼。

8.5.5 工程造价咨询合同的其他约定

1. 支付

（1）支付货币。

除专用条件另有约定外，酬金均以人民币支付。涉及外币支付的，所采用的货币种类和汇率等在专用条件中约定。

（2）支付申请。

咨询人应在本合同约定的每次应付款日期前，向委托人提交支付申请书，支付申请书的提交日期由双方在专用条件中约定。支付申请书应当说明当期应付款总额，并列出当期应支付的款项及其金额。

（3）支付酬金。

支付酬金包括正常工作酬金、附加工作酬金、合理化建议奖励金额及费用。

（4）有异议部分的支付。

委托人对咨询人提交的支付申请书有异议时，应当在收到咨询人提交的支付申请书后 7 日内，以书面形式向咨询人发出异议通知。无异议部分的款项应按期支付，有异议部分的款项按合同约定办理。

2. 考察及相关费用

除专用条件另有约定外，咨询人经委托人同意进行考察发生的费用由委托人审核后另行支付。差旅费及相关费用的承担由双方在专用条件中约定。

3. 奖励

对于咨询人在服务过程中提出合理化建议，使委托人获得效益的，双方在专用条件中约定奖励金额的确定方法。奖励金额在合理化建议被采纳后，与最近一期的正常工作酬金同期支付。

4. 保密

在本合同履行期间或专用条件约定的期限内，双方不得泄露对方申明的保密资料，亦不得泄露与实施工程有关的第三人所提供的保密资料。保密事项在专用条件中约定。

5. 联络

（1）与合同有关的通知、指示、要求、决定等，均应采用书面形式，并应在专用条件约定的期限内送达接收人和送达地点。

（2）委托人和咨询人应在专用条件中约定各自的送达接收人、送达地点、电子邮箱。任何一方指定的接收人或送达地点或电子邮箱发生变动的，应提前 3 天以书面形式通知对方，否则视为未发生变动。

（3）委托人和咨询人应当及时签收另一方送达至送达地点和指定接收人的往来函件，如确有充分证据证明一方无正当理由拒不签收的，视为认可往来函件的内容。

6. 知识产权

（1）除专用条件另有约定外，委托人提供给咨询人的图纸、委托人为实施工程自行编制或委托编制的技术规范以及反映委托人要求的或其他类似性质文件的著作权属于委托人，咨询人可以为实现本合同目的而复制或者以其他方式使用此类文件，但不能用于与本合同无关的其他事项。未经委托人书面同意，咨询人不得为了本合同以外的目的而复制或者以其他方式使用上述文件或将之提供给任何第三方。

（2）除专用条件另有约定外，咨询人为履行本合同约定而编制的成果文件，其著作权属于咨询人。委托人可以为实现合同目的而复制、使用此类文件，但不能擅自修改或用于与本合同无关的其他事项。未经咨询人书面同意，委托人不得为了本合同以外的目的而复制或者以其他方式使用上述文件或将之提供给任何第三方。

（3）双方保证在履行本合同过程中不侵犯对方及第三方的知识产权。因咨询人侵犯他人知识产权所引起的责任，由咨询人承担；因委托人提供的基础资料导致侵权的，由委托人承担责任。

（4）除专用条件另有约定外，双方均有权在履行本合同保密义务并且不损害对方利益的情况下，将履行本合同形成的有关成果文件用于企业宣传、申报奖项以及接受上级主管部门的检查。

案例 8.21

全过程工程咨询服务合同案例

第一部分　协议书

委托人（全称）：××建设管理服务所

咨询人（全称）：××工程造价咨询有限公司

根据《中华人民共和国民法典》《中华人民共和国建筑法》及其他有关法律、法规，遵循平等、自愿、公平和诚实守信的原则，双方就下述建设工程委托全过程工程咨询服务事项协商一致，订立本合同。

一、工程概况

1. 工程名称：××项目全过程工程咨询服务。

2. 工程地点：××市××区××路东。

3. 工程规模：新建小学，建成后形成 6 轨 36 班的教学规模。拟建总建筑面积 45000 平方米，其中地上计容建筑面积 38250 平方米，地下不计容建筑面积 6750 平方米。

4. 投资估算额：20000 万元。

二、词语限定

协议书中相关词语的含义与通用条件中的定义与解释相同。

三、全过程工程咨询服务目标

本工程投资控制目标：①严格控制工程变更，不造成工程额外费用；②严格计量，无超前支付发生。

本工程进度目标：确保自工程开工之日起，454 日历天内工程竣工并验收合格，具备使用条件。

本工程质量目标：达到国家验收标准并一次性验收合格。

本工程安全文明目标：无死亡、无重伤、无坍塌、无中毒、无火灾、无重大机械事故。

四、全过程工程咨询服务范围

本项目全过程工程咨询服务范围包括以下几项。

☒ 项目策划

☒ 工程设计

☑ 工程监理：施工阶段服务期和缺陷责任阶段服务期的监理

☑ 招标代理：本工程施工招标及相关的货物、服务招标工作

☑ 造价咨询：招标控制价编制及施工阶段跟踪审计

☒ 项目管理

☑ 其他：(☒规划咨询、☒工程勘察、☑BIM 咨询、☒绿建咨询、☒工程检测、☒方案图纸优化)。

各专业咨询服务具体内容详见技术要求。

五、组成本合同的文件

1. 协议书

2. 中标通知书（适用于招标工程）或委托书（适用于非招标工程）

3. 投标文件（适用于招标工程）或全过程工程咨询服务建议书（适用于非招标工程）

4. 技术要求及其附件

☒ 技术要求 A：项目策划

☒ 技术要求 B：工程设计

☑ 技术要求 C：工程监理

☑ 技术要求 D：招标代理

☑ 技术要求 E：造价咨询

☒ 技术要求 F：项目管理

☑ 其他：BIM 咨询

5. 专用条件及其附录

6. 通用条件

本合同签订后，双方依法签订的补充协议也是本合同文件的组成部分。

六、全过程工程咨询服务项目总负责人及团队主要成员

项目总负责人：××，身份证号码：××，注册证书号：××。

全过程工程咨询服务项目团队主要成员信息如下。

☒ 项目策划负责人：××，身份证号码：××，注册证书号：××。

☒ 工程设计负责人：××，身份证号码：××，注册证书号：××。

☑ 总监理工程师：××，身份证号码：××，注册证书号：××。

☑ 招标代理负责人：××，身份证号码：××，注册证书号：××。

☑ 造价咨询负责人：××，身份证号码：××，注册证书号：××。

☒ 项目管理负责人：××，身份证号码：××，注册证书号：××。

☑ 其他：BIM 咨询负责人：××，身份证号码：××，注册证书号：××。

注：对于上述负责人，如现行法律法规有相应执业资格要求，应填写其注册证书号。

七、签约酬金

签约酬金（大写）：××（¥）

取费基价：暂定以造价 19000 万元、建筑面积 45000 ㎡为基准（最终结算价格=Σ 按实际投资额和约定相应收费标准计算的各单项酬金）。

包括：

相应统筹酬金：

☒ 项目策划酬金

☒ 工程设计酬金

☑ 工程监理酬金：暂定 300.74 万元。工程造价暂按 19000 万元，工程监理酬金按相关文件规定的标准下浮 20%标准收取，监理服务收费=施工监理服务收费基价×专业调整系数×工程复杂程度调整系数×高程调整系数×（1−20%）；结算监理费时，本合同根据监理范围的工程结算价调整监理费收费基数。

☑ 招标代理酬金：暂按 10 万元，最终结算酬金按相关文件规定，分标段计取。

☑ 造价咨询酬金：

（1）招标控制价编制酬金暂按 31.92 万元（收费标准：按苏价服〔2014〕383 号文标准×0.7 收取，工程造价暂按 19000 万元计，暂未计钢筋翻样费，暂未计安装工程清单编制增加费）；

注：招标控制价编制酬金结算时，按实际招标控制价分标段计算，各标段收费标准按苏价服〔2014〕383 号文标准×0.7 收取，钢筋及预埋件翻样费按 12 元/吨×70%另行计算，安装工程清单编制增加费按实际预算造价、按照苏价服〔2014〕383 号文标准×0.7 计收。

（2）施工阶段跟踪审计酬金暂按 42 万元（跟踪审计计价基数暂按 19000 万元计，收费标准按苏价服〔2014〕383 号文标准×0.5 计取，不要求驻场，仅计取基本费，不计驻场费和效益收费）；

注：施工阶段跟踪审计酬金结算时，造价基数按相关工程中标价总和计算，收费标准按苏价服〔2014〕383 号文标准×0.5 收取。

对跟踪审计的要求是：随传随到，按时参加现场例会和相关临时协调会议，及时提供相关造价咨询意见。

☒ 项目管理酬金

☑ 其他：BIM 咨询酬金为 67.50 万元（15 元/㎡，若建筑面积不调整，结算时金额也不再调整）。

八、服务期限

全过程工程咨询服务期限：自××年××月××日始，至××年××月××日止。

☒ 项目策划服务期限

☒ 工程设计服务期限

☑ 工程监理服务期限：自××年××月××日始，至××年××月××日止。

☑ 招标代理服务期限：自××年××月××日始，至××年××月××日止。

☑ 造价咨询服务期限：自××年××月××日始，至××年××月××日止。

☒ 项目管理服务期限

☑ 其他（BIM 咨询期限）：自××年××月××日始，至××年××月××日止。

九、双方承诺

受托人向委托人承诺，按照本合同约定提供全过程工程咨询服务。

委托人向受托人承诺，按照本合同约定派遣相应的人员，提供房屋、资料、设备，并按本合同约定支付酬金。

十、合同订立及生效

合同订立时间：××年××月××日

合同订立地点：××

本合同一式六份，具有同等法律效力，双方各执三份。

本合同双方约定：委托人和受托人的法定代表人或其授权受托人在协议书上签字并盖单位章后本合同生效。

本章小结

本章首先介绍了建设工程合同的定义、特征、分类、作用及建设工程中的主要合同关系；其次，比较详细地介绍了建设工程施工合同的定义、类型，建设工程施工合同订立的条件、原则和方式，详细介绍了2017版《建设工程施工合同（示范文本）》的主要内容；介绍了建设工程勘察设计合同的定义、建设工程勘察设计合同示范文本的主要内容、建设工程勘察设计合同的订立和管理；介绍了建设工程委托监理合同的定义、特征、《建设工程监理合同（示范文本）》的主要内容，阐述了建设工程委托监理合同的订立和管理；最后介绍了《建设工程造价咨询合同（示范文本）》的主要内容。

习　题

一、单项选择题

1．发包人供应的材料设备在使用前，由（　　）负责检验或试验。

A．发包人　　B．承包人　　C．工程师　　D．政府有关机构

2．发包人按合同约定提供材料设备，负责保管和支付保管费用的分别是（　　）。

A．承包人和材料供应商　　B．监理方和发包人

C．监理方和材料供应商　　D．承包人和发包人

3．关于施工合同条款中发包人责任和义务的说法，错误的是（　　）。

A．提供具备条件的现场和施工用地，以及水、电、通信线路在内的施工

B．提供有关水文地质勘探资料和地下管线资料，并对承包人关于资料的提问作书面答复

C．办理施工许可证及其施工所需证件、批件和临时用地等的申请批准手续

D．协调处理施工场地周围地下管线和邻近建筑物、构筑物的保护工作，承担相关费用

4．下列文件中能作为建设工程监理合同文件的是（　　）。

A．监理招标文件　　B．工程图纸

C．规范　　D．中标通知

5．某施工承包工程，承包人于2020年5月10日送交验收报告，发包人组织验收后提出修改意见，承包人按发包人要求修改后于7月10日再次送交工程验收报告，发包人于7月20日组织验收，7月30日给予认可，则该工程实际竣工日期为（　　）。

A．2020年5月10日　　B．2020年7月10日

C．2020年7月20日　　D．2020年7月30日

6．工程具备隐蔽条件或达到专用条款约定的中间验收部位时，承包人进行自检，并最晚在隐蔽或中间验收前（　　）小时以书面形式通知工程师验收。

A．12　　B．24　　C．36　　D．48

二、多项选择题

1．在建设工程监理合同中，属于监理人义务的有（　　）。

A．完成监理范围内的监理业务　　B．审批工程施工组织设计和技术方案

C．选择工程总承包人　　D．按合同约定定期向委托人报告监理工作

E．公正维护各方面的合法权益

2．施工承包合同中，承包人一般应承担的义务包括（　　）。

A．安全施工，负责施工人员及业主人员的安全和健康

B．按合同规定组织工程的竣工验收

C．接受发包人、工程师或其他代表的指令

D．按合同约定向发包人提供施工场地办公和生活的房屋及设施

E．负责对分包工程的管理，但不对分包人的行为负责

3．按照我国相关规定，监理工程师具有的权利包括（　　）。

A．选择工程总承包人的认可权

B．实际竣工日期的签认权

C．要求设计单位改正设计错误的权利

D．工程结算的否决权

E．征得委托人的同意，有权发布停工令

4．在施工合同中，以下属于发包人义务的有（　　）。

A．向承包人提供施工场地和施工条件

B．按合同规定组织工程的竣工验收

C．按合同约定向承包人及时支付合同价款

D．提供履约担保

E．按合同约定向承包人免费提供图纸，并组织图纸会审

5．在施工合同中，以下属于承包人违约情形的有（　　）。

A．采购和使用不合格的材料和工程设备

B．未能按合同约定支付合同价款

C．未能按施工进度计划及时完成合同约定的工作，造成工期延误

D．明确表示或者以其行为表明不履行合同主要义务

E．未能在计划开工日期前 7 天内下达开工通知

三、简答题

1．简述建设工程合同的种类及特征。

2．试述合同在建设工程中的作用。

3．建设工程合同中主要包括哪些合同关系？

4．简述建设工程施工合同的定义和特征。

5．试述建设工程施工合同订立的条件和程序。

6．简述《建设工程施工合同（示范文本）》的组成及解释顺序。

7．工程分包与工程转包有何区别？施工合同对工程分包有何规定？

8．在施工合同中，对由于发包人和承包人原因导致的工期延误有何规定？

9．不可抗力所造成的损失应如何分担？

10．什么情况下可以解除施工合同？

四、案例分析

某油码头工程采用 FIDIC 合同条件。招标文件的工程量表中规定钢筋由业主提供，投标日期为 2020 年 6 月 3 日。但在收到投标文件后，业主发现其钢筋已用于其他工程，已无法再提供钢筋。则在 2020 年 6 月 11 日由工程师致信承包商，要求承包商另报出提供工程量表中所需钢材的价格。这封信作为一个询价文件。

2020 年 6 月 19 日，承包商作出了答复，提出了各类钢材的单价及总价格。接信后业主于 2020 年 6 月 30 日复信表示接受承包商的报价，并要求承包商准备签署一份由业主提供的正式协议。但此后业主未提供书面协议，双方未作任何新的商谈，也未签订正式协议。业主认为承包商已经接受了提供钢材的要求，而承包商却认为业主又放弃了由承包商提供钢材的要求。

待开工约 3 个月后，即 2020 年 10 月 20 日，工程需要钢材，承包商向业主提出业主的钢材应该进场，这时才发现双方都没有准备工程所需要的钢材。由于要重新采购钢材，不仅钢材价格上升、运费增加，而且工期被拖延，进一步造成施工现场费用的损失约 60000 元。承包商向业主提出了索赔要求。但由于在本工程中双方缺少沟通，都有责任，故最终解决结果为合同双方各承担一半损失。

问题：试分析造成该工程合同双方经济损失的原因。

【在线答题】

第9章 建设工程索赔管理

思维导图

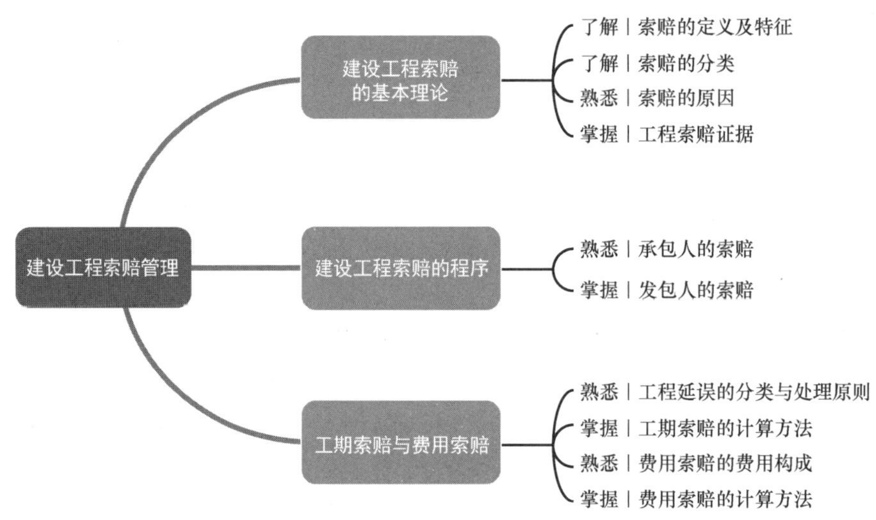

9.1 建设工程索赔的基本理论

在市场经济条件下，建筑市场中工程索赔是一种正常的现象。工程索赔在国际工程市场上是合同当事人保护自身正当权益、弥补工程损失、提高经济效益的重要、有效的手段。对于许多国际工程项目，承包人通过成功的索赔能使工程收入增加额达到工程造价的 10%～20%，有些工程的索赔额甚至超过了合同额本身。索赔以其本身花费较小、经济效果明显而受到承包人的高度重视。因此，应当加强对索赔理论和方法的研究，认真对待工程索赔。

9.1.1 索赔的定义及特征

1. 索赔的定义

索赔是指在合同履行过程中由于一方不履行或不完全履行合同义务而使另一方遭受损失时向对方提出补偿要求的行为。工程实施过程中，承包人可以向发包人提出索赔，发包人也可以向承包人提出索赔。一般把承包人提起的索赔称为施工索赔，而把发包人提起的索赔称为反索赔。

2. 索赔的特征

从索赔的定义可以看出索赔具有以下基本特征。

（1）索赔是双向的。由于实践中发包人向承包人索赔发生的频率相对较低，而且在索赔处理中，发包人始终处于主动和有利的地位，其可以通过直接从应付工程款中扣抵或没收履约保函、扣留保留金，甚至全留置承包人的材料设备作为抵押等手段来实现自己的索赔要求，不存在“索”。因此在工程实践中，大量发生的、处理起来比较困难的是承包人向发包人的索赔。

（2）只有实际发生了经济损失或权利损害，一方才能向对方索赔。经济损失是指因对方因素造成合同外的额外支出，如人工费、材料费、机械费、管理费等额外开支；权利损害是指虽然没有经济上的损失，但造成了一方权利上的损害，如恶劣气候条件对工程进度产生不利影响，承包人有权要求工期延长等。

（3）索赔是一种未经对方确认的单方行为。它与我们通常所说的签证不同，在施工过程中，签证是承发包双方就额外费用补偿或工期延长等达成一致的书面确认、证明材料或补充协议。签证可以直接作为工程款结算或最终增减工程造价的依据，而索赔则是单方面行为，对对方尚未形成约束力，这种索赔要求能否得到最终实现必须通过确认。索赔是一种正当的权利或要求，是合情、合理、合法的行为，它是在正确履行合同的基础上争取合理的补偿，不是无中生有、无理争利，不具有惩罚性。

9.1.2 索赔的分类

索赔从不同角度、按不同的方法或者不同的标准，可以有很多种分类，下面介绍几种常用的分类方式。

1. 按索赔依据分类

按索赔依据的理由，可以将其分为合同内的索赔、合同外的索赔和道义索赔。

（1）合同内的索赔。合同内的索赔是指合同中有明确的条款规定，承包人的损失应由发包人承担，承包人依据该规定提出的索赔。此类索赔是施工合同中最常见的索赔。例如，合同履行过程中，出现了属于发包人应承担责任的事件，则对于该事件给承包人造成的损失，承包人提出索赔要求，发包人应该给予补偿。

（2）合同外的索赔。合同外的索赔是指对于造成索赔的事件或情况，在合同中没有明确的条款规定应该由发包人承担责任，一般必须依据合同所遵循的法律才能解决的索赔。

（3）道义索赔。道义索赔是指事件或情况给承包人造成损失，然而不属于发包人应该承担责任的事件或情况，承包人希望发包人从道义上给予补偿而提出的索赔。

2. 按索赔处理方式分类

根据对索赔的处理方式，可以将索赔分为单项索赔和总索赔（一揽子索赔）。

（1）单项索赔。单项索赔是指在施工合同履行过程中，引起索赔的事件或情况出现后，承包人按照合同要求提出索赔。单项索赔原因单一、责任清楚，证据好整理，容易处理，并且涉及金额一般比较小，发包人较易接受。

（2）总索赔（一揽子索赔）。总索赔是指承包人将以前提出的多项未曾解决的单项索赔集中起来，提出一份总补偿要求的索赔。这种索赔通常是承包人在工程竣工前提出，双方进行最终谈判，以一个一揽子的方案解决。总索赔由于很多事情间隔较长，证据可能湮灭，处理起来困难重重，施工合同管理者要尽量避免此类索赔的出现。

3. 按索赔要求分类

按索赔要求达到的目的，可以将索赔分为工期索赔和费用索赔。

（1）工期索赔。由于非承包人责任而导致施工进程延误，承包人要求批准顺延合同工期的索赔被称为工期索赔。工期索赔形式上是承包人对权利的要求，以避免其在原定合同竣工日不能完工时被发包人追究拖期违约责任。一旦合同工期顺延获得批准后，承包人不仅免除了承担拖期违约赔偿费的巨大风险，而且可能因提前完工得到奖励，最终仍反映在经济收益上。

（2）费用索赔。费用索赔的目的是要求经济补偿，当施工的客观条件改变，导致承包人增加开支，其要求发包人对超出计划成本的附加开支给予补偿，以挽回不应由承包人承担的经济损失。费用索赔是整个工程合同索赔的重点和最终目标，承包人进行工期索赔在很大程度上也是为了实现费用索赔。

9.1.3 索赔的原因

1. 施工条件变化

施工条件变化的含义是承包人在施工过程中遇到了“一个有经验的承包人不可能预见的不利的自然条件或人为障碍”，因而导致承包人为履行合同要产生额外开支，按照工程承包惯例，这些额外的开支应该由发包人补偿。例如在土方工程中，承包人发现发包人提供的资料中没有描述地下古代建筑遗迹物或文物、遇到高腐蚀性水或毒气的情况等，导致承包人必须花费更多的时间和费用，在这些情况下，承包人可提出索赔要求。

案例 9.1

发包人提供的地质勘察不准确而引起的索赔

某汽车制造厂项目土方工程施工中，承包人在合同标明有松软石的地方没有遇见松软石，因此工期提前1个月。但在合同中另一未标明有坚硬岩石的地方遇到很多的坚硬岩石，开挖工作变得困难，由此造成了实际生产率比原计划低得多，经测算影响工期3个月。由于施工速度减慢，部分施工任务被拖到雨季进行，按一般公认标准推算，又影响工期2个月。为此承包人提出索赔。

【解析】

该项施工索赔能够成立。承包人施工时在合同未标明有坚硬岩石的地方遇到很多的坚硬岩石，这表明施工现场的施工条件与原来的勘察资料存在很大差异，属于发包人的责任范围。本事件由于意外地质条件给承包人造成施工困难，导致工期延长，相应产生额外工程费用，因此，承包人索赔的内容可以包括费用索赔和工期索赔。

2. 发包人违约

发包人违约的情况：发包人未按工程承包合同规定的时间和要求向承包人提供施工场地、创造施工条件、提供材料和设备；发包人未按合同规定向承包人支付工程款；监理工程师未按规定时间向承包人提供施工图纸、指示、批复，或提供数据不正确、下达错误指令等。上述情况导致承包人的工程成本增加和（或）工期的延长，承包人可以提出索赔。

3. 合同缺陷

合同缺陷指合同本身存在的（合同签订时没有预料到的）不能再修改或补充的问题。如合同条款中有错误、用语含糊、不够准确等，难以分清甲乙双方的责任和权益；合同条款中存在着遗漏；合同条款之间存在矛盾，按惯例要由监理工程师作出解释。若为解释合同缺陷而作出的指示使承包人的施工成本和工期增加，则属于发包人的责任，承包人有权提出索赔要求。

4. 法律法规变更

国家或地方的任何法律法规发生变更时，若直接影响到工程造价导致承包人成本增加，承包人可以提出索赔。

5. 物价上涨

由于物价上涨导致人工费、材料费，甚至机械费的增加，从而引起工程成本大幅度上升时，承包人可提出索赔要求。

6. 变更指令

由于发包人和监理工程师原因造成临时停工或施工中断，特别是发包人和监理工程师的不合理指令造成了工作效率的大幅度降低，从而导致费用支出增加，承包人可提出索赔。

7. 工程变更

在施工过程中，监理工程师发现设计、质量标准或施工顺序等问题时，往往会下达指令让承包人增加新工作、改换建筑材料、暂停施工或加速施工等。这些变更指令会使承包人的施工费用和(或)工期增加,承包人可就此提出索赔要求。

8. 其他干扰事件

因发包人承担的风险而导致承包人的损失费用增大时,承包人可据此提出索赔。如战争、暴动、自然灾害等,即使是有经验的承包人也无法预见、无法保护自己并使工程免遭损失,这属于发包人应承担的风险,以及由于其他第三方的问题而引起的对工程的不利影响。

9.1.4 工程索赔证据

索赔证据是当事人用来支持其索赔成立或和索赔有关的证明文件和资料,也是索赔能否成功的关键因素。索赔证据一般包括以下几点。

(1)合同、设计文件。包括工程合同及附件、招标文件、中标通知书、投标文件、标准和技术规范、图纸、工程量清单、工程报价单或预算书、有关技术资料和要求等。

(2)经工程师批准的承包人施工进度计划、施工方案、施工组织设计和具体的现场实施情况记录。

(3)施工日志、工长工作日志、备忘录等。

(4)工程有关施工部位的照片及录像等。保存完整的工程照片和录像能有效地显示工程进度。

(5)工程各项往来信件、电话记录、指令、信函、通知、答复等。

(6)工程各项会议纪要、协议、其他各种签约、定期与发包人雇员的谈话资料等。

(7)气象报告和资料。如有关天气的温度、风力、雨雪的资料等。

(8)施工现场记录。

(9)工程各项经发包人或工程师签认的签证。如承包人要求的预付通知、工程量核实确认单。

(10)工程结算资料和有关财务报告。

(11)各种检查验收报告和技术鉴定报告。

(12)其他。包括分包合同,官方的物价指数,汇率变化表以及国家、省、市影响工程造价、工期的有关文件、规定等。

9.2 建设工程索赔的程序

9.2.1 承包人的索赔

我国建设工程施工合同通用条款约定,发包人未能按合同约定履行自己的各项义务或发生错误以及应由发包人承担责任的其他情况,造成工期延误和(或)承包人不能及时得到合同价款及承包人的其他经济损失时,承包人可按下列程序以书面形式向发包人索赔。

1. 承包人索赔的提出

(1)承包人应在知道或应当知道索赔事件发生后28天内,向监理人递交索赔意向通知书，并说明发生索赔事件的事由；承包人未在前述 28 天内发出索赔意向通知书的，丧失要求追加付款和（或）延长工期的权利。

该索赔意向通知书是承包人向监理人表示的索赔愿望和要求。索赔意向的提出是索赔工作程序中的第一步，其关键是抓住索赔机会，及时提出索赔意向。承包人必须按照合同约定的时间提出索赔，否则监理人有权拒绝承包人的索赔要求。

索赔意向通知书的内容比较简单，只要写明引起索赔的事件，以及根据相应的合同条款提出索赔要求。索赔意向通知书的内容应包括：①事件发生的时间及其情况的简单描述；②索赔依据的合同条款及理由；③提供后续资料的安排，包括及时记录和提供事件的发展动态；④对工程成本和工期产生不利影响的严重程度。

（2）承包人应在发出索赔意向通知书后 28 天内，向监理人正式递交索赔报告；索赔报告应详细说明索赔理由以及要求追加的付款金额和（或）延长的工期，并附必要的记录和证明材料。

（3）索赔事件具有持续影响的，承包人应按合理时间间隔继续递交延续索赔通知，说明持续影响的实际情况和记录，列出累计的追加付款金额和（或）工期延长天数。

（4）在索赔事件影响结束后 28 天内，承包人应向监理人递交最终索赔报告，说明最终要求索赔的追加付款金额和（或）延长的工期，并附必要的记录和证明材料。

2. 对承包人索赔的处理

（1）监理人应在收到索赔报告后 14 天内完成审查并报送发包人。监理人对索赔报告存在异议的，有权要求承包人提交全部原始记录副本。

（2）发包人应在监理人收到索赔报告或有关索赔的进一步证明材料后的 28 天内，由监理人向承包人出具经发包人签认的索赔处理结果。发包人逾期答复的，则视为认可承包人的索赔要求。

（3）承包人接受索赔处理结果的，索赔款项在当期进度款中进行支付；承包人不接受索赔处理结果的，按双方解决争议的约定处理。

首先，监理人进行索赔处理前应对索赔报告进行审查。审查内容包括：事态调查、原因分析、资料分析、实际损失计算等。事态调查就是对引起索赔的事件进行细致调查，掌握证据，了解事态的前因后果和发展过程，这样才能判断承包人提出索赔的可信度程度。原因分析就是在事态调查的基础上，分析事件发生的原因，事件的责任应该由谁承担。如果是共同责任，责任应该怎样划分，各承担多少比例。资料分析就是要分析承包人提交的证明资料的真实性、时效性、完整性。资料是重要的证据，只有真实、完整同时又符合时间要求的资料才能成为解决问题的证据。当然，在上述调查分析的基础上，还要进行实际损失计算。一般情况下，承包人总是从其利益出发计算损失，计算结果可能多于实际的损失，但索赔的本质是补偿实际损失。

其次，监理人应就补偿数额与承包人进行协商。承包人和监理人对责任划分的界限可能不一致，计算损失的依据与方法可能也不相同，因此，监理人审查后初步确定的补偿数额往往可能不等于承包人索赔的数额，甚至相差的数额可能很大，双方必须就补偿的数额大小协商。监理人与承包人协商的过程，实际上是双方妥协的过程。监理人在同承包人协商的同时，也要就自己处理事件的态度以及与承包人协商的情况同发包人进行协商。

9.2.2 发包人的索赔

【索赔和反索赔策略】

根据合同约定，因承包人原因不能按照协议书约定的竣工日期或监理人同意顺延的工期竣工，或因承包人原因工程质量达不到协议书约定的质量标准，或承包人不愿履行合同义务、不按合同约定履行义务、发生错误而给发包人造成损失时，发包人认为有权得到赔付金额和（或）延长缺陷责任期的，监理人应向承包人发出通知并附有详细的证明。

1. 发包人索赔的提出

发包人应在知道或应当知道索赔事件发生后 28 天内通过监理人向承包人提出索赔意向通知书，发包人未在前述 28 天内发出索赔意向通知书的，丧失要求赔付金额和（或）延长缺陷责任期的权利。发包人应在发出索赔意向通知书后 28 天内，通过监理人向承包人正式递交索赔报告。

2. 对发包人索赔的处理

（1）承包人收到发包人提交的索赔报告后，应及时审查索赔报告的内容、查验发包人证明材料。

（2）承包人应在收到索赔报告或有关索赔的进一步证明材料后 28 天内，将索赔处理结果答复发包人。如果承包人未在上述期限内作出答复的，则视为对发包人索赔要求的认可。

（3）发包人接受索赔处理结果的，发包人可从应支付给承包人的合同价款中扣除赔付的金额或延长缺陷责任期；发包人不接受索赔处理结果的，按双方解决争议的约定处理。

9.3 工期索赔与费用索赔

9.3.1 工期索赔

工程工期是施工合同中的重要条款之一，涉及发包人和承包人多方面的权利和义务关系。工程延误是指工程实施过程中任何一项或多项工作实际完成日期迟于计划规定的完成日期，从而可能导致整个合同工期的延长。工程延误一般对合同双方都会造成损失。发包人因工程不能及时交付使用、投入生产，而不能按计划实现投资效果，失去盈利机会，损失市场利润；承包人因工期延误而增加工程成本，如现场工人工资开支、机械停滞费用、现场和企业管理费等，生产效率降低，企业信誉受到影响，最终还可能遭受合同规定的误期损害赔偿费处罚。因此，工程延误的后果形式上是时间损失，实质上是经济损失，无论是发包人还是承包人，都不愿意无缘无故地承担工程延误给自己造成的经济损失。

1. 工程延误的分类与处理原则

1）工程延误的分类

（1）因发包人及监理工程师自身原因或合同变更原因引起的延误。

① 发包人拖延交付合格的施工现场。

在工程项目前期准备阶段，由于发包人没有及时完成征地、拆迁、安置等方面的有关前期工作，或未能及时取得有关部门批准的施工许可证或准建手续等，造成施工现场交付时间推迟，承包人不能及时驻场施工，从而导致工程拖期。

② 发包人拖延交付图纸。

发包人未能按合同规定的时间和数量向承包人提供施工图纸，从而引起工期索赔。

③ 发包人或监理工程师拖延审批图纸、施工方案、计划等。

④ 发包人拖延支付预付款或工程款。

⑤ 发包人提供的设计数据或工程数据有误造成延误。如有关放线的资料不准确。

⑥ 发包人指定的分包人违约造成延误。

⑦ 发包人未能及时提供合同规定的材料或设备造成延误。

⑧ 发包人拖延关键线路上工序的验收时间，造成承包人下道工序施工延误。监理人对合格工程要求拆除或剥露的部分予以检查，造成工程进度被打乱，影响后续工程的开展。

⑨ 发包人或监理工程师发布指令延误，或发布的指令打乱了承包人的施工计划；因发包人或监理工程师原因暂停施工导致的延误；发包人对工程质量的要求超出原合同的约定导致的延误。

⑩ 发包人设计变更或要求修改图纸、增加额外工程，导致工程量增加、工程变更或工程量增加引起施工程序的变动，以及发包人的其他变更指令导致工期延长。

（2）因承包人原因引起的延误。

承包人引起的延误一般是因为其内部计划不周、组织协调不力、指挥管理不当等原因。

① 施工组织不当，如出现窝工或停工待料现象。

② 质量不符合合同要求而造成的返工。

③ 资源配置不足，如劳动力不足、机械设备不足或不配套、技术力量薄弱、管理水平低、缺乏流动资金等造成的延误。

④ 开工延误。

⑤ 劳动生产率低造成的延误。

⑥ 承包人雇用的分包人或供应商引起的延误等。

显然，上述延误难以得到发包人的谅解，也不可能让发包人或监理工程师给予延长工期的补偿。承包人若想避免或减少工程延误的罚款及由此产生的损失，只有通过加强内部管理、增加投入，或采取加速施工的措施。

（3）不可控制因素导致的延误。

① 人力不可抗拒的自然灾害导致的延误。如有记录可查的特殊反常的恶劣天气、不可抗力引起工程损坏和修复，从而导致延误。

② 特殊风险如战争、叛乱、核装置污染等造成的延误。

③ 不利的自然条件或客观障碍引起的延误等。如现场发现化石、文物。

④ 施工现场由其他承包人的干扰引起的延误。

⑤ 合同文件中某些内容的错误或互相矛盾引起的延误。

⑥ 罢工及其他经济风险引起的延误。如因政府抵制或禁运造成工程延误。

案例 9.2

工期索赔案例

在某项施工合同履行过程中，承包人因下述 3 项原因提出工期索赔 20 天。①由于设计变更，承包人等待图纸更新而全部停工 7 天。②同一范围内工人在两个高程上同时作业，监理工程师考虑施工安全而下令暂停上部工程施工，导致延误工期 5 天。③因下雨影响填筑工程质量，监理工程师下令工程全部停工 8 天，等填筑材料含水量符合要求后再进行作业。请问监理工程师应批准承包人顺延工期多少天？

【解析】

①由于设计变更，承包人等待图纸造成 7 天停工不属于承包人的责任，应给予工期补偿。②考虑到现场施工人员安全而下达的暂时停工令，责任在于承包人施工组织不合理，不应批准工期顺延。③因下雨影响填筑工程的施工质量，要根据当时的降雨记录来划分责任。如果雨量和持续时间超过构成异常恶劣的气候影响或不可抗力的标准，则应按有经验的承包人不可能合理预见的异常恶劣自然条件的条款，批准顺延 8 天工期。如果没有超过合同内约定的标准，尽管监理工程师下达了暂停施工令，但属于承包人应承担的风险，即承包人报送监理工程师批准的施工进度计划中，不是按一年 365 天组织施工，而是除了节假日外还应充分估计不利于施工的天数来进行施工组织。因此在这种情况下，不应批准该部分工期顺延的要求。

2）工程延误的处理原则

工程延期的影响因素可以被归纳为两大类：第一类是合同双方均无过错而引起的延误，主要指不可抗力事件和恶劣气候条件等；第二类是由于发包人或监理工程师造成的延误。

一般来说，对于第一类原因造成的工程延误，承包人只能要求延长工期，很难或不能要求发包人赔偿损失。而对于第二类原因，假如发包人的延误已影响了关键线路上的工作，承包人既可要求延长工期，又可要求相应的费用赔偿；如果发包人的延误仅影响非关键线路上的工作，且延误后的工作仍属非关键线路，而承包人能证明因此（如劳动窝工、机械停滞等）引起了损失或额外开支，则承包人不能要求延长工期但完全有可能要求费用赔偿。

2. 工期索赔的计算方法

在实际工程中计算工期的索赔补偿数额一般有网络分析法、比例类推法、直接法和工时分析法。

1）网络分析法

网络分析法是通过分析引起索赔的事件发生前后的进度计划的网络图，对比两种情况的关键线路变化，计算工期的索赔值。这是一种科学的分析方法，适用于各种干扰事件引起的工期索赔计算。如果事件引起关键线路上的工作延误，则总的延误时间都是应批准的顺延工期；如果事件引起延误的工作不在关键线路上，当该工作由于延误从非关键工作变成了关键工作时，从变成关键工作时刻起，之后的延误时间都是应该顺延的工期；如果该工作延误以后仍然不在关键线路上，则不存在工期补偿。

案例 9.3

网络分析法应用案例

某工程项目的施工招标文件表明工期为 15 个月，承包人投标时所报工期为 13 个月。承包人在开工前编制并经总监理工程师认可的施工进度计划网络图如图 9.1 所示（图中英文字母代表工作，数字代表完成工作的时间，单位为月）。

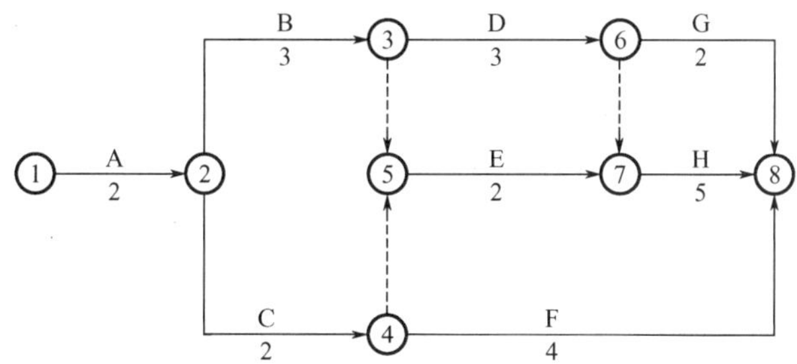

图 9.1　施工进度计划网络图

施工过程中发生了下列 4 个事件，致使承包人实际用了 15 个月完成该项目的施工。

事件 1：A、C 两项工作为土方工程，工程量均为 16 万 m^3，实际工程量与估计的工程量相等。施工按计划进行 4 个月后，总监理工程师以设计变更通知发布新增土方工程 N 的指示。该工作的性质和施工难度与 A、C 工作相同，工程量为 32 万 m^3。N 工作在 B、C 完成后开始，且为 H 和 G 的紧前工作。承包人按计划用 4 个月完成 N 工作，租用 1 台机械设备，3 项土方工程完成开挖工作。

事件 2：F 工作因设计变更等待新图纸延误 1 个月。

事件 3：G 工作由于连续降雨累计 1 个月导致实际 3 个月完成施工，其中 0.5 个月的日降雨量超过当地近 30 年内气象资料记载的最大强度。

事件 4：由于分包人施工的工程质量不合格，H 工作返工，实际 5.5 个月完成。

由于以上事件，承包人提出工期索赔要求：顺延工期 6.5 个月。理由是：完成 N 工作花费 4 个月；变更设计图纸延误 1 个月；连续降雨属于不利的条件和障碍影响工期 1 个月；监理工程师未能很好地控制分包人的施工质量应补偿工期 0.5 个月。

问题：根据总监理工程师认可的施工进度计划，总监理工程师应批准承包人的索赔工期是多少？说明理由。

【解析】

首先，要注意分清责任。

① N 工作是发包人应承担的责任，因为是新增加的施工任务，属于可以顺延工期的情况（设计变更或工程量增加），且 N 工作量是 A、C 的一倍，完成时间也是 A、C 的一倍。

② F 工作延误 1 个月是发包人应承担的责任，属于可以顺延工期的情况（未能按约定提供图纸）。

③ 一般大雨超过当地近 30 年的纪录，应该算不可抗力，所以 G 工作的 0.5 个月工期延误应为发包人承担的风险。

④ 分包人施工属于由第三人代为履行的情况，合同的主体没有改变，仍然是发包人和承包人，分包人的责任就是承包人的责任。所以分包人的施工质量不合格需要返工不属于可以顺延工期的情况。

其次，要注意这些事件对工期影响的量化程度。因为 N 工作必须在 B、C 完成之后开始，同时要在 H、G 开始之前结束，那么 N 工作对整个进度计划的影响是怎样的呢？进度计划中明显由 A、B、D 和 H 组成关键线路，从 B 到 H 之间最长的线路是 D，其需要 3 个月施工时间，N 可以和 D 同时施工。因此，现在的关键线路变为 A、B、N 和 H，如果一切正常，工期应为 14 个月。

最后，看补偿情况。从上述两项分析可以看出：F 工作延误 1 个月，虽然是应该补偿的情况，但不在关键线路上，而且延长 1 个月后，还不是关键线路，因此这 1 个月不应该补偿；G 工作的 0.5 个月同 F 工作情况一样，也不补偿；H 工作延误的 0.5 个月，是属于承包人的责任，当然不补偿。综合起来，现在的关键线路长变成 14 个月，而原来的关键线路长是 13 个月，增加的 1 个月是属于合同约定应顺延的情况，所以总监理工程师应给承包人批准的顺延工期为 1 个月。

2）比例类推法

虽然网络分析法科学，但在实际工程中，还有一种简单的比例类推法，可以分析干扰事件仅仅影响某些单项工程或分部分项工程的情况，该方法以某项经济指标作为比较对象，根据经济指标的比例计算工期索赔值。比例类推法可分为以下两种情况。

（1）按造价进行比例类推。

若施工中出现了很多拖延时间不等的工期索赔事由，较难准确地单独计算且又麻烦时，可经双方协商，采用造价比较法确定工期补偿天数。其公式如下：

工期索赔值=（受干扰部分工程的合同价/合同总价）×受干扰部分工期拖延时间

（2）按工程量进行比例类推。

当计算出某一分部分项工程的工期索赔值后，还要把局部工期转变为整体工期，这可以用局部工程的工作量占整个工程工作量的比例来折算。

比例类推法简单、方便、易于被人们理解和接受，但不尽科学、不够合理、有时不符合工程实际情况，且对有些情况如发包人变更施工顺序等不适用，甚至会得出错误的结果，在实际工作中应注意，正确掌握其适用范围。

3）直接法

有时干扰事件直接发生在关键线路上或一次性发生在一个项目上，造成总工期的延误，这时分析者可通过查看施工日志、变更指令等资料，直接将这些资料中记载的延误时间作为工期索赔值。如承包人按工程师的书面工程变更指令，完成变更工程所用的实际工时即为工期索赔值。

4）工时分析法

工时分析法是指某一工种的分部分项工程项目发生延误事件后，按实际施工的程序统计出所用的工时总量，然后按延误期间承担该分部分项工程工种的全部人员投入来计算要延长的工期。

9.3.2 费用索赔

费用索赔常常随着工期索赔一起出现，当然也有与工期索赔无关的费用索赔。不管什么样的费用索赔，工程师一方面要分清发包人与承包人应承担的责任，按责补偿，另一方面还要注意补偿费用的计算是否正确和合理。

1. 费用索赔的特点

费用索赔是工程索赔的重要组成部分，是承包人进行索赔的主要目标。与工期索赔相比，费用索赔有以下一些特点。

（1）费用索赔的成功与否及其大小事关承包人的盈亏，也影响发包人工程项目的建设成本，因此费用索赔常常是最困难、双方分歧最大的索赔。特别是对于发生亏损或接近亏损的承包人和财务状况不佳的发包人，情况更是如此。

（2）索赔费用的计算比索赔资格或权利的确认更为复杂。索赔费用的计算不仅要依据合同条款与合同规定的计算原则和方法，而且还可能要依据承包人投标时采用的计算基础和方法，以及承包人的历史资料等。索赔费用的计算没有统一的合同双方共同认可的计算方法，因此索赔费用的确定及认可是费用索赔中一项困难的工作。

(3) 在工程实践中，常常是许多干扰事件交织在一起，承包人成本的增加或工期延长的发生时间及其原因也常常相互交织在一起，很难清楚、准确地被划分开，尤其是对于一揽子综合索赔来说。

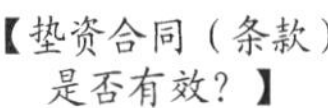

【垫资合同（条款）是否有效？】

【工程索赔的费用组成】

2. 费用索赔的费用构成

1）可索赔费用的分类

(1) 按可索赔费用的性质划分。

在工程实践中，承包人的费用索赔包括额外工作索赔和损失索赔。额外工作索赔费用包括额外工作实际成本及其相应利润。对于额外工作索赔，发包人一般以原合同中的适用价格为基础，或者以双方商定的价格、监理工程师确定的合理价格为基础给予补偿。实际上，发包人进行合同变更、追加额外工作等时，可索赔费用的计算相当于一项工作的重新报价。损失索赔包括实际损失索赔和可得利益索赔。实际损失是指承包人多支出的额外成本；可得利益是指如果发包人不违反合同，承包人本应取得的，但因发包人违约而丧失了的利益。

计算额外工作索赔和损失索赔的主要区别是：前者的计算基础是价格，后者的计算基础是成本。

(2) 按可索赔费用的构成划分。

可索赔费用按项目构成可分为直接费和间接费。其中直接费包括人工费、材料费、机械设备费、分包费；间接费包括现场和公司总部的管理费、保险费、利息及保函手续费等项目。可索赔费用计算的基本方法是按上述费用项目构成分别分析、计算，最后汇总求出总的索赔费用。

按照工程惯例，承包人对索赔事项的发生负有责任的有关费用、承包人对索赔事项未采取减轻措施而扩大的损失费用、承包人进行索赔工作的准备费用、索赔金额在索赔处理期间的利息、仲裁费用、诉讼费用等是不能索赔的，因此不应将这些费用包含在索赔费用中。

2）常见索赔事件的费用构成

索赔费用的主要组成部分同建设工程施工合同价的组成部分相似。按照我国现行规定，建筑安装工程合同价一般包括直接费、间接费、利润和税金。从原则上说，凡是承包人有索赔权的工程成本增加，都可以被列入索赔的费用。但是，对于不同原因引起的索赔，可索赔费用的具体内容则有所不同。索赔方应根据索赔事件的性质，分析其具体的费用构成。

索赔费用主要包括的项目如下。

(1) 人工费。

人工费主要包括生产工人的工资、津贴、加班费、奖金等。对于索赔费用中的人工费来说，主要是指：完成合同之外的工作所花费的人工费用；由于非承包人责任的工作效率降低所增加的人工费用；超过法定工作时间的加班费用；法定的人工费增长以及非承包人责任的工程延误导致的人员窝工费；相应增加的人身保险和各种社会保险支出等。

例如，出现人工费索赔时，可能有新增工作量的人工费、停工损失费和工作效率降低的损失费。新增工作量的人工费要按照计日工费计算，费用中包含工人的福利、教育、保险、税收以及工人为单位创造的利润等；停工损失费只应该包含工人的工资，工人为单位创造的利润就不应该包括在内；而工作效率降低的损失费只计算降低的比例即可。

（2）材料费。

可索赔的材料费主要包括以下内容。

① 由于索赔事项导致材料实际用量超过计划用量而增加的材料费。

② 由于客观原因导致的材料价格大幅度上涨。

③ 由于非承包人责任的工程延误导致的材料价格上涨。

④ 由于非承包人原因致使材料运杂费、采购与保管费用的上涨。

⑤ 由于非承包人原因导致额外低值易耗品的使用等。

（3）机械设备使用费。

可索赔的机械设备使用费主要包括以下内容。

① 由于完成额外工作增加的机械设备使用费。

② 非承包人责任导致的工作效率降低而增加的机械设备闲置、折旧和修理费分摊、租赁费用。

③ 由于发包人或监理工程师原因造成的机械设备停工的窝工费。关于机械设备台班窝工费的计算，如果是租赁设备，一般按实际台班租金加上每台班分摊的机械调进调出费计算；如果是承包人自有设备，一般按台班折旧费计算，而不能按全部台班费计算，因为台班费中包括了设备使用费。

④非承包人原因增加的设备保险费、运费及进口关税等。

例如设备费包括机械设备台班费和机械设备闲置的损失费，而机械设备闲置要分两种情况：一是承包人自己的机械设备闲置时的损失费应该计算其设备的折旧费；二是承包人租赁的机械设备闲置时的损失费应该计算设备的租赁费。

（4）现场管理费。

现场管理费是某单个合同产生的用于现场管理的总费用，一般包括现场管理人员的费用、办公费、通信费、差旅费、固定资产使用费、工具用具使用费、保险费、工程排污费、供热供水及照明费等，它一般占工程总成本的5%～10%。索赔费用中的现场管理费是指承包人完成额外工程以及工期延长、延误期间的工地管理费。

（5）总部管理费。

总部管理费是承包人企业总部发生的为整个企业的经营运作提供支持和服务时产生的管理费用，一般包括总部管理人员费用、企业经营活动费用、差旅交通费、办公费、通信费、固定资产折旧费、修理费、职工教育培训费、保险费、税金等，它一般占企业总营业额的3%～10%。索赔费用中的总部管理费主要指的是工程延误期间所增加的管理费。

（6）利息。

利息又称融资成本或资金成本，是企业取得和使用资金所付出的代价。融资成本主要有额外贷款的利息支出和使用自有资金引起的机会损失两种。只要因发包人违约（如发包人拖延、拒绝支付各种工程款、预付款或拖延退还扣留的保留金）或其他合法索赔事项直接导致了额外贷款，承包人有权向发包人就相关的利息支出提出索赔。

（7）分包人费用。

索赔费用中的分包人费用是指分包人的索赔款项，一般也包括人工费、材料费、机械设备使用费等。因发包人或监理工程师原因造成分包人产生额外损失，分包人首先应向承包人提出索赔要求、递交索赔报告，然后以承包人的名义向发包人提出分包工程增加费及相应管理费索赔。

（8）利润。

对于不同性质的索赔，取得利润索赔的成功率是不同的。以下几种情况下，承包人可以提出利润索赔。

① 因设计变更等引起的工程量增加。

② 施工条件变化导致的索赔。

③ 施工范围变更导致的索赔。

④ 合同延期导致机会利润损失。

⑤ 由于发包人的原因终止或放弃合同带来的预期利润损失等。

（9）相应保函费、保险费、银行手续费及其他额外费用的增加等。

3. 费用索赔的计算原则

费用索赔都以赔（补）偿实际损失为原则。在费用索赔计算过程中，该原则体现在如下两个方面。

（1）实际损失，即干扰事件对承包人工程成本和费用的实际影响。这个实际影响可作为费用索赔值。所以索赔对发包人而言不具有任何惩罚性质。实际损失包括以下两个方面。

① 直接损失，即承包人财产的直接减少。在实际工程中常常表现为成本的增加和实际费用的超支。

② 间接损失，即承包人可能获得的利益的减少。例如由于发包人拖欠工程款，承包人失去这笔工程款的存款利息收入。

（2）所有干扰事件直接引起的实际损失，以及这些损失的计算，都应有详细的、具体的证明。在索赔报告中必须出具这些证据，没有证据的索赔要求是不能成立的。

实际损失以及这些损失的计算证据通常有：各种费用支出的账单，工资表（工资单），现场用工、用料、用机的证明，财务报表，工程成本核算资料，等。

4. 费用索赔的计算方法

对于索赔事件的费用计算，一般是先计算与索赔事件有关的直接费，如人工费、材料费、机械费、分包费等，然后计算应分摊在此事件上的管理费、利润等间接费。每一项费用的具体计算方法基本上与工程项目报价计算方法相似。

1）总费用法

（1）基本思路。

总费用法是一种最简单的计算方法。它的基本思路是把固定总价合同转化为成本加酬金合同，以承包人的额外成本为基点，加上管理费和利润等附加费作为索赔值。

例如，某工程原合同报价如下：

总成本（直接费+工地管理费）	3800000 元
公司管理费（总成本×10%）	380000 元
利润=（总成本+公司管理费）×7%	292600 元
合同价	4472600 元

在实际工程中，由于非承包人原因造成实际总成本增加至 4200000 元。现用总费用法计算索赔值如下：

总成本增加量（4200000−3800000）	400000 元
公司管理费（总成本增加量×10%）	40000 元
利润（总成本增加量+公司管理费）×7%	30800 元
利息支付（按实际时间和利率计算）	4000 元
索赔值	474800 元

（2）使用条件。

总费用法用得较少，且不容易被对方、调解人和仲裁人认可，因为它的使用有以下几个条件。

① 合同实施过程中的总费用核算是准确的；工程成本核算符合受到普遍认可的会计原则；成本分摊方法、分摊基础选择合理；实际总成本与报价总成本所包括的内容一致。

② 承包人的报价是合理的，反映实际情况。如果报价不合理，则按这种方法计算的索赔值也不合理。

③ 费用损失的责任或干扰事件的责任完全在于发包人或其他人，承包人在工程中无任何过失，而且没有产生承包人风险范围的损失，但这种情况通常不大可能出现。

④ 因合同争执的性质不宜使用其他计算方法。例如由于发包人原因造成工程性质发生根本变化，面目全非，原合同报价已完全不适用。总费用法常用于对索赔值的估算。有时发包人和承包人签订协议，或在合同中规定对于一些特殊的干扰事件（例如特殊的附加工程、发包人要求加速施工、承包人向发包人提供特殊服务等）可采用成本加酬金的方法计算赔（补）偿值。

2）修正总费用法

修正总费用法与总费用法的原理相同，是对总费用法的改进，即在总费用计算的基础上，去掉一些不合理的因素，使其更合理。修正的内容如下。

① 将计算索赔款的时段局限于受到外界影响的时段，而不是整个施工期。

② 只计算受影响时段内的某项工作所受影响的损失，而不是计算该时段内所有施工工作所受损失。

③ 与该项工作无关的费用不被列入总费用中。

④ 对承包人投标报价费用重新进行核算。按受影响时段内该项工作的实际单价进行核算，用实际单价乘以实际完成的该项工作的工作量，得到调整后的投标报价费用。

按修正后的总费用计算索赔金额，公式如下：

索赔金额=某项工作调整后的实际总费用−该项工作的投标报价费用（含变更款）

修正总费用法与总费用法相比，有了实质性的改进，已能够相当准确地反映出实际增加的费用。

3）分项法

分项法是按每个（或每类）干扰事件，以及干扰事件所影响的各个费用项目分别计算索赔值的方法。它的特点如下。

① 它比总费用法复杂，处理起来困难。

② 它反映实际情况，比较合理、科学。

③ 它为索赔报告的进一步分析、评价、审核，双方责任的划分、双方谈判和最终解决提供方便。

④ 它应用面广，在逻辑上容易被接受。

工程的费用索赔计算通常都采用分项法，但是对于具体的干扰事件和费用项目，分项法的计算方法又是千差万别。如在某工程中承包人采用分项法提出索赔，如表 9-1 所示。

表 9-1 分项法计算示例

序号	索赔项目	金额/元	序号	索赔项目	金额/元
1	工程延误	256000	5	利息支出	8000
2	工程中断	166000	6	利润=（1+2+3+4）×15%	69600
3	工程加速	16000	7	索赔总额	541600
4	附加工程	26000			

表 9-1 中每一项费用有详细的计算方法、计算基础和证据等，如因工程延误引起的索赔额计算如表 9-2 所示。

表 9-2 工程延误引起的索赔额计算示例

序号	索赔项目	金额/元	序号	索赔项目	金额/元
1	机械设备停滞费	115500	4	总部管理费分摊	26000
2	现场管理费	104000	5	保函手续费、保险费增加	6000
3	分包人索赔费用	4500	6	合计	256000

本章小结

本章首先介绍了工程索赔的基本理论，包括索赔的定义、分类、原因、证据；其次，从承包人和发包人两方的角度分别介绍了工程索赔的程序；从索赔管理的角度，详细介绍了工期索赔和费用索赔的分类与处理原则、工期索赔和费用索赔的具体计算方法及注意事项。

一、单项选择题

1. 建设工程中的反索赔是相对索赔而言，反索赔的提出者（　　）。

A. 仅限发包人　　B. 仅限承包人

C. 发包人和承包人均可　　D. 仅限监理工程师

2. 索赔是指在合同的实施过程中，（　　）因对方不履行或未能正确履行合同所规定的义务、未能保证承诺的合同条件实现而遭受损失后，向对方提出的补偿要求。

A. 发包人　　B. 第三方　　C. 承包人　　D. 合同中的一方

3. 在施工过程中，由于发包人或监理工程师指令修改设计、修改实施计划、变更施工顺序，造成工期延长和费用损失，承包人可提出索赔。这种索赔属于（　　）引起的索赔。

A．地质条件的变化　　B．不可抗力　　C．工程变更　　D．发包人风险

4．因发包人的责任造成工期延误和（或）承包人不能及时得到合同价款及承包人的其他经济损失时，在索赔事件发生后（　　）天内，承包人向工程师发出书面索赔意向书。

A．7　　B．10　　C．15　　D．28

5．关于工期索赔的说法，正确的是（　　）。

A．所有的关键线路延误都是可索赔延误

B．所有的非关键线路延误都是不可索赔延误

C．非承包人原因造成的非关键线路工作延误超过其与后续关键线路的总时差，发包人一般既给予工期顺延，又给予费用补偿

D．可索赔延误与不可索赔延误同时发生时，可索赔延误将变成不可索赔延误

6．在索赔的分类中，可以分为单项索赔和总索赔，对总索赔方式说明正确的是（　　）。

A．容易取得索赔成功的一种方式　　B．通常采用的一种方式

C．特定情况下，被迫采用的一种方式　　D．解决起来较容易的一种方式

7．（　　）是处理索赔的最主要依据。

A．合同文件　　B．工程变更　　C．结算资料　　D．市场价格

二、多项选择题

1．按索赔依据分类，索赔可分为（　　）。

A．合同内的索赔　　B．合同外的索赔

C．道义索赔　　D．一揽子索赔

E．费用索赔

2．引起索赔的原因多且复杂，下列（　　）情况可能引起索赔。

A．对方未能正确履行合同义务与责任　　B．设计图纸错误

C．合同变更　　D．下雨停工 3 个小时

E．破坏性地震

3．承包人向发包人索赔成立的条件包括（　　）。

A．由于发包人原因造成费用增加和工期延长

B．由于监理工程师原因造成费用增加和工期延长

C．由于分包人原因造成费用增加和工期延长

D．按合同规定的程序提交了索赔意向通知书

E．提交了索赔报告

4．某工程实行施工总承包模式，承包人将基础工程中的打桩工程分包给某专业分包单位施工，分包单位在施工过程中发现地质情况与勘察报告不符，导致打桩施工工期拖延。在此情况下，（　　）可以提出索赔。

A．承包人向发包人　　B．承包人向勘察单位

C．分包人向发包人　　D．分包人向承包人

E．发包人向监理工程师

5．施工过程中的工程索赔主要是（　　）索赔。

A．工期　　B．设备

C．费用　　D．设计不合理

E．材料不合格

6．在工程索赔的实践中，下列（　　）不允许索赔。

A．承包人对索赔事项的发生原因负有责任，与此相关的费用

B．因承包人未对索赔事项采取减轻措施而扩大的损失费用

C．承包人进行索赔工作的准备费用

D．承包人由于完成额外工作而增加的机械设备使用费

E．不可抗力导致的费用

7．承包人可以就下列（　　）事件的发生向发包人提出索赔。

A．施工中遇到地下文物被迫停工

B．因施工机械大修而误工 3 天

C．材料供应商延期交货

D．发包人要求提前竣工，导致工程成本增加

E．设计图纸错误造成返工

三、简答题

1．工程延误有哪些分类？工程延误的一般处理原则是什么？

2．工期索赔的合同依据有哪些？

3．试举例说明工期索赔的分析流程。

4．工期索赔有哪些计算方法？如何具体应用？

5．举例说明引起费用索赔的原因有哪些。

6．分析费用索赔的项目构成。

7．费用索赔有哪些计算方法？各有哪些优缺点？

8．在施工索赔中，能作为索赔依据被使用的证据有哪些？

四、案例分析

案　例　一

某项工程项目采用了固定单价施工合同。工程招标文件参考资料中提供的用砂地点距离工地 4km。但是开工后，检查发现该砂质量不符合要求，承包人只能从另一距工地 20km 的供砂地点采购。而在一个关键工作面上又发生了以下 4 项临时停工事件。

事件一：5 月 20 日至 5 月 26 日承包人的施工设备出现了从未出现过的故障。

事件二：应于 5 月 27 日交给承包人的后续图纸直到 6 月 10 日才交至承包人。

事件三：6 月 10 日至 6 月 12 日施工现场下了罕见的特大暴雨。

事件四：6 月 13 日至 6 月 14 日该地区的供电全面中断。

问题：

（1）承包人按规定的索赔程序针对上述 4 项临时停工事件向发包人提出了索赔，试说明每项事件的工期索赔能否成立。为什么？

（2）试计算因工期延误承包人应得到的工期索赔值是多少。

案 例 二

1．工程概况

某工程内容是为某港口修建一石砌码头，估计需要 10 万 t 石块。某承包人中标后承担了该项工程的施工。在招标文件中发包人提供了一份地质勘探报告，指出施工所需的石块可以在离港口工地 35km 的 A 地采石场开采。发包人指定石块的运输工作由当地一国有运输公司作为分包人承包。按发包人认可的施工计划，港口工地每天施工需要 500t 石块，则现场开采能力和运输能力都为每天 500t。运输价格按分包人报价（加上管理费等）在合同中规定。设备台班费、劳动力等报价在合同中列出。进口货物关税由承包人承担。合同中外汇部分的通货膨胀率为每月 1.3%。

2．合同实施过程

工程初期一直按计划施工。但当在 A 地采石场开采石块达 6 万 t 时，A 地采石场石块资源已枯竭。经发包人同意，承包人又开辟离港口 105km 的另一采石场 B 继续进行开采。由于运距变长，承担运输任务的分包人运输能力不足，每天实际开采石块 400t，而仅运输 200t 石块，造成工期拖延。

3．任务

学生分为 2 个组，分别作为发包人和承包人，经过一轮索赔谈判后再交换角色。索赔一方（承包人）任务如下。

（1）分析索赔机会。

（2）提出索赔理由。

（3）分析干扰事件的影响和计算索赔值。

（4）列举索赔证据。

索赔另一方（发包人）在讨论中就索赔方的上述任务提出反驳。

在讨论中注意如下几种情况。

（1）出现运输能力不足导致工程窝工现象后，承包人未请示包发包人，亦未采取措施。

（2）承包人请示发包人，要求雇用另外一个运输公司，但被发包人否定。

（3）承包人要另雇一个运输公司，发包人也同意，但当地已无其他运输公司。

共同讨论：如何通过完善合同条文以及如何在工程实施过程中采取措施，以避免自己（承包人或发包人）损失或维护自身的正当权益。

【在线答题】

参考文献

苏义坤，张守健，2024. 工程招投标与合同管理[M]. 北京：北京大学出版社.

张静晓，王歌，2023. BIM 全寿命周期项目管理[M]. 北京：机械工业出版社.

王艳艳，刘华军，2023. 工程招投标与合同管理实务问答及案例解析[M]. 北京：中国建筑工业出版社.

王卓甫，2023. 工程招投标与合同管理[M]. 2 版. 北京：中国建筑工业出版社.

刘钦，2021. 工程招投标与合同管理[M]. 4 版. 北京：高等教育出版社.

沈中友，2021. 工程招投标与合同管理[M]. 2 版. 北京：机械工业出版社.

张志勇，代春泉，2020. 工程招投标与合同管理[M]. 3 版. 北京：高等教育出版社.

王艳艳，黄伟典，2019. 工程招投标与合同管理[M]. 3 版. 北京：中国建筑工业出版社.

魏应乐，包海玲，盛黎，2019. BIM 招投标与合同管理[M]. 北京：中国水利水电出版社.

张凤春，2019. BIM 工程项目管理[M]. 北京：化学工业出版社.

康香萍，2018. 建设工程招投标与合同管理[M]. 武汉：华中科技大学出版社.

BIM 技术人才培养项目辅导教材编委会，2018. BIM 应用与项目管理[M]. 2 版. 北京：中国建筑工业出版社.

张静晓，2017. BIM 管理与应用[M]. 北京：人民交通出版社.

张水波，陈勇强，2011. 国际工程合同管理[M]. 北京：中国建筑工业出版社.

中华人民共和国国务院. 中华人民共和国招标投标法实施条例[A/OL]. (2023-09-07)[2025-01-10]. https://www.ccgp.gov.cn/zcfg/gjfg/202309/t20230907_20661132.htm.

中华人民共和国全国人民代表大会常务委员会. 中华人民共和国建筑法[A/OL]. (2019-05-07)[2025-01-10]. http://www.npc.gov.cn/zgrdw/npc/xinwen/2019-05/07/content_208 6833.htm.

国家发展改革委. 必须招标的基础设施和公用事业项目范围规定[A/OL]. (2018-06-06)[2025-01-10]. https://www.gov.cn/zhengce/zhengceku/2018-12/31/content_54339 28.htm.

中华人民共和国国家发展和改革委员会. 必须招标的工程项目规定[A/OL]. (2018-03-27)[2025-01-10]. https://www.gov.cn/gongbao/content/2018/content_5296544.htm.

全国人民代表大会常务委员会. 中华人民共和国招标投标法[A/OL]. (2018-01-04)[2025-01-10]. http://www.npc.gov.cn/npc/c2/c30834/201905/t20190521_27915 7.html.

中华人民共和国国家发展和改革委员会. 电子招标投标办法[A/OL]. (2013-02-04)[2025-01-10]. https://www.gov.cn/zhengce/2021-11/30/content_5713227.htm.

中华人民共和国国家发展和改革委员会. 标准设计施工总承包招标文件[A/OL]. (2012-01-09)[2025-01-10]. https://www.ndrc.gov.cn/xxgk/zcfb/tz/201201/t20120109_964368.html.

中华人民共和国住房和城乡建设部. 房屋建筑和市政工程标准施工招标文件[A/OL]. (2010-06-09)[2025-01-10]. https://www.mohurd.gov.cn/gongkai/zc/wjk/art/2010/art_1733 9_201569.html.

中华人民共和国国家发展和改革委员会. 标准施工招标资格预审文件[A/OL]. (2007-12-21)[2025-01-10]. https://www.ndrc.gov.cn/xxgk/zcfb/fzggwl/200712/t20071221_960 708.html.

中华人民共和国国家发展和改革委员会. 标准施工招标文件[A/OL]. (2007-12-21)[2025-01-10]. https://www.ndrc.gov.cn/xxgk/zcfb/fzggwl/200712/t20071221_960708.html.

全国人民代表大会常务委员会. 中华人民共和国政府采购法[A/OL]. (2002-06-29)[2025-01-10]. https://www.gov.cn/gongbao/content/2002/content_61590.htm.